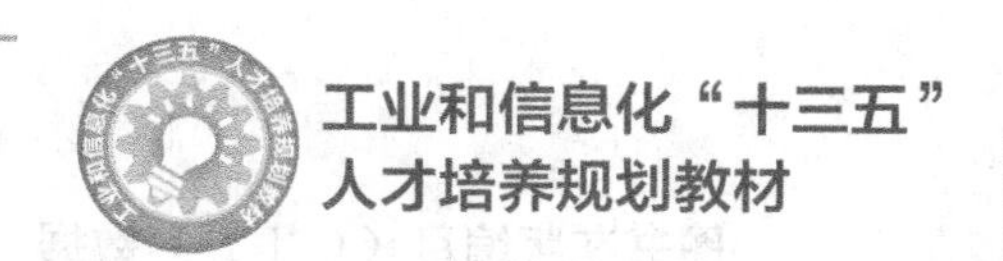

微课版

Axure RP 8 互联网产品原型设计

张晓景 / 主编　张烈超 李超 康英 / 副主编

人 民 邮 电 出 版 社
北 京

图书在版编目（CIP）数据

Axure RP 8互联网产品原型设计 : 微课版 / 张晓景主编. -- 北京 : 人民邮电出版社, 2018.8（2022.12重印）
工业和信息化“十三五”人才培养规划教材
ISBN 978-7-115-47648-7

Ⅰ. ①A… Ⅱ. ①张… Ⅲ. ①网页制作工具－高等学校－教材 Ⅳ. ①TP393.092.2

中国版本图书馆CIP数据核字(2018)第001084号

内 容 提 要

本书以 Axure RP 8 为主要工具，由浅入深地讲解了产品原型的创建方法，以知识点+实例+综合实战的讲解技巧，帮助读者快速掌握 Axure RP 8 的使用方法和技巧，同时了解网站建设中需要掌握的内容。全书共分为 12 章，主要内容包括关于互联网产品原型设计、了解 Axure RP 8、页面管理与自适应视图、使用元件、使用动态面板、使用母版、变量与表达式、函数的使用、使用中继器、团队合作与 Axure Share、发布与输出和综合案例。

本书配套的多媒体教学光盘中提供了书中所有技术面板中的源文件和制作素材，并提供了全面的多媒体教学视频，读者可以边阅读边制作，遇到问题可以通过观看操作视频演示解决。

本书实例丰富、讲解细致，注重激发读者兴趣和培养动手能力，适合作为从事网站规划与设计、网站策划、网页设计和网页制作等相关工作的人员的参考用书，也可用于网页设计及相关专业教学。

◆ 主　　编　张晓景
　副 主 编　张烈超　李　超　康　英
　责任编辑　刘　佳
　责任印制　马振武

◆ 人民邮电出版社出版发行　　北京市丰台区成寿寺路 11 号
　邮编　100164　　电子邮件　315@ptpress.com.cn
　网址　http://www.ptpress.com.cn
　固安县铭成印刷有限公司印刷

◆ 开本：787×1092　1/16
　印张：17　　　　2018 年 8 月第 1 版
　字数：424 千字　　　　2022 年 12 月河北第 12 次印刷

定价：49.80 元

读者服务热线：(010)81055256　印装质量热线：(010)81055316
反盗版热线：(010)81055315
广告经营许可证：京东市监广登字20170147号

前 言

Preface

Axure RP 是原型设计软件，其功能非常强大，应用范围也非常广泛。作为专业的原型设计工具，它可以快速、高效地创建原型，同时支持多人协作设计和版本控制管理，能够更好地表达出交互设计师所预想的效果，也能够很好地将这种效果展现给研发人员，使团队合作更加完美。

本书章节安排

本书内容浅显易懂，简明扼要，由浅入深，详细地讲述了如何使用 Axure RP 制作产品原型。其中的知识点通过实例的方式讲解，帮助读者边制作边理解，使得学习过程不再枯燥乏味。本书各章节的内容安排如下。

第 1 章　关于互联网产品原型设计。本章主要介绍了什么是原型设计，原型设计的参与者，原型设计的体现方法，原型设计的重要性，原型设计中的用户体验，用户体验的层面和用户体验的原则。

第 2 章　了解 Axure RP 8。本章重点介绍了 Axure RP 8 的下载及安装方法，Axure RP 8 的主要功能，熟悉 Axure RP 8 的工作界面，自定义工作界面，使用 Axure RP 8 的帮助资源。

第 3 章　页面管理与自适应视图。本章主要介绍了使用欢迎界面，新建和设置 Axure 文件，页面管理，页面设置，使用辅助线和网格，设置遮罩，设置自适应视图。

第 4 章　使用元件。本章主要介绍元件面板，将元件添加到页面，元件与概要面板，了解元件的属性，使用元件的样式，创建和管理样式，元件的转换，创建元件库，使用外部元件库。

第 5 章　使用动态面板。本章主要介绍了动态面板的使用，以及如何转换动态面板。

第 6 章　使用母版。本章主要介绍了母版的概念，新建和编辑母版，使用母版，母版使用情况。

第 7 章　变量与表达式。本章主要介绍了使用变量，设置条件，使用表达式。

第 8 章　函数的使用。本章主要介绍了函数的概念和常见函数。

第 9 章　使用中继器。本章主要介绍了中继器的组成，数据集的操作，项目列表的操作。

第 10 章　团队合作与 Axure Share。本章主要向读者介绍团队项目合作的制作。首先讲解团队项目合作原型的存储的公共位置，其次向读者详细讲解了团队项目的制作、获取及发布到 Axure Share 中。

第 11 章　发布与输出。本章主要介绍了发布查看原型和使用生成器。通过学习本章，读者可以将制作完成的产品原型输出为可以直接浏览的文件。

第 12 章　综合案例。本章主要是运用 Axure RP 绘制大型的原型设计实例。通过完成实例的绘制，读者可以巩固 Axure RP 的基础知识，更多地了解 Axure RP 软件。

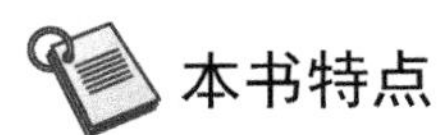

本书特点

全书内容丰富、条理清晰，通过 12 章的内容，为读者全面、系统地介绍了原型设计制作的知识，以及使用 Axure RP 进行原型设计制作的方法和技巧，采用理论知识和实例相结合的方法，使知识融会贯通。

◎ 语言通俗易懂，精美实例图文同步，涉及大量原型设计制作的丰富知识讲解，帮助读者深入了解原型设计。

◎ 实例涉及面广，几乎涵盖了原型设计制作中大部分的效果。每个效果通过实际操作讲解和实例制作，帮助读者掌握原型设计制作中的知识点。

◎ 注重原型设计制作使用软件知识点和实例制作技巧的归纳总结，知识点和实例的讲解过程中穿插了软件操作和知识点提示等，使读者更好地对知识点进行归纳吸收。

◎ 每一个实例的制作过程，都配有相关视频教程和素材，步骤详细，使读者轻松掌握。

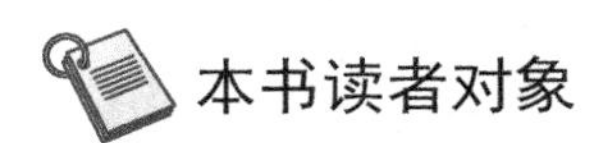

本书读者对象

本书适合有一定 Axure RP 软件操作基础的原型设计制作初学者，以及原型设计制作爱好者阅读，也可以为一些原型设计制作从业人员以及相关原型设计制作专业的学习者提供参考。本书提供了书中包含实例的源文件及素材（读者可登陆 www.ryjiaoyu.com 下载），方便读者借鉴和使用。

书中不足和疏漏之处，希望广大读者朋友批评、指正。

编　者

2018 年 5 月

目录

Contents

第 1 章　关于互联网产品原型设计　/ 1

1.1　什么是原型设计　/ 2
1.2　原型设计的参与者　/ 2
1.3　产品原型的体现方法　/ 3
1.3.1　纸质　/ 3
1.3.2　Word 和 Visio　/ 3
1.3.3　专业原型设计工具　/ 4
1.4　了解一下产品经理　/ 4
1.5　原型设计的重要性　/ 5
1.5.1　原型设计的必要性　/ 5
1.5.2　原型设计的作用　/ 5
1.6　原型设计中的用户体验　/ 6
1.6.1　用户体验包含的内容　/ 7
1.6.2　如何设计用户体验　/ 9
1.7　网页中用户体验的层面　/ 10
1.7.1　网页用户体验的层面　/ 11
1.7.2　如何实现好的用户体验　/ 12
1.8　网页用户体验的原则　/ 13
1.8.1　标志引导设计　/ 13
1.8.2　设置期望并提供反馈　/ 14
1.8.3　基于人类工程学设计　/ 14
1.8.4　与标准保持一致　/ 15
1.8.5　提供纠错支持　/ 15
1.8.6　靠辨识而非记忆　/ 16
1.8.7　考虑到不同水平的用户　/ 16
1.8.8　提供上下文帮助文档　/ 16
1.9　本章小结　/ 17

第 2 章　了解 Axure RP 8　/ 18

2.1　Axure RP 8 简介　/ 19
2.2　软件的下载与安装　/ 19
2.2.1　安装 Axure RP 8　/ 20
2.2.2　汉化与启动 Axure RP 8　/ 21
2.3　Axure RP 8 的主要功能　/ 22
2.3.1　绘制网站架构图　/ 22
2.3.2　绘制示意图　/ 22
2.3.3　绘制流程图　/ 23
2.3.4　实现交互设计　/ 23
2.3.5　输出网站原型　/ 23
2.3.6　输出 Word 格式规格文件　/ 23
2.4　熟悉 Axure RP 8 的工作界面　/ 24
2.4.1　菜单栏　/ 24
2.4.2　工具栏　/ 26
2.4.3　面板　/ 29
2.4.4　工作区　/ 31
2.5　自定义工作界面　/ 31
2.5.1　自定义工具栏　/ 31
2.5.2　自定义工作面板　/ 32
2.6　使用 Axure RP 8 的帮助资源　/ 33
2.7　本章小结　/ 34

第 3 章　页面管理与自适应视图　/ 35

3.1　使用欢迎界面　/ 36
3.2　新建和设置 Axure 文件　/ 36
3.2.1　纸张尺寸与设置　/ 37
3.2.2　文件存储　/ 37
3.2.3　启动和恢复自动备份　/ 38
3.2.4　存储格式　/ 39
3.3　页面管理　/ 39
3.3.1　添加和删除页面　/ 40

3.3.2 移动页面 / 41
3.3.3 查找页面 / 41
3.4 页面设置 / 41
3.4.1 页面属性 / 41
3.4.2 页面说明 / 42
3.4.3 页面样式 / 43
3.5 使用辅助线和网格 / 44
3.5.1 辅助线的分类 / 44
3.5.2 编辑辅助线 / 45
3.5.3 创建辅助线 / 47
3.5.4 使用网格 / 48
3.6 设置遮罩 / 49
3.7 设置自适应视图 / 49
3.8 本章小结 / 53
第 4 章 使用元件 / 54
4.1 了解元件面板 / 55
4.2 将元件添加到页面 / 56
4.2.1 基本元件 / 58
4.2.2 表单元件 / 65
4.2.3 菜单与表格 / 68
4.2.4 标记元件 / 72
4.2.5 流程图元件和图标元件 / 75
4.3 元件与概要面板 / 75
4.4 了解元件的属性 / 76
4.4.1 交互事件——页面交互 / 76
4.4.2 交互事件——元件交互 / 81
4.4.3 交互样式设置 / 88
4.5 使用元件的样式 / 88
4.5.1 元件外形样式 / 89
4.5.2 字体样式 / 92
4.6 创建和管理样式 / 94
4.6.1 创建和应用页面样式 / 94
4.6.2 创建和应用元件样式 / 95
4.6.3 编辑样式 / 96
4.6.4 使用格式刷 / 97
4.7 元件的转换 / 97
4.7.1 转换为形状 / 97
4.7.2 转换为自定义形状 / 98
4.7.3 转换为图片 / 99
4.8 创建元件库 / 100
4.9 使用外部元件库 / 102
4.9.1 下载元件库 / 102
4.9.2 载入元件库 / 103
4.10 本章小结 / 104
第 5 章 使用动态面板 / 105
5.1 了解动态面板 / 106
5.2 转换为动态面板 / 112
5.3 本章小结 / 113
第 6 章 使用母版 / 114
6.1 母版的概念 / 115
6.2 原型设计的参与者 / 115
6.2.1 新建母版 / 116
6.2.2 编辑和转换母版 / 117
6.2.3 删除母版 / 119
6.3 使用母版 / 119
6.3.1 拖放行为 / 119
6.3.2 添加到页面中 / 122
6.3.3 从页面中移除 / 123
6.4 母版使用情况 / 124
6.5 本章小结 / 124
第 7 章 变量与表达式 / 125
7.1 使用变量 / 126
7.1.1 全局变量 / 126
7.1.2 局部变量 / 129
7.2 设置条件 / 129
7.3 使用表达式 / 132
7.3.1 运算符类型 / 132
7.3.2 表达式的格式 / 133
7.4 本章小结 / 133
第 8 章 函数的使用 / 134
8.1 了解函数 / 135
8.2 常见函数 / 136
8.2.1 中继器 / 数据集 / 136
8.2.2 元件函数 / 136

8.2.3 页面函数 / 138
8.2.4 窗口函数 / 139
8.2.5 鼠标指针函数 / 139
8.2.6 数字函数（Number） / 142
8.2.7 字符串函数 / 142
8.2.8 数学函数 / 143
8.2.9 日期函数 / 145
8.3 本章小结 / 148

第 9 章 使用中继器 / 149
9.1 中继器的组成 / 150
9.1.1 数据集 / 150
9.1.2 项目交互 / 151
9.1.3 样式设置 / 151
9.1.4 属性设置 / 153
9.2 数据集的操作 / 155
9.3 项目列表操作 / 157
9.4 本章小结 / 162

第 10 章 团队合作与 Axure Share / 163
10.1 创建共享位置 / 164
10.1.1 下载安装 SVN 软件 / 164
10.1.2 创建版本库 / 168
10.2 TortoiseSVN 客户端应用 / 173
10.2.1 新建共享文件 / 173
10.2.2 修改共享文件 / 174
10.3 使用团队项目 / 175
10.3.1 创建团队项目 / 175
10.3.2 打开团队项目 / 178
10.4 使用 Axure Share / 178
10.4.1 创建 Axure Share 账号 / 179
10.4.2 上传原型到 Axure Share / 179
10.5 本章小结 / 181

第 11 章 发布与输出 / 182
11.1 发布查看原型 / 183
11.2 使用生成器 / 185
11.2.1 HTML 生成器 / 185
11.2.2 Word 生成器 / 188
11.2.3 CSV 报告生成器 / 191
11.2.4 打印生成器 / 192
11.3 本章小结 / 193

第 12 章 综合案例 / 194
12.1 加载 QQ 邮箱页面 / 195
12.2 制作微博用户评论页面 / 200
12.3 课程购买页面的制作 / 204
12.4 使用链接类动作 / 207
12.5 制作宝贝分类页面 / 215
12.6 使用单选按钮组 / 219
12.7 抽奖活动 / 222
12.8 制作网站登录页面 / 229
12.9 制作百度网站页面 / 235
12.10 制作微信 APP 界面原型 / 246

第1章 关于互联网产品原型设计

原型又常被称为线框图、原型图和Demo，原型设计的主要用途是在正式进行设计和开发之前，通过一个逼真的效果图来模拟最终的视觉效果和交互效果。本章将向用户介绍互联网产品原型设计的相关知识，帮助读者了解互联网产品原型设计的特点，通过合理的设计提高产品的用户体验。

本章知识点

- ❖ 原型设计的概念
- ❖ 体现原型设计的方法
- ❖ 原型设计与用户体验
- ❖ 用户体验的重要性
- ❖ 用户体验的5个层面
- ❖ 互联网产品原型设计原则

1.1 什么是原型设计

简单地说，产品原型就是产品设计成形之前的一个简单框架；对互联网行业来说，就是将页面模块、各种元素进行排版和布局，获得一个大致的页面效果，如图 1-1 所示，为了使效果更加具体、形象和生动，还会加入一些交互性的元素，模拟页面的交互效果。

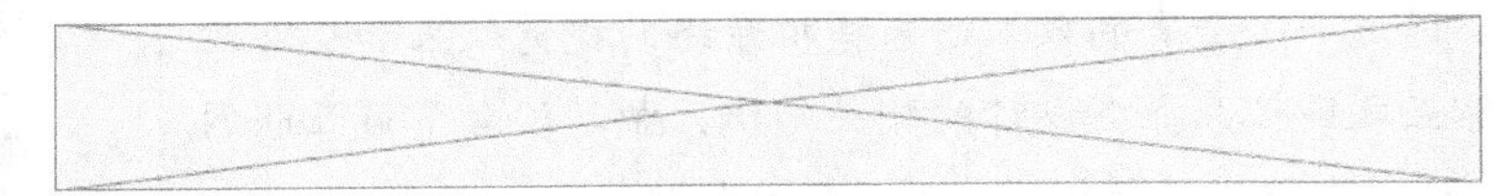

图1-1　页面效果

提示

随着互联网技术的日益普及，为了获得更好的原型效果，很多产品经理采用“高保真”的原型，以确保策划与最终的展示效果一致。

1.2 原型设计的参与者

一个项目的设计开发通常需要多个人员的共同努力。很多人认为产品原型设计是整个项目的早期过程，只需要产品经理参与即可。实际上，产品经理只是了解产品特性、用户和市场需求，对页面设计和用户体验设计只是停留在初级水平。而且设计师独立的创作，只会让产品经理和设计师反复纠缠，反复修改。

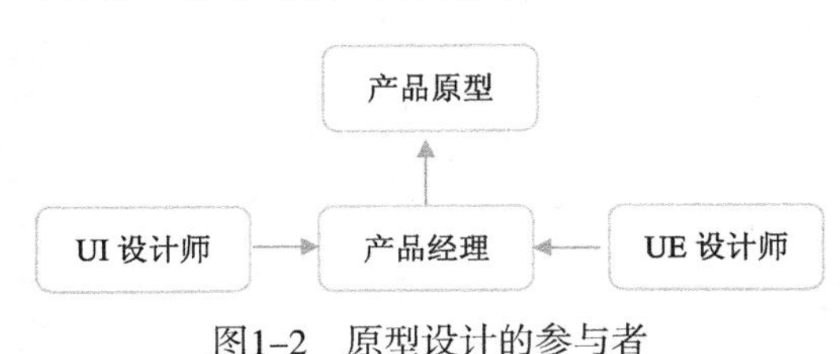

图1-2　原型设计的参与者

为了避免以上情况，在开始原型设计时，产品经理应要求界面设计师（UI）和用户体验设计师（UE）共同参与产品原型的设计制作，如图 1-2 所示。这样才可以设计出既符合产品经理预期，又具有良好用户体验、页面精美的产品原型，有效地避免了产品设计开发过程中反复修改的情况。

1.3 产品原型的体现方法

用户可以通过直接在纸上作画的方式创建产品原型；或者使用 Word 和 Visio 等软件创建产品原型；当然选择一款专业的原型设计工具来创建产品原型，也是不错的选择。

1.3.1 纸质

设计师用笔直接在纸上进行产品原型的描绘，获得大致的原型效果，如图 1-3 所示。这种方式通常是在产品经理进行原型构思阶段使用。通过这种方式，设计师可以将原型产品的构思和框架基本确定，然后再通过专业的软件将原型更形象更直观地转移到电子文档中，以便后续的研讨、设计、开发和备案。

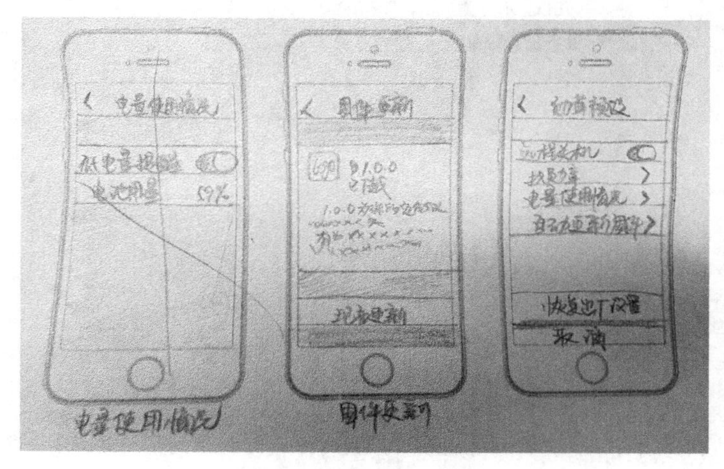

图1-3 手绘原型效果

1.3.2 Word 和 Visio

使用 Word 进行原型设计如图 1-4 所示。在 Word 文档建立一块画布，使用文本框、图片、控件等元素并将它们组合起来，形成一个原型设计方案。Word 文档门槛低，使用方便，功能效果丰富，如果一个熟练者设置，则可以达到一个很好的高保真页面。不过 Word 文档中的 Web 控件功能有限，且交互性也比较弱。

Visio 创建原型如图 1-5 所示，比 Word 更加便于操作，可以进行快速原型设计，但表现力较弱，用于设计一些简单的页面还可以，大型页面就不行了。

图1-4 使用Word进行原型设计

图1-5 Visio创建原型

1.3.3 专业原型设计工具

目前专业的原型设计工具有很多，比较常见的有 Axure RP、Irise Studio 和 Mockup Screens 等。这些工具软件不仅具有丰富的 Web 控件，而且交互性很好。Axure RP 是其中的佼佼者，如图 1-6 所示。

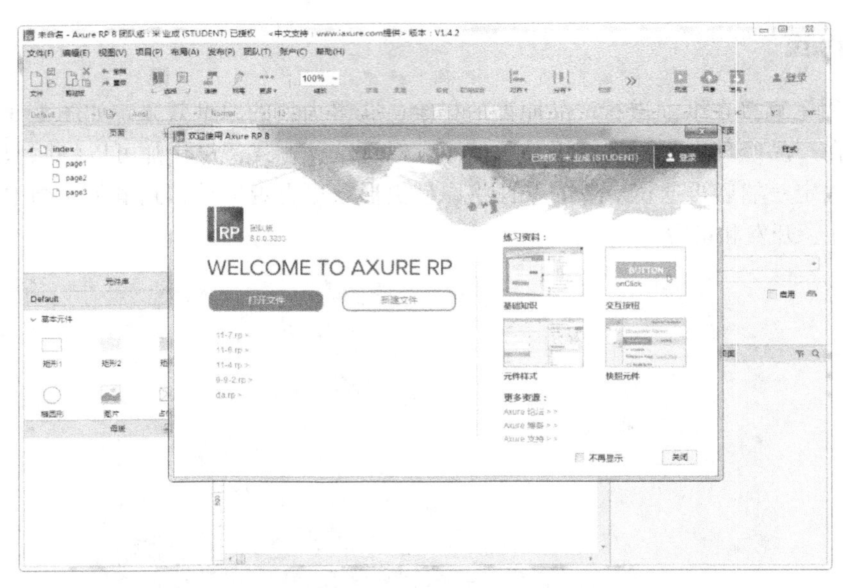

图1-6 Axure RP界面

提示

不同的公司、团队对互联网产品的原型设计采用的方式可能会大相径庭，不一定非要使用某种固定的方式，适合自己的才是好的。

1.4 了解一下产品经理

互联网产品经理是互联网公司中的一种职位，负责互联网产品的计划和推广，以及互联网产品生命周期的演化。

根据所负责的互联网产品是用户产品还是商业产品，产品经理可以分为互联网用户产品经理和互联网商业产品经理。用户产品经理最关心的是互联网用户产品的用户体验，商业产品经理最关心的是互联网商业产品的流量变现能力。

互联网产品经理在互联网公司中处于核心位置，需要具备很强的沟通能力、协调能力、市场洞察力和商业敏感度，不但要了解消费者、市场，还要能跟各种风格迥异的团队，如开发团队和销售团队进行默契的配合。可以说互联网产品经理决定了一个互联网产品的成败。

互联网产品经理由于行业的不同，可能工作职责也不尽相同。但是核心工作内容基本包含以下几个方面。

（1）负责网站需求方案的提出和运营策略可行性的建议。

（2）负责网站的内容规划、广告位开发、管理及日程运营管理。

（3）统计网站的数据和用户反馈，分析用户需求、行为，搜集网站运营中产生的产品购买及网站功能需求，综合各部分的意见和建议，统筹安排，讨论，修改，制订出可行性方案。

（4）与技术部、编辑部等部分紧密结合，确保产品实现进度和质量，协调相关部门进行网站的开发及日常的维护。

（5）配合市场部、客服部进行相关的商品合作，跟踪竞争对手。

（6）把握互联网市场趋势，制作产品竞争战略和计划。

1.5 原型设计的重要性

在网页设计过程中，为什么一定要设计原型呢？能不能不做原型直接设计并开发产品呢？当然可以，但是有了原型，网站的设计开发就会更轻松，同时也减少了由于规划不足而造成的反复修改。

1.5.1 原型设计的必要性

原型是帮助网站与APP设计最终完成标准化和系统化的一种手段。它的好处在于，可以有效地避免重要元素被忽略，也能够阻止你做出不准确不合理的假设。

无论你是移动端UI设计师，还是网页设计师，原型设计的重要性是显而易见的。原型设计让设计师和开发者将基本的概念和构想形象化地呈现出来，让参与进来的每个人都可以查看使用，给予反馈，并且在最终版本定下来之前进行必要的调整。

提示

一个可用可交互的原型所带来的好处并不是微乎其微，它可以帮助开发和设计人员从不同的维度来规划和设计产品。

1.5.2 原型设计的作用

首先，绝大多数的客户本身并不懂得设计知识，也不懂得编程知识，而原型为他们展示出了网站或APP的基本框架或者模型，让他们明白它们的基本外观和运作机制。

一个可交互的原型基本上能够像最终完成的产品那样运行，使用者可以对它进行操作，原型则会给予相应的反馈，使用者可以随之明白它的运作方式，寻求解决特定问题的方案。原型经过可用性测试之后，能够优化出更好的用户体验，能够在产品上线发布之前排除相当一部分的潜在问题和故障。

（1）让开发变得轻松

实际上，原型会让开发更加容易。当网页或者APP设计师搞定一个满意的原型之后，开发人员能够在此基础上开发出更加完善的代码实现方案。原型让参与者能够看到网站或者APP发布之后是怎样运作的。

（2）节省时间和控制成本

节省时间和控制成本对任何企业而言都是非常重要的。当设计和开发流程中有了原型之后，将会节省很多时间，并降低成本。

当一个公司想要推出一个新的 APP 或者发布一个新的网站时，总会集合一批专业的人士来完成这个项目。随着时间的推移，花销会不断增长，项目上的投入自然越来越大。有了原型之后，团队成员能够围绕着原型进行快速高效的沟通，哪些地方要增删，什么细节要修改，这样的方式能够更加快速地推进项目进度。

（3）更易沟通与反馈

有了原型之后，团队成员沟通的时候不需要彼此发送大量的图片和 PDF 文档，取而代之的是添加评论和链接，或者是原型工具内建的反馈工具，沟通更快，原型的修订也更快了。

版本修订是原型设计过程中的重要组成部分，它是最终产品能完美呈现的先决条件。原型能够不断修正进化，这使得它成为产品研发中最有价值的部分。随着一次次的迭代，产品本身会越来越优秀，而版本修订的过程也越来越快速而简单。

1.6 原型设计中的用户体验

互联网上的网站数量数以万计，当用户面对大量可以选择的网站时，该如何快速访问到自己感兴趣的内容呢？通常都是用户自己盲目浏览，决定哪个网站的内容符合个人的要求。

随着互联网上竞争的加剧，越来越多的企业开始意识到提供优质的用户体验是一个重要的、可持续的竞争优势。用户体验形成了客户对企业的整体印象，界定了企业和竞争对手的差异，并且决定了客户什么时候会再次光顾。

在设计原型的时候，为了更好地表现网站内容并留住更多的浏览者，设计师需要注意以下几点。

（1）规避设计时自己个人的喜好

自己喜欢的东西不一定谁都喜欢，例如网页的色彩应用，设计师个人喜欢大红大绿，并且在设计的作品中充斥着这样的颜色，那么一定会丢失掉很多潜在客户。原因很简单，就是跳跃的色彩让浏览者失去对网站的信任。现在的大部分用户都喜欢简单的颜色，简约而不简单。可以通过先浏览其他设计师的作品，然后再进行设计的方法来实现更符合大众的设计方案。当然浏览别人的作品不等于要抄袭，抄袭的作品会让浏览者对网站失去信任感，因此设计师应在别人作品的基础上再提高，以留住更多的浏览者。

（2）考虑不同层次的浏览者

设计师必须要让不同层次的浏览者在网页作品上达成一致的意见，也就是常说的“老少皆宜”。这样才能说明设计的网站是成功的，因为抓住了所有浏览者共同的心理特征，吸引了更多新的浏览者。通过奖励刺激浏览的方法尽可能少用，虽然利益是最大的驱动力，但是网络的现状让网民的警惕性非常高，一不小心就会适得其反。想要抓住人们的浏览习惯其实很简单，只要想想周围的人共同关注的东西就明白了。

（3）充分分析竞争对手

平时多看看竞争对手的网站项目，总结出他们的优缺点，避开对手的优势项目，以他们的不足为突破口，这样才会吸引更多的浏览者注意。也就是说，要把竞争对手的劣势转换为自己的优势，然后突出展现给浏览者，这一点在网站设计中更易实施。

1.6.1 用户体验包含的内容

用户体验一般包含四个方面：品牌（Branding）、使用性（Usability）、功能性（Functionality）和内容（Content）。一个成功的设计方案必定在这四个方面充分考虑，使用户可以便捷地访问到自己需要的内容的同时，又在不知不觉中接受了设计本身要传达的品牌和内容。

（1）品牌

就像提起手机人们就想起苹果，提起洗发水人们就想起海飞丝一样，品牌对于任何一件展示在普通民众面前的事物有着很强的影响力。没有品牌的东西很难受到欢迎，因为它没有任何质量保证。同样对于一个网站来说，良好的品牌也是其成功的决定因素。

网站是否有品牌取决于两个要素：是不是独一无二的和是不是最有特点或者内容最丰富的。

网站品牌 = 独一无二的类型 + 内容丰富，更新及时

网站的独一无二很好解释，假如这个行业只有一个网站，那么即使选择的关键词相当冷门、用户不多，但对这个行业也是品牌。假如网站相对其他同类网站来说内容最丰富，信息更新最快，那么就是最成功的。这两点对树立网站品牌是非常重要的，归根结底一句话：你的网站是不是给浏览者带来了吸引力。

此外，视觉体验对品牌的提升也有很大的影响力。举个例子，索尼有一款平民化的数码单反相机“阿尔法 300”。这款相机虽然价格低廉，但是 SONY 公司却将这款相机的官方网站设计得高贵典雅，让人一眼就觉得这样的一款机器一定是上万元的好机器，但实际这款机器售价只有三千多元，这就是视觉体验对品牌的提升。这一点在网页设计上也是通用的。网页设计的优劣对人们是否能记住你的网站有非常重要的作用，而且适当地使用图片、多媒体，对网站也是很有帮助的，如图 1-7 所示。

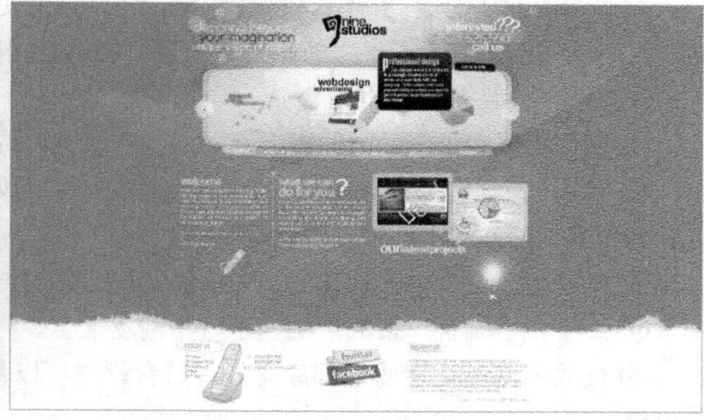

图1-7 使用图片、多媒体的网站

（2）使用性

用户在浏览网页时，偶尔会遇到浏览器标题栏下显示“网页上有错误”这样的提示，如图 1-8 所示。这种情况一般不会影响到网页的正常浏览。但如果错误太大，可能会直接影响到网站的重要功能和使用，对网站的品牌造成影响。

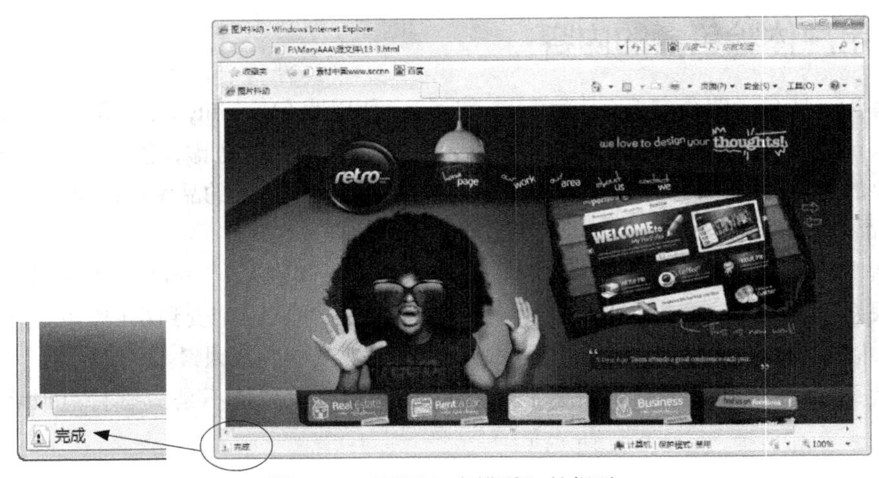

图1-8　“网页上有错误”的提示

这些错误有的可能是网站后台程序造成的，程序员应该迅速解决，防止影响浏览网站的用户体验。有些错误则是由浏览者的错误操作引起的。如果没有相关的浏览引导方案，会给很多接触计算机不多的浏览者一种“这个网站太难操作”的错觉，会严重影响用户体验，也就是在这样的环境下，交互式网页（AJAX）应运而生。所以在进行网页设计时，一定要有用户操作错误的预设方案，这样才能更好地提高用户体验。

提示

AJAX 不是一种新的编程语言，而是一种用于创建更好、更快以及交互性更强的 Web 应用程序的技术。AJAX 在浏览器与 Web 服务器之间使用异步数据传输，这样就可以使网页从服务器请求少量的信息，而不是整个页面，使互联网应用程序更小、更快、更友好。

（3）功能性

这里所说的功能性，并不仅仅指网站的界面功能，更多的是指在网站内部程序上的一些流程。这不仅对网站的浏览者有很大的用处，而且对网站管理员的作用也是不容忽视的。

网站的功能性包含以下内容。

① 网站可以在最短的时间内，获取到用户所查询的信息，并反馈给用户。

② 程序功能过程对用户的反馈。这个很简单，例如我们经常看到的网站的“提交成功”或者收到的其他网站的更新情况邮件等。

③ 网站对浏览者个人信息的隐私保护策略，这对增加网站的信任度有很好的帮助。

④ 线上线下结合。最简单的例子就是网友聚会。

⑤ 优秀的网站后台管理程序。好的后台程序可以帮助管理员更快地完成对网站内容的修改与更新。

（4）内容

如果说网站的技术构成是一个网站的骨架，那么内容就是网站的血肉了。内容不单单包含网站中的可读性内容，还包括连接组织和导航组织等方面，这也是一个网站用户体验的关键部分。也就是说，网站中除了要有丰富的内容外，还要有方便、快捷、合理的链接方式和导航。

综上所述，只要按照用户体验的角度量化自己的网站，一定可以让网站受到大众的欢迎。

1.6.2 如何设计用户体验

体验是人的主观感觉，设计体验要根据不同的行业、不同的产品、产品的不同层面而进行不同的设计。设计方法和设计过程也不相同。

（1）用户体验的生命周期模型

从用户体验的过程来说，设计者总期望体验是一个循环的、长期的过程，而不是直线的、一次性的。好的用户体验能够吸引人，让人再次来使用，并逐步形成忠诚度，告知并影响他们的朋友；而不好的用户体验，会使网站逐渐失去客户，甚至会由于传播，失去一批潜在的客户。

提示

具有良好用户体验的网站，即使页面中存在一些交互问题，也不会影响用户继续支持该网站。

用户体验的生命周期如图 1–9 所示。

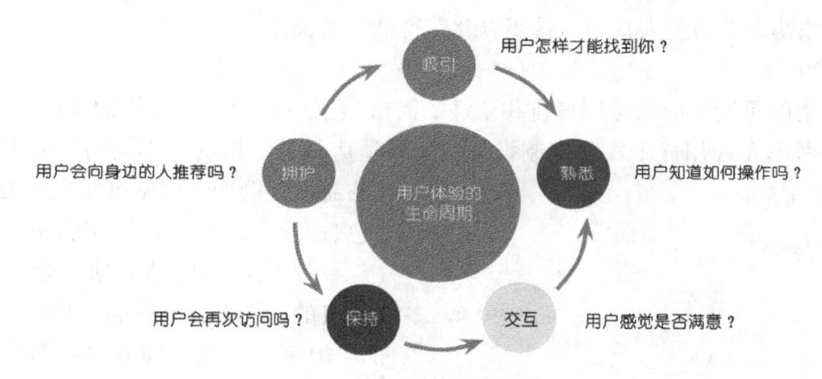

图1–9 用户体验的生命周期

① 网站吸引人是用户体验的第一步，网站靠什么吸引人是用户体验设计首先要考虑的问题。

② 通过明喻和隐喻的设计语义，让用户在不看说明书的前提下轻松访问网站，进一步熟悉网站。

③ 在用户与网站的交互过程中，是否能够充分地满足用户生理和心理的需要，是验证网站可用性的首要条件。

④ 用户访问该网站后，会选择继续使用还是放弃。

⑤ 用户是否形成忠诚度，并向其身边的人推荐该站点，也是用户体验设计的关键点。

（2）用户体验需要满足的层次

用户体验可以分为 5 个需求层次：感觉需求→交互需求→情感需求→社会需求→自我需求，这 5 个需求层次是逐层增高的。

① 感觉需求。

所谓的感觉需求指的是用户对产品的五官需求，包括视觉、听觉、触觉、嗅觉和味觉，是对产品或系统的第一感觉。对于网站来说，通常只有视觉、听觉和触觉 3 个需求层次。

网页的可用性可以分为外观可用性和内在可用性两种。外观可用性是指一个网站带给浏览者的外观感觉，通常涉及审美方面的问题；而内在可用性是指传统意义上的可用性。外观可用性和内在可用性既存在着不同，又有一定的一致性，综合处理好两点的关系可以使网站具有更好的用户体验。

② 交互需求。

交互需求指的是人与网站系统交互过程中的需求，包括完成任务的时间和效率、是否流畅顺利、是否报错等。网页的可用性关注的是用户的交互需求，包括网站页面在操作时的学习性、效率性、记忆性、容错率和满意度等。交互需求关注的是交互过程是否顺畅，用户是否可以简单快捷地完成任务。

③ 情感需求。

情感需求指的是用户在操作浏览网站的过程中产生的情感，例如，在浏览网站的过程中感受到互动和乐趣。情感强调页面的设计感、故事感、交互感、娱乐感和意义感，要对用户有足够的吸引力、动力和趣味性。

④ 社会需求。

在满足基本的感觉需求、交互需求和情感需求后，人们通常要追求更高层次的需求，往往会对某一品牌或站点情有独钟，希望得到社会对自己的认可。例如，越来越多的人选择在新浪网上开通个人微博，发布个人日志，希望以此获得社会的关注。

⑤ 自我需求。

自我需求指的是网站应满足用户自我个性的需求，包括追求新奇、个性的张扬和自我实现等。网页设计需要考虑允许用户个性化定制设计或者自适应设计，以满足不同用户的多样化、个性化的需求。例如，网站页面允许用户更改背景颜色、背景图片和文字大小等都属于页面定制。

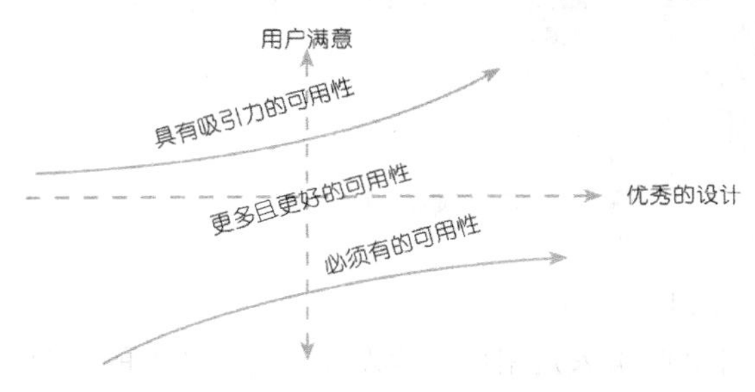

图1-10　成功网站包含3种可用性

一个成功的网站必须包含 3 种可用性：必须有的、更多且更好的、具有吸引力的，如图 1-10 所示。这 3 种可用性都会直接影响到浏览者的满意度。

“必须有”的可用性代表用户希望从网站中获得的资讯内容，也就是网站应该具有的最基本可用性。如果页面中没有出现“必须有”的要素，就会直接导致浏览者满意度下降。更多且更好的可用性对用户满意度具有线性影响，即这种可用性越高，顾客就越满意。具有吸引力的可用性可以使一个网站在同类型站点中脱颖而出，提供较高的用户满意度。

提示

一个网站要想在商业上获得成功，至少要拥有“必须有”的可用性。“必须有”的可用性虽然不能提高网站的整体竞争力，却是提高顾客满意度的必要条件。“更多且更好”的可用性可以使网站与竞争网站保持同一水平。“具有吸引力”的可用性则是网站从同类型网站中脱颖而出的主要原因。

1.7 网页中用户体验的层面

一般的用户都有网上购物的体验：首先登录购物网站，然后通过搜索引擎或者菜单引导找到需要的产品，下单并填写各种信息后，即可收到预定的产品。这个过程由大大小小的决策组成。这些决策彼此依赖又相互影响，同时也影响着用户体验的各个方面。为了确保用户在网站上的所有体验都控制在意料之中，在用户体验的整个开发过程中，要考虑用户在网站中有可能采用的每一步的每一种可能性，这样可以最大程度满足用户的需求。

1.7.1 网页用户体验的层面

为了帮助设计师更好地解决问题，可以把设计用户体验的工作分解成 5 个层面，分别是表现层、框架层、结构层、范围层和战略层。

（1）表现层

表现层通常指的是用户可以直接看到的内容，一般由图片和文字组成，通过点击图片或文字执行某种功能。例如，进入新闻页面或视频播放页面，如图 1-11 所示。也有一些内容只是作为展示使用，用来说明内容或美化页面。

图1-11 新闻页面

（2）框架层

框架层主要用于优化设计布局，以方便用户快速、准确地找到需要的内容，通常指的是按钮、表格、照片和文本区域的位置。例如，在购物页面中可以轻松地找到购物车的按钮，如图 1-12 所示，在浏览相簿时快速查看多张图片。

图1-12 购物页面

（3）结构层

框架层是页面结构的具体表达方式，用来向用户展示页面内容，提高访问效率。而用户先访问什么，后访问什么，访问某个页面后会触发某个页面怎样的交互效果，则是通过结构层完成的。

结构层主要用来设计用户如何达到某个页面，以及在完成操作后能去的页面。框架层定义了导航条上各项的排列方式，允许用户自由选择浏览的内容；结构层则定义了这些内容出现在哪里。

（4）范围层

结构层确定了网站不同特性和功能的组合方式。而这些特性和功能就构成了网站的范围层。例如，在购物网站有过一次购物经历后，该用户的姓名、地址和联系方式都被保存下来，以便下次使用。这个功能是否应该成为网站功能的一部分，就属于范围层要解决的问题。

（5）战略层

战略层可以理解为网站创建者的战略目标。这个目标不仅包括网站经营者想从网站得到什么，还包括用户想从网站得到什么。对于一般的电子商务网站来说，战略目标显而易见：用户希望通过网站购买商品，而网站想要卖出商品。

1.7.2 如何实现好的用户体验

用户体验的 5 个层面包括战略、范围、结构、框架和表现，由下向上为网站提供了一个基本的框架，如图 1-13 所示。接下来以这个框架为基础继续添加完善内容，以获得更为丰富的用户体验。

在每一个层面中，用户要处理的问题都很具体。在最低的层面，完全不用考虑网站的最终效果，只需要把重点放在是否满足网站的战略目标上。在最高的层面上，则只需要关心最终所呈现的页面效果即可。

随着层面的上升，设计师要做的决策会越来越具体，而且要求的内容也会越来越精细。通常每个层面的内容都是根据它下面的那个层面来决定的。例如，表现层由框架层来决定，框架层则要建立在结构层的基础上，结构层的设计基于范围层，范围层要根据战略层来制订，如图 1-14 所示。

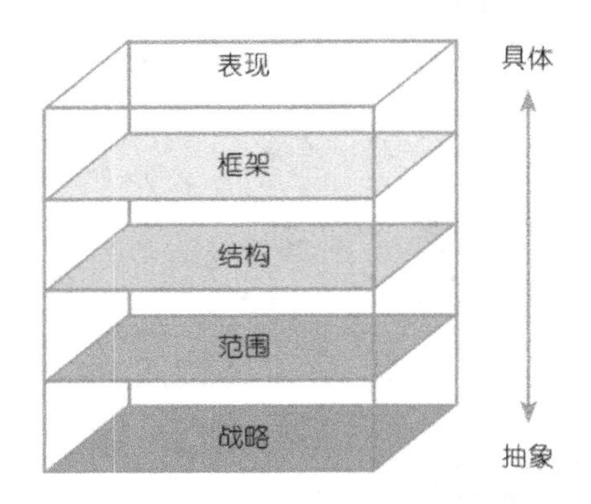

图1-13　用户体验的5个层面

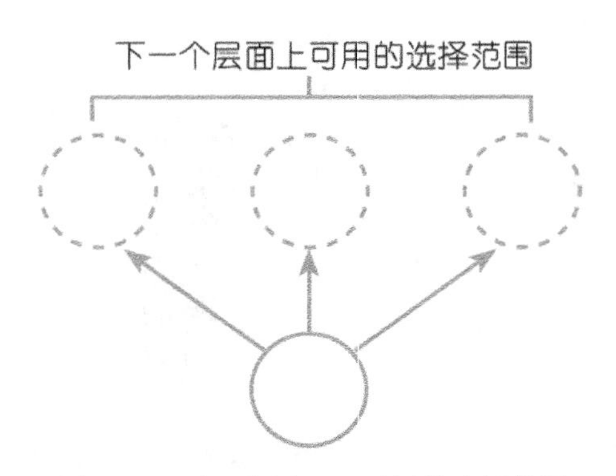

图1-14　下一个层面上可用的选择范围

如果设计师做出的决定没有使上下层面保持一致，项目通常会偏离正常的轨道。这样就会造成开发日期延迟、开发费用超支等情况。而且就算开发团队将各种不匹配的元素拼凑在一起，勉强上线，也不会受到用户的欢迎。

提示

在设计用户体验时，要充分考虑层面上的这种“连锁效应”，也就是说，在选择每一个层面上的内容时，都要充分考虑其下层面中所确定的内容。每一个层面的决定都会直接影响到它之上层面的可用选项。

在设计的过程中，“较低层面”上的决策不一定都必须在设计“较高层面”之前做出。在“较高层面”中的决定优势会促使对“较低层面”决策的一次重新评估。在每一个层面，都要根据竞争对手所做的变化、行业最佳的实践效果做出修改。在知道建筑的基本形状之前，不能先为其盖一个屋顶。

1.8 网页用户体验的原则

在开始设计网页之前，首先要深思熟虑，多参考同行的页面，汲取前人的经验教训，然后在纸上写下来。随着工作经验的积累，设计、架构、软件工程以及可用性方面都会积累很多有益的经验，这些经验可以帮助我们避免犯前人的错误。

创建网站时，可以通过遵守以下 8 个原则，来获得好的用户体验。

1.8.1 标志引导设计

对于刚刚进入网站的用户，为了确保能够找到他们感兴趣的内容，通常需要了解 4 个方面的内容。

◎ 他们身在何处

首先通过醒目的标示以及一些细小的设计提示来指示位置。例如 Logo 图标，提醒访问者正在浏览哪一个网站；也可以通过面包屑轨迹或一个视觉标志，告诉访问者在站点中所处的位置。当然简明的页面标题也是指出浏览者当前浏览什么页面的好方法，如图 1–15 所示。

图1–15　简明的页面标题

◎ 他们要寻找的内容在哪里

在设计网站导航系统时，要问问自己：“访问这个网站的人究竟想要得到什么”，还要进一步考虑“希望访问者可以快速找到哪些内容”，如图 1–16 所示。确认了这些问题并将它们呈现在页面上，会对提高用户体验的满意度有很大帮助。

◎ 怎样才能得到这些内容

怎样才能得到？可以通过巧妙的导航设计来实现。将类似的链接分组放在一起，并给出清晰的文字标签。特殊的设计，例如下划线、加粗或者特效字体可使其看起来是可以单击的，以起到好的导航作用。

图1-16　网站导航系统的设计

◎ 他们已经找过哪些地方

这一点通常是通过区分链接的“过去”和“现在”状态来实现的。要显示出被单击过的链接，这种链接被称为“已访问链接”。通常的做法是将访问过的链接设置一种新的颜色，用来保证用户不在同一区域反复寻找。

1.8.2　设置期望并提供反馈

用户在网页上单击链接、按下按钮或者提交表单时，并不知道将出现什么情况。这就需要设计者为每一个动作设定相应的期望，并清楚地显示这些动作的结果。同时，时刻提醒用户正处在过程中的阶段也很重要。

例如，在淘宝网站上购物时，鼠标移动到按钮上悬停时，会出现单击后将出现的页面提示，这种效果可以很好地满足用户的期望，如图 1-17 所示。

图1-17　提供反馈

> **提示**
>
> 有时候用户必须等待一个过程完成，而这可能会耗费一些时间。为了让用户知道这是由于他们的计算机运行太慢造成的这种等待，可以通过提示信息或动画提醒用户，以免用户由于等待产生焦虑。

1.8.3　基于人类工程学设计

浏览网页的用户数以亿计，每个人的情况都不相同，为了使这些用户的用户体验保持一致，在设计页面的时候也要充分考虑人体器官——手、眼睛和耳朵的感受。

例如，根据大多数人都是右手拿鼠标的习惯，为页面右侧增加一些快速访问的导航。针对眼睛进行设计时，要考虑到全盲、色盲、近视和远视的情况。设计网站时，要确认网站的主体客户是视力极佳的年轻人，还是视力模糊的老年人，然后确定网站中的文字大小。针对耳朵进行设计时，不仅要考虑到失聪的人，还要考虑到人在嘈杂环境中倾听的情况，保证背景音乐不会让上网的人感到厌烦。

1.8.4 与标准保持一致

一致的标签和设计给人一种专业的感觉。在设计页面时，首先要明确你的网站有哪些约定，想打破这些常规一定要三思而行。同时还要通过事先制订的样式指南约束设计师，以确保设计风格保持一致，如图 1–18 所示。

图1–18　设计页面时与标准保持一致

1.8.5 提供纠错支持

为了避免用户在浏览网页时出现不能处理的错误，而产生悲观情绪，可以在页面中设计预防、保护和通知功能。

首先通过在页面添加注释，明确地告诉用户选择的条件和要求，避免出现错误，例如用户的注册页面，可以通过添加暂存功能保护用户的信息，如 E–mail 的保存草稿功能。当用户在操作中出现错误时，要及时以一种客观的语气明确地告诉用户发生了什么状况，并尽力帮助用户恢复正常。例如，未能正确输入用户信息，则进行错误提示如图 1–19 所示。

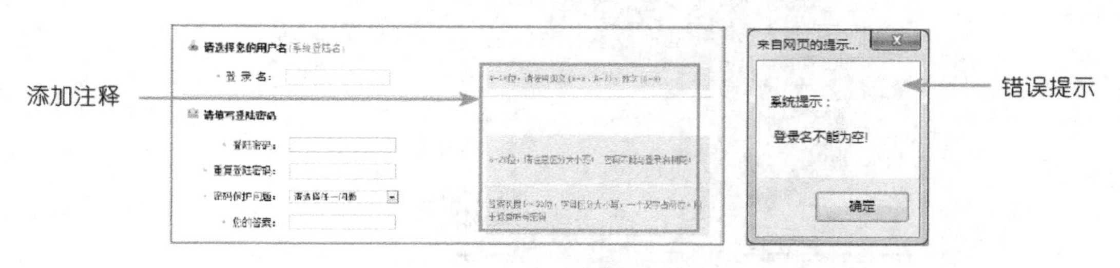

图1–19　提供错误提示

1.8.6 靠辨识而非记忆

对于互联网上的用户来说，大多数人的记忆是不可靠的。大量的数据如果只通过记忆保存是很难实现的。在设计页面时可以通过计算机擅长的记忆功能帮助用户记忆。例如，用户登录后的用户名和搜索过的内容，通过滚动的功能将多个用户的多个信息记忆，以便用户查找，如图 1-20 所示。将记忆的压力转嫁给计算机，用户对网站的体验感受就会更胜一筹。

图1-20　根据输入内容自动识别

1.8.7 考虑到不同水平的用户

应该正确理解“用户”概念，“用户”是一个随时间而变化的真实的人，他会不断改变和学习。他的设计应该有助于用户自我提升，帮助用户上升到理想的程度，达到让用户满意的级别。但并不需要用户都成为专家。

例如，淘宝网站针对不同的用户采用了不同的操作界面，同时又提供了丰富的辅助工具，帮助新用户购物或管理店铺，老用户则可以完善美化店铺，获得更好的销量。

1.8.8 提供上下文帮助文档

用户在完成某个可能很复杂的任务时，不可避免地需要帮助，但往往又不愿请求帮助。作为设计者，要做的就是在适当的时候以最简练的方式提供适当的帮助。应当把帮助信息放在有明确标注的位置，而不要统统都放到无所不包的 Help 之下。例如，为首次登录网站页面的用户制作一个简单的索引页面，引导用户快速进入网站，找到需要的内容，如图 1-21 所示。

图1-21　帮助用户第一时间了解网站功能

1.9 本章小结

本章主要讲解了互联网产品原型设计的相关知识，针对原型设计的概念、原型设计的体现方式、产品经理的工作职责等知识进行了详细的介绍。通过讲解原型设计与用户体验之间的联系，帮助用户理解用户体验设计的重要性和设计要点。同时对用户体验设计的表现层次和原则进行了介绍，为制作符合用户要求的产品原型打下基础。

第2章 了解Axure RP 8

Axure RP能帮助网站需求设计者快捷而简便地创建基于网站构架图的带注释页面示意图、操作流程图以及交互设计，并可自动生成用于演示的网页文件和规格文件，以提供演示与开发。本章将带领读者一起了解Axure RP 8的基础知识。

本章知识点

- ❖ Axure RP 8 的下载与安装
- ❖ Axure RP 8 的主要功能
- ❖ Axure RP 8 的软件界面
- ❖ 自定义工作面板
- ❖ 使用 Axure RP 8 的帮助资源

2.1 Axure RP 8 简介

Axure RP 是美国 Axure Software Solution 公司的旗舰产品，是一个专业的快速原型设计工具，让负责定义需求和规格、设计功能和界面的专家能够快速创建应用软件或 Web 网站的线框图、流程图、原型和规格说明文档。

作为专门的原型设计工具，Axure RP 比一般创建静态原型的工具，如 Visio、Omnigraffle、Illustrator、Photoshop、Dreamweaver、Visual Studio、FireWorks 要快速、高效。目前，Axure RP 的最新版本为 8.0，软件界面如图 2-1 所示。

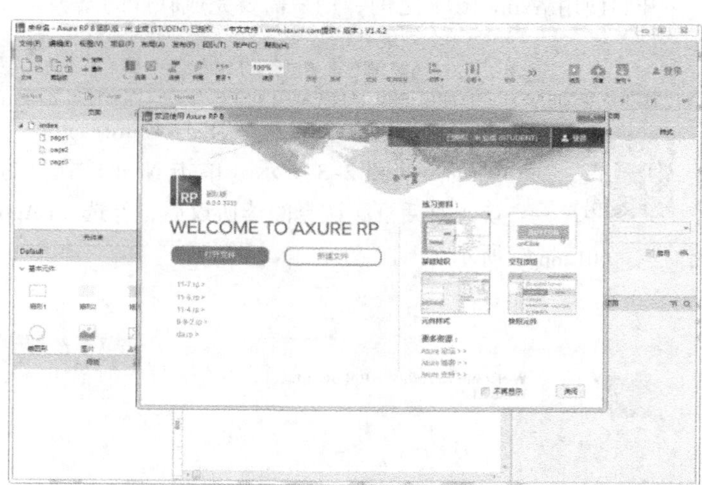

图2-1　Axure RP 8界面

2.2 软件的下载与安装

在开始使用 Axure RP 8 之前，需要先将 Axure 软件安装到本地计算机中，用户可以通过登录官方网址下载需要的软件版本，如图 2-2 所示。

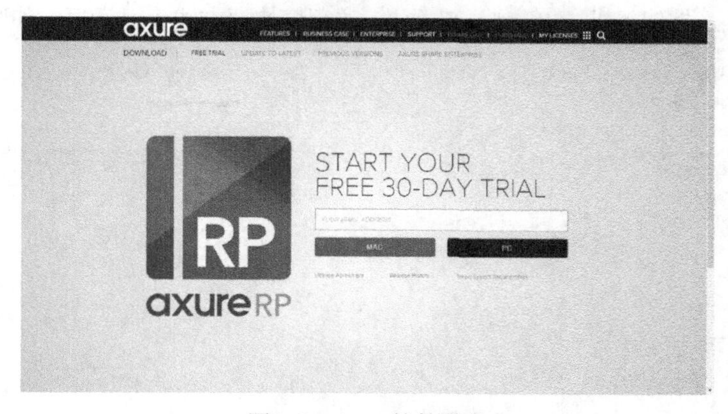

图2-2　Axure软件下载

官方下载页面：http://www.axure.com/download

官网直连地址（PC 版）：http://axure.cachefly.net/AxureRP-Pro-Setup.exe

官网直连地址（MAC 版）：http://axure.cachefly.net/AxureRP-Pro-Setup.dmg

提示

不建议用户去第三方下载软件，因为除了可能会被捆绑很多垃圾软件外，还有可能感染病毒。由于 Axure RP 8 没有发布中文版本，因此用户可以通过下载汉化版实现对软件的汉化。

2.2.1 安装 Axure RP 8

在开始使用 Axure RP 8 之前，用户需要完成软件的安装。

实战操作：安装 Axure RP 8

操作视频：001.mp4

在下载的文件夹中双击 Axure-setup 文件，弹出安装 Axure RP 8 软件界面，如图 2-3 所示。单击 Next 按钮，进入 License Agreement（许可协议）对话框，认真阅读协议后，勾选“I Agree”（我同意）选项，如图 2-4 所示。

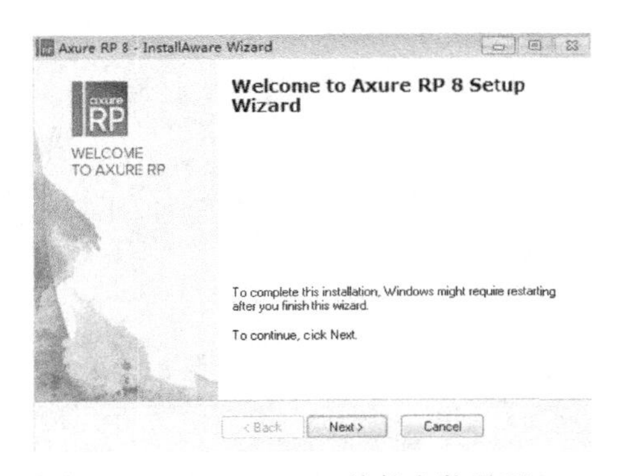

图2-3　Axure RP 8软件安装界面

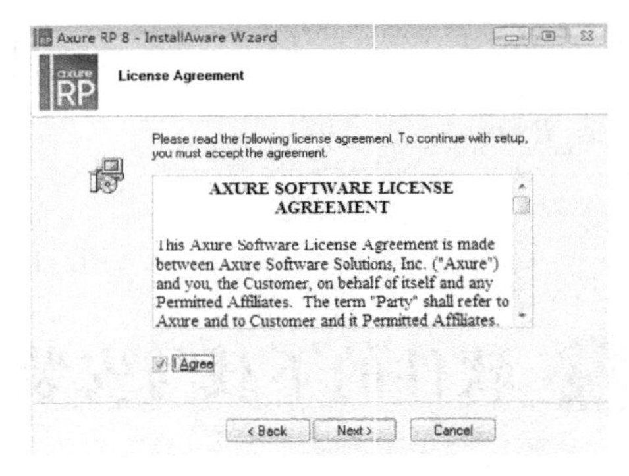

图2-4　License Agreement对话框

单击 Next 按钮，进入 Select Destination（选择安装位置）对话框，如图 2-5 所示。设置安装地址，单击 Next 按钮，进入 Program Shortcuts（程序快捷方式）对话框，如图 2-6 所示。

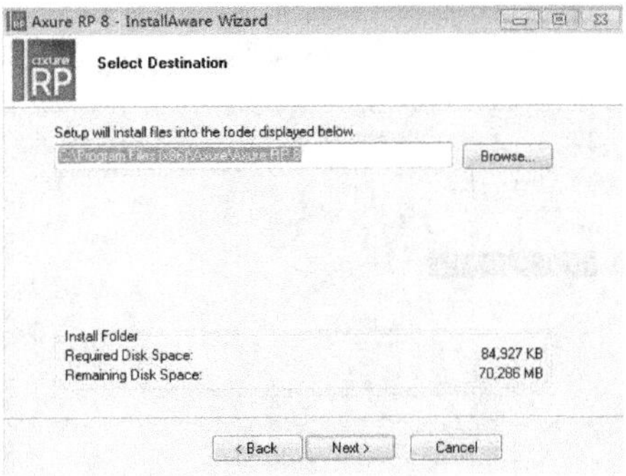

图2-5　Select Destination对话框

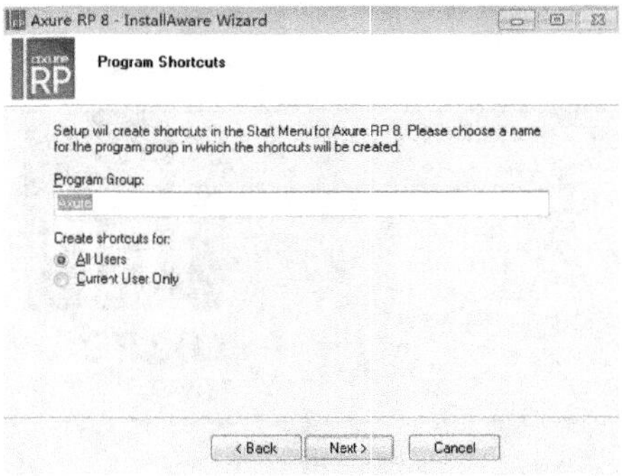

图2-6　Program Shortcuts对话框

单击 Next 按钮，进入 Updating Your System（升级你的系统）对话框，开始软件的安装，如图 2-7 所示。稍等片刻，单击 Finish（完成）按钮，即可完成软件的安装，如图 2-8 所示。

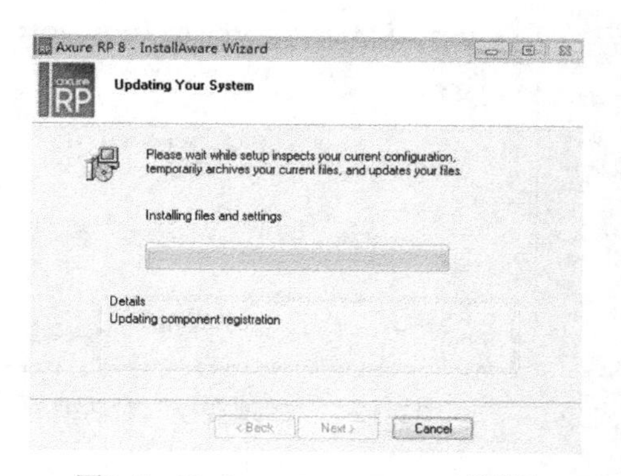

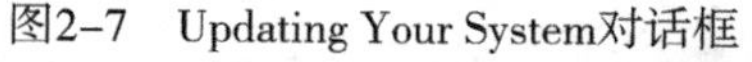
图2-7　Updating Your System对话框

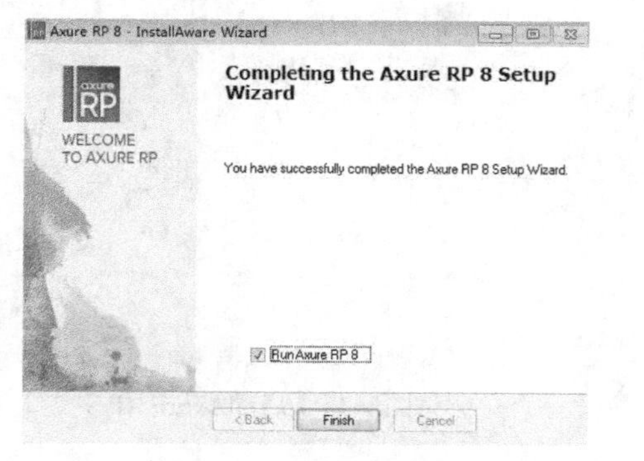

图2-8　软件安装完成界面

安装完成后，用户可在桌面上找到软件图标，如图 2-9 所示；也可以在“开始”菜单中找到软件启动选项，如图 2-10 所示。

图2-9　软件图标

图2-10　“开始”菜单中的软件启动选项

2.2.2　汉化与启动 Axure RP 8

下载的汉化包解压后通常包含了一个 lang 的文件夹，将该文件夹直接复制粘贴到 Axure RP 8 的安装目录下，重新启动软件，即可完成软件的汉化。

汉化完成后，用户可以通过双击桌面上的图标或单击“开始”菜单中的启动选项来启动软件，软件界面如图 2-11 所示。

通常在第一次启动软件时，系统会自动弹出“管理授权”对话框，如图 2-12 所示。要求用户输入被授权人和授权密码，授权密码通常是在用户购买正版软件后获得。如果用户没有输入授权码，则软件只能使用 30 天，30 天后将无法正常使用。

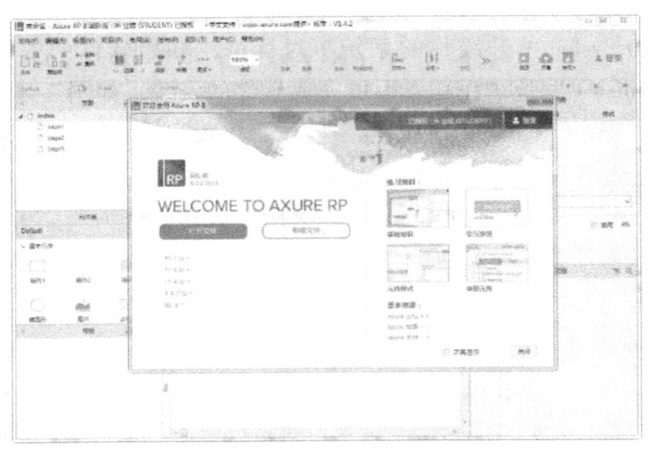

图2-11　启动Axure RP 8

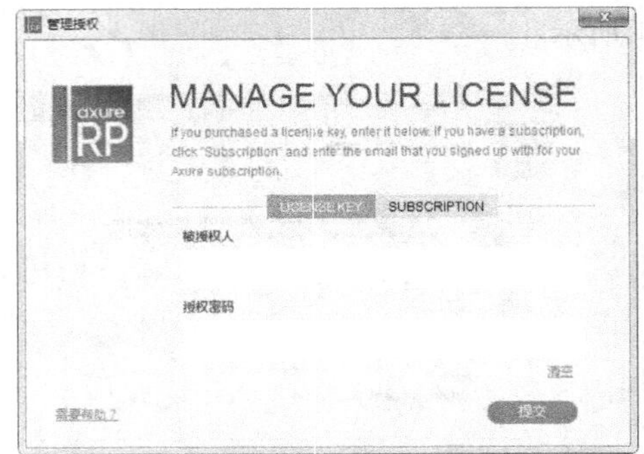

图2-12　“管理授权”对话框

2.3 Axure RP 8 的主要功能

使用 Axure RP，可以在不写任何一条 HTML 和 JavaScript 语句的情况下，通过创建文档以及相关条件和注释，一键生成 HTML 演示页面。具体来说，用户可以使用 Axure RP 完成以下功能。

2.3.1　绘制网站架构图

Axure RP 8 可以快速绘制树状的网站架构图，而且可以让架构图中的每一个页面节点直接连接到对应网页，如图 2-13 所示。

2.3.2　绘制示意图

Axure RP 8 内建了许多经常会使用到的元件，如按钮、图片、文字面板、选择钮、下拉式菜单等。使用这些元件可以轻松地绘制各种示意图，如图 2-14 所示。

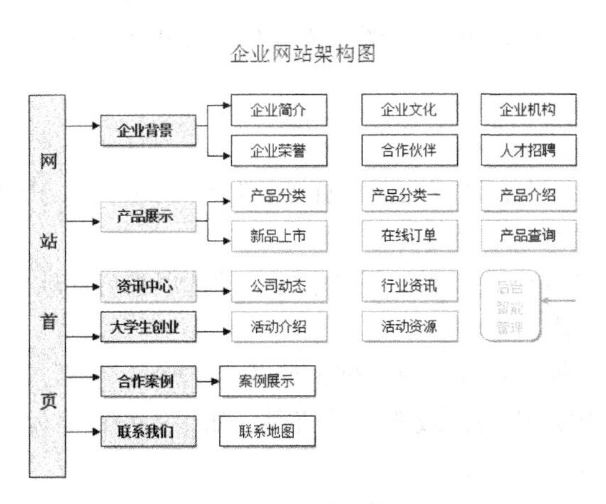

图2-13　网站架构图

图2-14　示意图

2.3.3 绘制流程图

Axure RP 8 中提供了丰富的流程图元件，用户可以很容易地绘制出流程图，可以轻松地在流程之间加入连接线并设定连接的格式，如图 2-15 所示。

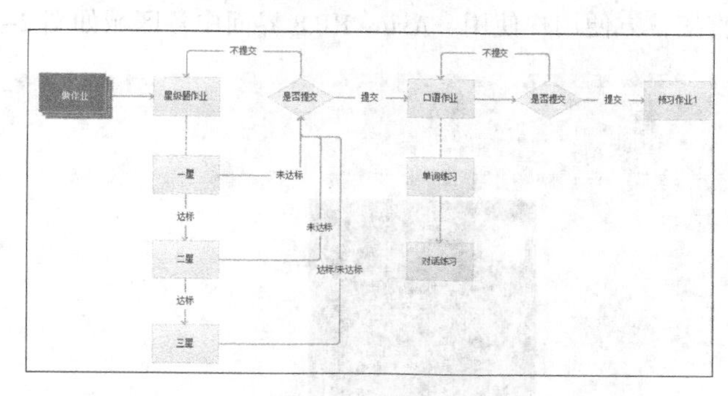

图2-15 流程图

2.3.4 实现交互设计

在 Axure RP 8 中，可以模拟实际操作中的交互效果。通过使用“用户编辑”对话框中的各项动作，快速地为元件添加一个或多个事件产生动作，包括 OnClick、onmouseover 和 OnMouseLeave 等，如图 2-16 所示。

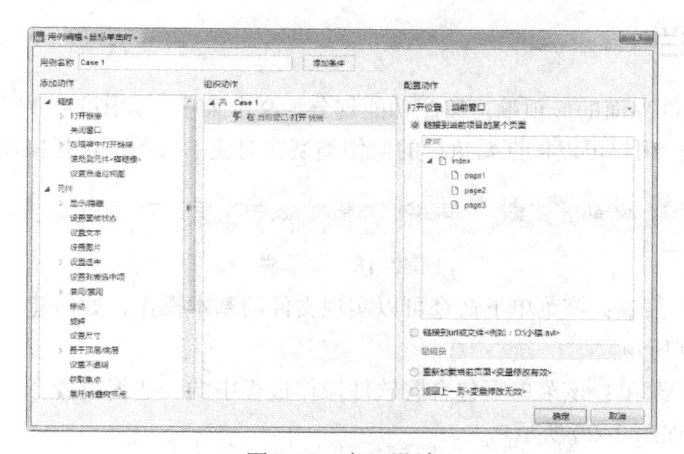

图2-16 交互设计

2.3.5 输出网站原型

Axure RP 8 可以将线框图直接输出成符合 Internet Explorer 或 Firefox 等不同浏览器的 HTML 项目。

2.3.6 输出 Word 格式规格文件

Axure RP 8 可以输出 Word 格式的文件，文件包含了目录、网页清单、网页和附有注解的原版、注释、交互和元件特定的资讯，以及结尾文件（如附录），规格的内容与格式也可以依据不同的阅读对象来变更。

2.4 熟悉 Axure RP 8 的工作界面

相对于 Axure RP 7 来说，Axure RP 8 的工作界面发生了较大的变化，精简了很多区域，使软件变得更简单、更直接，方便用户使用。Axure RP 8 界面中各区域如图 2–17 所示。

图2–17　Axure RP 8界面中的各区域

2.4.1 菜单栏

菜单栏位于软件界面的最顶端。按照功能划分为 9 个菜单，如图 2–18 所示。每个菜单中包含同类的操作命令。用户可以根据要执行的操作类型在对应的菜单下选择操作命令。

文件(F)　编辑(E)　视图(V)　项目(P)　布局(A)　发布(P)　团队(T)　账户(C)　帮助(H)

图2–18　菜单栏

（1）“文件”菜单：该菜单下命令可以实现文件的基本操作，如新建、打开、保存和打印等功能，如图 2–19 所示。

（2）“编辑”菜单：该菜单下包含着软件操作过程中的一些编辑命令，如复制、粘贴、全选和删除等功能，如图 2–20 所示。

（3）“视图”菜单：该菜单下包含了与软件视图显示相关的所有命令，如工具栏、功能区和显示背景等功能，如图 2–21 所示。

（4）“项目”菜单：该菜单下主要包含了与项目有关的命令，如元件样式编辑、全局变量和项目设置等功能，如图 2–22 所示。

（5）“布局”菜单：该菜单下主要包含了与页面布局有关的命令，如对齐、组合、分布和锁定等功能，如图 2–23 所示。

（6）“发布”菜单：该菜单下主要包含了与原型发布有关的命令，如预览、预览选项和生成 HTML 文件等功能，如图 2–24 所示。

（7）“团队”菜单：该菜单下主要包含与团队协作相关的命令，如从当前文件创建团队项目等功能，如图 2–25 所示。

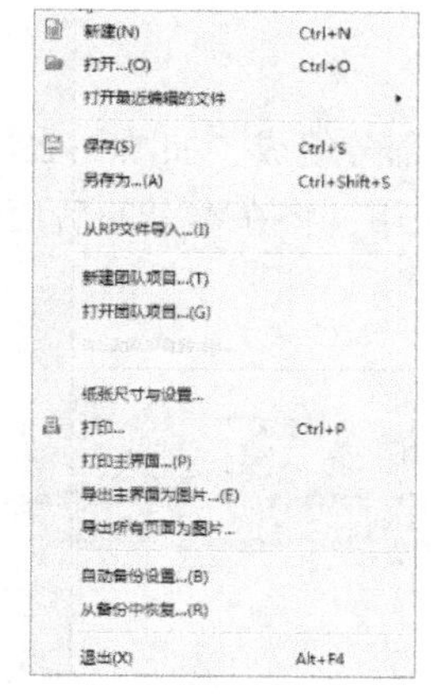

图2-19 “文件”菜单

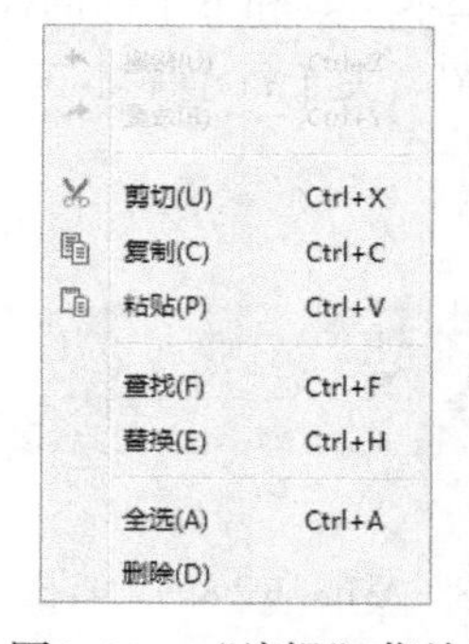

图2-20 “编辑”菜单

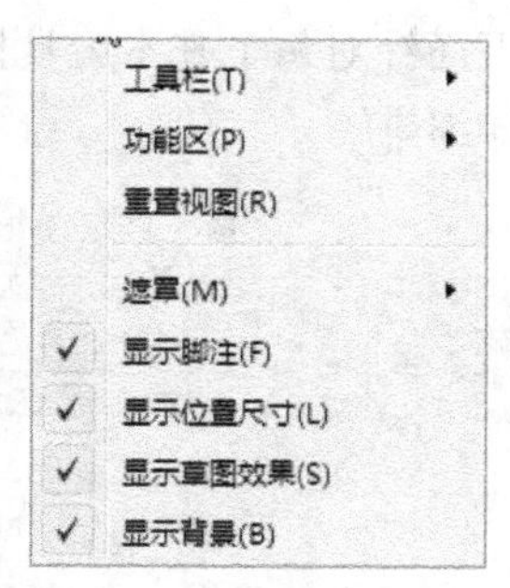

图2-21 “视图”菜单

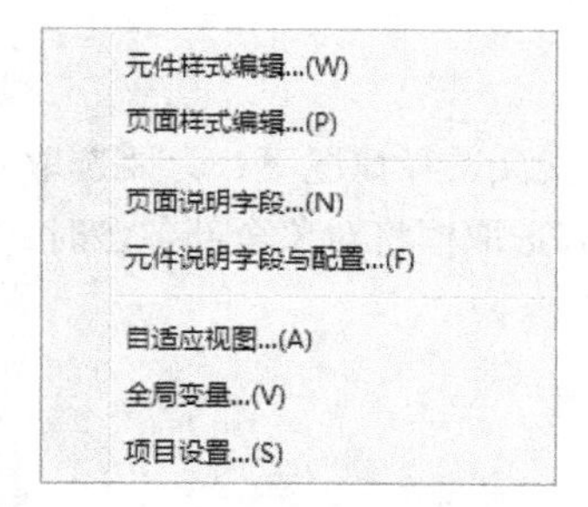

图2-22 “项目”菜单

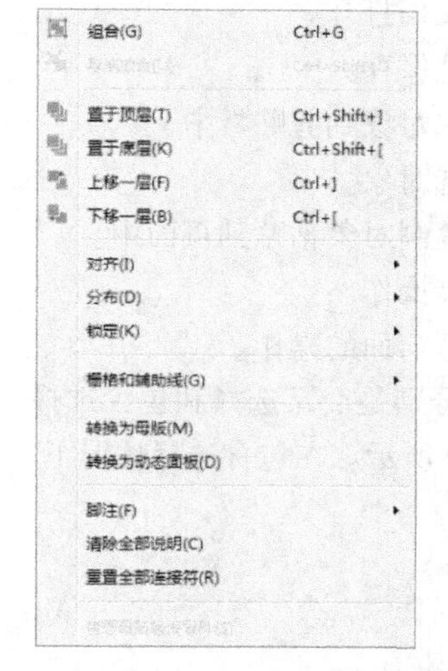

图2-23 “布局”菜单

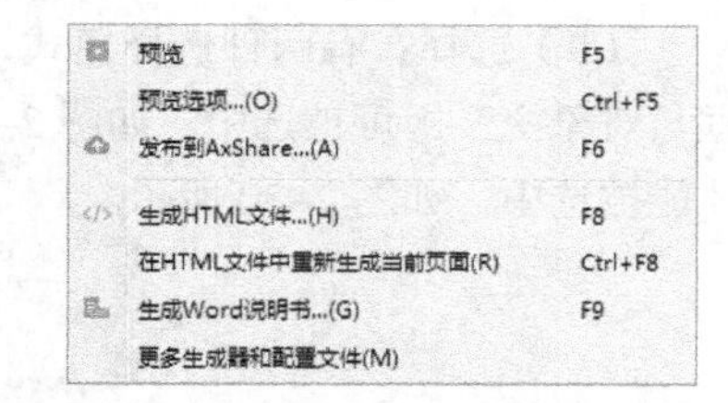

图2-24 “发布”菜单

（8）“账户”菜单：该菜单下用户可以登录 Axure 的个人账户，获得 Axure 的专业服务，如图 2-26 所示。

（9）“帮助”菜单：该菜单下主要包含了与帮助有关的命令，如在线培训教学和查找在线帮助等功能，如图 2-27 所示。

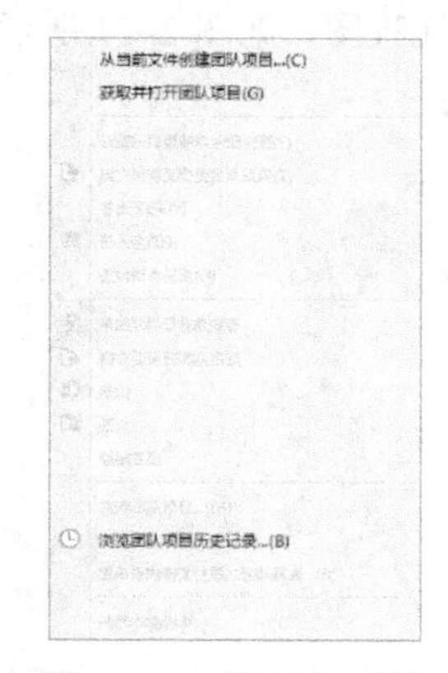

图2-25 “团队”菜单

图2-26 “账户”菜单

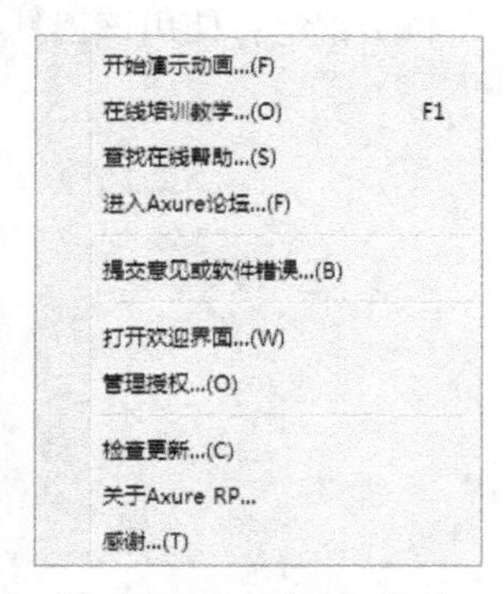

图2-27 “帮助”菜单

2.4.2 工具栏

Axure RP 8中的工具栏由上半部的基本工具和下半部的样式工具两部分组成，如图2–28所示。下面针对每个基本工具按钮进行介绍。关于每个基本工具的具体使用，将在本书的后面章节中详细讲解。

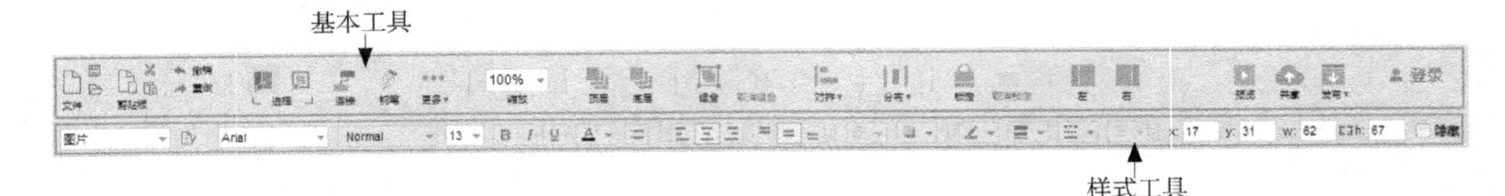

图2–28 Axure RP 8的工具栏

（1）新建：单击即可完成一个新文档的创建。

（2）打开：单击即可选择一个文档打开。

（3）保存：单击即可将当前文档保存。

（4）复制：单击将复制当前所选对象到剪贴板中。

（5）剪切：单击将剪切当前所选对象。

（6）粘贴：单击将剪贴板中的复制对象粘贴到页面中。

（7）撤销：单击将向后撤销一步操作。

（8）重做：单击将向前再次执行前面的操作。

（9）选择：有两种选择模式，分别是交叉选择和包含选择。在交叉选择情况下，只要选取框与对象交叉即可被选中，如图2–29所示。在包含选择情况下，只有选取框将对象全部包含时，才能被选中，如图2–30所示。

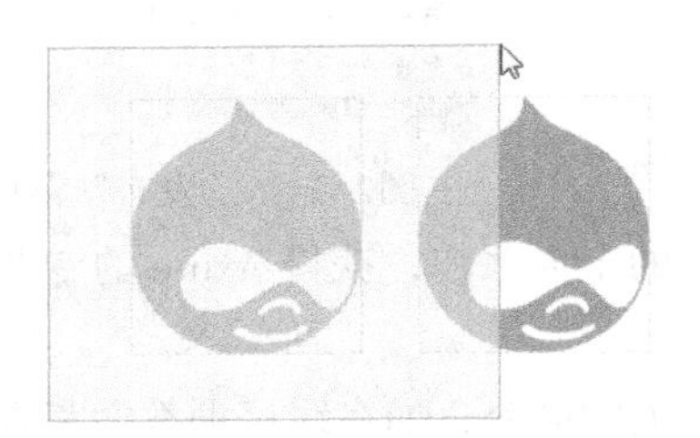

图2–29 交叉选择

图2–30 包含选择

（10）连接：使用该工具可以将流程图元件连接起来，形成完整的流程图，如图2–31所示。

（11）钢笔：使用该工具可以绘制任意想要的图形，如图2–32所示。

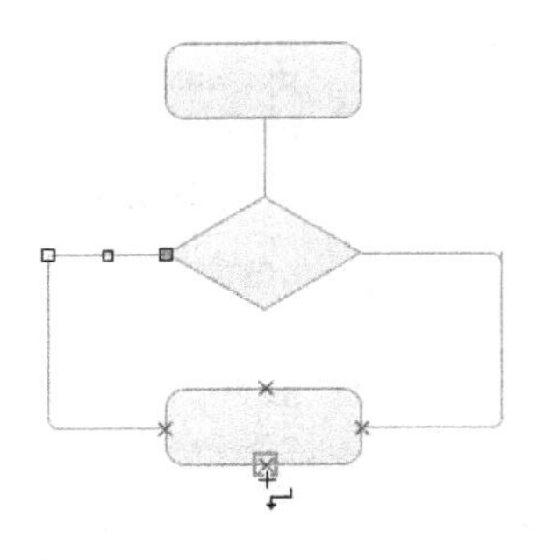

图2–31 连接工具

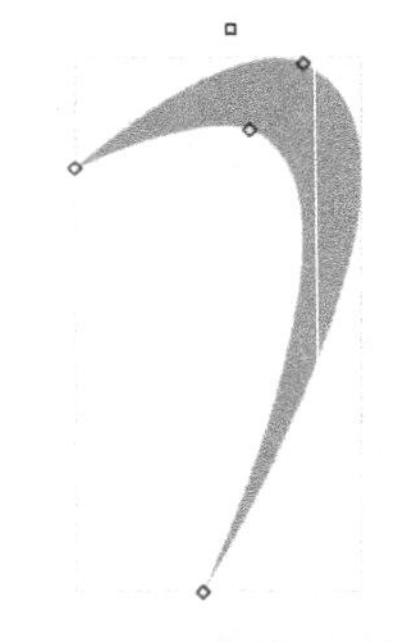

图2–32 钢笔工具

（12）边界点：使用钢笔工具绘制图形，或将元件转为自定义形状后，使用该工具可以完成对图形锚点的调整，获得更多的图形效果。

知识链接

关于“边界点”的使用，将在本书的 4.7.2 小节中详细讲解。

（13）切割：使用该工具可以完成元件的切割操作。有切割、横切和竖切 3 种模式供用户选择，如图 2-33 所示。

图2-33 切割、横切及竖切模式

（14）裁剪：当选中对象为图像时，使用该工具可以完成图像的裁剪、剪切和复制操作，如图 2-34 所示。

原图

裁剪图

图2-34 裁剪

（15）连接点：使用该工具可以调整元件默认的连接位置，如图 2-35 所示。

图2-35 使用“连接点”工具调整

（16）格式刷：使用该工具可以快速地将设置好的样式指定给特定对象或全部对象，如图 2-36 所示。

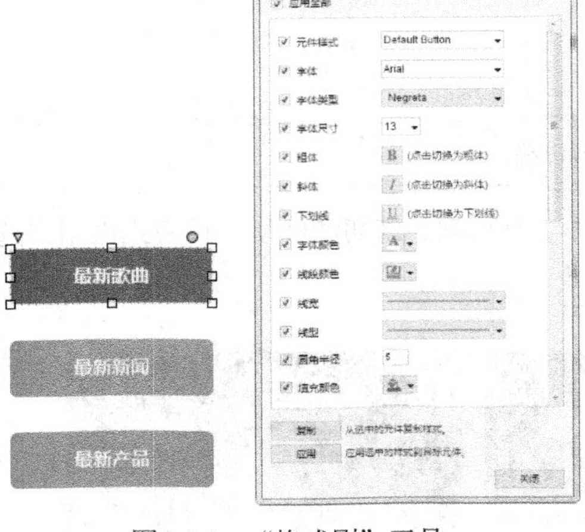

图2-36 “格式刷”工具

知识链接

关于“格式刷”的使用，将在本书的 4.6.4 小节中详细讲解。

（17）缩放：在此下拉列表中，用户可以选择视图的缩放比例，从 400%~10%，以查看不同尺寸的文件效果。

（18）顶层：当页面中同时有 2 个以上的元件时，可以通过单击该按钮，将选中的元件移动到其他元件顶部。

（19）底层：当页面中同时有 2 个以上的元件时，可以通过单击该按钮，将选中的元件移动到其他元件底部。

（20）组合：同时选中多个元件，单击该按钮，可以将多个元件组合成一个元件参与制作。

（21）取消组合：单击该按钮可以取消组合操作，组合对象中的每一个元件将变回单个对象。

（22）对齐：同时选中 2 个以上对象，可以在该下拉选项中选择不同的对齐方式对齐对象，如图 2-37 所示。

（23）分布：同时选中 3 个以上对象，可以在该下拉选项中选择水平分布或垂直分布，如图 2-38 所示。

（24）锁定：单击该按钮，将锁定当前选中对象。锁定对象不再参与除选中以外的其他任何操作。

（25）取消锁定：单击该按钮，将取消当前选中对象的锁定状态。

（26）左：单击该按钮，将隐藏视图中的左侧面板。按组合键 Ctrl+Alt+[可以快速地隐藏视图左侧面板。

（27）右：单击该按钮，将隐藏视图中的右侧面板。按组合键 Ctrl+Alt+] 可以快速地隐藏视图右侧面板。

（28）预览：单击该按钮，将自动生成 HTML 预览文件。

（29）共享：单击该按钮，将自动把项目发布到 Axure Share 上，获得一个 Axure 提供的地址，以便在不同设备上测试效果，如图 2-39 所示。

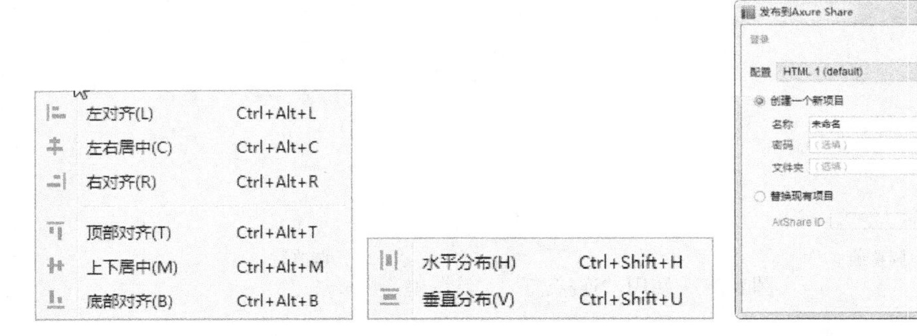

图2-37 对齐选项　　图2-38 分布选项　　图2-39 发布到Axure Share

（30）发布：单击该按钮，将弹出与“发布”菜单相同的菜单，如图 2–40 所示。用户可根据需求选择命令。

（31）登录：单击该按钮，将弹出“登录”对话框，如图 2–41 所示。用户可以选择输入邮箱和密码登录或者重新注册一个新账号。

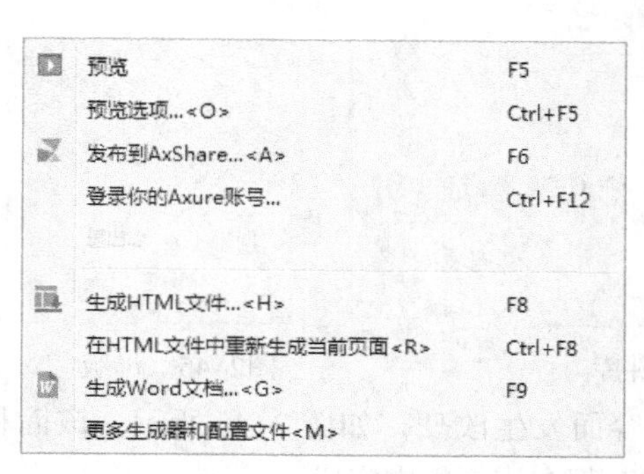

图2–40 “发布”菜单

图2–41 “登录”对话框

知识链接

样式工具主要是为了方便元件样式设置的。具体功能将在本书的第 4 章中详细介绍。

2.4.3 面板

在 Axure RP 8 中一共为用户提供了 5 个功能面板，分别是页面、元件库、母版、检视和概要。默认情况下，这 5 个面板分为 2 组，分别排列于视图的两侧，如图 2–42 所示。

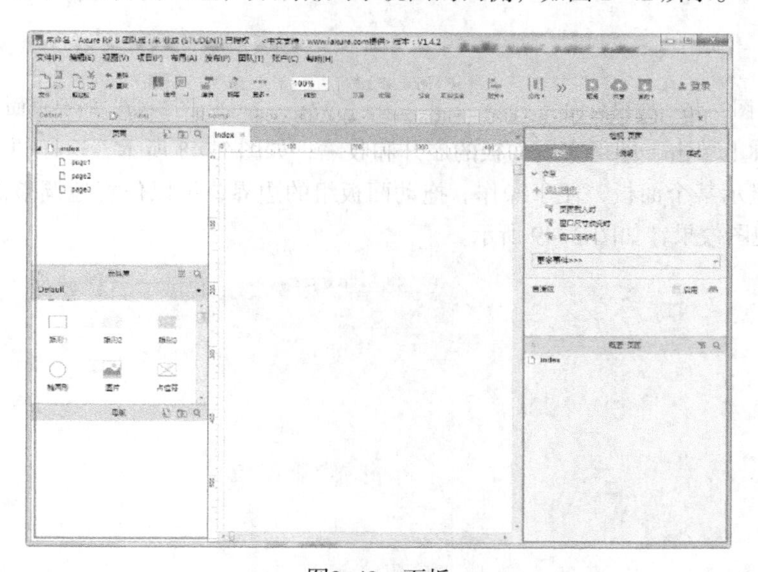

图2–42 面板

（1）页面：在该面板中可以完成有关页面的所有操作，如新建页面、删除页面和查找页面等，如图 2–43 所示。

（2）元件库：在该面板中保存着 Axure RP 8 的所有元件，如图 2-44 所示。用户还可以在该面板中完成元件库的创建、下载和载入。

（3）母版：该面板用来显示页面中所有的母版文件，如图 2-45 所示。用户可以在该面板中完成各种有关母版的操作。

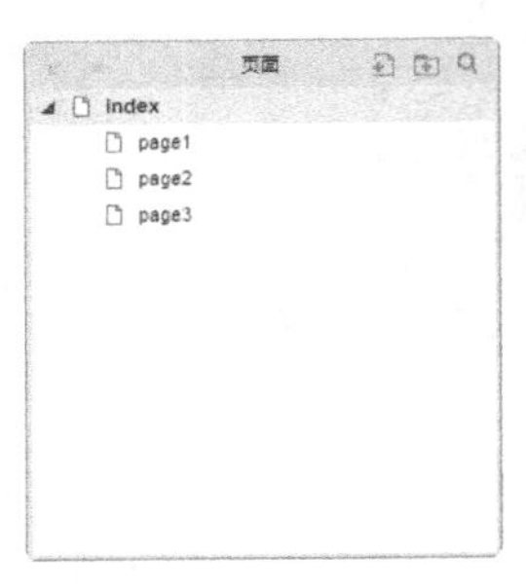

图2-43　页面

图2-44　元件库

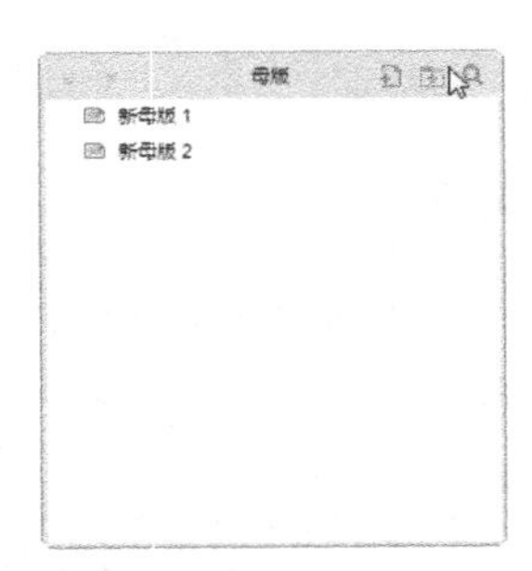

图2-45　母版

（4）检视：该面板的内容会根据当前所选内容而发生改变，如图 2-46 所示。该面板是 Axure RP 8 中最重要的面板，大部分的元件效果和交互都在该面板中完成。

（5）概要：该面板中主要显示当前面板中的所有元件，如图 2-47 所示。用户可以很方便地在该面板中找到元件并对其进行各种操作。

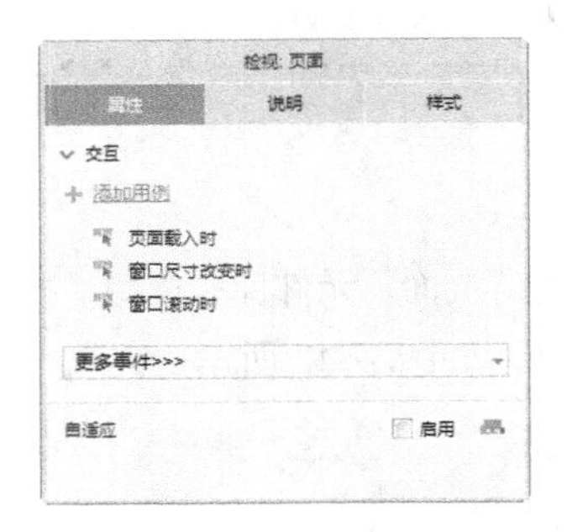

图2-46　检视页面

图2-47　概要页面

在面板名称上单击，即可实现面板的展开和收缩，如图 2-48 所示，这样便于用户在不同情况下最大化地显示某个面板，便于操作。拖动面板组的边界，可以任意地调整面板的宽度，获得个人满意的视图效果，如图 2-49 所示。

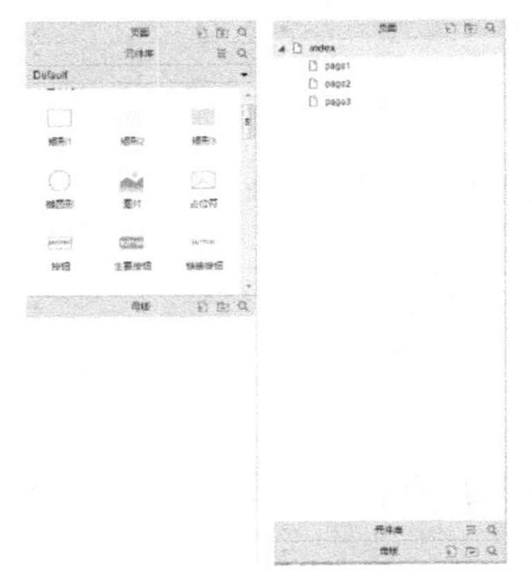

图2-48　面板的展开和收缩

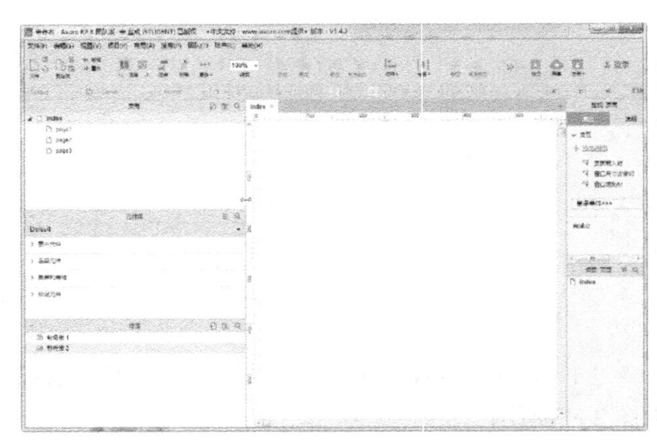

图2-49　调整面板的宽度

每个面板的左上角都有一个“弹出”按钮，单击该按钮，即可将该面板弹出为浮动状态。浮动后的面板在左上角出现“停靠”和“关闭”两个按钮。单击“停靠”按钮，面板则恢复到初始位置。单击“关闭”按钮，则会关闭当前面板。这样的操作可以使用户获得更为自由的工作界面。

关闭后的面板如果想要再次显示，用户可以通过执行“视图 > 功能区”命令，在菜单中选择想要显示的面板即可，如图 2–50 所示。

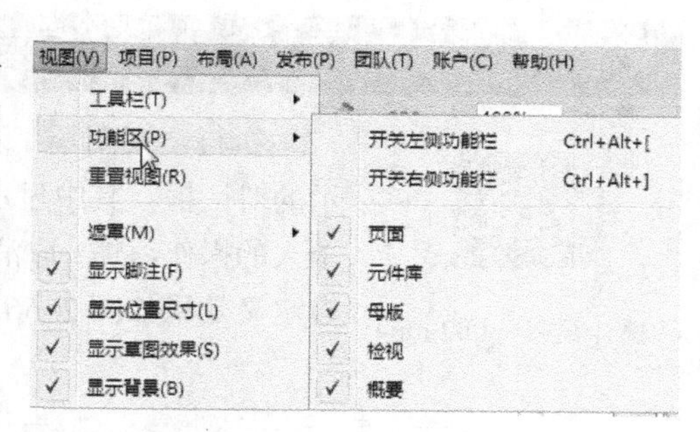

图2–50 “视图>功能区”命令

2.4.4 工作区

工作区是 Axure RP 8 创建原型的地方。当用户新建一个页面后，在工作区的左上角将显示页面的名称，如图 2–51 所示。如果用户同时打开多个页面文件，则工作区将以卡片的形式将所有页面排列在一起，如图 2–52 所示。

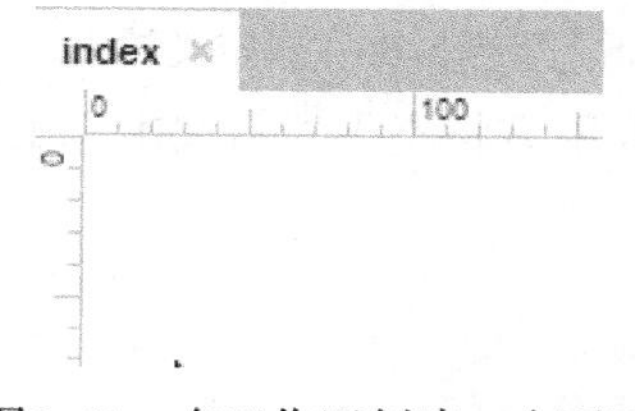

图2–51 在工作区创建一个页面

图2–52 在工作区打开多个页面

提示

单击页面名即可快速切换到当前页面中。通过拖动的方式，可以调整页面显示的顺序。单击页面名右侧的图标，将关闭当前文件。

当页面过多时，用户可以通过单击工作区右上角的“选择与管理标签”按钮，在弹出的下拉菜单中选择命令，执行关闭标签、关闭全部标签、关闭其他标签和跳转到其他页面的操作，如图 2–53 所示。

图2–53 “选择与管理标签”菜单

2.5 自定义工作界面

每个用户的操作系统都不相同，Axure RP 8 为了照顾到所有用户的操作习惯，允许用户根据个人喜好自定义工具栏和工作面板。

2.5.1 自定义工具栏

工具栏由“基本工具”和“样式工具”两部分组成。执行“视图 > 工具栏”命令，取消对应菜单前面的选择，即可将该工具隐藏，如图 2–54 所示。

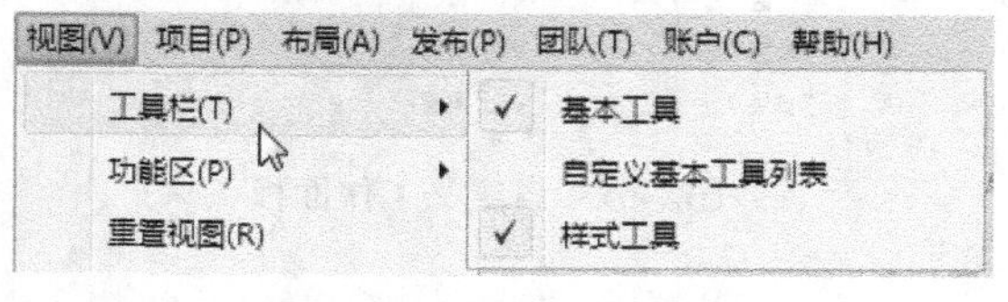

图2–54 自定义工具栏

实战操作：自定义工作区

操作视频：002.mp4

执行“视图 > 工具栏 > 自定义基本工具列表”命令，弹出图 2–55 所示的对话框。其中显示在工具栏上的工具都为被选中状态。用户可以根据个人的操作习惯，取消或者勾选工具选项，自定义工具栏单击 DONE 按钮，自定义效果如图 2–56 所示。

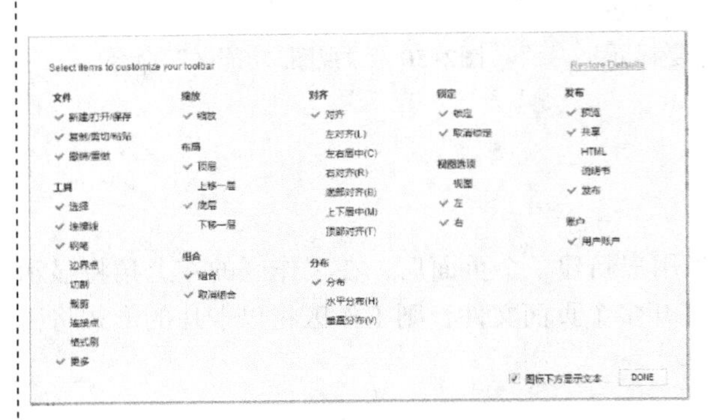

图2–55 对话框

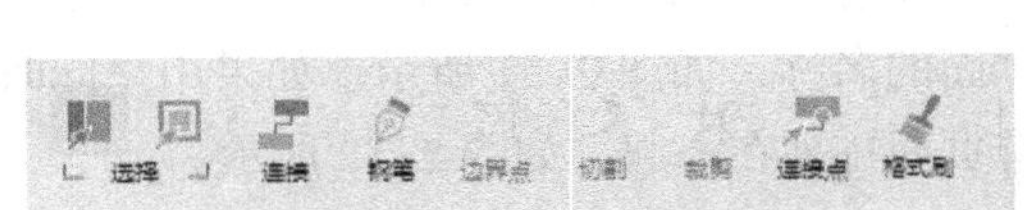

图2–56 自定义效果

取消“图标下方显示文本”选项，则工具栏上的工具下方将不再显示文本，工具栏显示效果如图 2–57 所示。

图2–57 工具栏显示效果

2.5.2 自定义工作面板

用户也可以通过执行“视图 > 功能区”命令，选择需要显示的面板，如图 2–58 所示。具体的操作方法已经在前面章节讲过，此处不再赘述。

用户可以选择执行“视图 > 重置视图”命令，如图 2–59 所示。将操作造成的混乱视图重置为最初的界面布局。重置后的视图将恢复到默认视图状态。

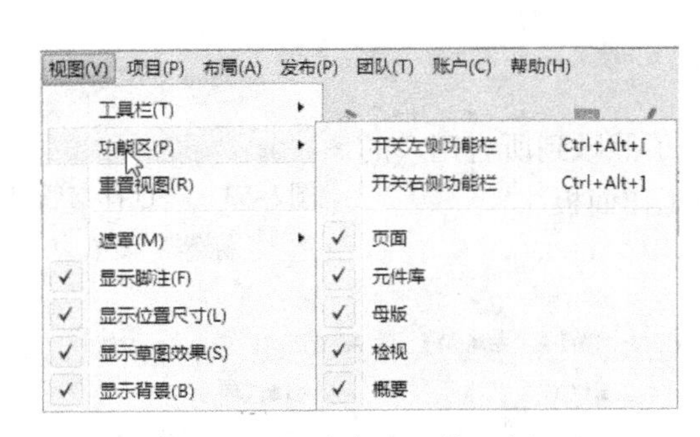

图2–58 自定义工作面板

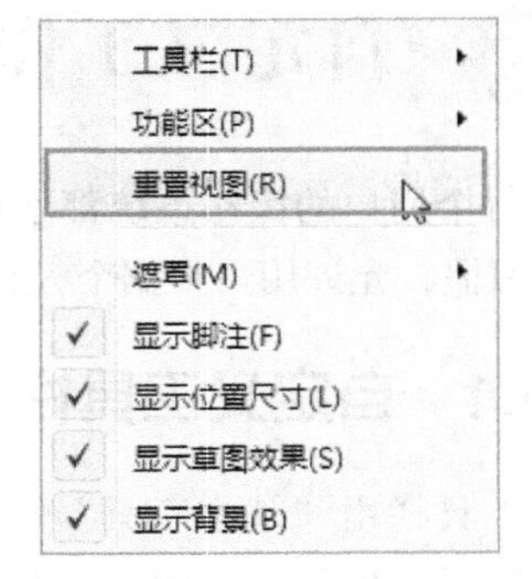

图2–59 “视图>重置视图”命令

2.6 使用 Axure RP 8 的帮助资源

用户在使用 Axure RP 8 软件的过程中，如果遇到问题，可以通过“帮助”菜单解答，如图 2-60 所示。

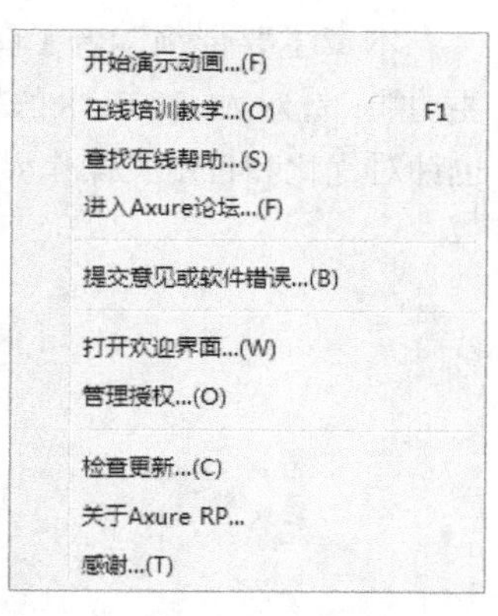

图2-60 “帮助”菜单

初学者可以执行“在线培训教学”命令，进入 Axure RP 8 的教学频道，通过网站视频学习软件的使用，如图 2-61 所示。执行“查找在线帮助”命令来解决一些操作中遇到的问题。执行“进入 Axure 论坛”命令可以快速加入 Axure 大家庭，与世界各地的 Axure 用户分享软件使用的心得。

用户在软件的使用中如果遇到一些软件错误，或者想要提出一些建议，可以执行“提交意见或软件错误”命令，在“提交反馈”对话框中填写相关信息，如图 2-62 所示。用户将意见和错误发送给软件开发者，有利于双方共同提高软件的稳定性和安全性。

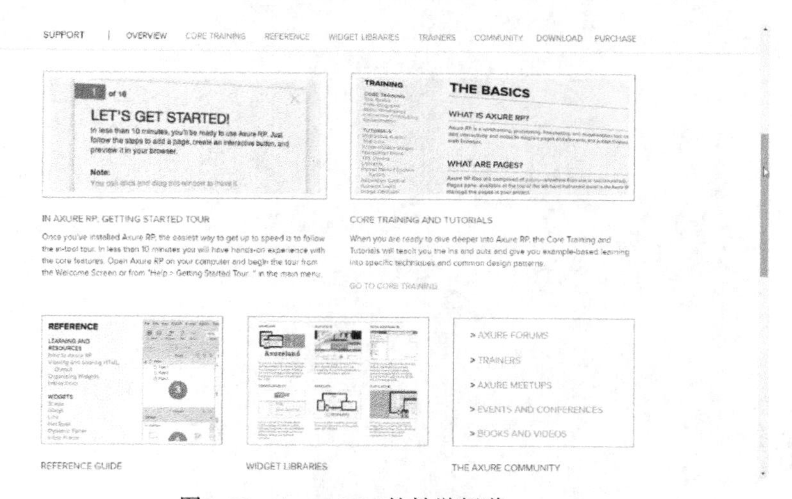

图2-61 Axure RP 8的教学频道

执行“打开欢迎界面”命令，可以再次打开“欢迎界面”对话框，方便用户快速创建和打开文件，如图 2-63 所示。

图2-62 “提交反馈”对话框

图2-63 “欢迎界面”对话框

2.7 本章小结

本章主要带领读者了解 Axure RP 8 的基础知识，讲解软件的下载及安装、Axure RP 8 的主要功能，针对 Axure RP 8 的软件界面进行了深度的剖析。在帮助读者了解和熟悉操作界面的同时，也针对优化和自定义操作界面进行了详细的介绍，为后面章节的学习打下基础。

第3章 页面管理与自适应视图

在开始原型设计学习之前，读者要先了解页面的基本管理和设置，并对页面所提供的各种辅助工具有所了解，从而创建出符合规范的站点。同时，读者要深刻理解自适应视图设置在网页输出时的必要性，为设计制作辅助的互联网模型打下基础。

本章知识点

- ❖ 了解站点的概念
- ❖ 掌握页面管理的操作
- ❖ 掌握辅助线的创建与管理
- ❖ 掌握页面设置的各项操作
- ❖ 理解自适应视图的原理
- ❖ 完成自适应视图的设置

3.1 使用欢迎界面

在启动 Axure RP 8 时，会自动弹出“欢迎使用 Axure RP 8”界面，如图 3-1 所示。在该界面中用户可以通过单击“新建文件”按钮，新建一个 Axure 文件。单击“打开文件”按钮，打开一个 .rp 格式的文件，再次编辑修改。

图3-1　“欢迎使用Axure RP 8”界面

对话框的左下角显示了最近操作的 5 个文件，用户单击即可快速打开。同时，界面为用户提供了学习使用的“练习资料”，如图 3-2 所示，帮助使用者快速掌握软件的使用。用户也可以通过访问 Axure 论坛、Axure 博客和 Axure 支持，获得更多的资源，如图 3-3 所示。

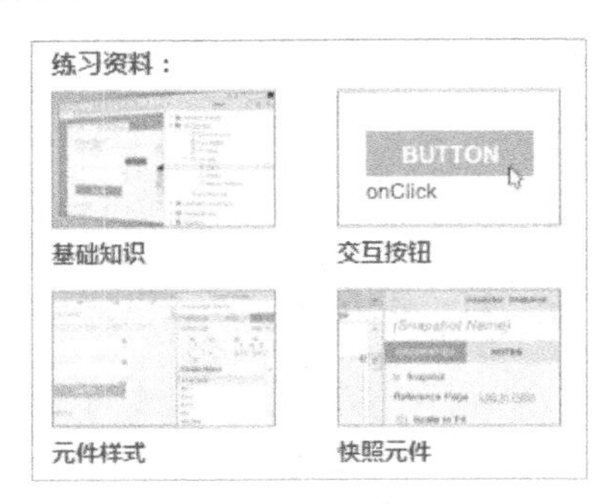

图3-2　练习资料

更多资源：
Axure 论坛 > >
Axure 博客 > >
Axure 支持 > >

图3-3　更多资源

提示

勾选“不再显示”复选框，下次启动 Axure RP 8 时，欢迎界面将不会显示。执行“帮助 > 打开欢迎界面”命令，即可再次打开该界面。

3.2 新建和设置 Axure 文件

在开始创建原型之前，首先要创建一个新文件，确定原型的内容和应用领域，这样才能保证最终原型的准确性。不了解清楚用途就贸然开始制作，浪费时间不说，还会造成不可预估的损失。

除了通过“欢迎界面”新建文件外，用户还可以通过执行“文件 > 新建”命令或者单击工具栏上的“新建”按钮，完成文件的创建，如图 3–4 所示。

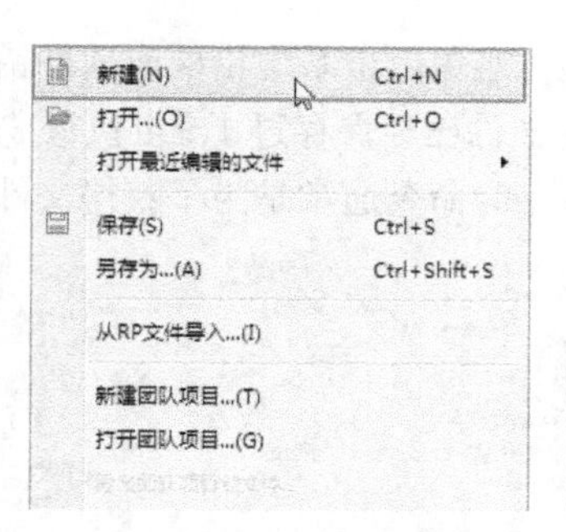

图3–4 新建文件

3.2.1 纸张尺寸与设置

此项命令是 Axure RP 8 新增的功能，用来帮助用户更加方便快捷地设置文件尺寸和属性。执行“文件 > 纸张尺寸与设置”命令，即可打开“纸张尺寸与设置”对话框，如图 3–5 所示。

（1）纸张尺寸：用户可以从下拉列表中选择预设的纸张尺寸，也可以通过选择“自定义”选项，手动输入自定义尺寸，如图 3–6 所示。

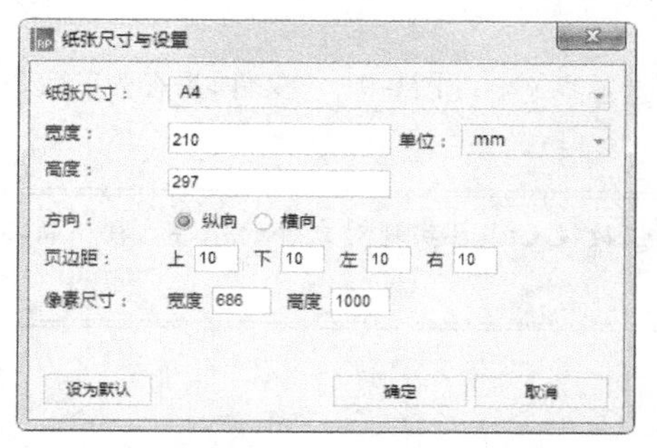

图3–5 “纸张尺寸与设置”对话框

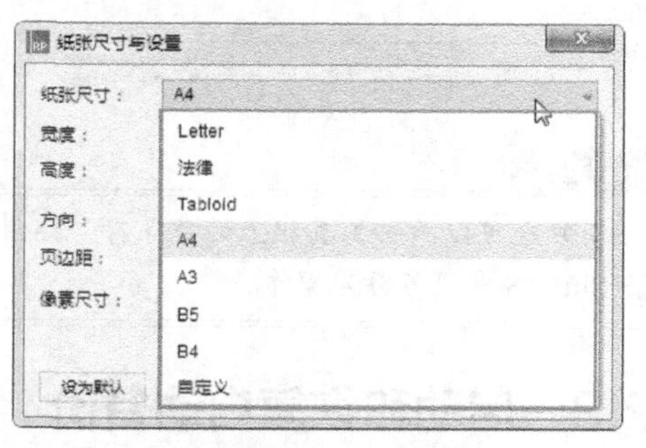

图3–6 纸张尺寸与设置

（2）宽 / 高：用来显示新建文档的尺寸，也可用来输入自定义的纸张宽、高尺寸。

（3）单位：选择英寸或毫米作为宽、高、页边距使用的测量单位。

（4）方向：选择竖向或横向的纸张朝向。

（5）页边距：指定纸张上、下、左、右方向上的外边距值，如图 3–7 所示。

（6）像素尺寸：指定每个打印纸张像素尺寸。

（7）设置默认：将当前尺寸设置为默认尺寸，下次新建文件时自动显示。

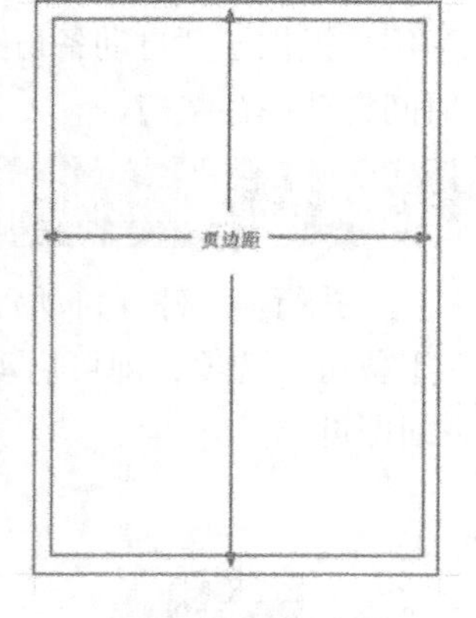

图3–7 页边距

提示

像素尺寸将自动保持宽高比，其宽高比将适配为打印纸张尺寸减去页边距后的宽高比。

3.2.2 文件存储

执行“文件 > 保存”命令，弹出“另存为”对话框，如图 3–8 所示。输入“文件名”，选择“保存类型”后，单击“保存”按钮，即可完成文件的保存操作。在制作原型过程中，一定要做到经常保存，避免由于系统错误或软件错误导致软件关闭，造成不必要的损失。

当前文件已经保存过了，再执行“文件 > 另存为”命令，即可弹出“另存为”对话框，如图 3–9 所示。另存为命令通常是为了获得文件的副本，或者重新开始一个新的文件。

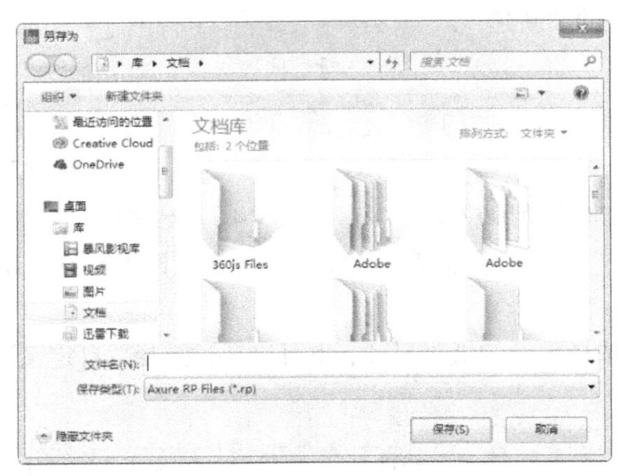

图3–8　“另存为”对话框

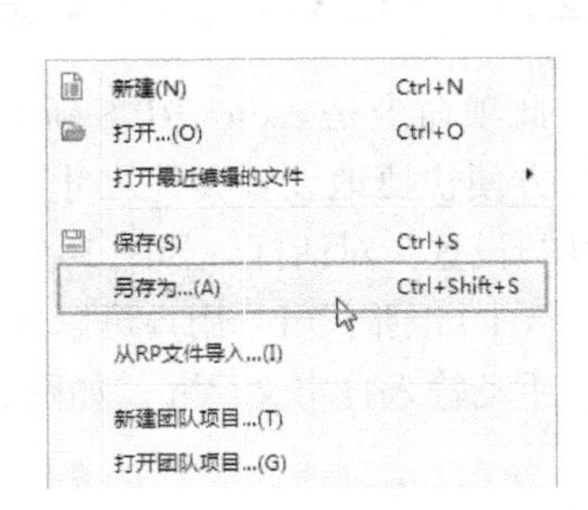

图3–9　“文件>另存为”命令

小技巧

用户也可以单击工具栏上的“保存”按钮或者按下快捷键 Ctrl+S 实现对文件的保存，按下快捷键 Ctrl+Shift+S 实现另存为操作。

3.2.3　启动和恢复自动备份

为了保证用户不会因为电脑死机或软件崩溃等问题未存盘，而造成不必要的损失，Axure RP 8 为用户提供了“自动备份”的功能。该功能与 Word 中的自动保存功能一样，会按照用户设定的时间自动保存文档。

实战操作：设置自动备份

执行“文件 > 自动备份设置”命令，弹出“备份设置”对话框，如图 3–10 所示。勾选“启用备份”选项，即可启动自动备份功能。在“备份间隔”的文本框中输入希望间隔保存的时间即可。

操作视频：003.mp4

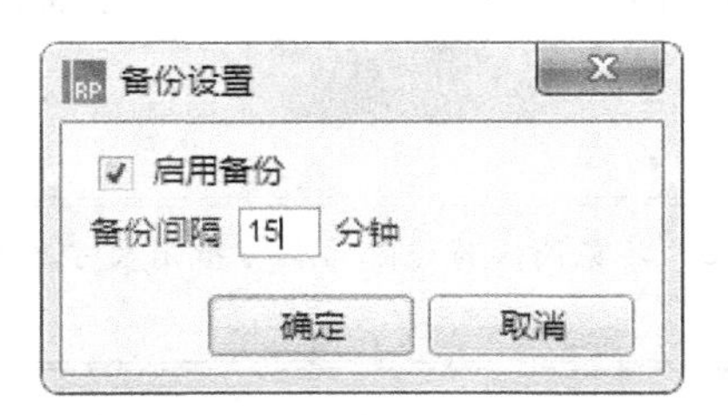

图3–10　“备份设置”对话框

如果用户出现意外，需要恢复自动备份时的数据，可以执行“文件 > 从备份中恢复”命令，在弹出的“从备份中恢复文件”对话框中设置文件恢复的时间点，如图 3–11 所示。选择自动备份日期后，单击“恢复”按钮，即可完成文件的恢复操作。

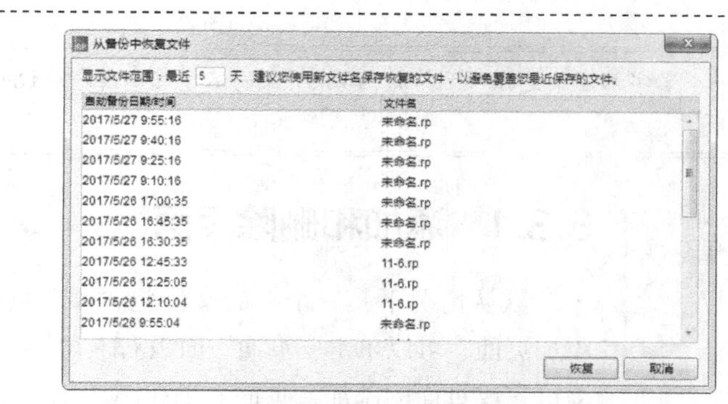

图3-11 “从备份中恢复文件”对话框

3.2.4 存储格式

Axure RP 8 支持 3 种文件格式，即 RP 文件格式、RPPRJ 文件格式和 RPLIB 文件格式。不同文件格式的使用方式不同。

（1）RP 文件格式

RP 文件格式是指单一用户模式，是设计师使用 Axure 进行原型设计时创建的单独的文件，是 Axure 的默认存储文件格式。以 RP 格式保存的原型文件是作为一个单独文件存储在本地硬盘上的。这种 Axure 文件与其他应用文件，如 Excel、Visio 和 Word 文件完全相同，文件图标如图 3-12 所示。

图3-12 RP文件图标

（2）RPPRJ 文件格式

RPPRJ 文件是指团队协作的项目文件，通常用于团队中多人协作处理同一个较为复杂的项目。不过，自己制作复杂的项目时也可以选择使用团队项目，因为团队项目允许随时查看并恢复到任意的历史版本。

（3）RPLIB 文件格式

RPLIB 文件格式是指自定义元件库模式，该文件格式用于创建自定义的元件库。读者可以到网上下载 Axure 元件库使用，也可以自己制作自定义元件库，并将其分享给其他成员使用，文件图标如图 3-13 所示。关于元件库的使用，将在本书的第 4 章详细介绍。

图3-13 RPLIB文件图标

3.3 页面管理

新建 Axure RP 8 文件后，软件将自动为用户创建 4 个页面，包括 1 个主页和 3 个二级页面，用户可以在“页面”面板中查看，如图 3-14 所示。

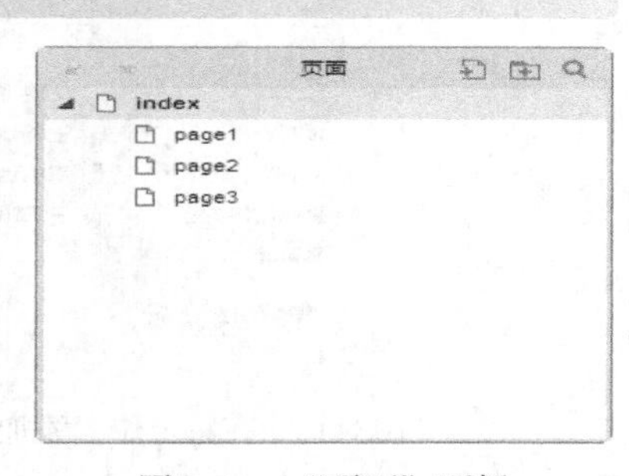

图3-14 “页面”面板

每个页面都有一个名字，为了便于查找制作，用户可以为页面重新制订名称。选择页面，在该页面名上单击，即可重命名该页面。

提示

为页面命名时，每一个名字都应该是独一无二的，而且页面的名字可以清晰地说明每个页面的内容，这样原型才更容易被理解。

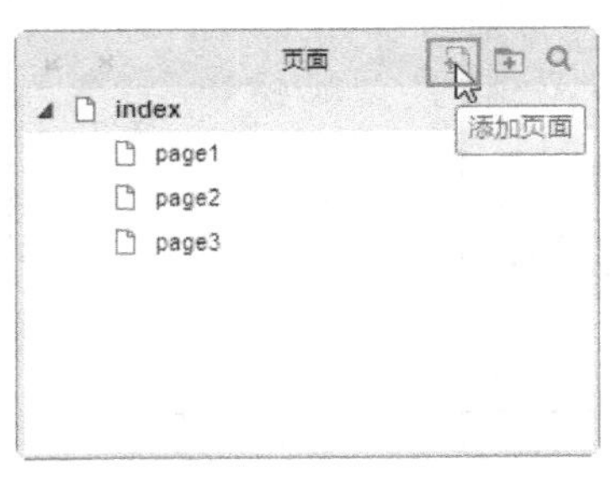

图3-15　添加页面效果

3.3.1　添加和删除页面

默认情况下，一个新的文件包含 4 个页面，如果用户需要添加页面，可以单击“页面”面板右上角的“添加页面”按钮，即可完成页面的添加，页面效果如图 3-15 所示。

为了方便对页面的管理，通常会将同类型的页面放在一个文件夹下，单击“页面”面板右上角的“添加文件夹”按钮，如图 3-16 所示，即可完成文件夹的添加，如图 3-17 所示。

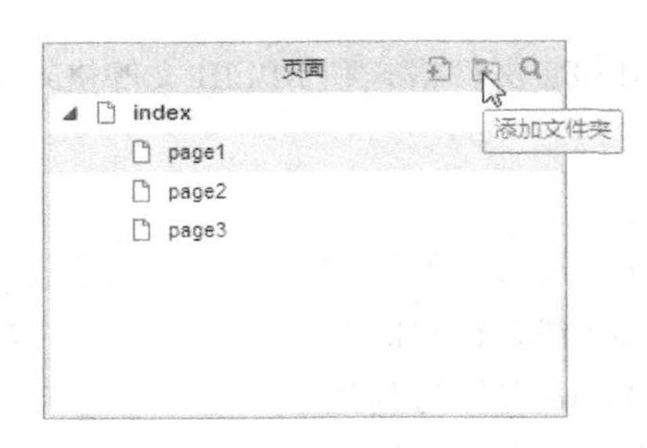

图3-16　添加文件夹

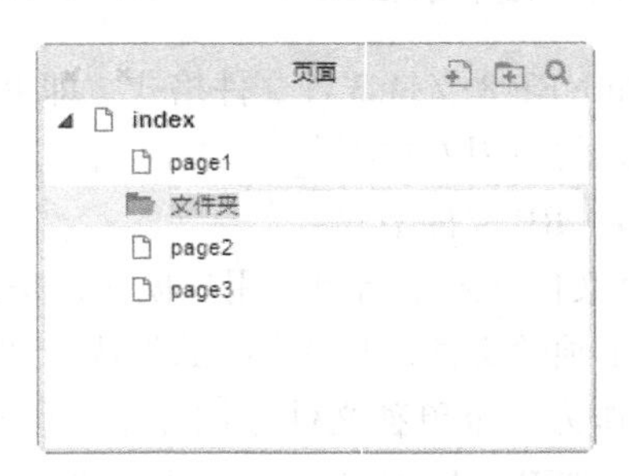

图3-17　文件夹添加完成效果

用户如果希望在特定的位置添加页面或文件夹，可以首先在“页面”面板中选择一个页面，然后单击鼠标右键，在弹出的快捷菜单中选择“添加”选项命令，如图 3-18 所示，即可完成添加。

（1）文件夹：将在当前文件下创建一个文件夹。

（2）上方添加页面：将在当前页面之前创建一个页面。

（3）下方添加页面：将在当前页面之后创建一个页面。

（4）子页面：将为当前页面创建一个子页面。

用户如果想要删除某个页面，可以首先选择想要删除的页面，按下键盘上的 Delete 键即可完成删除操作。也可以在文件上单击右键，在弹出的快捷菜单中选择“删除”命令，即可完成删除，如图 3-19 所示。

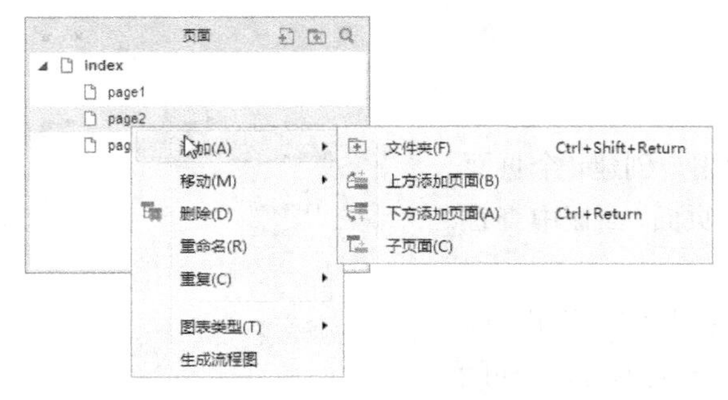

图3-18　在特定位置添加页面或文件夹

图3-19　“删除”命令

3.3.2 移动页面

用户如果想移动页面的顺序或更改页面的级别，可以首先在“页面”面板上选择需要更改的页面，然后单击鼠标右键，在“移动”选项下选择命令即可，如图 3-20 所示。

（1）上移：将当前页面向上移动一层。

（2）下移：将当前页面向下移动一层。

（3）降级：将当前页面转换为子页面。

（4）升级：将当前子页面转换为独立页面。

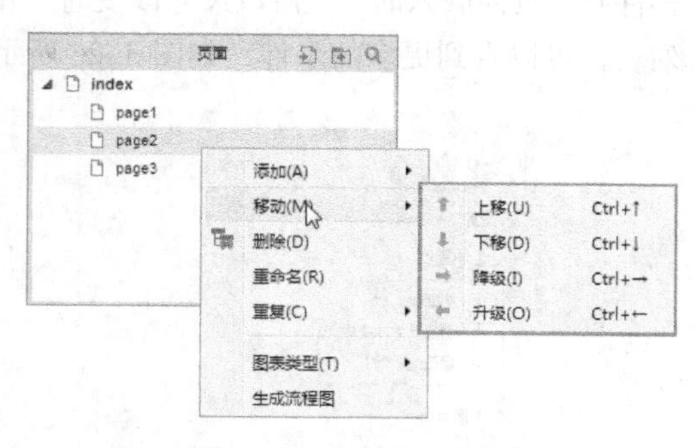

图3-20 “移动”选项

除了可以使用“移动”命令改变页面的层次外，用户还可以按下鼠标左键，采用直接拖动的方法改变页面的层次。

3.3.3 查找页面

通常一个原型的页面少则几个，多则几十个，为了方便用户在众多页面中查找其中某一个页面，Axure RP 8 为用户提供了“查找”功能。

单击“页面”面板右上角的“查找”按钮，在页面顶部出现查找文本框，如图 3-21 所示。输入要查找的页面名称后，即可看到要查找的页面，如图 3-22 所示。

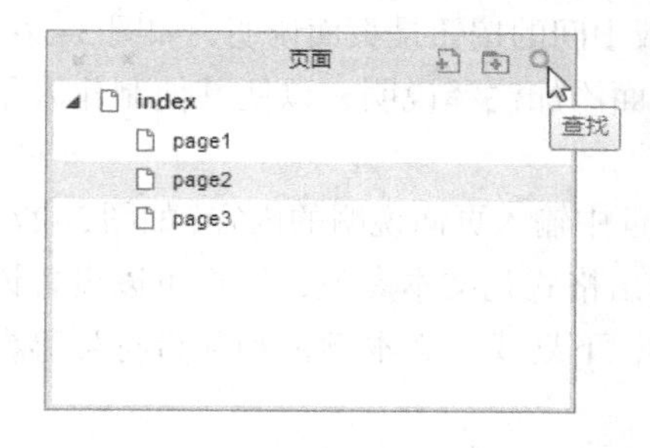

图3-21 单击“查找”按钮

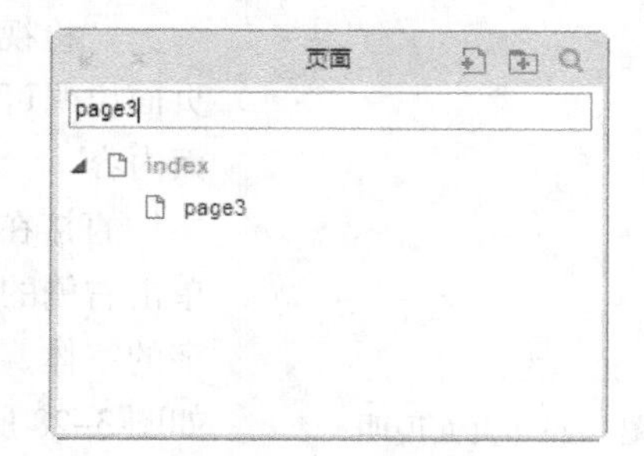

图3-22 输入要查找的页面名称

再次单击“查找”按钮，将取消搜索，“页面”面板将恢复默认状态。

3.4 页面设置

完成页面的新建后，用户在“页面”面板中双击想要编辑的页面，即可进入页面的编辑状态。默认状态下，页面的背景色为白色的空白页面。用户可以在“检视”面板完成页面的设置工作。

3.4.1 页面属性

“检视”面板显示为“检视 : 页面”面板，如图 3-23 所示。

在“属性”选项下可以设置页面的各种交互效果。页面交互

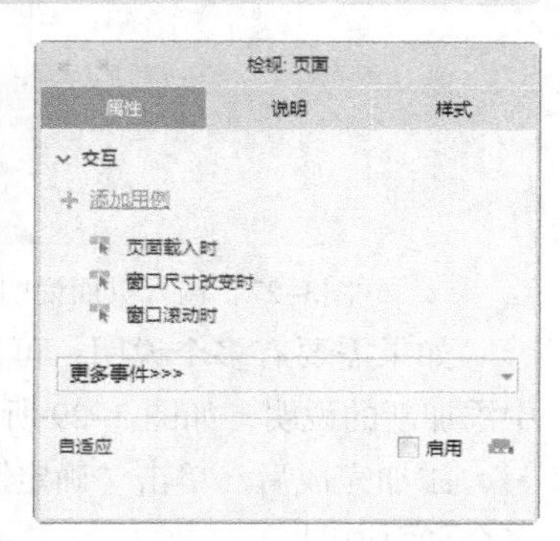

图3-23 “检视:页面”面板

中包含页面的各种触发事件，可以为页面的触发事件添加用例，来执行指定的动作。默认显示的事件有“页面载入时”“窗口尺寸改变时”和“窗口滚动时”，如图 3–24 所示。单击“更多事件”列表，可以看到更多的事件，如图 3–25 所示。

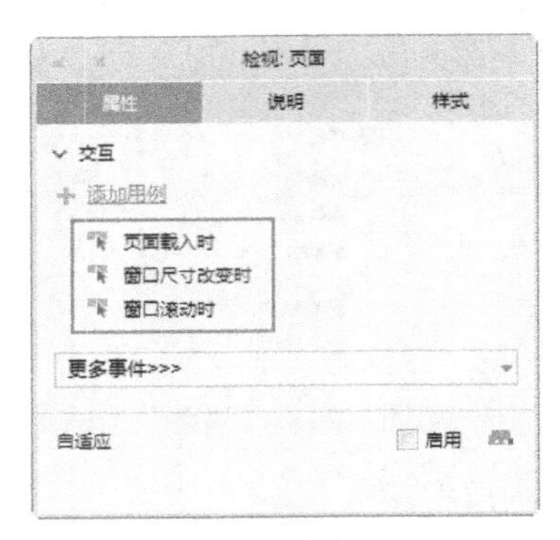

图3–24 默认事件

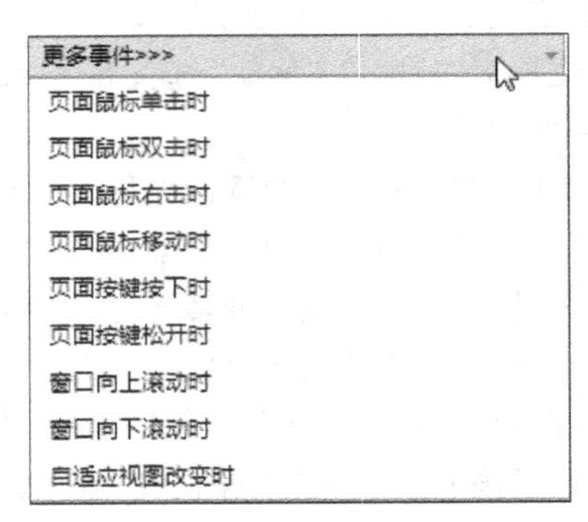

图3–25 “更多事件”列表

知识链接

关于交互的添加，将在本书的第 6 章详细讲解。

3.4.2 页面说明

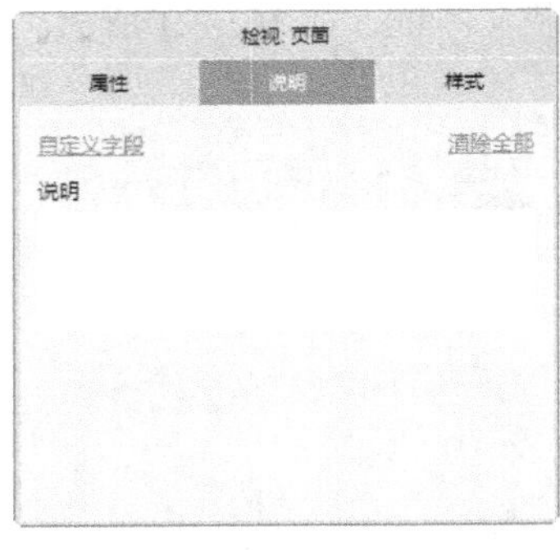

图3–26 页面说明

“检视：页面”面板中间的按钮是页面说明，如图 3–26 所示。页面说明可以在当前页面添加注释说明，以便其他制作人了解页面内容。

直接在下方的文本框中输入页面说明的内容，如图 3–27 所示。单击右侧的 Aa 图标，弹出格式化文本参数，用户可以设置说明文字的字体、加粗、斜体、下划线、文本颜色和项目符号等参数，如图 3–28 所示。

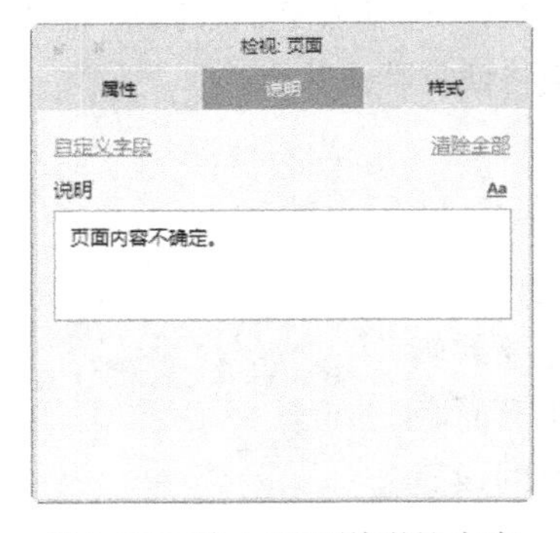

图3–27 输入页面说明的内容

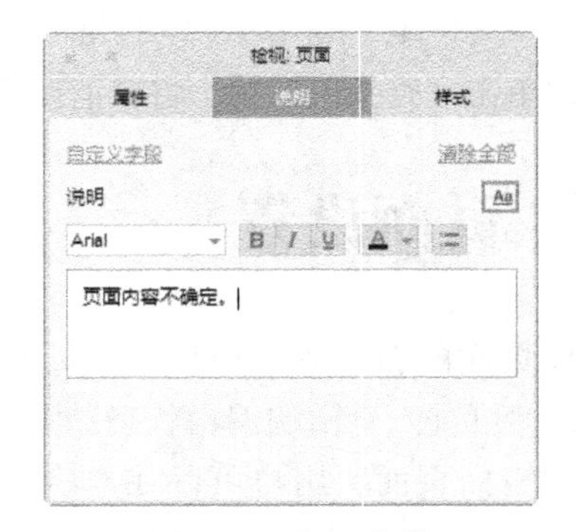

图3–28 设置参数

如果需要有多个说明，可以单击“自定义字段”文字，在弹出的“页面说明字段”对话框中添加新的说明，如图 3–29 所示。

添加完成后，单击“确定”按钮，“检视：页面”对话框如图 3–30 所示。用户可以继续输入多个页面说明。

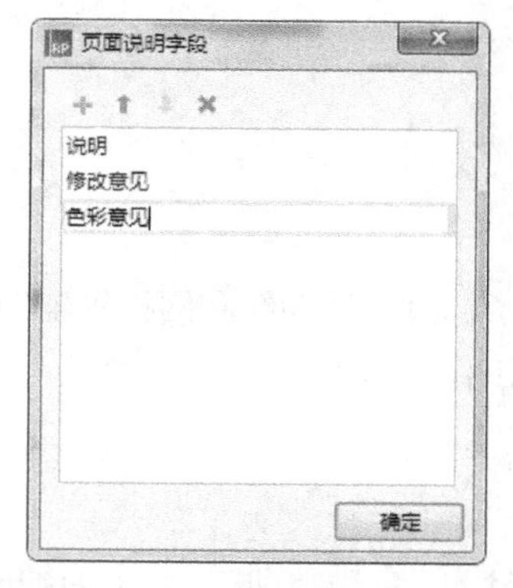

图3-29　“页面说明字段”对话框

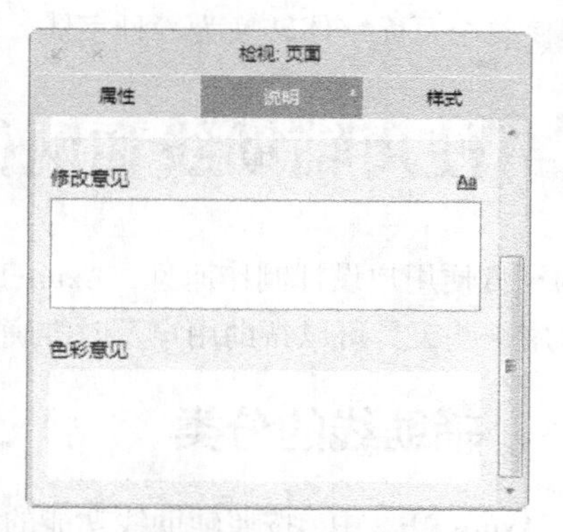

图3-30　修改后的“检视:页面”对话框

3.4.3　页面样式

“检视:页面”面板最右侧的按钮是页面样式，如图 3-31 所示。在当前对话框中可以设置页面的样式、排列方式、背景图片和草图/页面效果。

（1）页面排列：此处的选择将影响最后输出时页面的排列方式，用户可以选择居左或者居中。

（2）背景颜色：此处可以设置页面的背景颜色。

（3）背景图片：此处可以设置页面的背景图片。单击“导入”按钮，选择背景图片即可。单击“清空”按钮，可以将背景图片删除。用户可以设置背景图片的重复方式和位置，如图 3-32 所示。

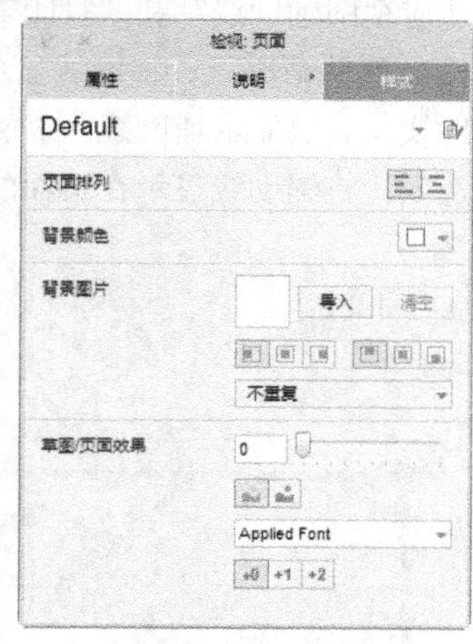

图3-31　页面样式

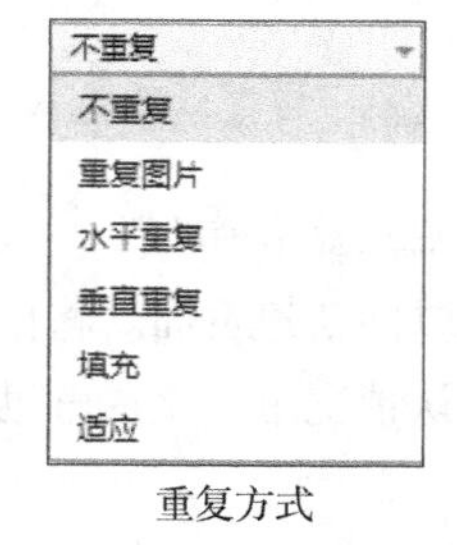

重复方式

位置

图3-32　设置背景图片的重复方式和位置

（4）草图/页面效果：参数是针对页面上的元件的。拖动草图控制轴，可以实现不同级别的页面效果。单击+0 +1 +2按钮，可以选择 3 种不同的线条粗细显示草图，如图 3-33 所示。

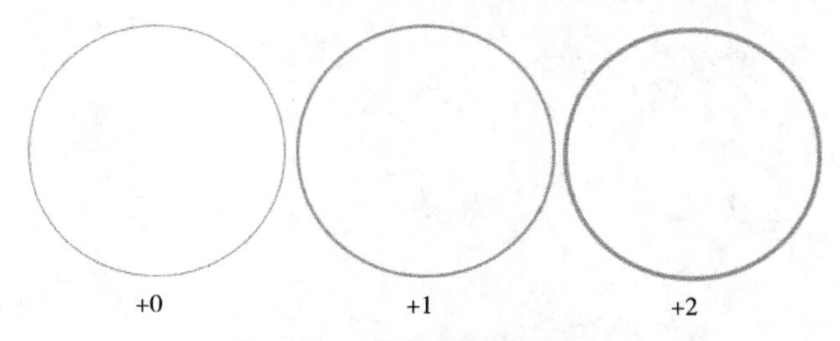

图3-33　3种不同的线条粗细

单击按钮，可以使页面效果在彩色和黑白之间切换。同时可以在下拉列表中选择字体系列，使整个页面字体转换为一种字体，以便观察页面草图效果。

3.5 使用辅助线和网格

为了方便用户设计制作原型，Axure RP 8 为用户提供了标尺、辅助线和网格等辅助工具。合理地使用这些工具可以帮助用户及时准确地完成原型设计工作。

3.5.1 辅助线的分类

在 Axure RP 8 中，按照辅助线功能的不同可将辅助线分为“全局辅助线”“页面辅助线”“自适应视图辅助线”和“打印辅助线”。

默认情况下，辅助线显示在页面的顶层，如图 3-34 所示。可以通过执行“布局 > 栅格和辅助线 > 底层显示辅助线”命令或在页面中单击鼠标右键，选择“栅格和辅助线 > 底层显示辅助线”选项，将辅助线显示在页面的底层，如图 3-35 所示。

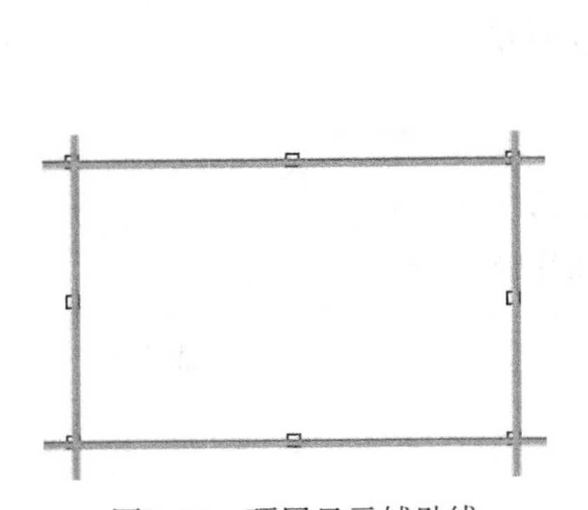

图3-34　顶层显示辅助线

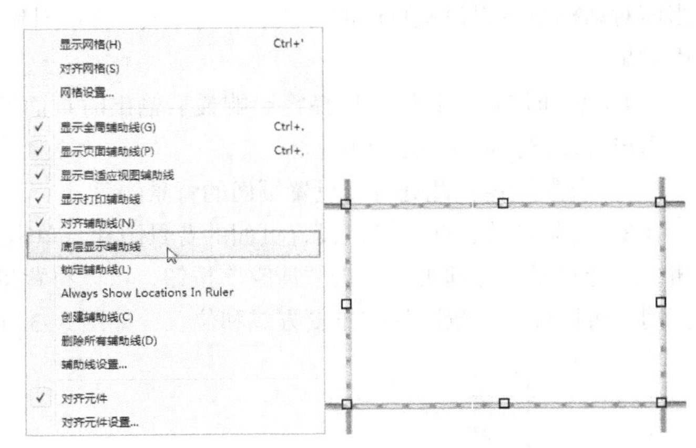

图3-35　底层显示辅助线

（1）全局辅助线：全局辅助线作用于站点中的所有页面，包括新建页面。将鼠标光标移动到标尺上，按下 Ctrl 键的同时向外拖曳，即可创建全局辅助线。默认情况下，全局辅助线为红紫色，如图 3-36 所示。

（2）页面辅助线：将鼠标光标移动到标尺上向外拖曳创建的辅助线，称为页面辅助线。页面辅助线只作用于当前页面。默认情况下，页面辅助线为青色，如图 3-37 所示。

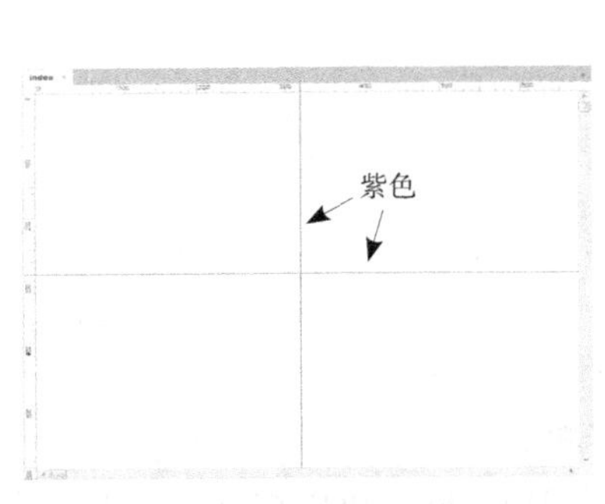

图3-36　全局辅助线

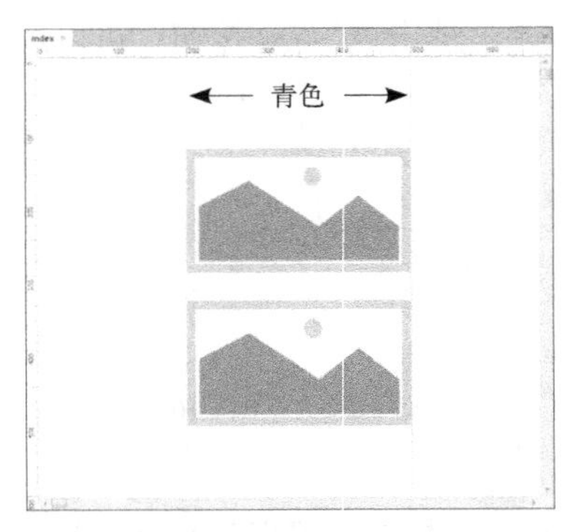

图3-37　页面辅助线

（3）自适应视图辅助线：自适应视图辅助线只显示在用户设置的自适应视图中。在“检视：页面”面板“属性”选项下，勾选“启用”自适应复选框，单击“管理自适应视图”按钮，设置添加“自适应视图”，如图 3-38 所示。

单击“确定”按钮，进入设置的自适应视图中，即可看到“自适应视图辅助线”，该辅助线的位置就是设置的自适应视图的尺寸位置，如图 3-39 所示。

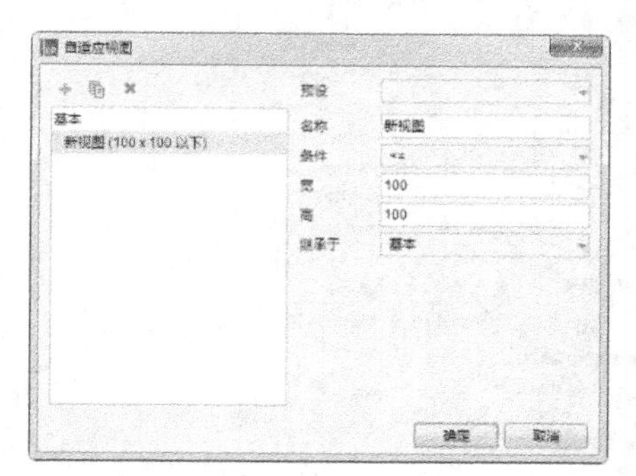

图3-38　添加自适应视图

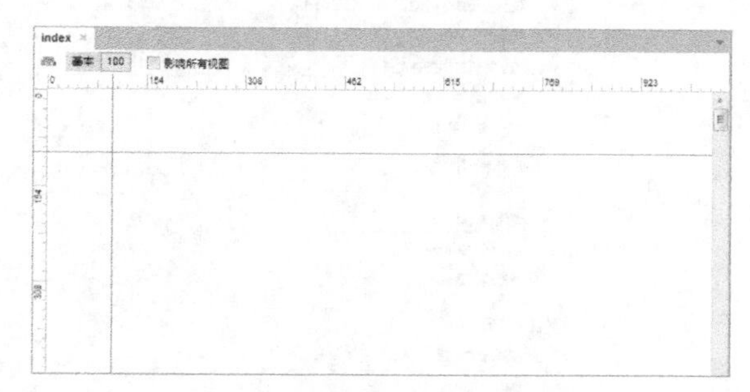

图3-39　自适应视图辅助线

（4）打印辅助线：打印辅助线是为了方便用户准确地观察页面效果，正确打印页面。当用户设置了纸张尺寸后，页面中会显示打印辅助线。

默认情况下，打印辅助线为隐藏状态，执行“布局 > 栅格和辅助线 > 显示打印辅助线”命令，如图 3-40 所示，即可将打印辅助线显示在页面中。默认情况下，打印辅助线为灰色，如图 3-41 所示。

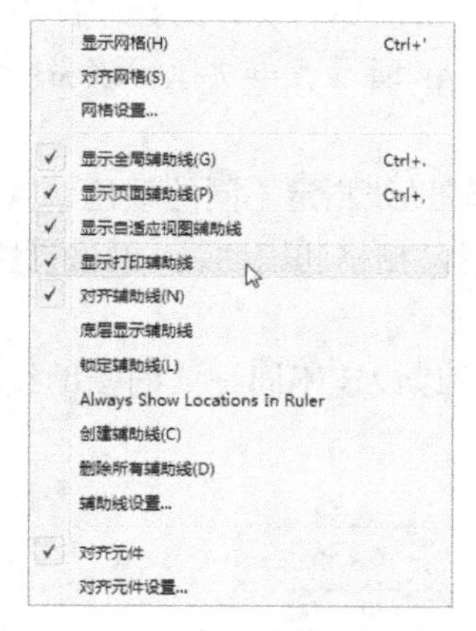

图3-40　“显示打印辅助线”命令

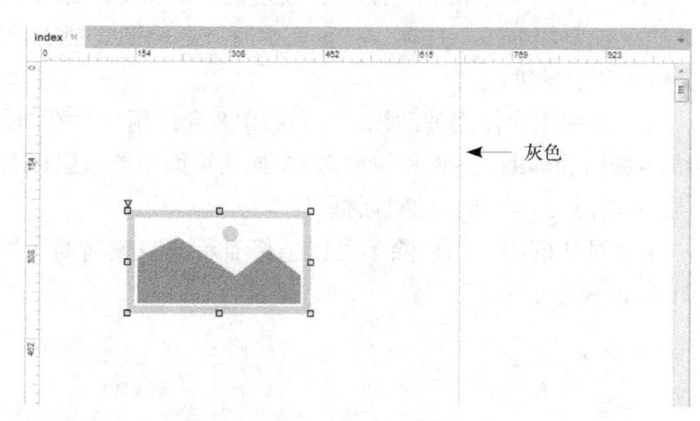

图3-41　打印辅助线

3.5.2　编辑辅助线

创建辅助线后，用户可以根据需求完成对辅助线的编辑操作如移动辅助线、删除辅助线和锁定辅助线。

（1）移动辅助线：将鼠标光标移动到辅助线上，当光标变成✥时，按下左键拖曳，即可实现辅助线的移动。需要注意的是，自适应视图辅助线和打印辅助线只能通过重新设置才能改变位置，不能通过直接拖动实现移动效果。

（2）删除辅助线：用户可以单击或拖曳选中要删除的辅助线，按下 Delete 键，即可将选中的辅助线删除。也可以直接选中辅助线，并拖曳到标尺上，删除辅助线。

执行“布局 > 栅格和辅助线 > 删除所有辅助线”命令，如图 3–42 所示。或在页面中单击鼠标右键，选择“栅格和辅助线 > 删除所有辅助线”选项，将页面中所有的辅助线删除，如图 3–43 所示。

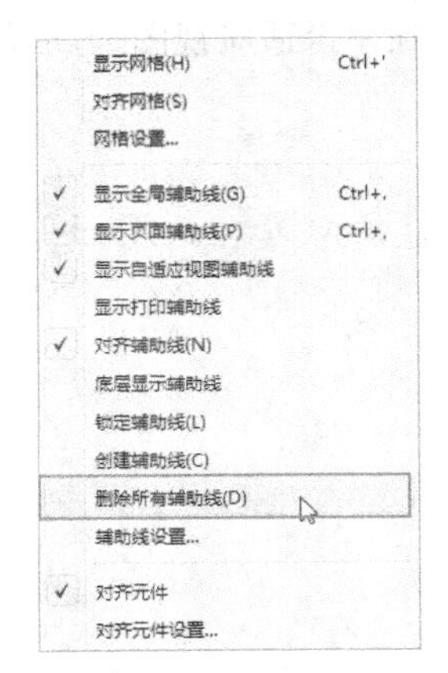

图3–42 “删除所有辅助线”命令

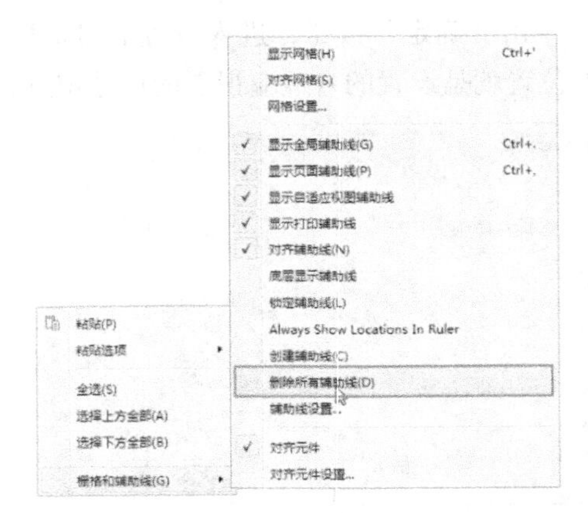

图3–43 “删除所有辅助线”选项

小技巧

用户可以在想要删除的辅助线上单击右键，在弹出的快捷菜单中选择“删除”命令，即可将当前所选辅助线删除。

（3）锁定辅助线：为了避免辅助线移动影响原型的准确度，可以将设置好的辅助线锁定。

执行“布局 > 栅格和辅助线 > 锁定辅助线”命令或在页面中单击鼠标右键，选择“栅格和辅助线 > 锁定辅助线”选项，将页面中所有的辅助线锁定，如图 3–44 所示。再次执行该命令，将会解锁所有辅助线。

为了方便用户使用辅助线，Axure RP 8 允许用户为不同种类的辅助线指定不同的颜色。执行“布局 > 栅格和辅助线 > 网格设置”命令或在页面中单击鼠标右键，选择“栅格和辅助线 > 网格设置”选项，弹出图 3–45 所示的对话框。

在该对话框中，用户除了可以选择显示或隐藏辅助线外，还可以设定不同样式的辅助线，如图 3–46 所示。

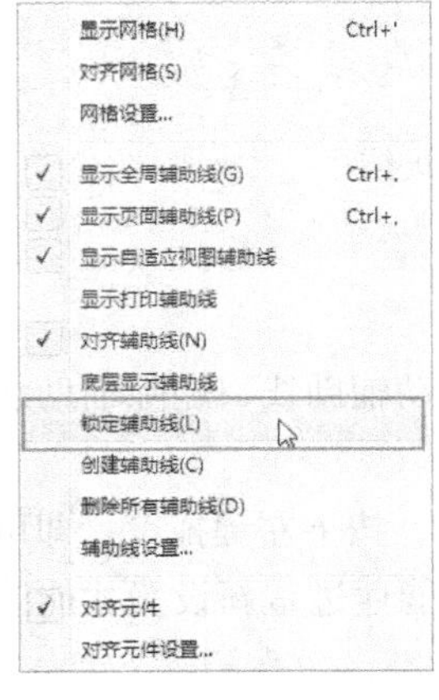

图3–44 锁定辅助线

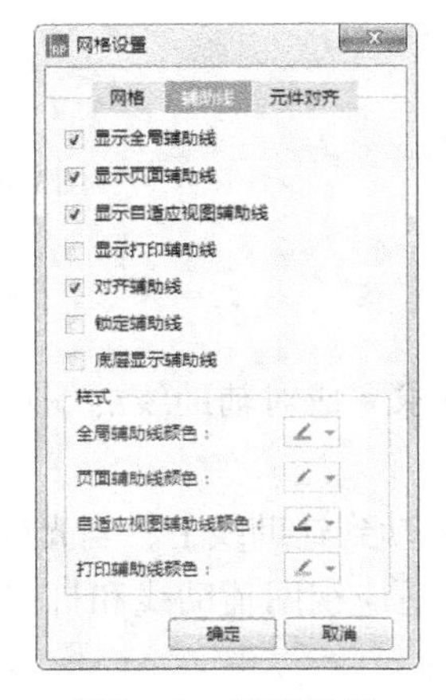

图3–45 辅助设置

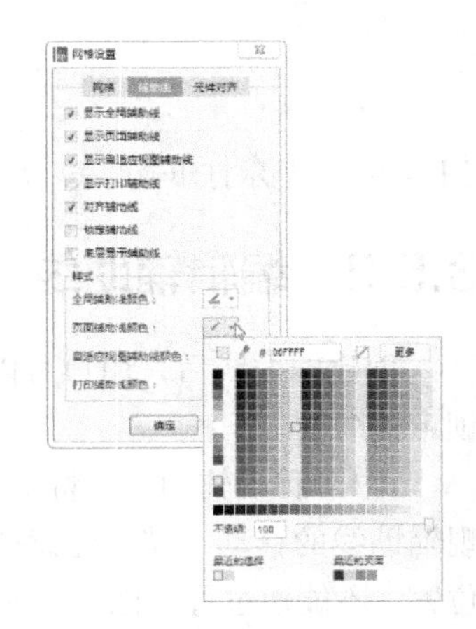

图3–46 设定不同样式的辅助线

3.5.3 创建辅助线

手动拖曳的辅助线虽然便捷，但如果遇到要求精度极高的项目时就显得力不从心了。用户可以通过“创建辅助线”命令创建精准的辅助线。

实战操作：创建辅助线

执行“文件 > 新建”命令，新建一个页面。执行执行“布局 > 栅格和辅助线 > 创建辅助线”命令或在页面中单击鼠标右键，选择“栅格和辅助线 > 创建辅助线”选项，如图 3–47 所示。

操作视频：004.mp4

用户可以在“预设”中选择“960 Grid:12 Column”的辅助线设置，如图 3–48 所示。

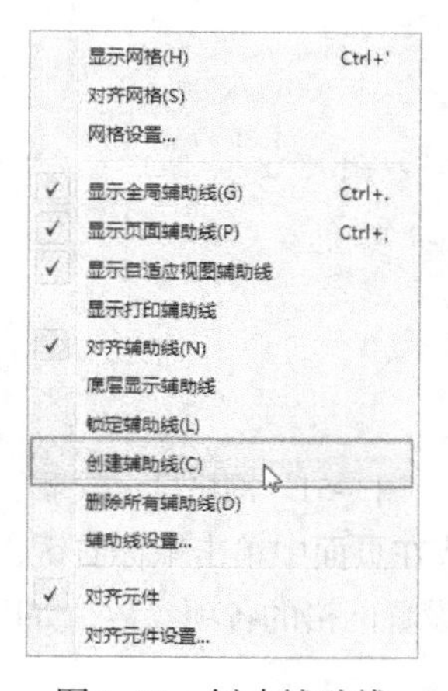

图3–47 创建辅助线

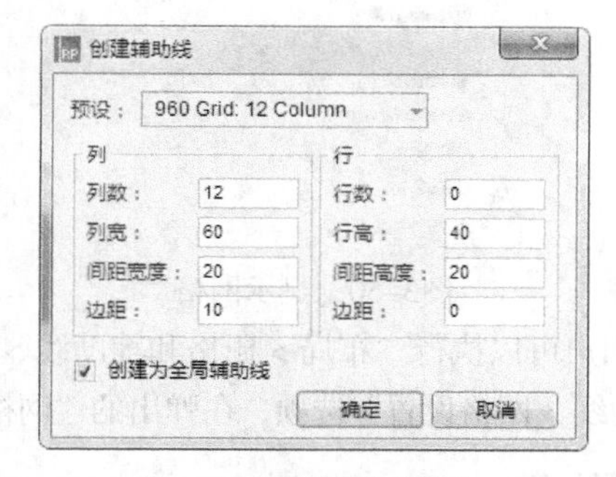

图3–48 设置“预设”

勾选“创建为全局辅助线”选项，可以使辅助线出现在所有的页面中，供团队的所有成员使用，效果如图 3–49 所示。

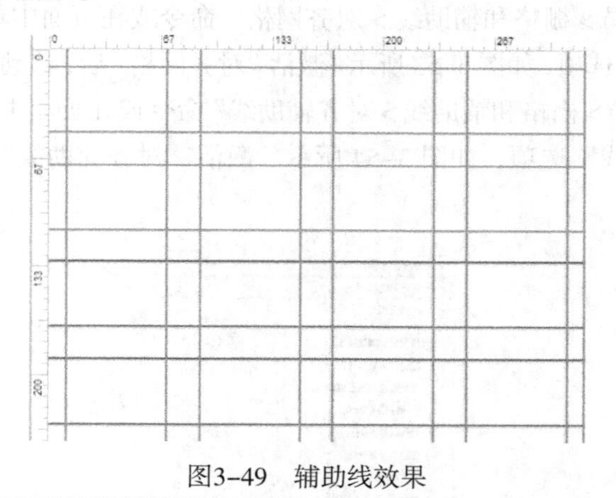

图3–49 辅助线效果

提示

用户可以直接输入数值来创建辅助线。用户要养成使用辅助线的习惯，既方便了团队合作，又方便了在这个站点中的不同页面定位元素。

3.5.4 使用网格

使用网格可以帮助用户保持设计的整洁和结构化。例如设置网格为 10px × 10px ，然后以 10 的倍数为基准来创建对象。当把这些对象放在网格上时，将会更容易对齐。当然，也允许那些需要不同尺寸的特殊对象偏离网格。

默认情况下，页面中不会显示网格。用户可以执行“布局 > 栅格和辅助线 > 显示网格”命令或在页面中单击鼠标右键，选择“栅格和辅助线 > 显示网格”选项，如图 3-50 所示。页面中网格显示效果如图 3-51 所示。

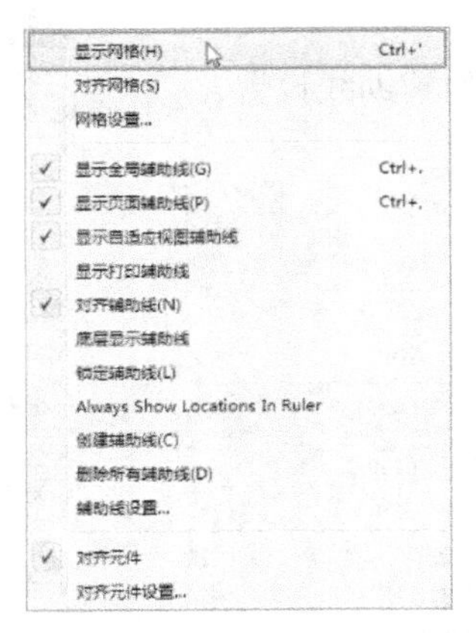

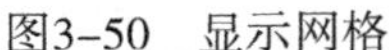
图3-50　显示网格

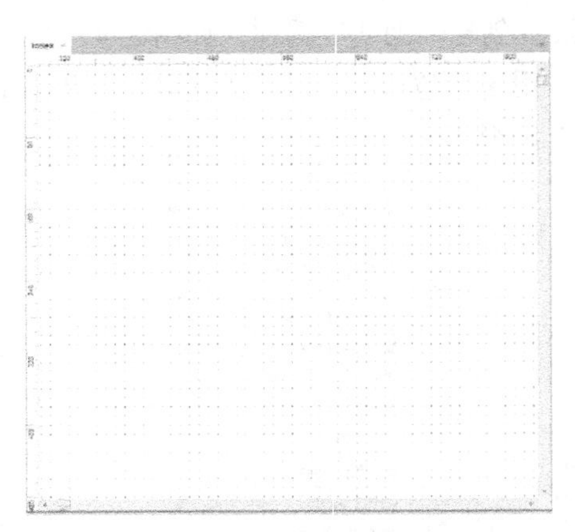

图3-51　网格显示效果

用户可以执行“布局 > 栅格和辅助线 > 网格设置”命令或在页面中单击鼠标右键，选择“栅格和辅助线 > 网格设置”选项，在弹出的“网格设置”对话框中设置网格的各项参数，如图 3-52 所示。

提示

在该面板中用户除了可以选择显示和对齐网格外，还可以设置网格之间的间距、网格的样式和颜色。

用户可以执行“布局 > 栅格和辅助线 > 对齐网格”命令或在页面中单击鼠标右键，选择“栅格和辅助线 > 对齐网格”选项，如图 3-53 所示。激活“对齐网格”后，移动对象时会自动对齐网格。

用户可以执行“布局 > 栅格和辅助线 > 对齐辅助线”命令或在页面中单击鼠标右键，选择“栅格和辅助线 > 对齐辅助线”选项，如图 3-54 所示。激活“对齐辅助线”后，移动对象时会自动对齐辅助线。

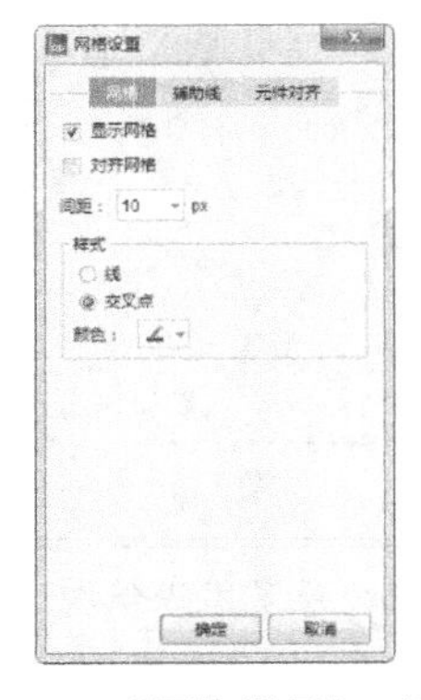

图3-52　“网络设置”对话框

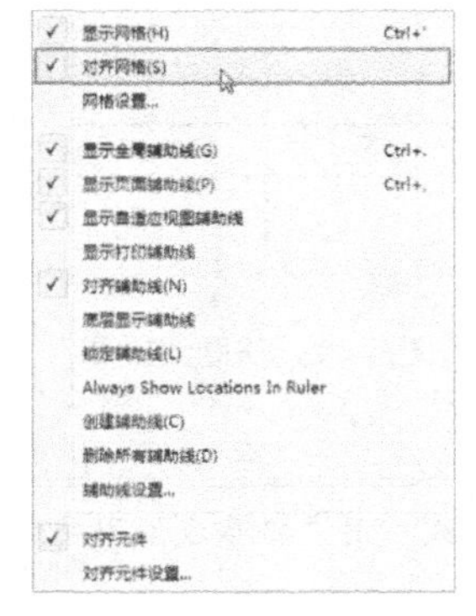

图3-53　对齐网格

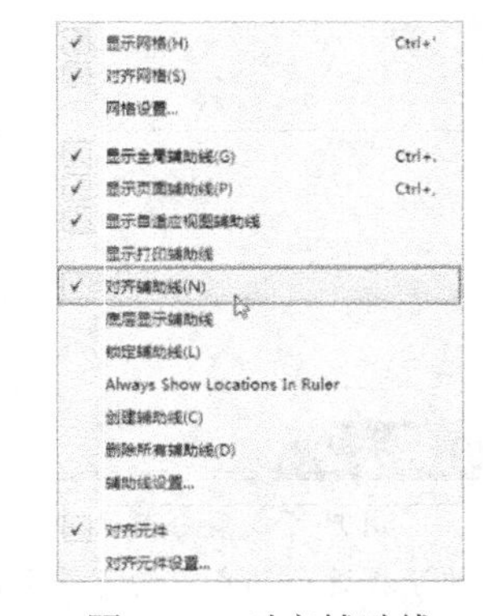

图3-54　对齐辅助线

3.6 设置遮罩

Axure RP 8 中提供了很多特殊的元件，如热区、母版、动态面板、中继器和文本链接。当用户使用这些元件时，会以一种特殊的形式显示，如图 3-55 所示。当用户将页面中的元件隐藏时，被隐藏元件默认情况下以一种半透明的黄色显示，如图 3-56 所示。

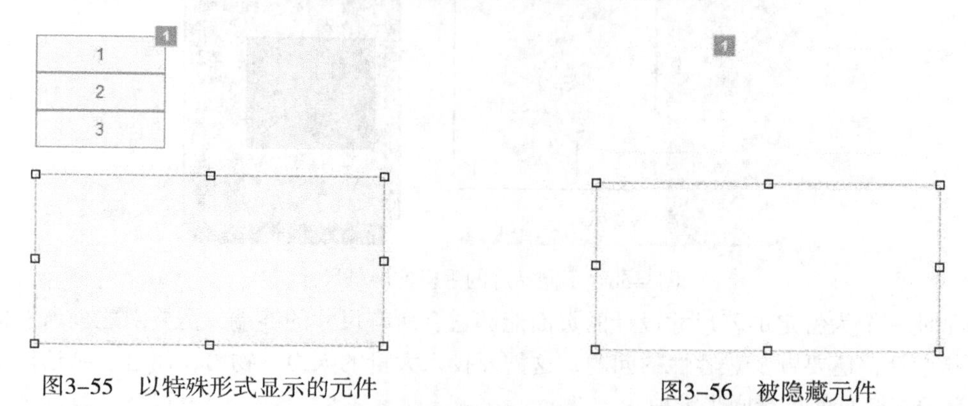

图3-55　以特殊形式显示的元件　　图3-56　被隐藏元件

用户如果觉得这种遮罩效果会影响操作，可以通过执行“视图 > 遮罩”命令，选择对应的命令，即可取消遮罩效果，如图 3-57 所示。

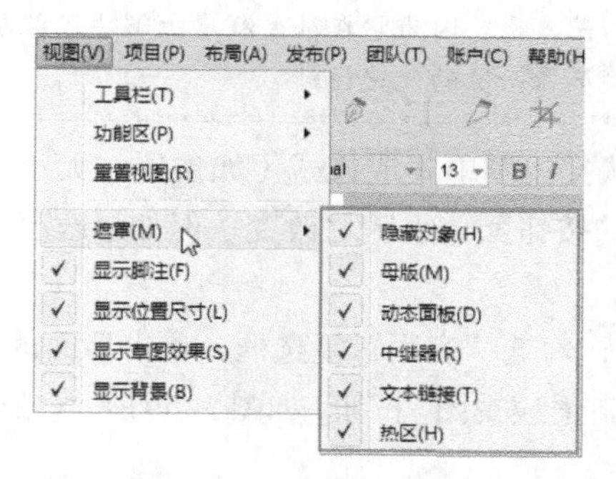

图3-57　取消遮罩效果

3.7 设置自适应视图

为了满足原型在不同尺寸终端都能正常显示的需要，页面编辑区中提供了自适应视图功能。用户可以在自适应视图中随意定义临界点，临界点是一个屏幕尺寸，当达到这个屏幕尺寸时，界面的样式或布局就会自动发生变化。

早期的输出终端只有显示器，而且屏幕的分辨率基本都是一种或者两种，设计师只需基于某个特定的屏幕尺寸进行设计就可以了。而随着移动技术的快速发展，越来越多的移动终端出现了，如手机、平板电脑、投影灯等。手机的品牌不同，显示屏幕的尺寸也不相同，如图 3-58 所示。

图3-58　不同品牌的手机的屏幕尺寸

为了使一个为特定屏幕尺寸设计的页面能够适合所有尺寸的终端，需要对之前所有的页面进行重新设计，还要顾及兼容性的问题，这需要投入大量的人力、物力，而且后续还要对所有不同屏幕的多套页面进行同步维护。

提示

自适应视图中最重要的概念是集成，因为它在很大程度上解决了维护多套页面的效率问题。其中，每套页面都是为了一个特定尺寸屏幕而做的优化设计。

在自适应视图中的元件从父视图中集成样式（如位置、大小）。如果修改了父视图中的按钮颜色，则所有的子视图中的按钮颜色也随之改变。但如果改变子视图中的按钮颜色，父视图中的按钮颜色不会改变。

在“检视：页面”面板中，勾选“启用”复选框，单击后面的“管理自适应视图”按钮，或者单击工作区左上角的“管理自适应视图”按钮，如图3-59所示，都将弹出“自适应视图”对话框，如图3-60所示。

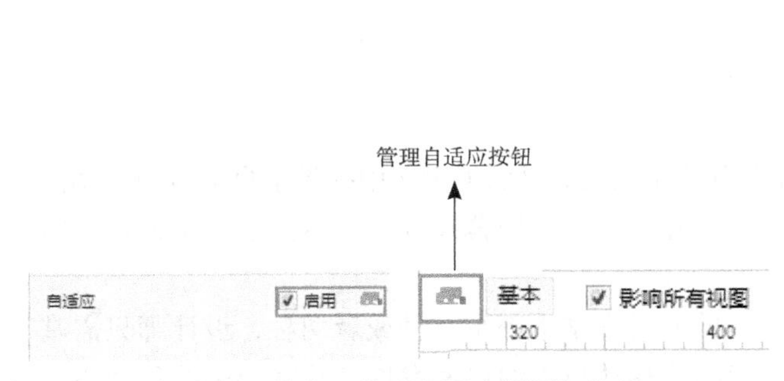

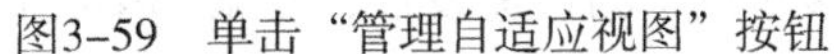

图3-59　单击“管理自适应视图”按钮

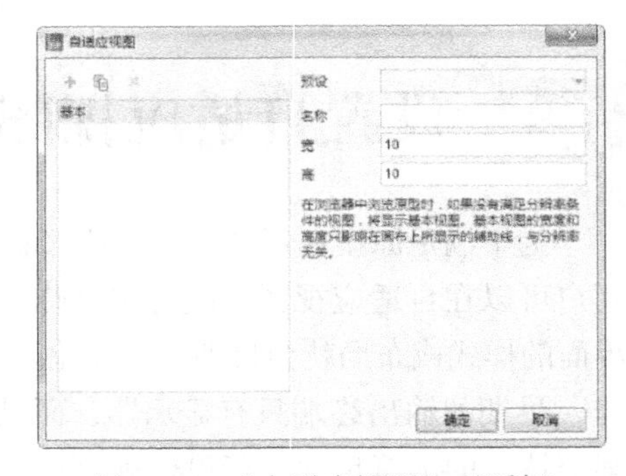

图3-60　“自适应视图”对话框

单击左上角的“+”按钮，即可添加一种新视图，新视图的各项参数可以在右侧添加，如图3-61所示。

（1）预设：根据宽度，预先定义好了一个设备的显示尺寸，用户可以直接选用。

（2）名称：为当前自适应视图定义一个名称。

（3）条件：定义临界点的逻辑关系。例如，当视图宽度小于临界点尺寸时，则使用当前视图。

（4）宽：如果要自定义一个视图，则可以输入一个宽度。

（5）高：如果要自定义一个视图，则可以输入一个高度。

（6）继承于：为当前视图指定一个父视图，即确定继承的父视图，默认都是从基本视图中继承。

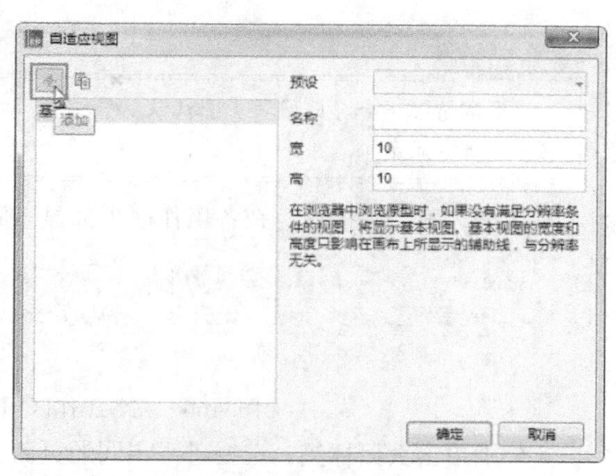

图3-61　添加新视图的参数

提示

要创建自适应页面，必须要从某个目标页面的视图中创建，这个目标视图称为基本视图。

实战操作：设置自适应视图

使用元件，创建图 3-62 所示的页面效果。单击“自适应视图”对话框中的“添加”按钮，修改“名称”为“手机纵 <=320”，如图 3-63 所示。

设置页面的宽和高，如图 3-64 所示。继续使用相同方式新建其他几个页面设置，如图 3-65 所示。

操作视频：005.mp4

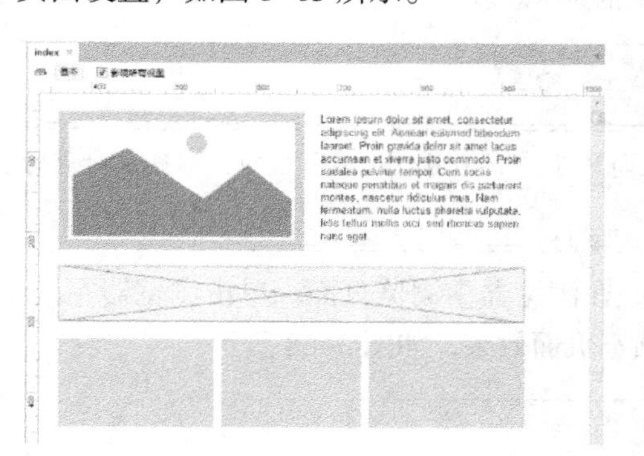

图3-62　页面效果

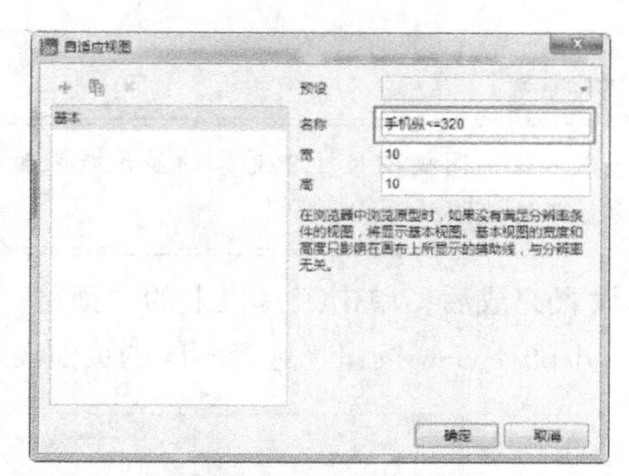

图3-63　修改名称

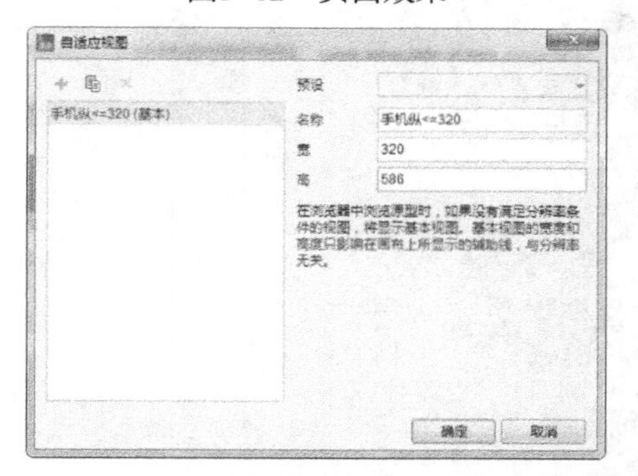

图3-64　设置页面的宽和高

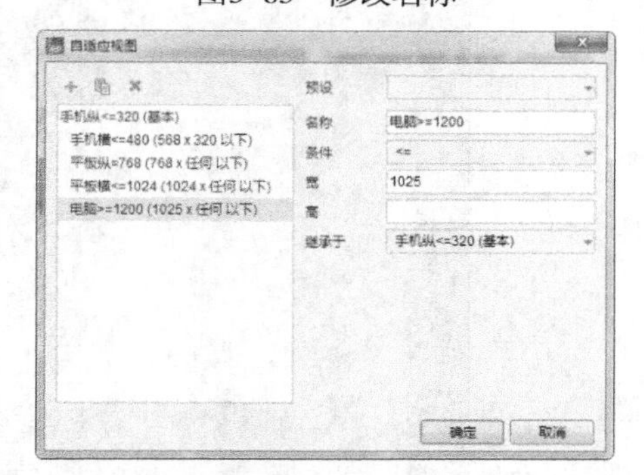

图3-65　新建其他页面设置

提示

通常情况下会考虑网页、手机纵、手机横、平板纵和平板横 5 种情况，以保证原型在大多数终端可以正常显示。

单击“确定”按钮，在各工作区顶部显示添加的页面设置，如图 3-66 所示。

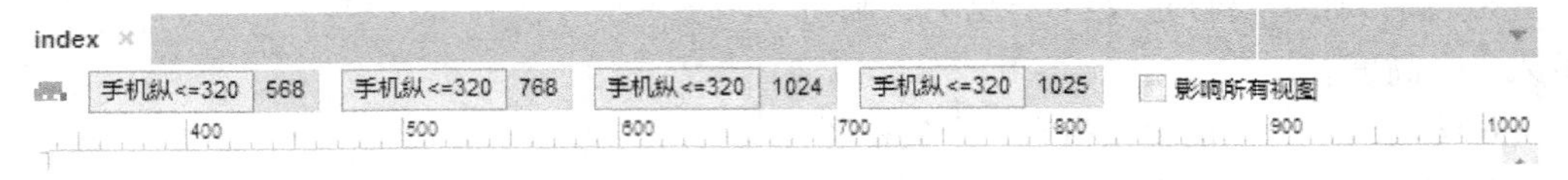

图3-66　在各工作区顶部显示添加的页面设置

分别单击页面标签，选择进入不同的页面，调整页面的显示效果，如图 3-67 所示。

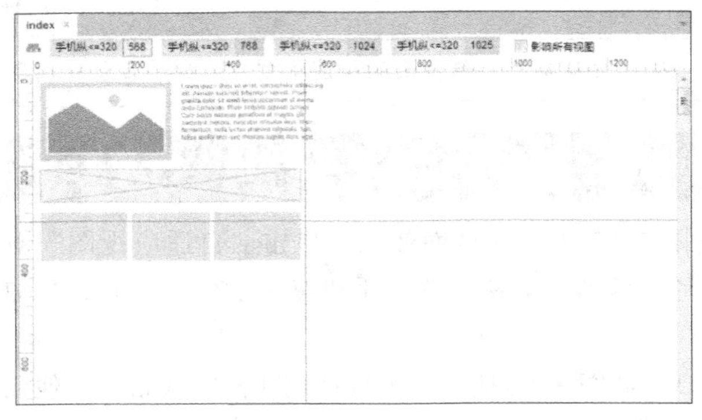

图3-67　调整页面的显示效果

提示

在修改不同视图尺寸中对象的显示效果时，如果勾选了“影响所有视图”选项，则修改对象时会影响全部的视图效果。

设置完成后，单击工具栏上的“预览”按钮，在浏览器中浏览页面。单击浏览器左上角的 select adaptive view 按钮，选择不同的页面设置，预览页面效果，如图 3-68 所示。

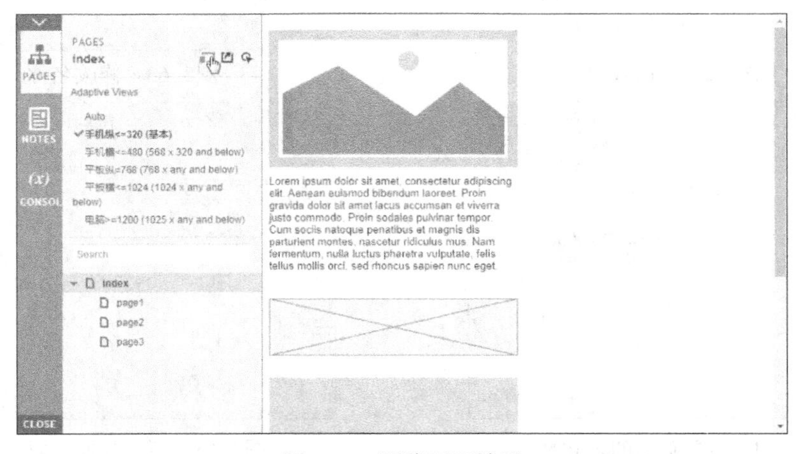

图3-68　预览页面效果

3.8 本章小结

本章主要讲解了在 Axure RP 8 中的页面管理的内容，包括页面的新建、页面的修改、页面的编辑等内容。熟悉这些内容，有利于用户了解原型设计的基本操作。同时，本章针对 Axure RP 8 中的辅助工具进行了讲解，帮助读者了解标尺、辅助线和网格的创建与编辑方法。最后，本章针对自适应视图的添加进行了介绍，帮助读者理解。

第 4 章 使用元件

元件是原型产品中最基础的组成部分，使用元件可以制作出丰富多彩的产品原型效果。本章将针对Axure RP 8中的元件进行学习。通过学习本章，读者应掌握元件的使用方法和设置技巧、元件属性的设置和样式的添加，同时能熟练使用元件创建产品原型。

本章知识点

- ❖ 了解元件面板
- ❖ 掌握添加元件的方法
- ❖ 掌握元件属性设置方法
- ❖ 了解元件交互与说明
- ❖ 掌握元件的转换方法
- ❖ 掌握元件库的使用方法

4.1 了解元件面板

Axure RP 8 的元件都放在“元件”面板中，“元件”面板位于软件窗口的左侧，如图 4–1 所示。

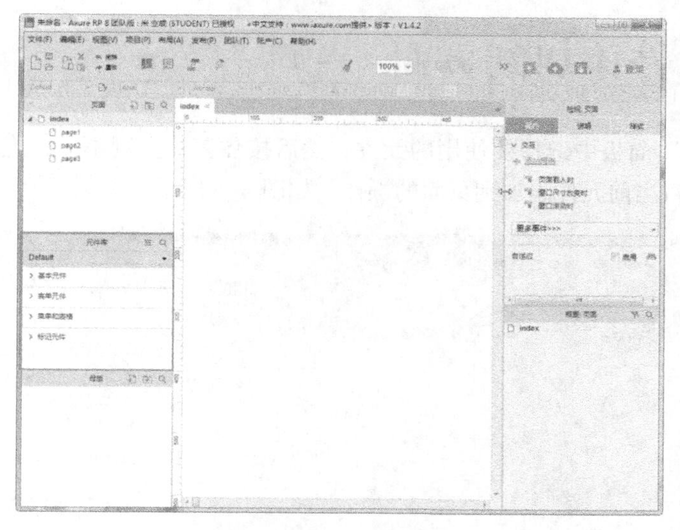

图4–1 “元件”面板

“元件”面板中将元件按照种类分为基本元件、表单元件、菜单和表格及标记元件 4 种类型，如图 4–2 所示。单击“元件”面板顶部的下拉菜单，有选择全部、Default（默认）、Flow（流程图）和 Icons（图标）4 个选项供选择，如图 4–3 所示。

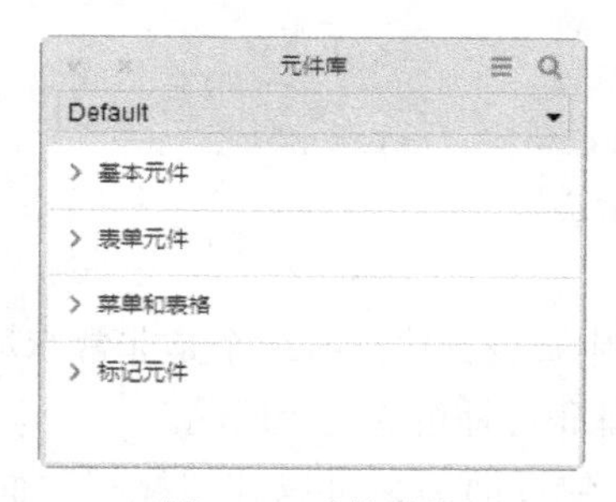

图4–2 元件种类

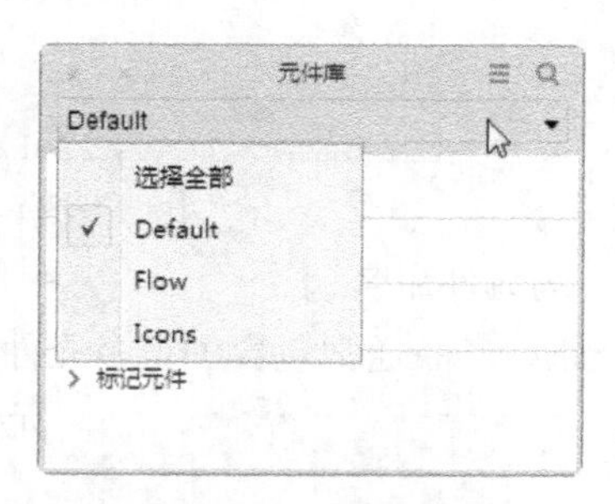

图4–3 下拉菜单选项

选择“选择全部”选项，在“元件”面板中将同时显示所有的元件分类选项，如图 4–4 所示。选择“Flow”选项，则只限制“Flow”元件，如图 4–5 所示。

图4–4 元件分类选项

图4–5 “Flow”选项

提示

每种类型前有一个箭头，箭头向右时，代表当前选项下有隐藏内容；箭头向下时，代表已经显示了所有选项。

4.2 将元件添加到页面

首先在“元件”面板中选择要使用的元件，然后按住鼠标左键不放，拖动到页面合适位置后松开，即可完成将当前元件添加到页面的操作，如图 4–6 所示。

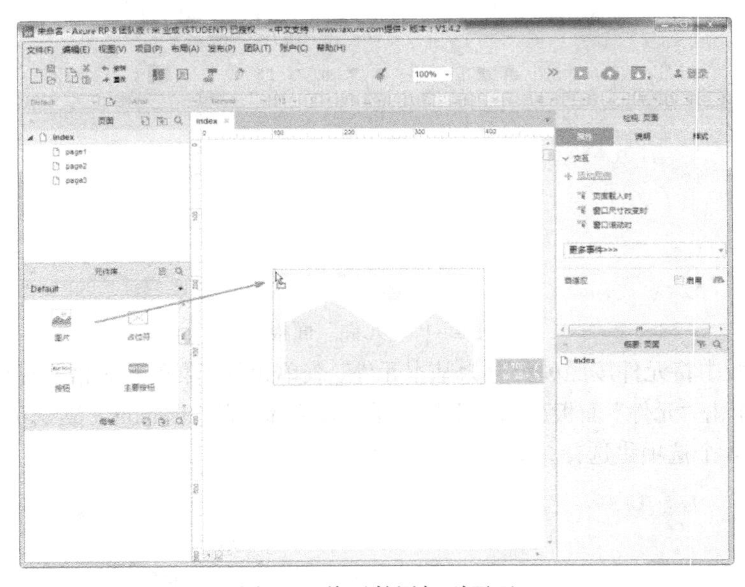

图4–6 将元件添加到页面

（1）为元件命名

一个原型产品通常包含了很多元件，要在众多元件中查找其中的某一个是非常麻烦的。为元件指定名称，就能很好地解决这个问题。

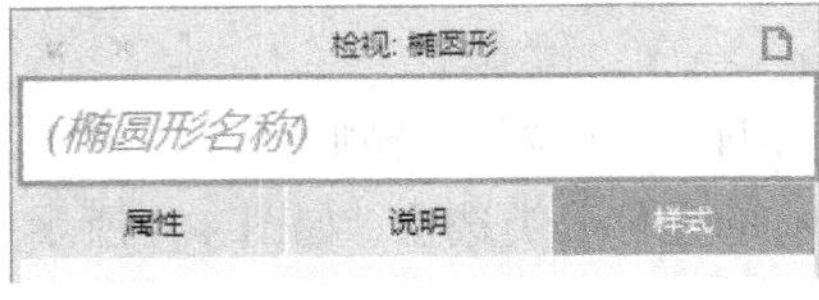

图4–7 指定名称

当把元件拖入到页面后，可以在“检视”面板中为其指定名称，如图 4–7 所示。元件名称尽量使用英文或者拼音命名，首字母最好选择大写字母，这样更有利于阅读。

提示

元件命名除了便于管理查找以外，在制作交互效果时，也方便程序的选择和调用。

（2）缩放元件

将元件拖入页面后，通过拖动其四周的控制点，可以实现对元件的缩放，如图 4–8 所示。用户也可以在顶部工具栏中精确修改元件的坐标和尺寸，其中 x 代表水平方向，y 代表垂直方向，w 代表元件的宽度，h 代表元件的高度，如图 4–9 所示。

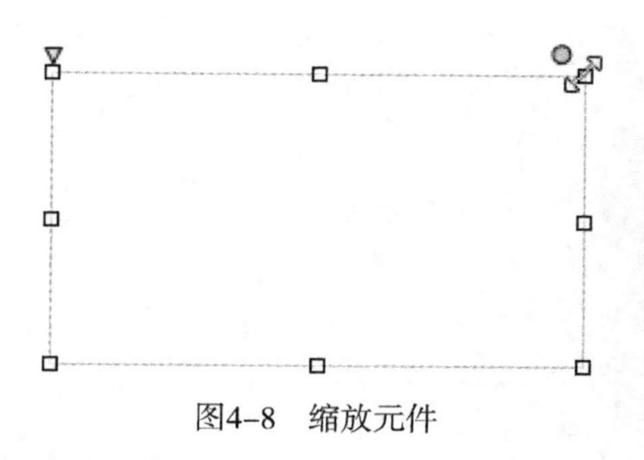

图4-8 缩放元件

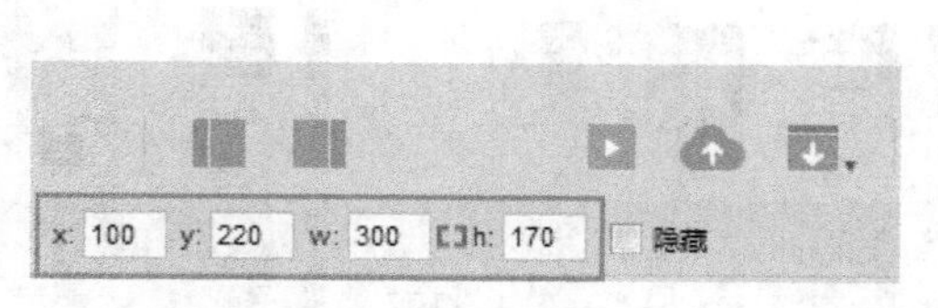

图4-9 元件的坐标和尺寸

提示

用户在移动、缩放和旋转元件时，在其右下角会显示辅助信息，帮助用户实现精确的操作。

（3）旋转元件

按下 Ctrl 键的同时拖动控制锚点，可以任意旋转元件的角度，如图 4-10 所示。用户如果要获得精确的旋转角度，可以在“检视”面板中的“样式”选项下设置，如图 4-11 所示。

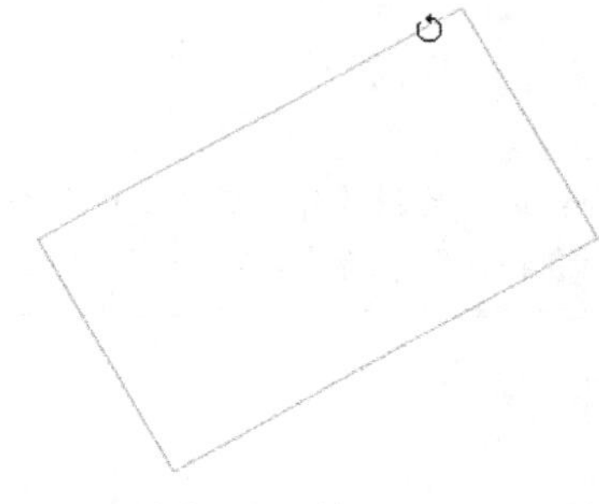

图4-10 旋转元件

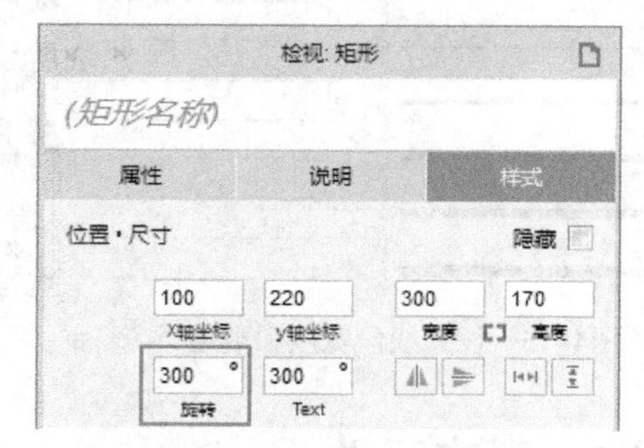

图4-11 设置旋转角度

如果元件内有文字内容，用户可以分别为元件和文字设置不同的旋转角度，如图 4-12 所示。

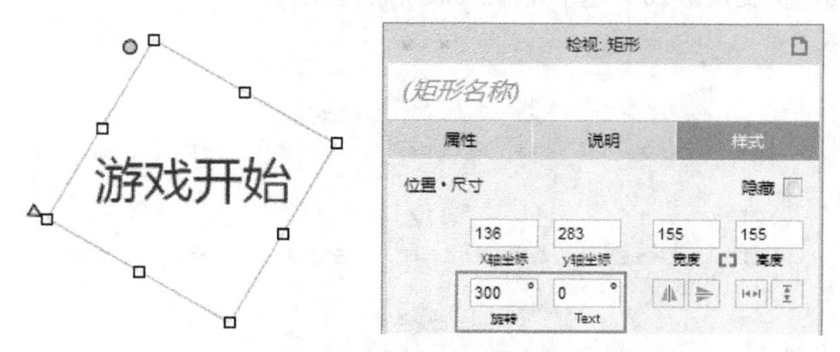

图4-12 为元件和文字设置不同的旋转角度

（4）设置颜色和不透明度

将元件拖入到页面后，用户可以在顶部选项栏中设置其“填充颜色”和“线段颜色”，如图 4-13 所示。

用户还可以修改拾色器面板底部的“不透明”值，实现填充或线段的不透明效果，如图 4-14 所示。

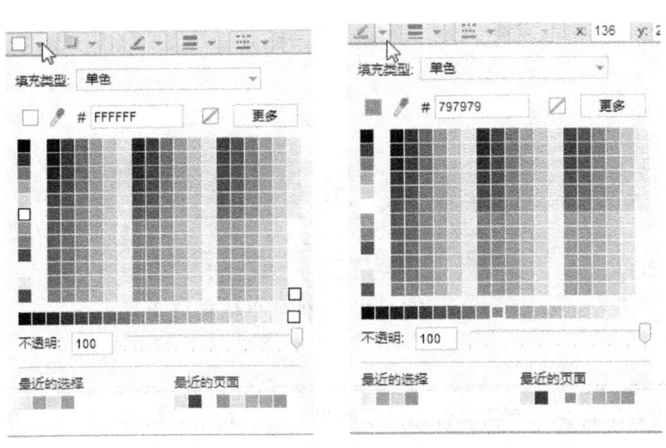

图4-13　设置“填充颜色”和“线段颜色”

不透明: 100

图4-14　设置“不透明”值

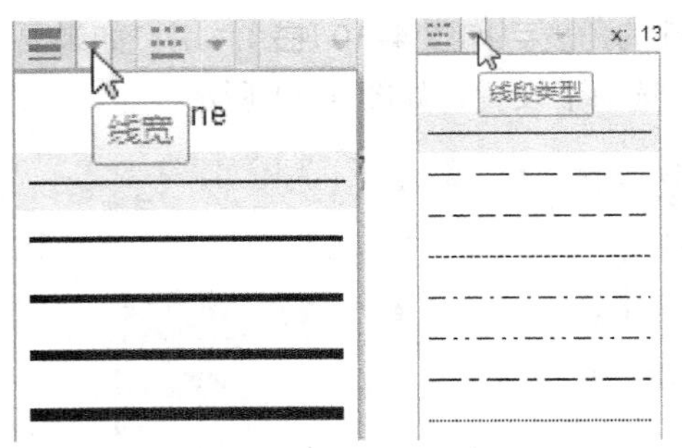

图4-15　设置线段宽度和类型

（5）设置线段宽度和类型

除了可以设置元件的颜色外，用户还可以在选项栏上设置拖入元件的线段宽度和类型，如图 4-15 所示。

知识链接

除了以上所介绍的元件操作外，还可以对元件实行更多的操作，详细内容将在本章的第 4.3 节介绍。

4.2.1　基本元件

Axure RP 8 一共提供了 20 个基本元件，如图 4-16 所示。

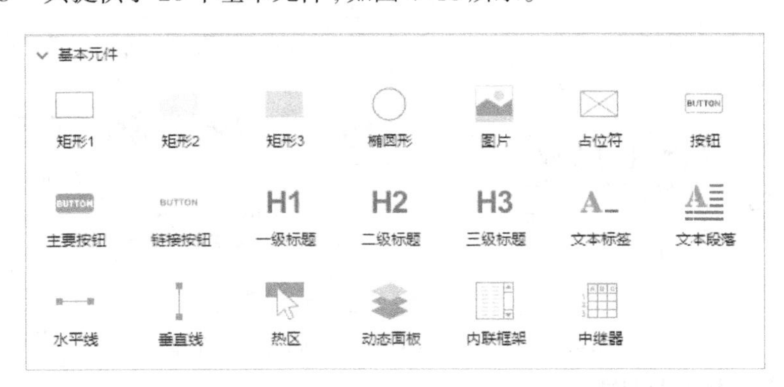

图4-16　基本元件

（1）矩形

Axure RP 8 一共提供了 3 个矩形元件，分别命名为矩形 1、矩形 2 和矩形 3，如图 4-17 所示。这 3 个元件没有本质的不同，只是在边框和填充上略有不同，方便用户在不同情况下选择使用。

图4-17　矩形元件

选择矩形元件，拖动元件左上角的黄色三角形，可以将其更改为圆角矩形，如图 4-18 所示。单击圆角右上角的圆点，打开形状列表，可以选择将元件转换为其他形状，如图 4-19 所示。

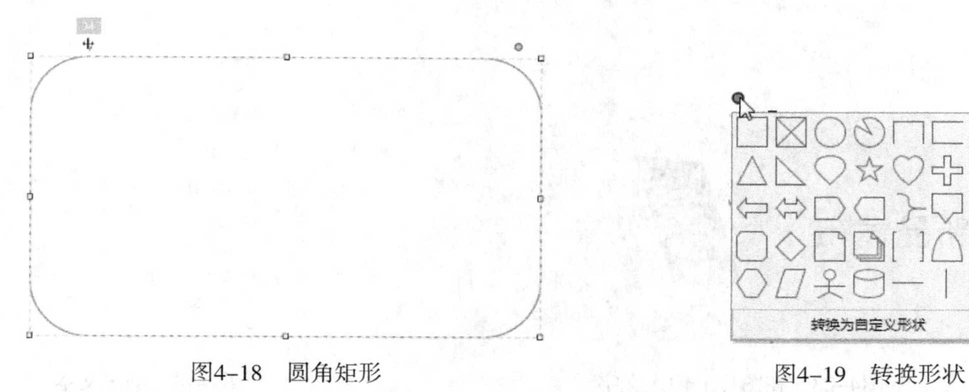

图4-18　圆角矩形　　图4-19　转换形状

（2）椭圆形

椭圆形元件与矩形元件的使用方法相同，直接将其拖入到页面中即可完成一个椭圆形元件的创建。

（3）图片

Axure RP 8 对图片的支持是非常强大的，选择“图片”元件，将其拖入到页面中，如图 4-20 所示。双击图片元件，在弹出的“打开”对话框中选择图片，单击“打开”按钮，即可看到打开的图片，如图 4-21 所示。

图4-20　“图片”元件

图4-21　打开的图片

提示

需要注意的是，打开的图片将以原始尺寸显示，用户可以通过拖动边角的控制锚点实现对图片的缩放操作。

拖动图片左上角的黄色三角形，可以实现图片的遮罩效果，从而实现圆角图片的效果，如图 4-22 所示。

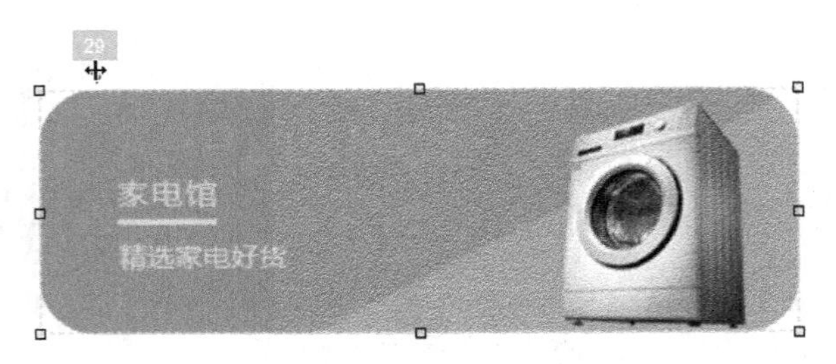

图4-22　圆角图片效果

用户可以直接在图片上输入文字内容，如图 4-23 所示。单击鼠标右键，在弹出的快捷菜单中选择“编辑文本”命令，可以修改文本，如图 4-24 所示。

图4-23　在图片上输入文字

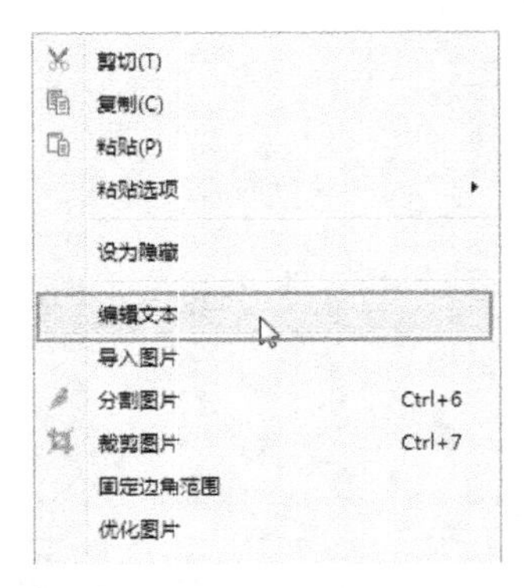

图4-24　编辑文本

Axure RP 8 中可以使用裁剪工具对图片进行裁剪操作。单击选项栏上钢笔工具后的更多按钮，在弹出的下拉列表中选择“裁剪”工具，如图 4-25 所示。拖动调整图片边缘的边框，如图 4-26 所示。

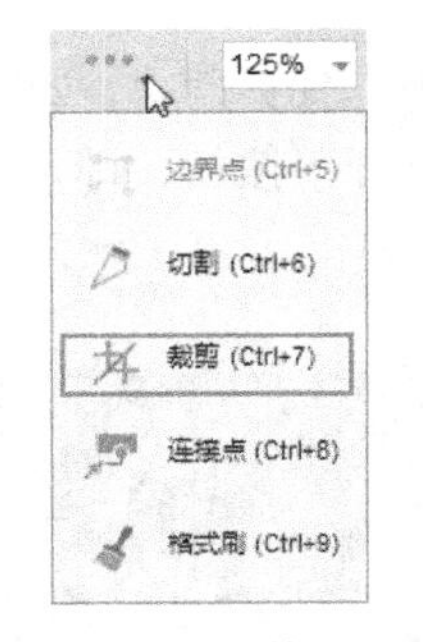

图4-25　“裁剪”工具

图4-26　调整图片边缘的边框

图4-27　菜单条

在图片上双击即可完成图片的裁剪操作。工作区右上角出现一个菜单条，用户可以根据需求选择不同的选项，如图 4-27 所示。

“裁剪”选项是将当前图片选框外的部分删除，如图 4-28 所示；“剪切”选项是将当前图片选框内的部分剪切到内存中，如图 4-29 所示；“复制”选项是复制当前选框中的内容。通常剪切和复制选项会配合粘贴操作使用。“取消”选项则是取消本次裁剪操作。

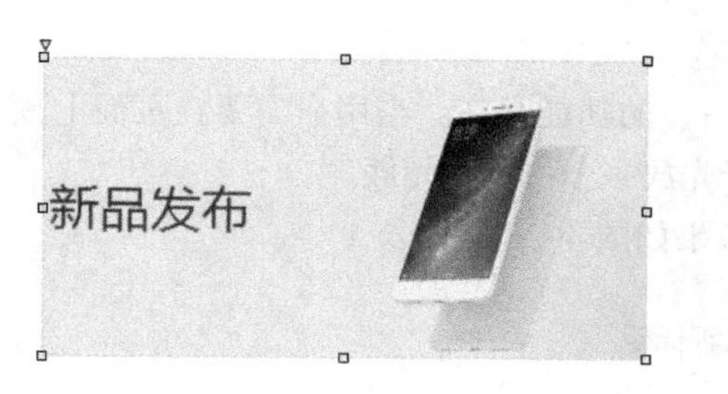

图4–28　裁剪效果

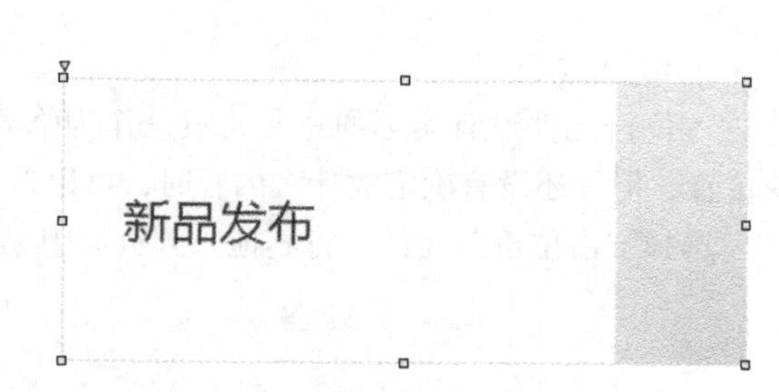

图4–29　剪切效果

除了裁剪图片的功能，Axure RP 8 还可以完成图片裁切的操作。

实战操作：裁切按钮图片

使用“图片”元件导入图 4–30 所示的图片。单击选项栏上钢笔工具后的更多按钮，在弹出的下拉列表中选择“切割”工具，如图 4–31 所示。

图4–30　使用“图片”元件导入

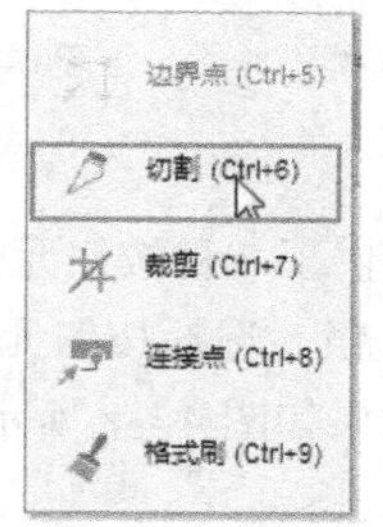

图4–31　“切割”工具

操作视频：006.mp4

此时页面中出现一个十字的虚线，在图片上单击，即可完成切割操作，如图 4–32 所示。用户可以在右上角选择十字切割、横向切割和纵向切割。通过多次切割，删除没用的部分，得到图 4–33 所示的效果。

图4–32　切割操作

图4–33　多次切割操作

当对图片执行了切割操作后，在图片上单击鼠标右键，选择“固定边角范围”选项，会在图片四周出现边角标记，用来显示当前图片的边角范围，如图 4–34 所示。选择“优化图片”选项，Axure RP 8 将会自动优化当前图片，降低图片的质量，提高下载的速度，如图 4–35 所示。

图4–34　固定边角范围

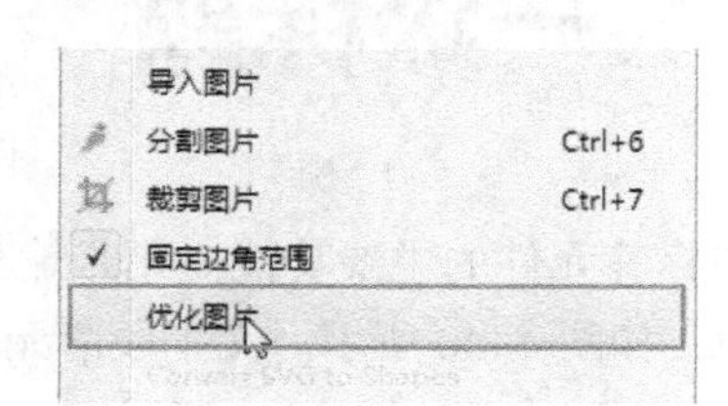

图4–35　优化图片

（4）占位符

占位符元件没有实际的意义，只是作为临时占位的功能存在。当用户需要在页面上预留一块位置，但是还没有确定放什么内容时，可以选择先放一个占位符元件。

选择“占位符”元件，将其拖入到页面中，效果如图 4–36 所示。

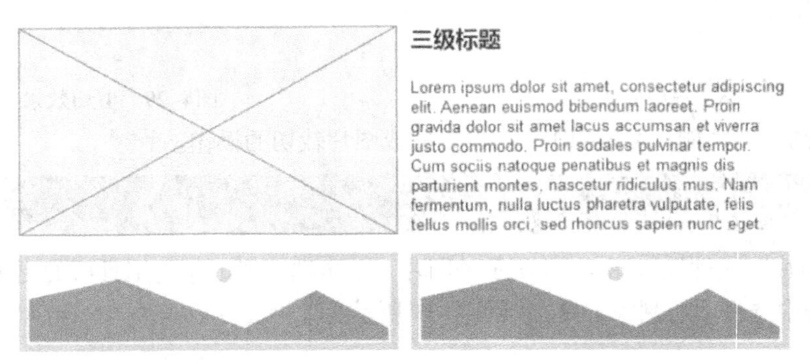

图4–36　占位符效果图

（5）按钮

Axure RP 8 为用户提供了 3 种按钮元件，分别是按钮、主要按钮和链接按钮。用户可以根据不同的用途选择不同的按钮。选择按钮元件，将其拖入到页面中，如图 4–37 所示。双击按钮元件即可修改按钮文字，效果如图 4–38 所示。

图4–37　按钮元件

图4–38　修改按钮文字

（6）文本

Axure RP 8 中的文本有标题和文本两种。标题又分为一级标题、二级标题和三级标题。文本则分为文本标签和文本段落。

用户可以根据需要选择不同大小的标题元件。选择标题元件，将其拖入到页面中，如图 4–39 所示。

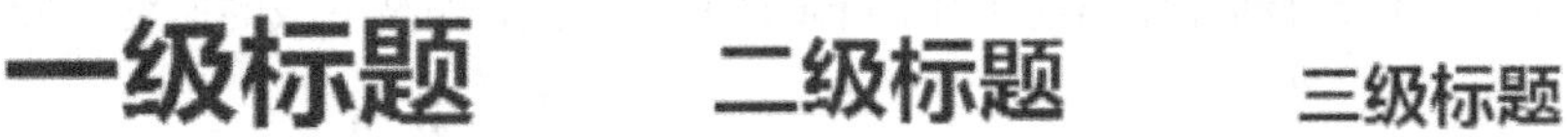

一级标题　　二级标题　　三级标题

图4–39　标题元件

文本标签元件的主要功能是用来输入较短的普通文本，选择“文本标签”元件，将其拖入到页面中，如图 4–40 所示。文本段落元件用来输入较长的普通文本，选择“文本段落”元件，将其拖入到页面中，如图 4–41 所示。

图4–40 “文本标签”元件

Lorem ipsum dolor sit amet, consectetur adipiscing elit. Aenean euismod bibendum laoreet. Proin gravida dolor sit amet lacus accumsan et viverra justo commodo. Proin sodales pulvinar tempor. Cum sociis natoque penatibus et magnis dis parturient montes, nascetur ridiculus mus. Nam fermentum, nulla luctus pharetra vulputate, felis tellus mollis orci, sed rhoncus sapien nunc eget.

图4–41 “文本段落”元件

拖动标题或文本四周的控制点，内部的文本会自动调整位置。当文本框的宽度比文本内容大时，如图 4–42 所示。双击文本框的控制点，即可快速使文本框大小与文本一致，如图 4–43 所示。

一级标题

图4–42 文本框宽度大于文本内容

一级标题

图4–43 文本框大小与文本一致

选择文本框，用户可以在选项栏上为其指定填充颜色和线段颜色，如图 4–44 所示。双击选中文本内容，在选项栏上可以指定文本的颜色，如图 4–45 所示。

图4–44 设置文本框

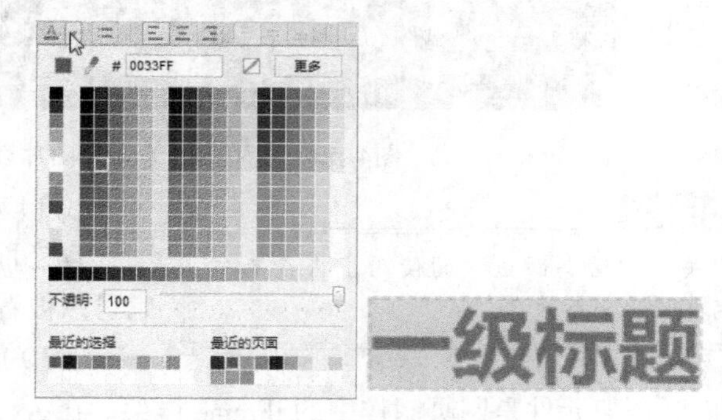

图4–45 设置文本颜色

除了为文字指定颜色外，用户还可以在选项栏上为文字指定字体、字型和字号。设置文字加粗、斜体和下划线，如图 4–46 所示。

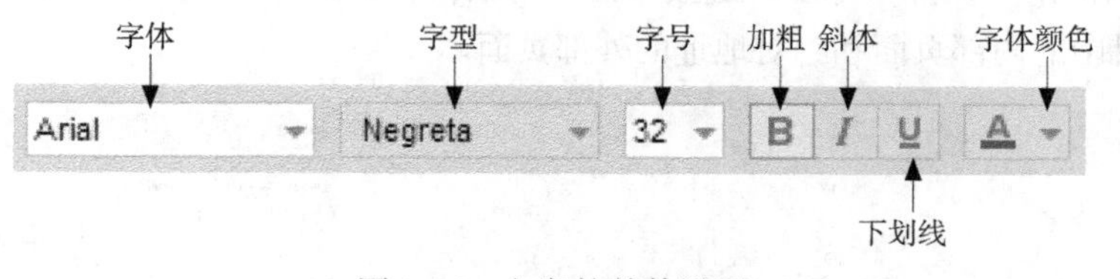

图4–46 文字的其他设置

（7）水平线和垂直线

使用水平线和垂直线可以创建水平线条和垂直线条。它们通常是用来分割功能或美化页面的。选择水平线或垂直线，将其拖入到页面中，效果如图 4–47 所示。

图4–47 水平线和垂直线

选择线条，用户可以在选项栏中设置其颜色、线宽和类型，如图 4–48 所示。也可以在选项栏上的“箭头样式”下拉列表中选择一种箭头效果，如图 4–49 所示。

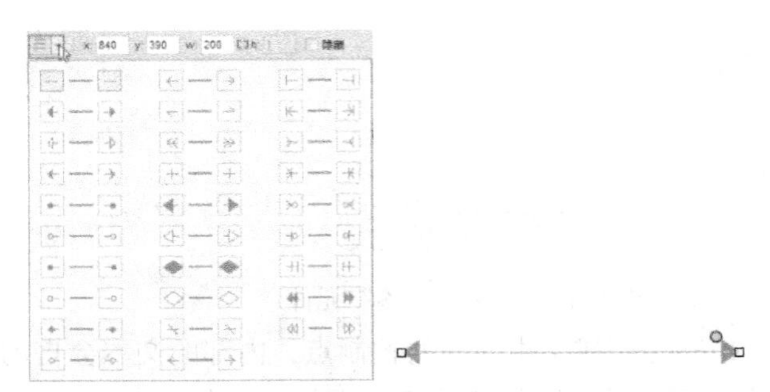

图4-48 设置颜色、线宽、类型　　　　图4-49 箭头样式

（8）热区

热区就是一个隐形的，但是可以点击的面板。在“元件库”面板中选择热区元件，将其拖入到页面中，使用热区可以实现为一张图片同时设置多个超链接的操作，如图 4-50 所示。

图4-50 使用热区为一张图片设置多个超链接

知识链接

关于“动态面板”的使用，将在本书的第 8 章详细介绍。

（9）动态面板

动态面板元件是 Axure RP 中最为常用的元件，它可以被看作拥有很多种不同状态的超级元件。

（10）内联框架

内联框架元件是网页制作中的 iFrame 框架。在 Axure RP 8 中，用户使用内联框架元件可以应用任何一个以“Http://”开头的 URL 所标示的内容，如一张图片、一个网站、一个 Flash，只要能用 URL 标示就可以。选择“内联框架”按钮，将其拖入到页面中，效果如图 4-51 所示。

双击“内联框架”元件，弹出“链接属性”对话框，如图 4-52 所示。用户可以在该对话框中选择链接项目中的内部页面和绝对地址的外部页面。

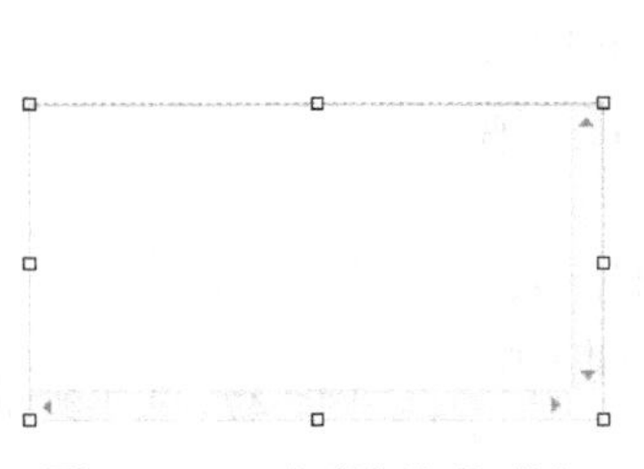

图4-51 “内联框架”按钮

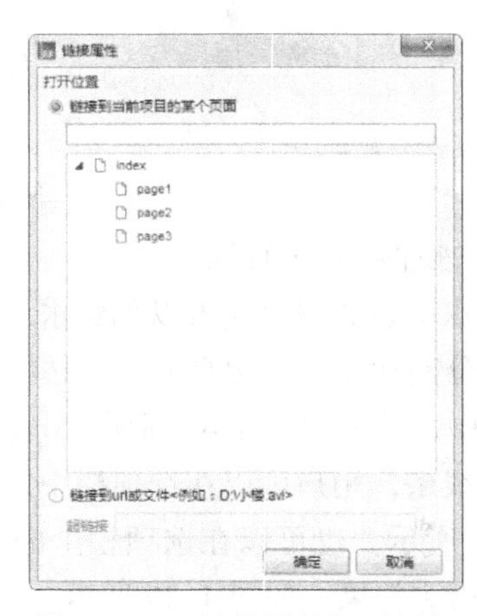

图4-52 “链接属性”对话框

提示

iFrame是HTML的一个控件，用于在一个页面中显示另外一个页面。

（11）中继器

中继器可以用来生成由重复条目组成的列表页，如商品列表、联系人列表等，并且可以非常方便地通过预先设定的事件，对列表进行新增条目、删除条目、编辑条目、排序和分页的操作。

知识链接

关于“中继器”的使用，将在本书的第9章详细介绍。

4.2.2 表单元件

Axure RP 8为用户提供了丰富的表单元件，便于用户在原型中制作更加逼真的表单效果。表单元件主要包括文本框、多行文本框、下拉列表框、列表框、复选框、单选按钮和提交按钮，接下来逐一进行介绍。

（1）文本框

文本框元件主要用来接受用户输入，但是仅能接受单行的文本输入。选择“文本框”元件将其拖入到页面中，效果如图4-53所示。文本框中输入文本的样式可以在“检视”面板中“样式”选项下的“字体”项目中设置，如图4-54所示。

图4-53 文本框

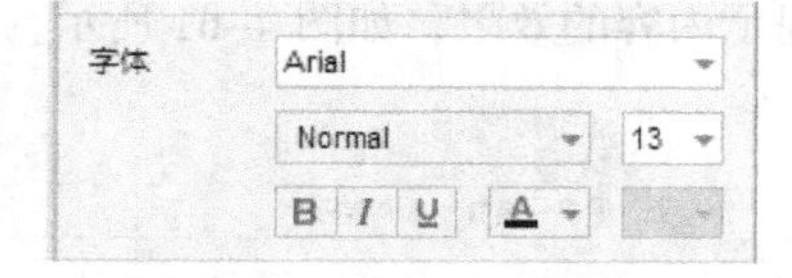

图4-54 设置字体

选择“文本框”元件，在“检视：文本框”面板的“属性”选项卡下可以详细设置其属性，如图4-55所示。在“类型”下拉列表中可以选择文本框的不同类型，用于不同的功能，如图4-56所示。

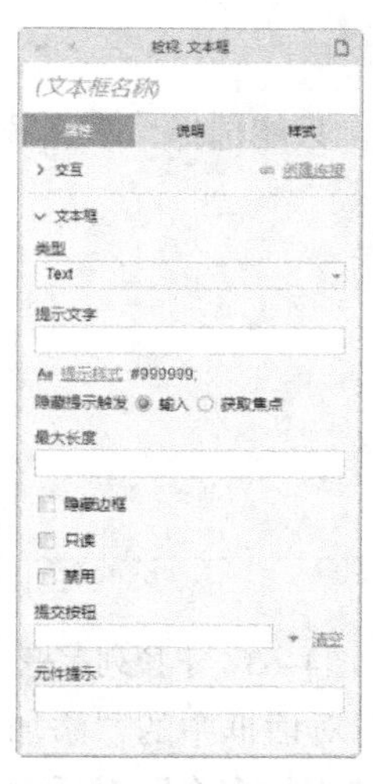

图4-55 “属性”选项卡

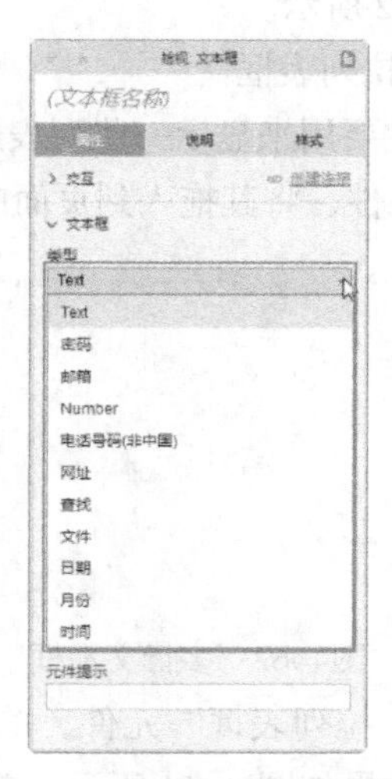

图4-56 “类型”下拉列表

实战操作：创建文本框

操作视频：007.mp4

在“提示文字”文本框中输入文字，将显示在文本框的初始状态，如图 4–57 所示。在“最大长度”文本框中输入数值，可以用来限制文本框输入文字的数量，如图 4–58 所示。

图4–57　输入用户名　　图4–58　设置长度

勾选“隐藏边框”“只读”和“禁用”复选框，可以实现隐藏文本框边框、设置文本为只读和禁用文本框的效果，如图 4–59 所示。

通过在“提交按钮”文本中输入元件，即可实现文本框回车触发事件。按下回车键时，触发指定元件的事件，如图 4–60 所示。单击右侧的下三角按钮，可以在现有元件中选择对象。单击“清空”选项则清空当前文本框中的内容。

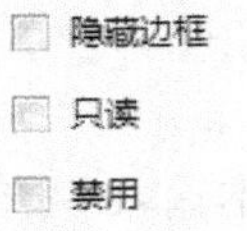

图4–59　勾选边框　　图4–60　提交按钮

用户可以在“元件提示”文本框中输入提示内容，用来实现当鼠标光标移动到文本框上时，显示提示内容的效果，如图 4–61 所示。

图4–61　元件提示

（2）多行文本框

多行文本框能够接受用户多行文本的输入。选择“多行文本框”元件，将其拖入到页面中，效果如图 4–62 所示。

（3）下拉列表框

该元件主要用来显示一些列表选项，以便用户在其中选择。只能选择，不能输入。选择“下拉列表框”元件，将其拖入到页面中，效果如图 4–63 所示。

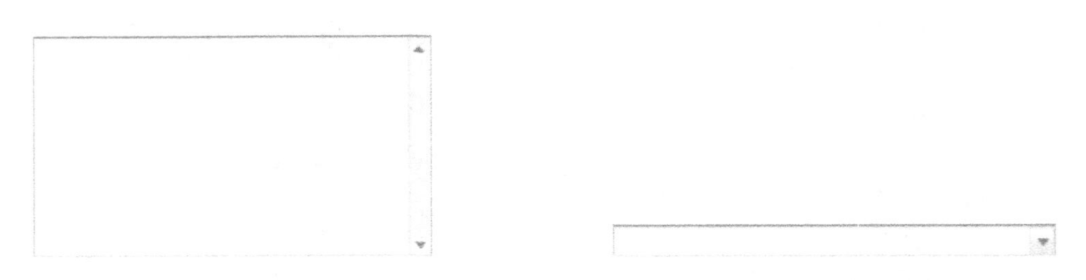

图4–62　多行文本框　　图4–63　下拉列表框

双击“下拉列表框”元件，单击弹出的“编辑列表选项”对话框中的“添加”按钮，逐一添加列表，效果如图 4–64 所示。单击“添加多个”按钮，在“添加多个”对话框中依次输入文本内容，也可以完成列表的添加，如图 4–65 所示。

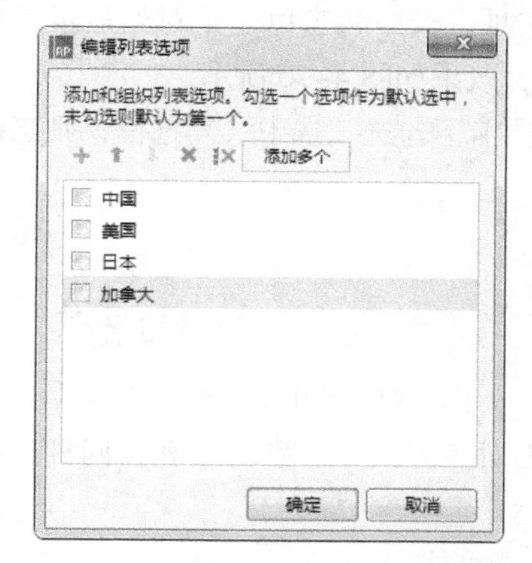

图4–64　逐一添加列表

图4–65　添加多个列表

勾选某个列表选项前面的复选框，代表将其设置为默认显示的选项；没有勾选，则默认为第一个。单击“确定”按钮，下拉列表中即可显示添加的选项，如图 4–66 所示。

（4）列表框

“列表框”元件一般在页面中显示多个供用户选择的选项，并且允许用户多选。选择“列表框”元件，将其拖入到页面中，效果如图 4–67 所示。

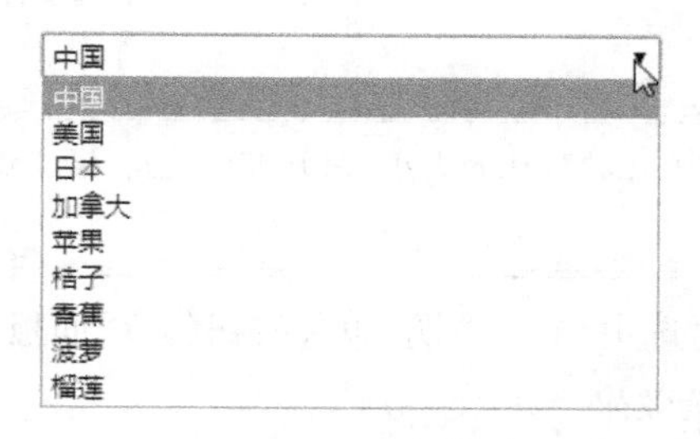

图4–66　添加的选项

图4–67　列表框

双击“列表框”元件，用户可以在弹出的“编辑列表选项”对话框中为其添加列表选项。添加的方法和“下拉列表框”元件相同，如图 4–68 所示。勾选“允许选中多个选项”复选框，则会允许用户同时选择多个选项，如图 4–69 所示。

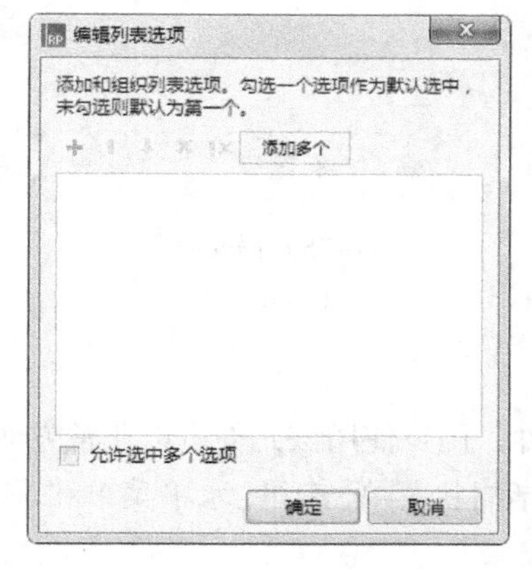

图4–68　添加列表选项

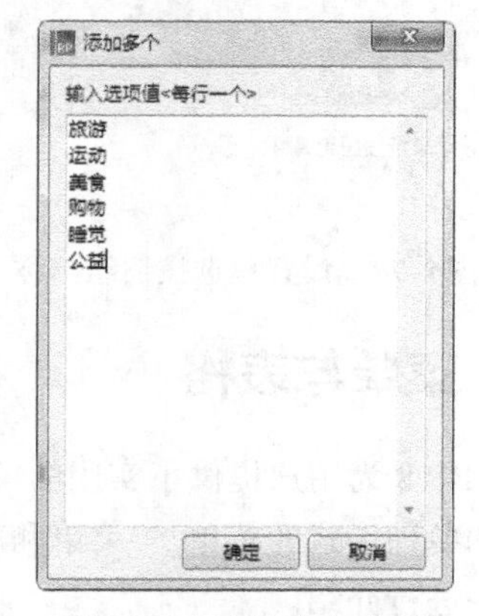

图4–69　选择多个选项

（5）复选框

“复选框”元件允许用户从多个选项中选择多个选项，选中状态以一个对号显示，再次单击取消选择，选择“复选框”元件，将其拖入到页面中，效果如图 4–70 所示。

用户可以在“检视 : 复选框”面板中的“属性”选项卡下勾选“选中”复选框，则当前复选框就会显示为选中状态，如图 4–71 所示。

图4–70　复选框　　　图4–71　选中复选框

用户可以在“对齐按钮”选项下选择复选框文本的对齐方式，分别有左和右两种选择，如图 4–72 所示。

（6）单选按钮

“单选按钮”元件允许用户在多个选项中选择一个选项。选择“单选按钮”元件，将其拖入到页面中，效果如图 4–73 所示。

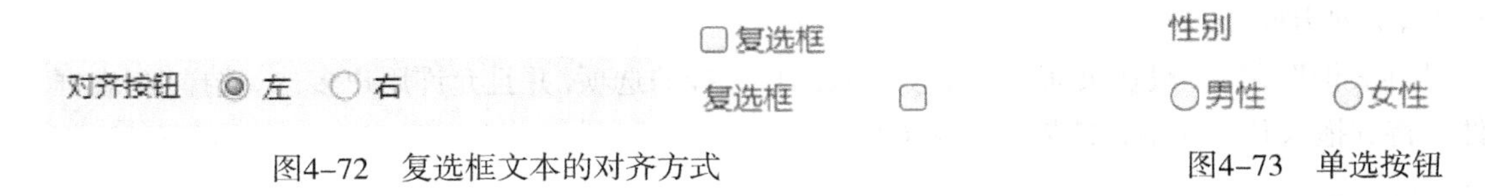

图4–72　复选框文本的对齐方式　　　图4–73　单选按钮

提示

Axure RP 8 提供的复选框和单选按钮大小无法调整，只能保持默认的大小。用户可以使用“动态面板”制作符合个人需求的复选框或单选按钮。

为了实现单选按钮效果，必须将多个单选按钮同时选中，在“检视 : 单选按钮（2）”面板的“设置单选按钮组名称”文本框中为其命名，才能实现单选效果，如图 4–74 所示。

（7）提交按钮

Axure RP 8 中的“提交按钮”元件只是作为一个普通的元件存在，选中“提交按钮”元件，将其拖入到页面中，效果如图 4–75 所示。

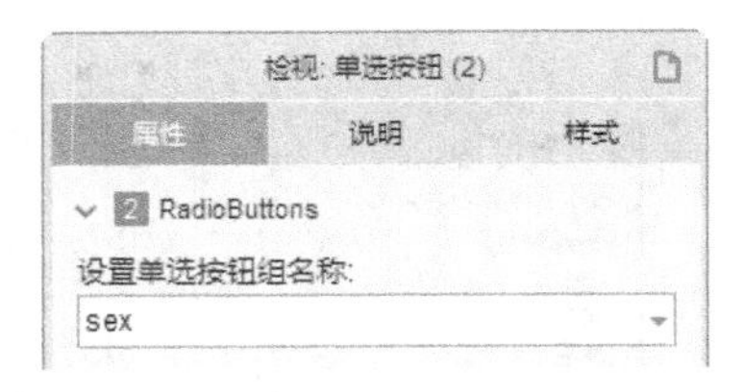

图4–74　设置单选按钮组名称

图4–75　提交按钮

4.2.3　菜单与表格

Axure RP 8 为用户提供了实用的“菜单和表格”元件。用户使用该元件可以非常方便地制作数据表格和各种形式的菜单。“菜单和表格”元件主要包括树状菜单、表格、水平菜单和垂直菜单，接下来逐一进行介绍。

（1）树状菜单

“树”的主要功能是用来创建一个属性目录。将“树状菜单”元件选中，拖曳到页面中，效果如图4-76所示。

单击元件前面的三角形，可将该树状菜单收起，效果如图4-77所示。双击单个菜单可以修改菜单内容，效果如图4-78所示。

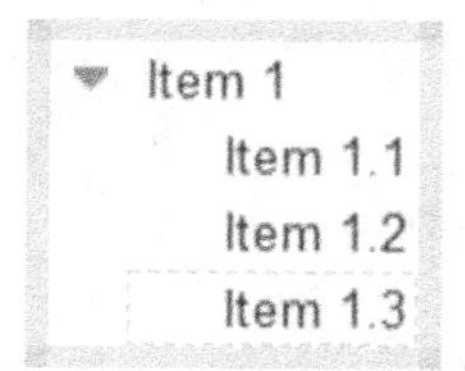

图4-76 树状菜单

图4-77 收起树状菜单

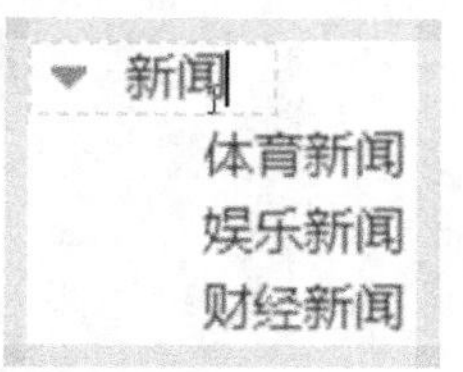

图4-78 修改菜单内容

在元件选项上单击鼠标右键，在弹出的快捷菜单中选择“添加”选项下的命令可以实现添加菜单的操作，如图4-79所示。

◎ 添加子节点：选择该选项，可以在当前选中菜单下添加一个菜单。

◎ 上方添加节点：选择该选项，可以在当前菜单上方添加一个菜单。

◎ 下方添加节点：选择该选项，可以在当前菜单下方添加一个菜单。

用户如果想删除某一个菜单选项，可以在菜单上单击鼠标右键，选择“删除节点”命令，即可将当前选项删除，如图4-80所示。

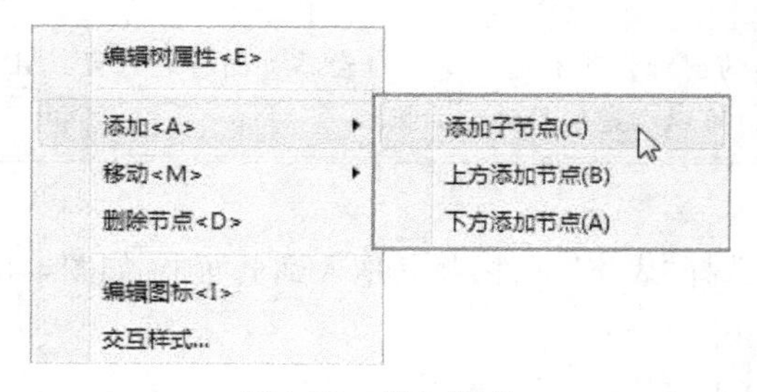

图4-79 添加菜单

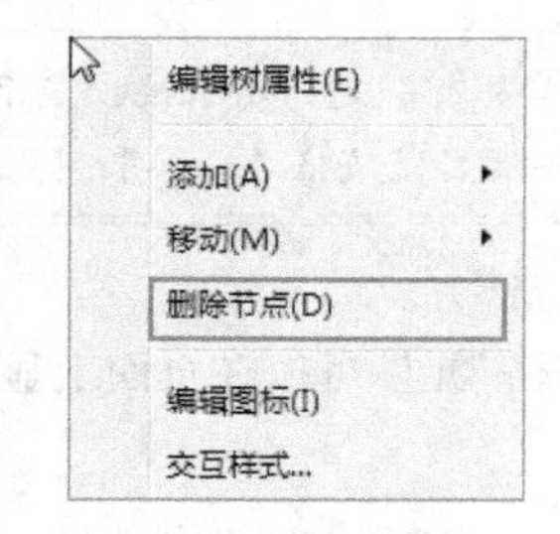

图4-80 删除节点

选中“树状菜单”元件，单击鼠标右键，在弹出的快捷菜单中选择“编辑树属性”命令，如图4-81所示。弹出“树属性”对话框，如图4-82所示。

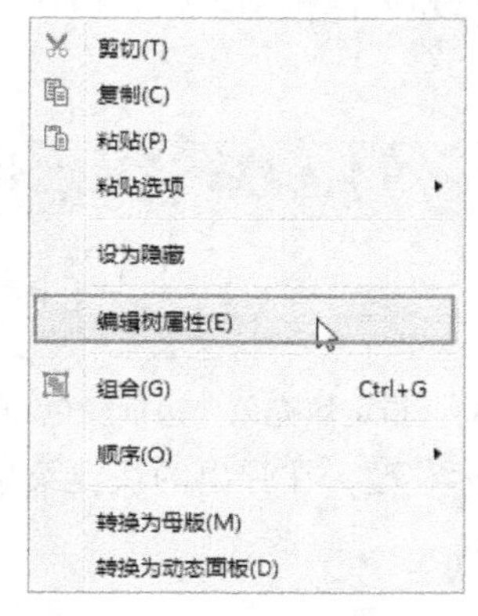

图4-81 选择“编辑树属性”

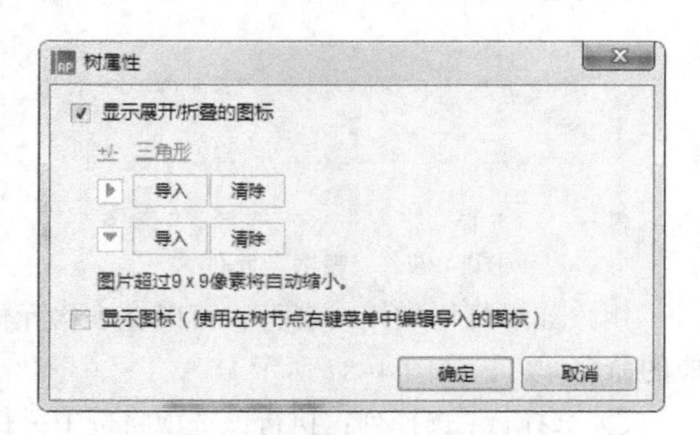

图4-82 “树属性”对话框

在该对话框中，用户可以选择将显示展开 / 折叠的图标设置为加号或三角形，也可以通过导入 9×9 像素图片的方法，设置个性的展开图标，如图 4–83 所示。用户也可以在“检视：树节点”面板中为“树状菜单”元件指定树图标和树节点图标，如图 4–84 所示。

图4–83　设置个性的展开图标

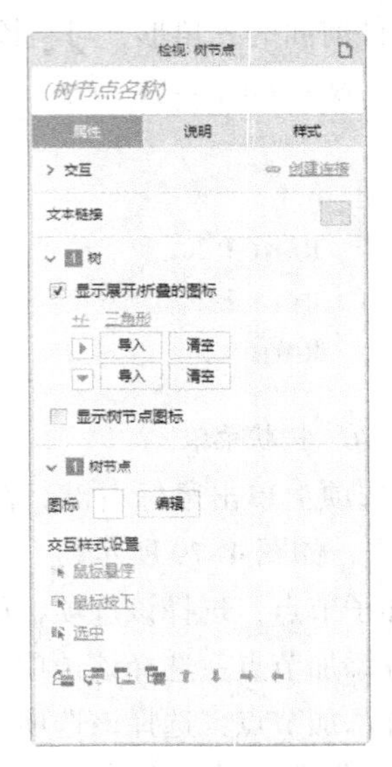

图4–84　指定树图标和树节点图标

提示

树状菜单具有一定的局限性，显示树节点上添加的图标，所有选项都会自动添加图标的位置，且元件的边框不能自定义格式。如果想要制作更多效果，可以考虑使用动态面板。

（2）表格

使用“表格”元件可以在页面上显示表格数据。选择“表格”元件，将其拖入到页面中，如图 4–85 所示。

小技巧

用户也可以通过拖动的方式，选择行或者列。配合 Shift 键可以选择不连续的单元格。

选择行或列后，可以在“检视”面板中为其指定填充色和边框粗细，在选项栏中也可为其指定填充色、边框颜色和粗细，效果如图 4–86 所示。

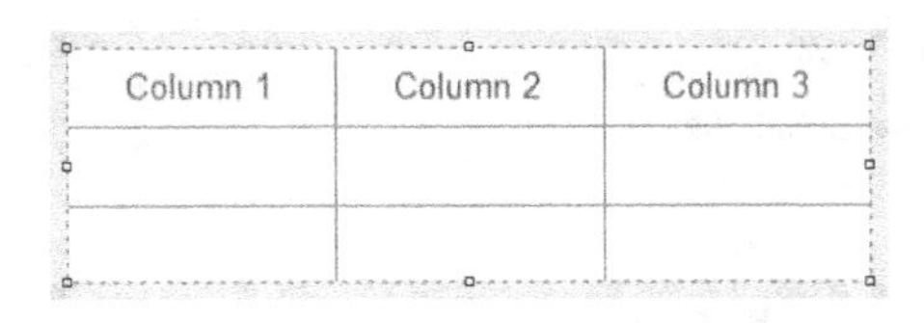

图4–85　“表格”元件

姓名	性别	年龄

图4–86　指定填充色、边框颜色和粗细

用户如果想增加列或者行，可以在表格元件上单击鼠标右键，在弹出的快捷菜单中选择对应的命令即可，如图 4–87 所示。

◎ 选择行 / 选择列：执行该选项将选中一行或者一列。

◎ 上方插入行 / 下方插入行：执行该选项将在当前行的上方或下方添加一行。

◎ 左侧插入列 / 右侧插入列：执行该选项，将在当前列的左侧或右侧添加一列。

◎ 删除行 / 删除列：执行该选项，将删除当前所选行或列。

（3）水平菜单

使用“水平菜单”元件，可以在页面上轻松制作水平菜单效果。

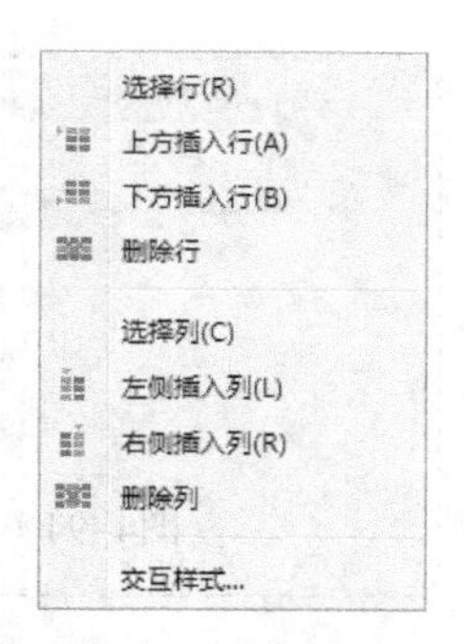

图4-87　增加列或行

实战操作：制作水平菜单

选择“水平菜单”元件，将其拖入到页面中，效果如图 4-88 所示。

图4-88　选择“水平菜单”元件

操作视频：008.mp4

双击菜单名，即可修改菜单文字，效果如图 4-89 所示。在元件上单击鼠标右键，选择“编辑菜单填充”选项，在弹出的“菜单填充”对话框中设置填充的大小，选择应用的范围，如图 4-90 所示。

图4-89　修改菜单文字

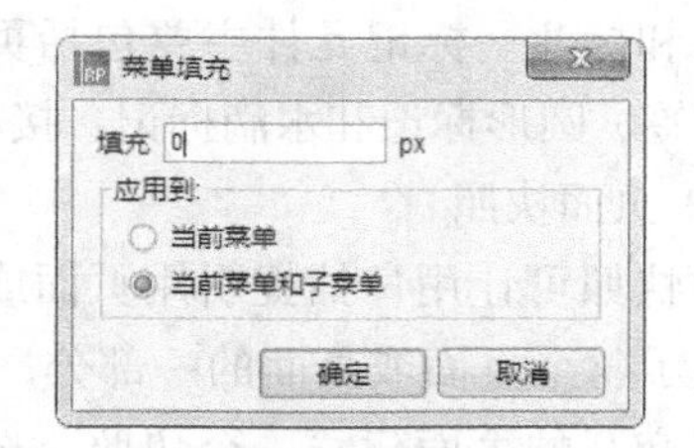

图4-90　设置菜单填充

设置“填充”为 10px，应用到当前菜单，单击“确定”按钮，效果如图 4-91 所示。选择水平菜单，可以在“检视：菜单”面板中为其指定填充颜色，选择单元格，为其指定填充颜色，效果如图 4-92 所示。

图4-91　填充效果

图4-92　指定填充颜色后的效果

如果用户希望添加菜单选项，可以在元件上单击鼠标右键，选择添加菜单项命令，如图 4-93 所示，即可在当前菜单的前方或者后方添加菜单。选择“删除菜单项”选项即可删除当前菜单。

在元件上单击鼠标右键，选择“添加子菜单”选项，即可为当前单元格添加子菜单，双击单元格为其添加文字，效果如图 4-94 所示。使用相同的方法，可以继续添加子菜单，效果如图 4-95 所示。

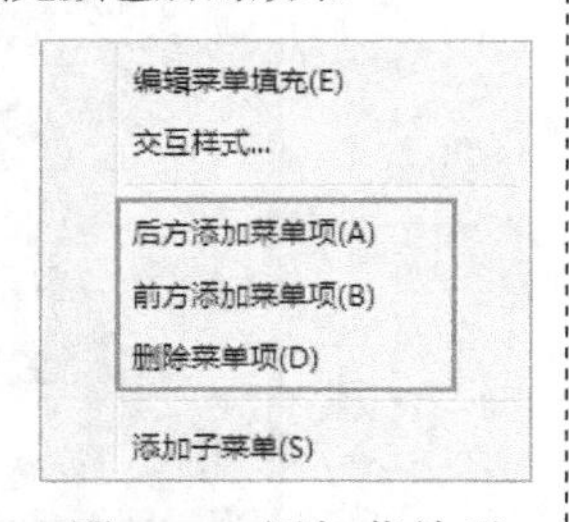

图4-93　添加菜单项

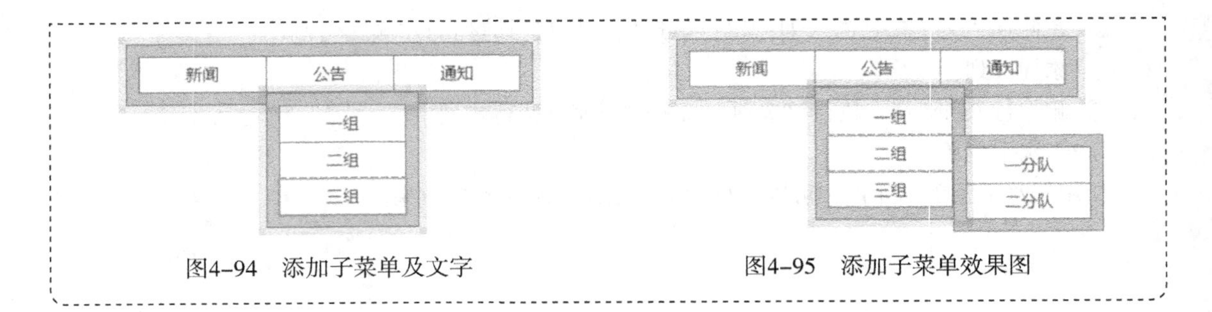

图4-94　添加子菜单及文字　　图4-95　添加子菜单效果图

提示

除了通过右键单击快捷键菜单编辑水平菜单外，用户还可以在“检视 :Menuitem”面板中完成各种编辑操作。

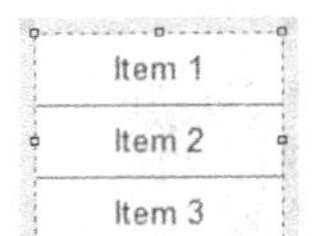

图4-96　垂直菜单

（4）垂直菜单

使用“垂直菜单”元件可以在页面上轻松制作垂直菜单效果。选择“垂直菜单”元件，将其拖入到页面中，效果如图 4-96 所示。“垂直菜单”元件与“水平菜单”元件的使用方法基本相同，此处就不再详细介绍了。

4.2.4　标记元件

Axure RP 8 添加了新的标记元件，用来帮助用户对产品原型进行说明和标注。标记元件主要包括页面快照、水平箭头和垂直箭头、便签、圆形标记和水滴标记，接下来逐一进行介绍。

（1）页面快照

页面快照可让用户捕捉引用页面或主页面图像，可以配置快照组件显示整个页面或页面的一部分，也可以在捕捉图像之前给需要应用交互的页面建立一个快照。选择“页面快照”元件，将其拖入到页面中，效果如图 4-97 所示。

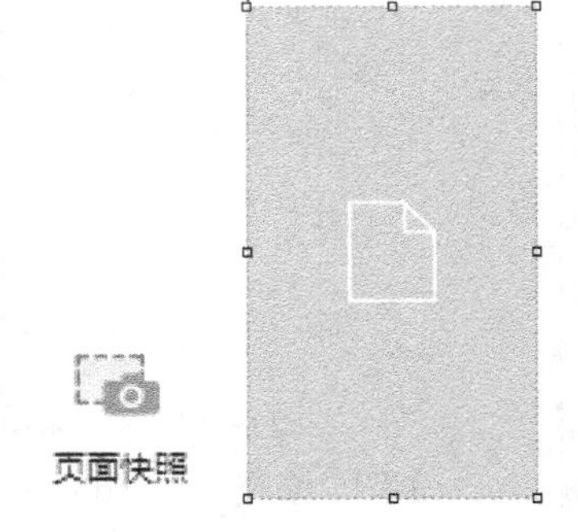

图4-97　页面快照

双击元件，即可弹出“引用页面”对话框，如图 4-98 所示。在该对话框中可以选择引用的页面或母版，引用效果如图 4-99 所示。

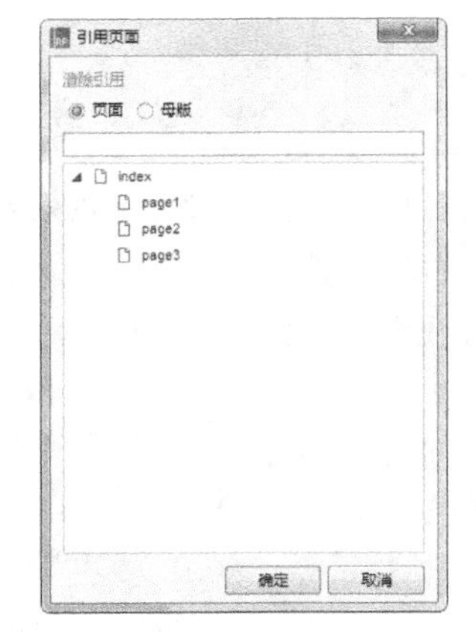

图4-98　“引用页面”对话框

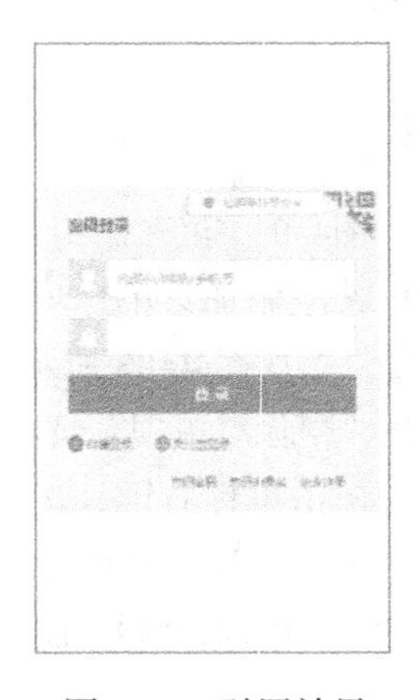

图4-99　引用效果

知识链接

关于“母版”的概念，将在本书的第 6 章详细介绍。

在“检测 : 页面快照”面板的“属性”选项卡下可以看到页面快照的各项参数，如图 4-100 所示。取消勾选“适应比例”复选框，引用页面将以实际尺寸显示，如图 4-101 所示。

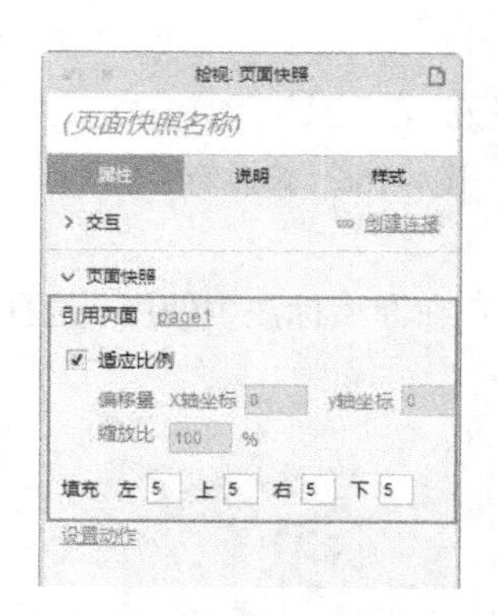

图4-100　页面快照参数

图4-101　引用页面

双击元件，光标变成小手标记，可以拖动查看引用页面。滚动鼠标中轴，可以缩小或放大引用页面，如图 4-102 所示。用户也可以拖动调整快照的尺寸，效果如图 4-103 所示。

图4-102　缩小或放大引用页面

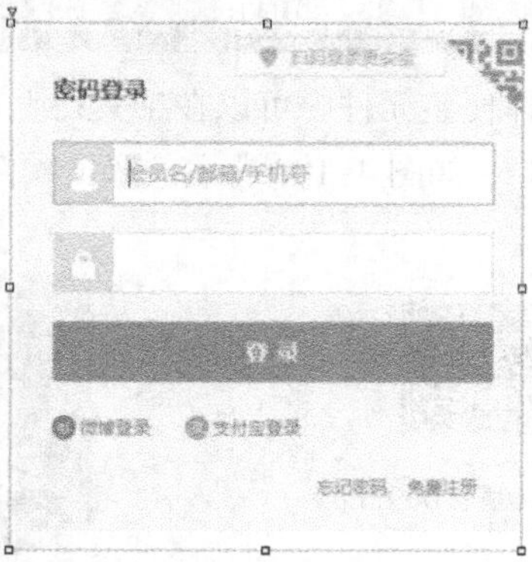

图4-103　调整快照的尺寸

（2）水平箭头和垂直箭头

使用箭头可以在产品原型上标注。Axure RP 8 提供了水平箭头和垂直箭头两种箭头。选择箭头元件，将其拖入到页面中，效果如图 4-104 所示。

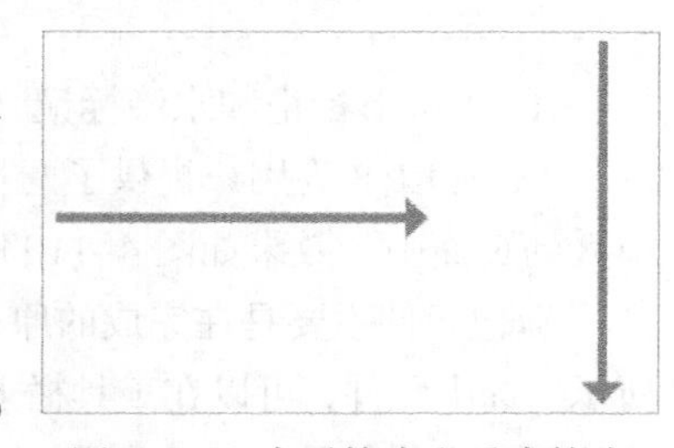

图4-104　水平箭头和垂直箭头

选中箭头元件，可以在工具栏上设置其颜色、粗细和样式，如图 4-105 所示，还可以对箭头的方向进行修改，如图 4-106 所示。

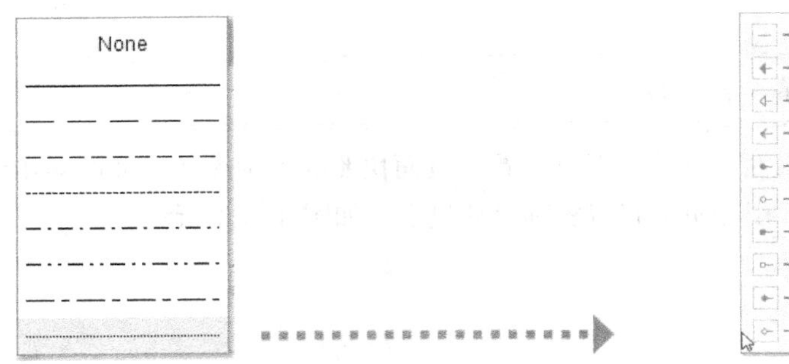

图4-105　设置箭头的颜色、粗细和样式

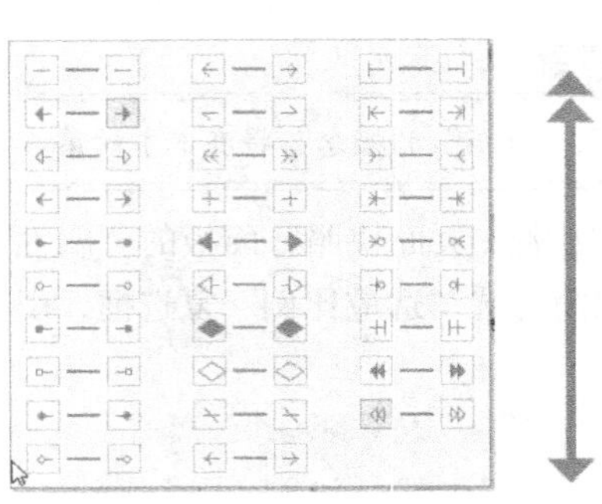

图4-106　修改箭头的方向

（3）便签

Axure RP 8 为用户提供了 4 种不同颜色的便签，以便用户在原型标注中使用。选择便签元件，将其拖入到页面中，效果如图 4-107 所示。

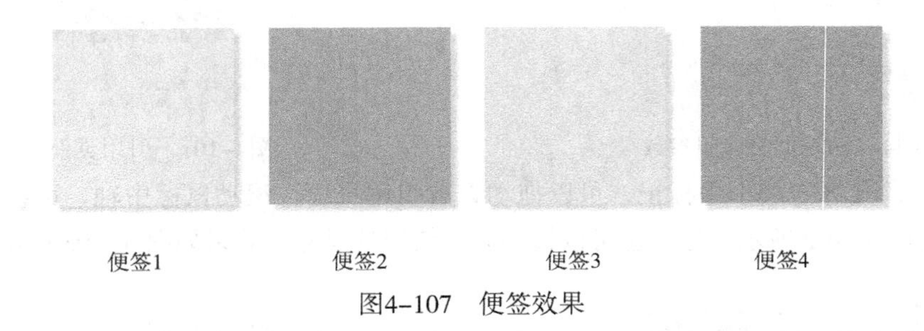

图4-107　便签效果

实战操作：制作便签说明

选择便签元件，可以在工具栏上对其样式进行修改，包括修改填充颜色、边框颜色和投影样式等，如图 4-108 所示。双击元件，即可在元件内输入文字内容，如图 4-109 所示。

操作视频：009.mp4

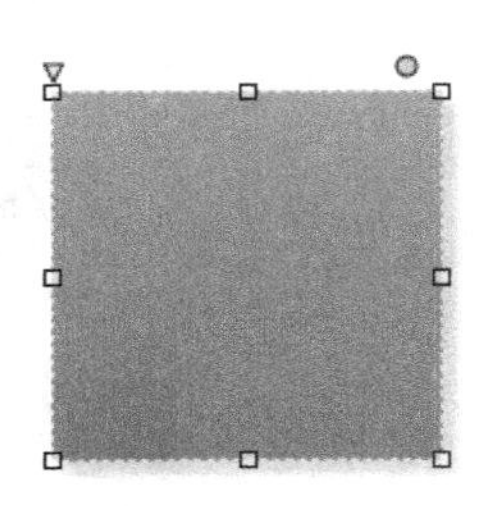

图4-108　修改便签样式

图4-109　输入文字

（4）圆形标记和水滴标记

Axure RP 8 为用户提供了两种不同形式的标记：圆形标记和水滴标记。选择标记元件，将其拖入到页面中，效果如图 4-110 所示。

标记元件主要是在完成的原型上进行标记说明的。双击元件，可以为其添加文字，如图 4-111 所示。选中元件，可以在工具栏上修改其填充颜色、线框颜色、线框粗细、线框样式和阴影样式，修改后的效果如图 4-112 所示。

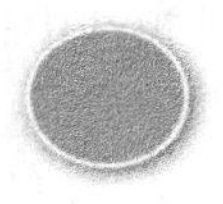

图4-110 圆形标记和水滴标记

图4-111 添加文字

图4-112 修改后效果

4.2.5 流程图元件和图标元件

Axure RP 8 为用户提供了专用的流程图元件和图标元件，以便用户设计制作产品原型。

默认情况下，流程图元件和图标元件都被保存在“元件库”的下拉菜单中，如图 4-113 所示。用户可以通过选择不同的选项，来显示不同的元件组合；也可以通过选择“选择全部”选项，将所有元件显示出来，如图 4-114 所示。

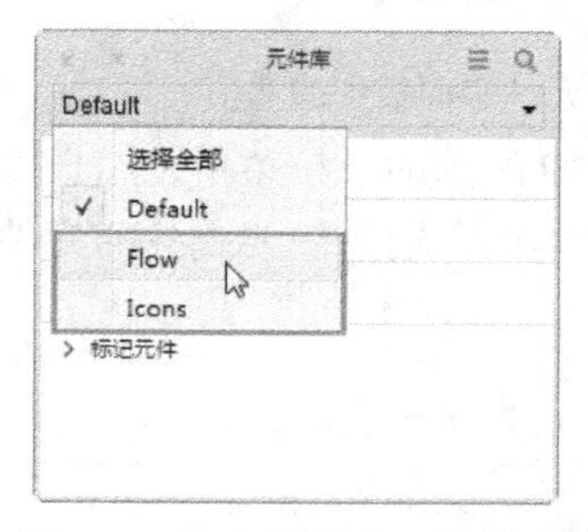

图4-113 “元件库”下拉菜单

图4-114 “选择全部”选项

使用“流程图”元件可以帮助用户更好地设计制作流程图页面，如图 4-115 所示。使用“图标”元件可以为用户提供更多美观实用的图标素材，如图 4-116 所示。

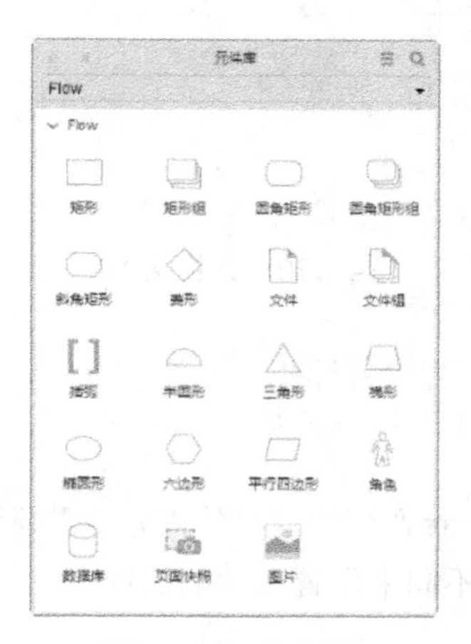

图4-115 流程图

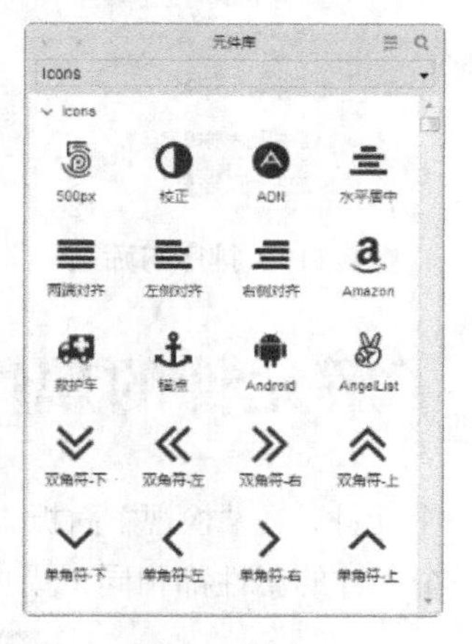

图4-116 图标

4.3 元件与概要面板

一个原型中通常会包含很多元件，元件之间会出现叠加或者遮盖，这就给用户操作带来麻烦。遇到这种情况，可以通过“元件管理器”实现对元件的各种操作。Axure RP 8 中将其更改为“概要”面板，如图 4–117 所示。

在该面板中将显示页面中所有的元件，单击面板中的选项，页面中对应的元件被选中；选中页面中的元件，面板中对应的选项也会被选中，如图 4–118 所示。

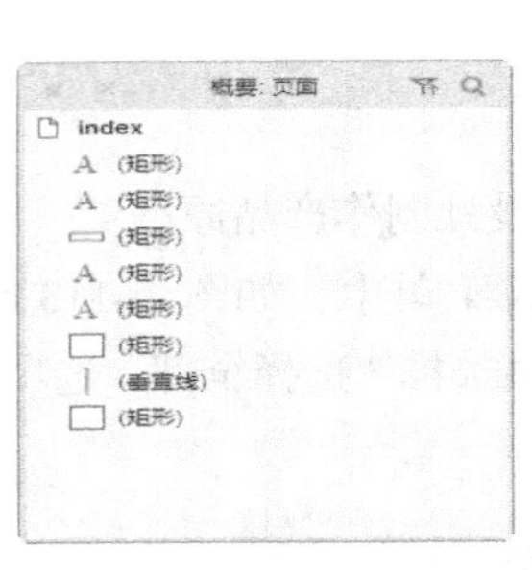

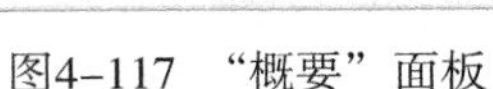
图4–117 “概要”面板

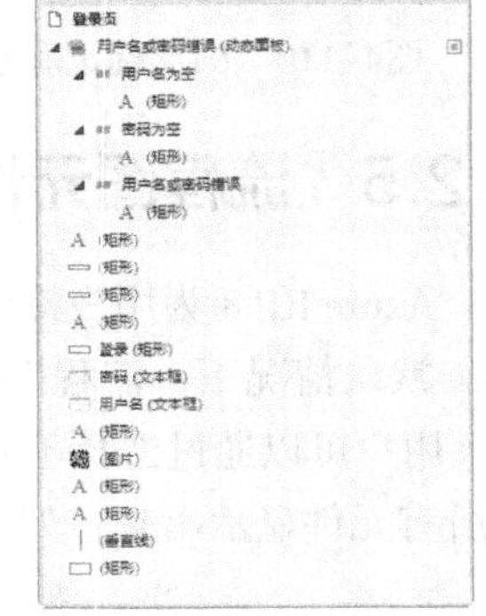

图4–118 元件和面板中的选项

单击面板右上角的“排序与筛选”按钮，弹出图 4–119 所示的下拉菜单，用户可以选择需要显示的内容。单击“查找”按钮，面板顶部出现查找文本框，输入想要查找的元件名，即可找到想找的对象，如图 4–120 所示。

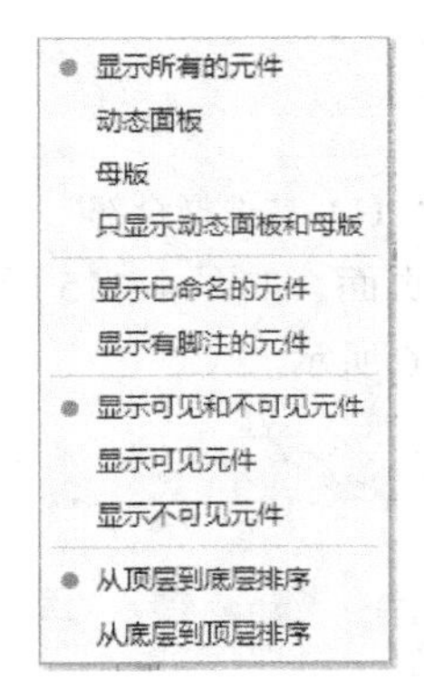

图4–119 排序与筛选

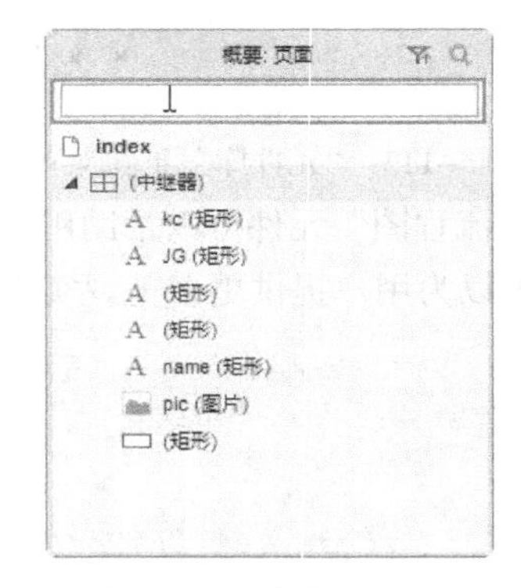

图4–120 查找文本框

4.4 了解元件的属性

选择一个元件，在“检视”面板“属性”选项卡下可以看到相关的参数内容。需要注意的是，并不是每一个元件的属性都相同，用户要根据所选元件的不同来设置元件的属性。

4.4.1 交互事件——页面交互

Axure RP 8 的交互设置是在“属性”选项卡下完成的。按照应用对象的不同，交互事件可以分为页面交互和元件交互两种。下面针对页面交互进行讲解。

将页面想象成舞台，而页面交互事件就是在大幕拉开的时刻向用户呈现的效果。同时需要注意的是，在原型中创建的交互命令是由浏览器来执行的，也就是说，页面交互效果需要“预览”才能看到。

在页面中的空白位置单击，可以看到“检视 : 页面”面板，如图 4-121 所示。在“交互”选项下可以看到默认的 3 条交互事件，单击“更多事件”下拉菜单，可以看到更多的交互事件，如图 4-122 所示。

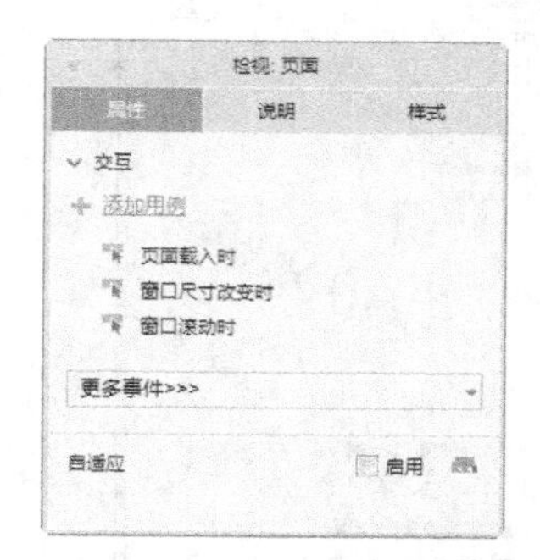

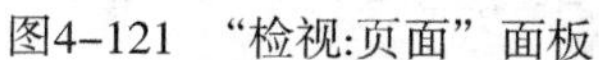
图4-121 “检视:页面”面板

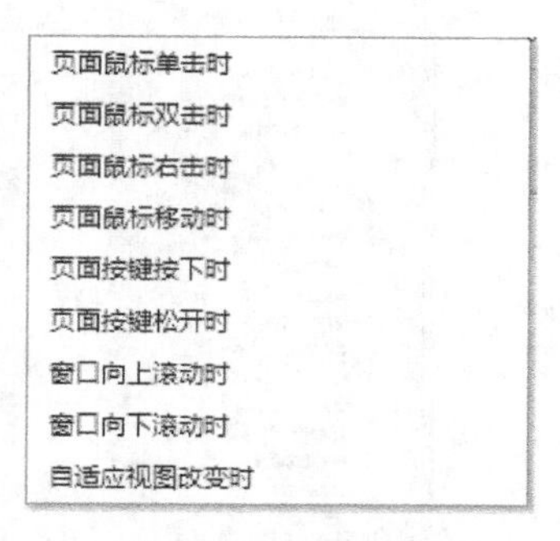

图4-122 更多事件

交互事件可以理解为产生交互的条件，例如，当页面载入时，将会如何；当窗口滚动时，将会如何。而将会发生的事情就是交互事件的动作。

在页面中空白的位置单击，双击“属性”选项卡下的“页面载入时”选项，弹出“用例编辑 < 页面载入时 >”对话框，如图 4-123 所示。

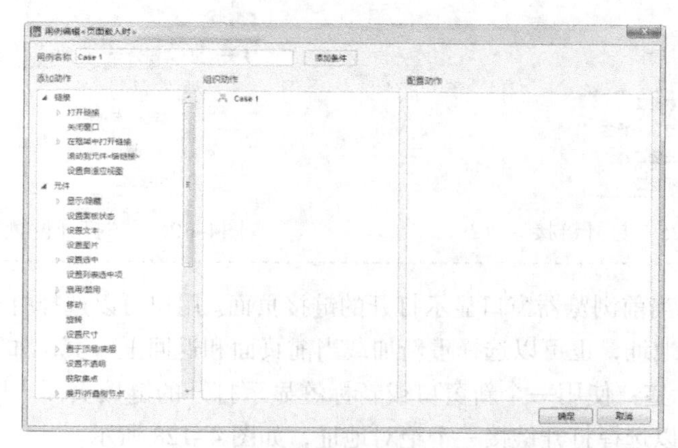

图4-123 “用例编辑<页面载入时>”对话框

“用例编辑 < 页面载入时 >”对话框的顶部显示用例的名称，下面为“添加动作”“组织动作”和“配置动作”3 部分。“添加动作”列表下包含了 Axure RP 8 中所有的动作，“组织动作”列表下将显示添加的所有动作，“配置动作”列表下将显示动作的详细参数，供用户配置。

（1）打开链接

用户可在动作列表中选择“打开链接”动作。

实战操作：打开页面链接

打开“用例编辑 < 页面载入时 >”对话框，如图 4-124 所示，实现在浏览器打开时打开某一个链接的效果，而且可以选择打开位置和打开的属性。

操作视频：010.mp4

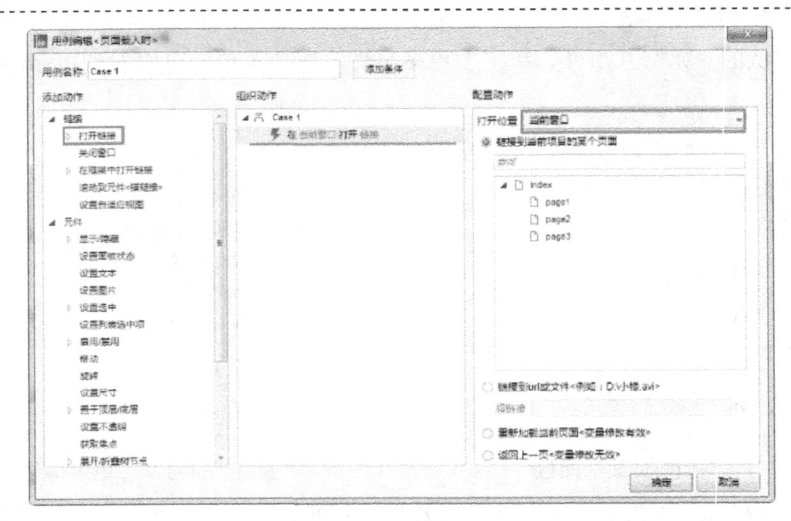

图4-124　页面载入界面

单击“打开链接”动作前的三角形，展开扩展动作，如图4-125所示。这些选项与“配置动作”下的“打开位置”右侧的下拉列表内容相同，如图4-126所示。

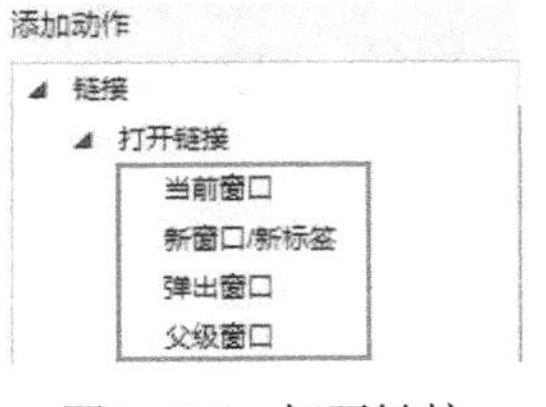

图4-125　打开链接

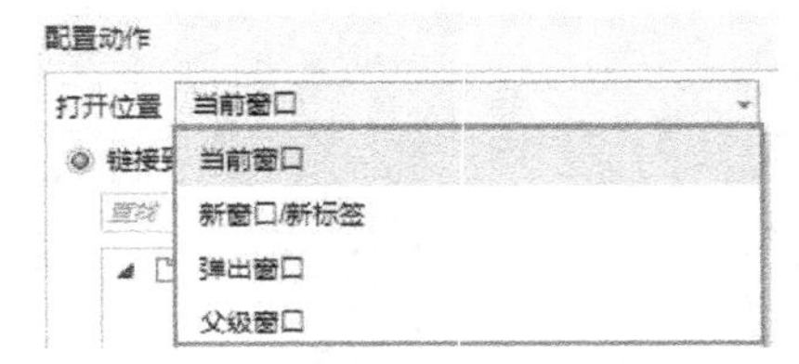

图4-126　“打开位置”的下拉列表

① 当前窗口：用当前浏览器窗口显示打开的链接页面。用户可以选择打开当前项目的页面，或打开链接一个绝对地址，也可以选择重新加载当前页面和返回上一页，如图4-127所示。

② 新窗口 / 新标签：使用一个新窗口或新标签显示打开的链接页面。用户可以选择打开当前项目的页面，也可以选择打开链接一个绝对地址，如图4-128所示。

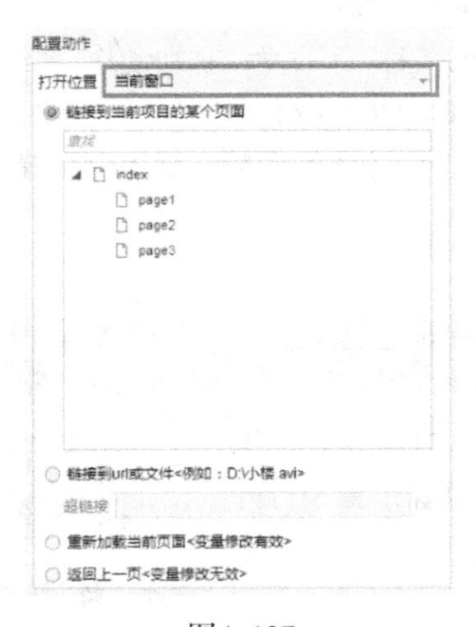

图4-127

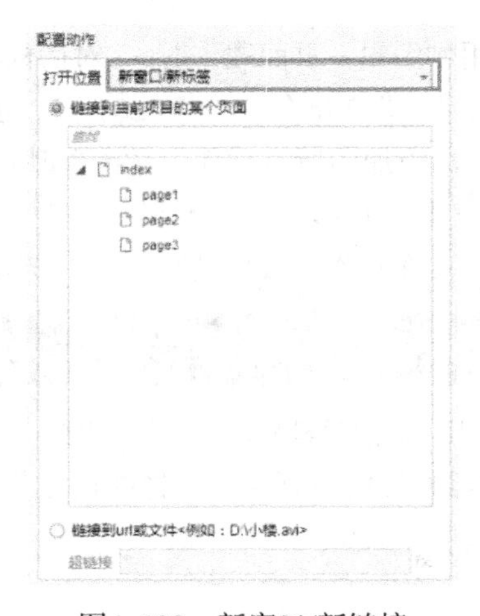

图4-128　新窗口/新链接

③ 弹出窗口：弹出一个新的窗口显示打开的链接页面。用户可以选择打开当前项目的页面，也可以选择打开链接一个绝对地址，并且可以设置“弹出属性”，如图 4–129 所示。需要注意的是，窗口的尺寸是页面本身的尺寸加上浏览器尺寸的总和。

④ 父级窗口：使用打开当前项目的页面显示打开的链接页面。用户可以选择打开当前项目的页面，也可以选择打开链接一个绝对地址，如图 4–130 所示。

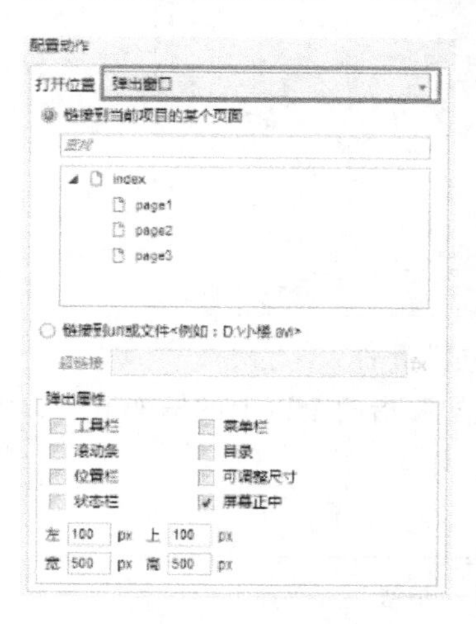

图4–129 弹出窗口

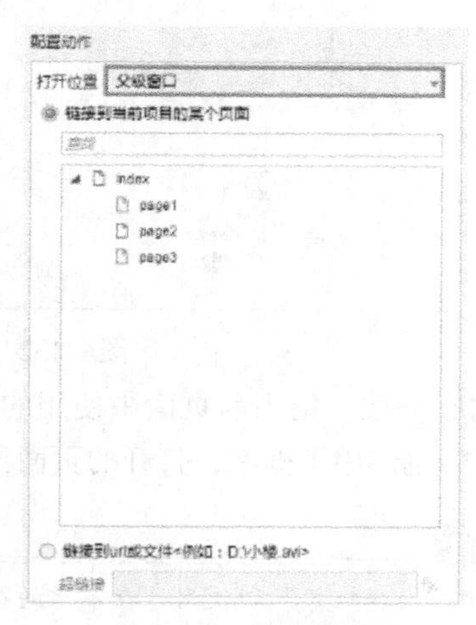

图4–130 父级窗口

（2）关闭窗口

选择“关闭窗口”事件，将实现在浏览器打开时自动关闭当前窗口，如图 4–131 所示。

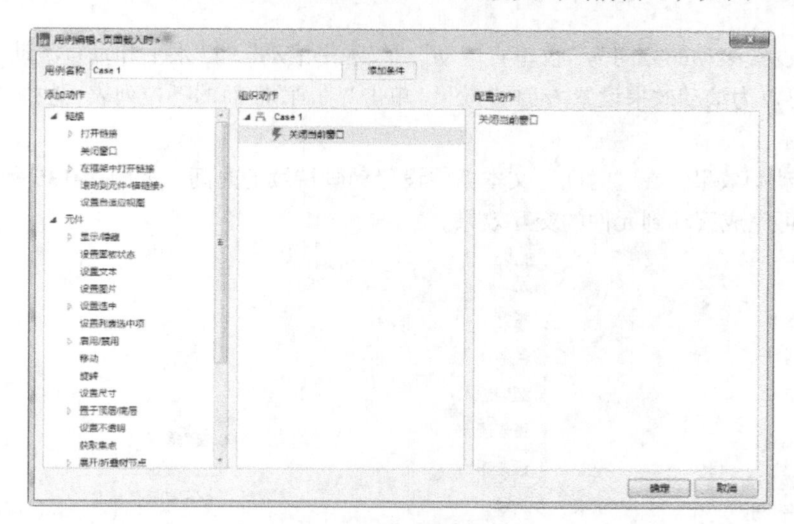

图4–131 关闭窗口

（3）在框架中打开链接

使用框架可以实现将多个子页面显示在同一个页面的效果。选择“在框架中打开链接”事件，可实现更改框架链接页面的操作。用户可以在“配置动作”下选择打开位置为“内联框架”或“父级框架”，如图 4–132 所示。

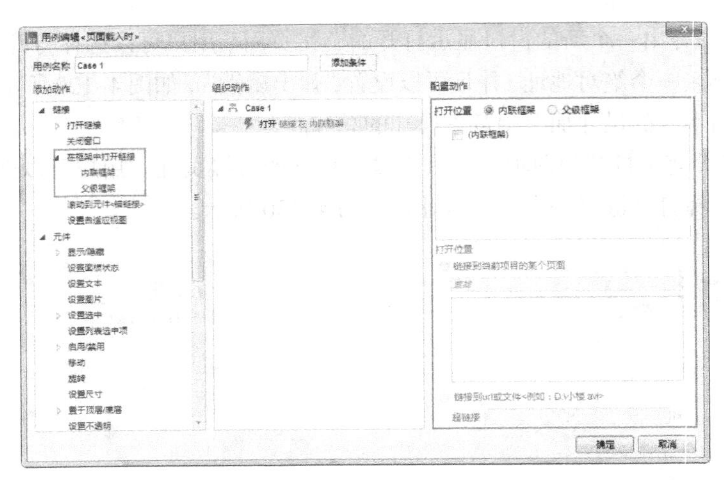

图4-132　“在框架中打开链接”事件

“内联框架”指当前页面中使用的框架。“父级框架”指两个以上的框架嵌套，即一个打开的页面中也使用了框架，打开的页面称为父级框架。

知识链接

关于“内联框架”的使用，在本章的第 4.2.1 小节中有详细介绍。

（4）滚动到元件 < 锚链接 >

滚动到元件指的是页面打开时，自动滚动到指定的位置。这个事件可以用来制作“返回顶部”的效果。

用户可以设置滚动的方向为“仅垂直滚动”“仅水平滚动”和“水平和垂直滚动”，如图 4-133 所示。用户也可以为滚动效果设置“动画”效果。单击“动画”后面的下拉列表，选择一种动画方式，如图 4-134 所示。

选择一种动画效果，在“时间”文本框中设置动画持续的时间，如图 4-135 所示。单击“确定”按钮，即可完成滚动到元件的交互效果。

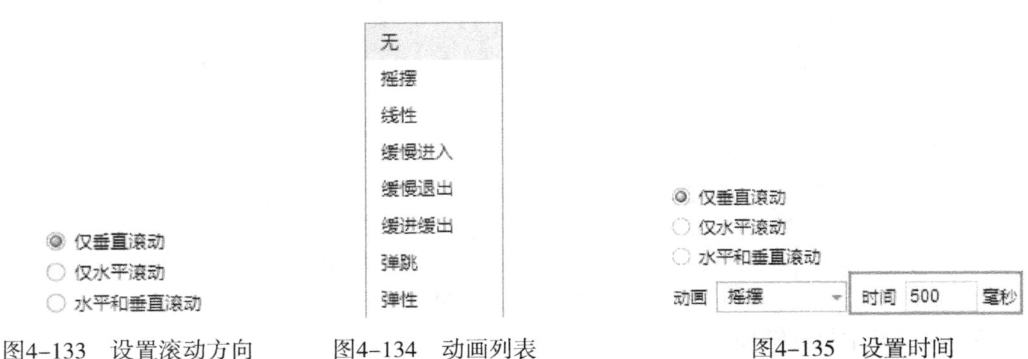

图4-133　设置滚动方向　　图4-134　动画列表　　图4-135　设置时间

提示

页面滚动的位置受页面长度的影响，如果页面不够长，则底部的对象无法实现滚动效果。

（5）设置自适应视图

单击“自适应视图”事件，用户可以选择“自动”和“基本”两种配置。选择“自动”，当前页面自动自适应视图；选择“基本”，当前页面会以“自适应视图”对话框设置为准。

知识链接

关于“自适应视图”的设置，在本书的第3.7节有详细介绍。

4.4.2 交互事件——元件交互

当选中页面中的元件后，在“检视”面板“属性”选项卡下将显示交互事件，默认情况下显示3个交互事件，如图4-136所示。单击“更多事件”下拉菜单，将显示更多交互事件，如图4-137所示。

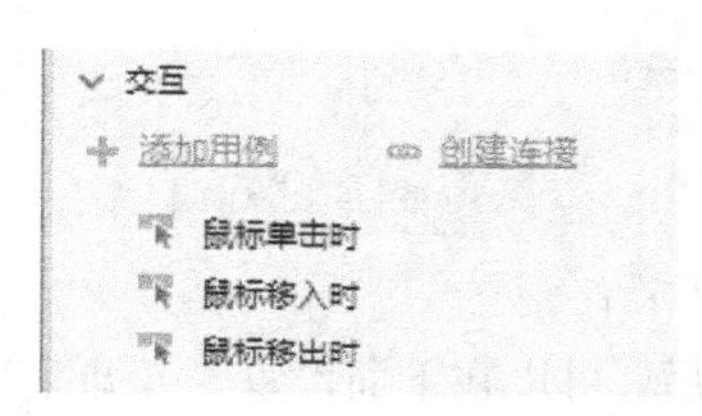

图4-136 交互事件

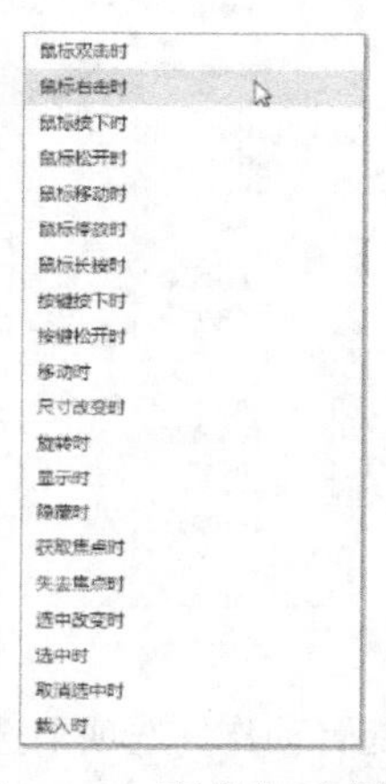

图4-137 更多交互事件

单击“添加用例”选项，即可弹出“用例编辑”对话框，用户可以在当前对话框中添加元件交互事件，如图4-138所示。

单击“创建连接”选项，用户可以在弹出的对话框中输入或选择元件链接的页面，如图4-139所示。

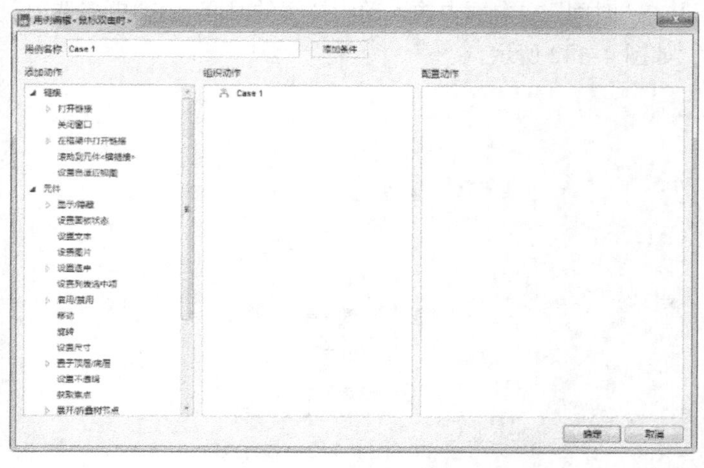

图4-138 添加元件交互事件

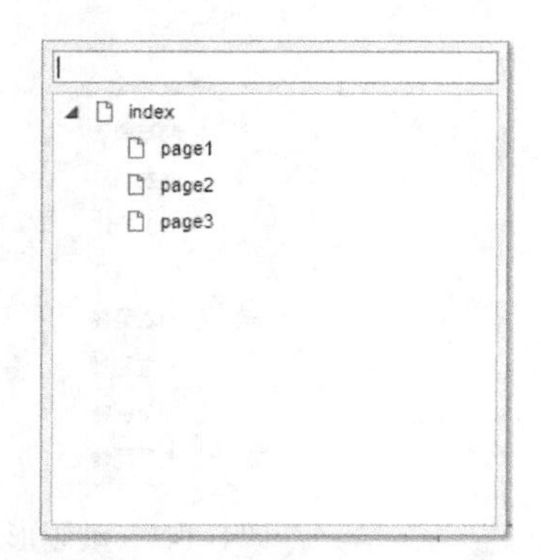

图4-139 输入或选择元件链接

提示

用户可以在“用例编辑”对话框中设置超链接打开的位置，也可以设置超链接打开的对象。

（1）显示隐藏

Axure RP 8 使用元件时，都要为元件指定名称，这就为显示 / 隐藏元件打下了良好的基础。在“用例编辑”对话框中为元件添加“显示隐藏”动作，结果如图 4–140 所示。

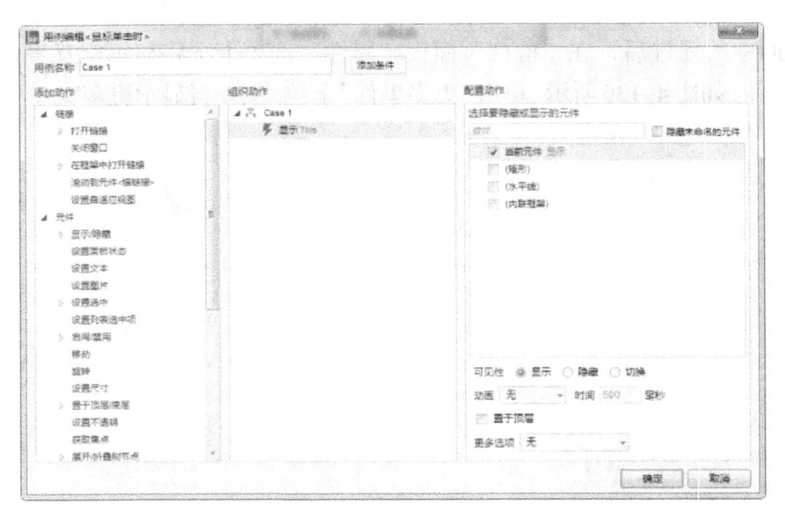

图4–140　添加“显示隐藏”动作

用户在“配置动作”选项下选择要显示或隐藏的元件后，可以在下面设置“可见性”“动画”和动画持续“时间”。勾选“置于顶层”可将元件位置移动到所有对象之上。

勾选“显示 / 隐藏”事件“配置动作”下的“隐藏未命名的元件”复选框，将隐藏没有名字的元件。用户可以选择“显示”“隐藏”和“切换”3 种可见性。选择不同的可见性，对应的参数也不相同。

① 显示。选择“显示”可见性，则当前元件为显示状态。用户可以在“动画”下拉列表中选择一种动画形式，如图 4–141 所示，并在“时间”文本框中输入动画持续的时间。在“更多选项”下拉列表中可以选择更多的显示方式，如图 4–142 所示。

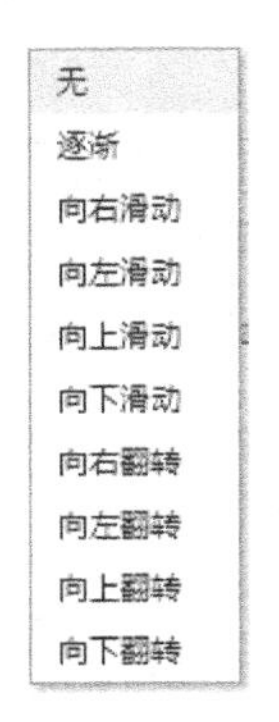

图4–141　动画形式

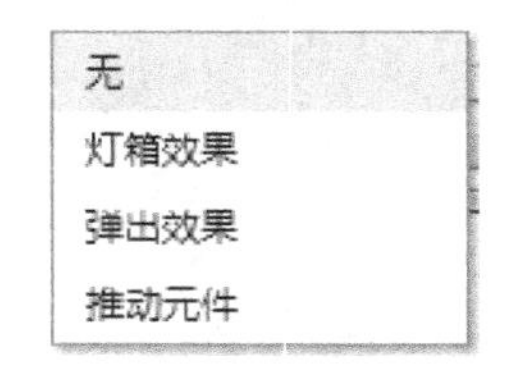

图4–142　显示方式

灯箱效果：允许用户设置一个背景颜色，实现类似灯箱的效果。

弹出效果：选中此选项，将自动结束触发时间。

推动元件：将触发事件的元件向一个方向推动。

② 隐藏。选择“隐藏”可见性，当前元件为隐藏状态。也可以通过选择“动画”方式实现隐藏动画效果，在“时间”文本框中设置隐藏动画的时间，如图 4–143 所示。勾选“拉动元件”复选框，可以实现元件向一个方向隐藏的动画效果。

可见性 ○显示 ◉隐藏 ○切换
动画 无 时间 500 毫秒
拉动元件

图4–143 “隐藏”可见性的设置

③ 切换。要实现“切换”可见性，需要同时选择两个以上的元件。可以在“动画”下拉列表中选择动画效果，在“时间”文本框中输入动画持续时间。勾选“推动 / 拉动元件”复选框，可以实现更多的切换动画，此处的设置与“隐藏”相同，就不再一一介绍了。

（2）设置面板状态

该动作主要针对的是“动态面板”元件，将“元件库”面板中的“动态面板”元件拖入到页面中，双击“属性”面板上的“鼠标单击时”选项，在“用例编辑”对话框中勾选“动态面板”复选框，效果如图 4–144 所示。

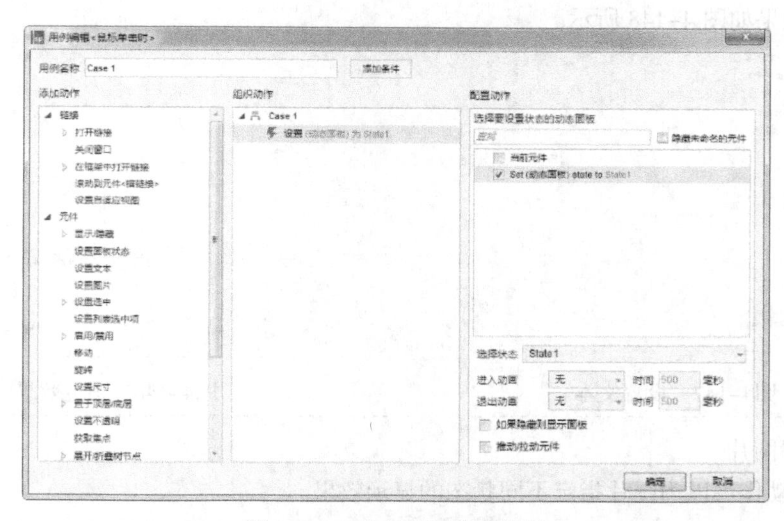

图4–144 动态面板设置效果

知识链接

关于“动态面板”的使用，将在本书的第 5 章详细介绍。

（3）设置文本

“设置文本”动作可以实现为元件添加文本或修改元件文本内容。

实战操作：使用设置文本

将“矩形 1”元件拖入到页面中，如图 4–145 所示。双击“属性”选项卡下“鼠标移入时”选项，在“用例编辑”对话框中单击“设置文本”动作，如图 4–146 所示。

操作视频：011.mp4

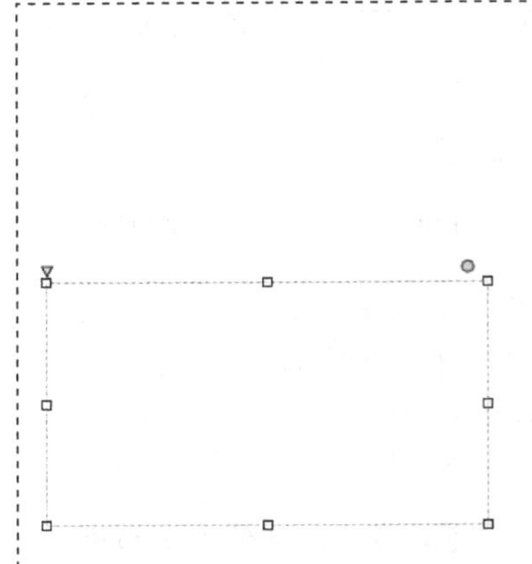

图4-145　拖入“矩形1”

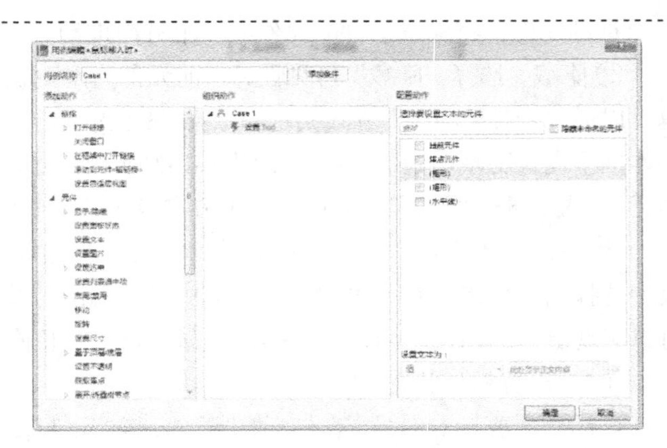

图4-146　设置文本

勾选“矩形”复选框，设置文本为“此处显示正文内容”，如图 4-147 所示。单击“确定”按钮，预览效果如图 4-148 所示。

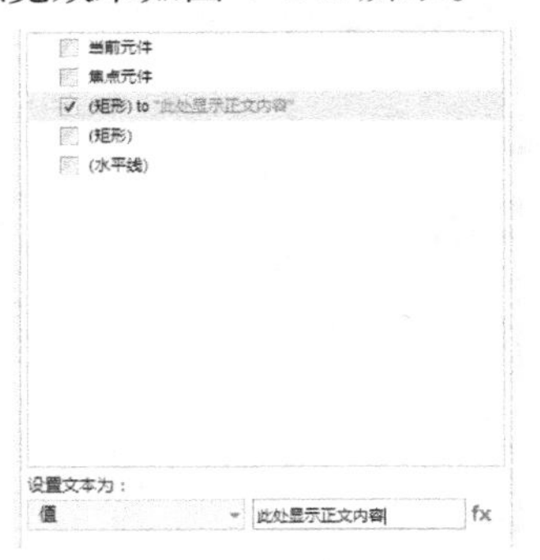

图4-147　设置文本

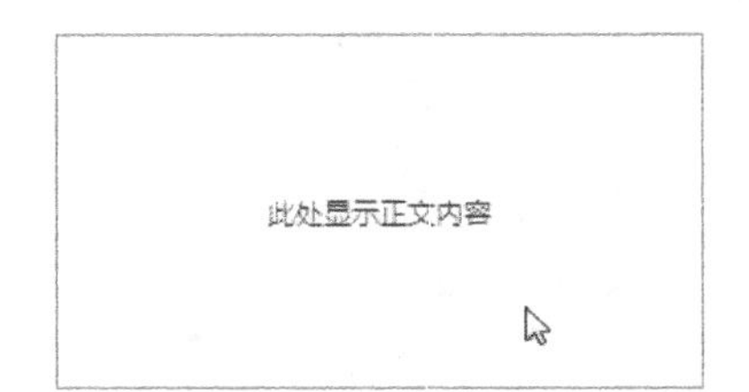

图4-148　预览效果

（4）设置图片

设置图片动作可以为图片指定不同状态的显示效果。

实战操作：设置图片的不同

将“图片”元件拖入到页面中，调整大小和位置，如图 4-149 所示。双击“属性”选项卡下的“鼠标移入时”选项，在弹出的“用例编辑”对话框中单击“设置图片”事件，如图 4-150 所示。

操作视频：012.mp4

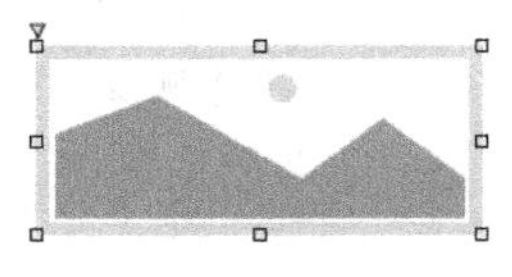

图4-149　调整图片大小

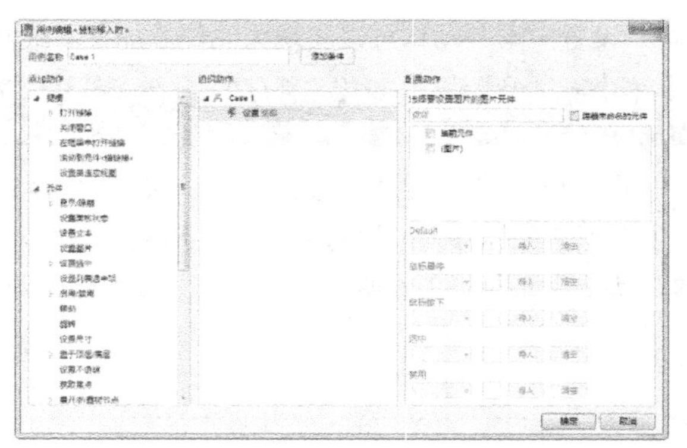

图4-150　设置图片

勾选“图片”复选框，单击“默认”状态后的“导入”按钮，选择一张图片，如图 4–151 所示。使用相同的方法为其他几个状态分别指定图片，如图 4–152 所示。

图4–151　导入图片

图4–152　指定图片

单击“确定”按钮，预览效果如图 4–153 所示。

图4–153　预览效果

（5）设置选中

使用该事件可以设置元件是否选中，通常是为了配合其他事件而设置的一种状态。设置选中有 3 种状态，分别是选中、取消选中和切换选中状态。

要使这 3 种状态生效，元件本身必须具有选中选项或使用了如“设置图片”等动作。例如，为一个按钮元件设置选中，则预览时该按钮元件将显示选中状态效果。

（6）设置列表选中项

用户可以通过“设置列表选中项”动作，设置当单击列表元件时，列表中的哪个选项被选中。

（7）启用 / 禁用

用户可以设置元件的使用状态，分别是启用和禁用；也可以设置当满足某种条件时，元件被启用或禁用，通常是为了配合其他动作使用的。

（8）移动

使用“移动”动作可以实现元件移动的效果。分别使用“矩形 2”元件和“主要按钮”元件，创建图 4–154 所示的页面效果。选择“主要按钮”元件，双击“属性”选项卡下的“鼠标单击时”选项，如图 4–155 所示。

图4–154　页面效果

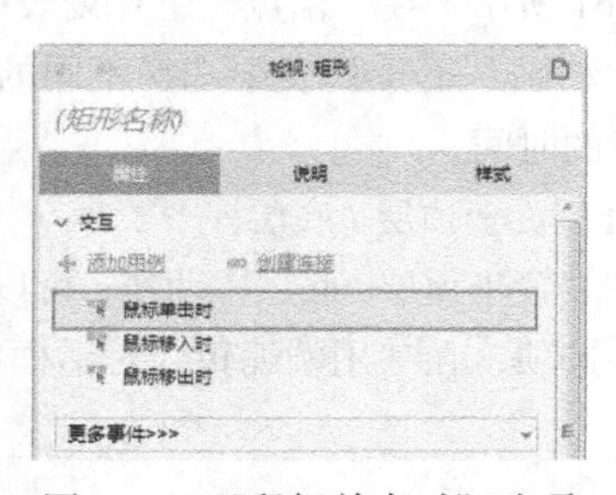

图4–155　“鼠标单击时”选项

单击“移动”动作，勾选“矩形”复选框，设置移动参数，如图 4-156 所示。单击“确定”按钮，预览效果如图 4-157 所示。

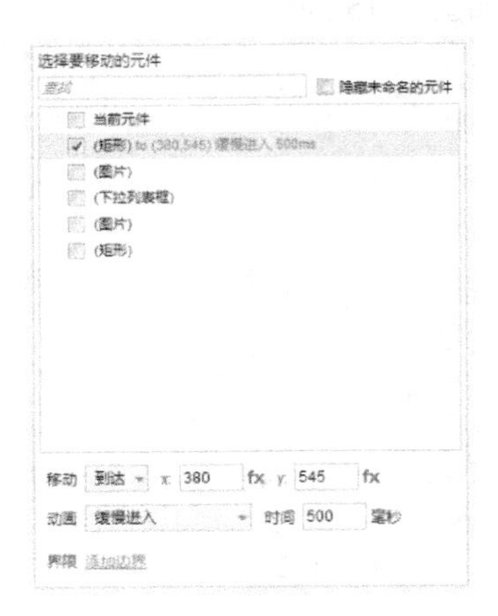

图4-156　设置移动参数

图4-157　预览效果

用户可以选择设置移动方式为“经过”或“到达”，在文本框中输入移动的坐标位置。选择图 4-158 所示的动画效果，在“时间”文本框中输入持续时间。可以通过为移动设置边界，控制元件移动的界限，如图 4-159 所示。

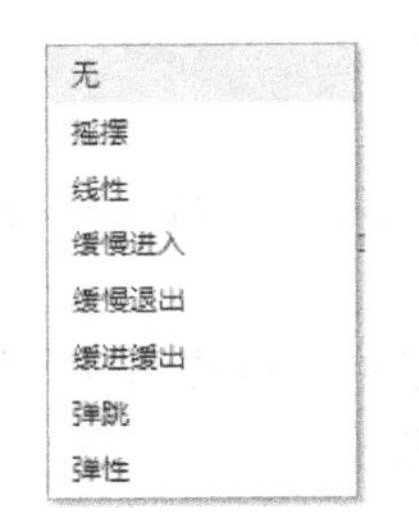

图4-158　动画效果

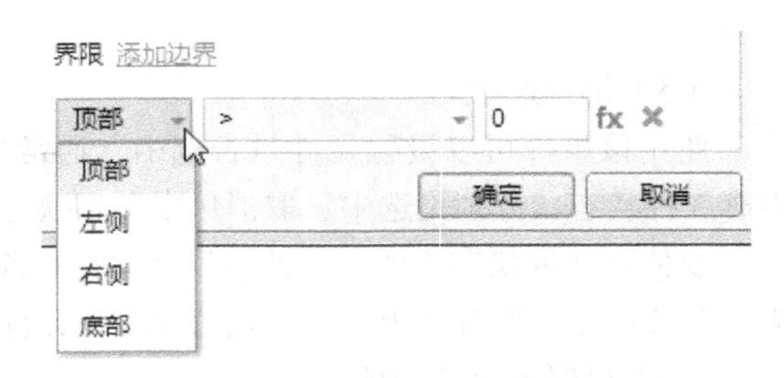

图4-159　设置移动边界

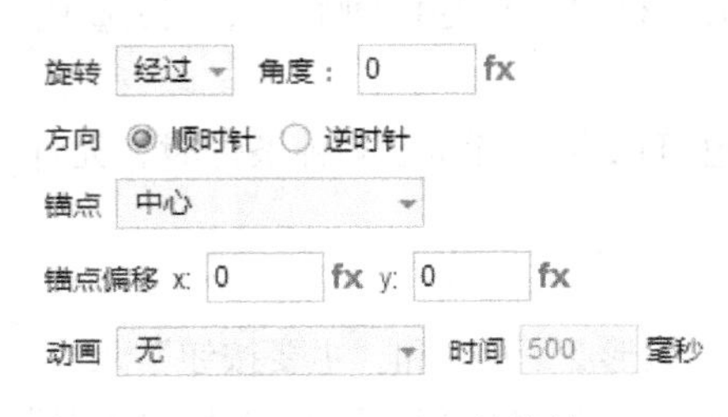

图4-160　设置元件旋转

（9）旋转

选择该事件，可以实现元件旋转的效果。在“配置动作”中可以设置旋转的角度、方向、锚点、锚点偏移、动画及时间，如图 4-160 所示。

（10）设置尺寸

“设置尺寸”动作可以为元件指定一个新的尺寸。用户可以在宽 / 高的文本框中输入当前元件的尺寸，如图 4-161 所示。在“锚点”下拉列表中选择不同的中心点，锚点不同，动画的效果也会不同。可以在“动画”下拉列表中选择不同的动画形式，如图 4-162 所示。在“时间”文本框中输入动画持续的时间。

（11）置于顶层 / 底层

使用“置于顶层 / 底层”动作，可以实现当满足条件时，将元件置于所有对象的顶层或底层。双击事件选项，在“用例编辑”对话框中单击“置于顶层 / 底层”选项，勾选对象后，可以设置顺序。

图4-161　输入元件尺寸

左上角
顶部
右上角
左侧
中心
右侧
左下角
底部
右下角

无
摇摆
线性
缓慢进入
缓慢退出
缓进缓出
弹跳
弹性

图4-162　选择动画形式

（12）设置不透明度

使用“设置不透明度”动作，可以实现当满足条件时，为元件指定不同的不透明度效果。双击事件选项，在“用例编辑”对话框中单击“设置不透明度”选项，勾选对象后，可以设置“不透明”“动画”及“时间”，如图 4-163 所示。

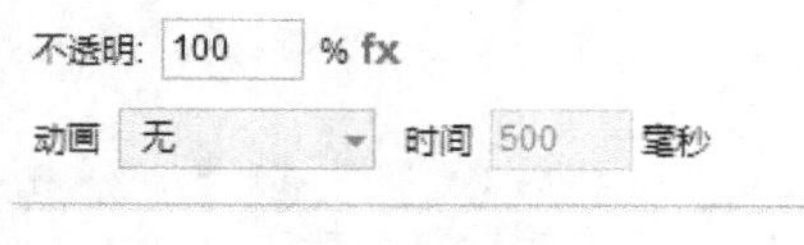

图4-163　设置“不透明度”选项

（13）获取焦点

“获取焦点”指的是当一个元件通过点击时的瞬间。例如，用户在“文本框”元件上单击，然后输入文字。这个单击的动作，就是获取了该文本框的焦点。该动作只针对“表单元件”起作用。

将“文本框”元件拖入到页面中，在“属性”选项卡下添加“提示文字”，如图 4-164 所示。选择元件，双击“获取焦点时”选项，在“用例编辑”对话框中单击“获取焦点”动作选项，勾选“文本框”和“获取焦点时选中元件上的文本”，如图 4-165 所示。

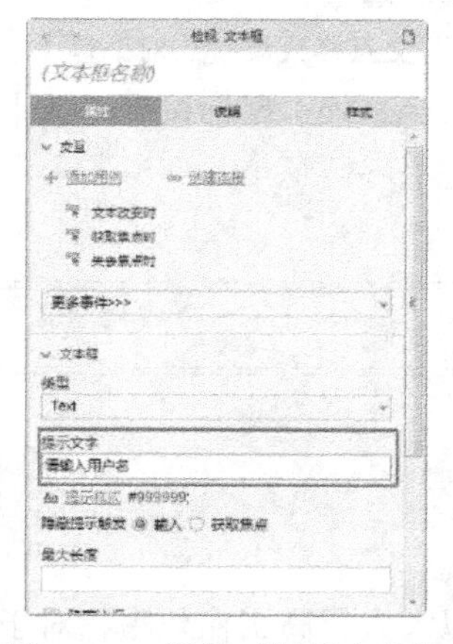

图4-164　添加“提示文字”

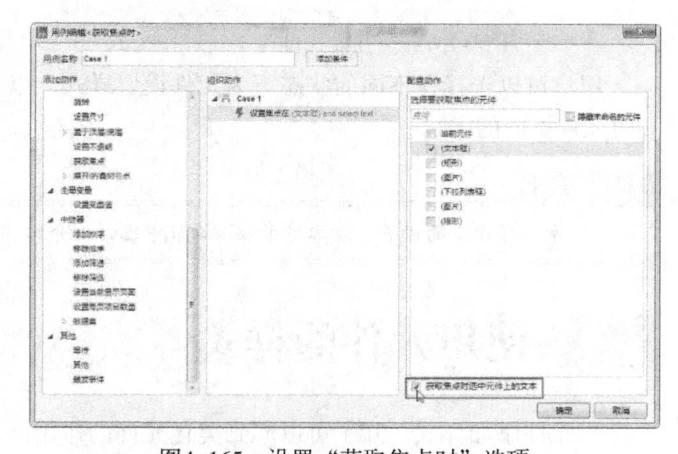

图4-165　设置“获取焦点时”选项

单击“确定”按钮，预览效果如图 4-166 所示。

图4-166　预览效果

（14）展开 / 折叠树节点

该动作只针对树状菜单元件。通过为元件添加动作，实现展开或折叠树节点的操作。

4.4.3 交互样式设置

用户可以通过设置交互样式，快速得到精美的交互效果。但交互样式设置的事件只有 4 种，分别是鼠标悬停、鼠标按下、选中和禁用。

用户可以在“属性”选项卡下找到“交互样式设置”选项，如图 4–167 所示。将一个元件拖入到页面中，选中元件，单击“鼠标悬停”选项，弹出“交互样式设置”对话框，如图 4–168 所示。

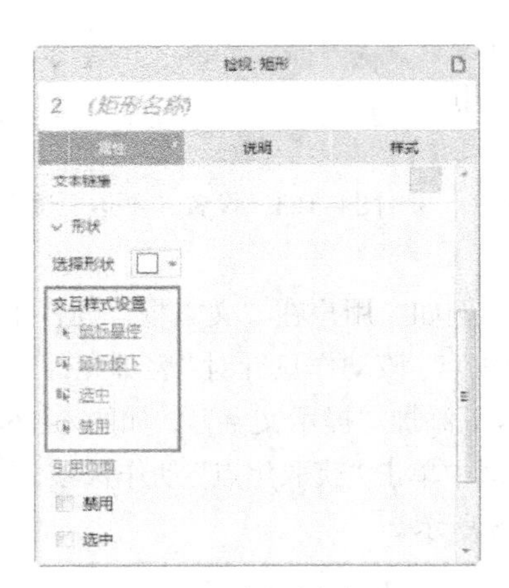

图4–167 交互样式设置

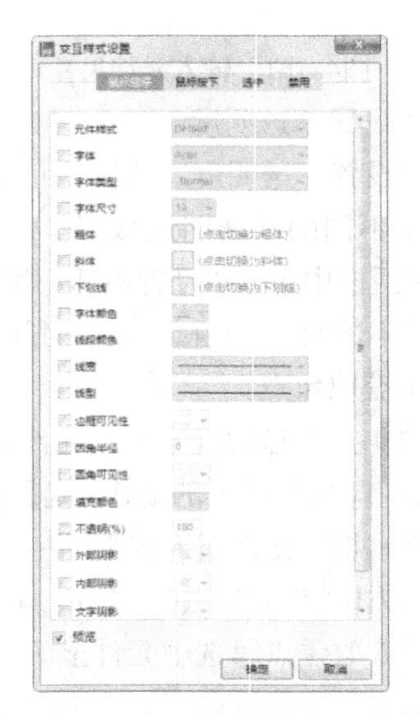

图4–168 “交互样式设置”对话框

用户可以选择在不同的状态下为元件设置样式，以实现当鼠标悬停、鼠标按下、选中和禁用时元件不同的样式。

知识链接

关于“样式”的设置，在本章的第 4.4 节中已详细介绍。

4.5 使用元件的样式

为元件添加样式，除了可以起到美化元件的作用外，还可以大大提高工作效率，对于页面中大量相似元素的制作与修改，起到了很好的作用。

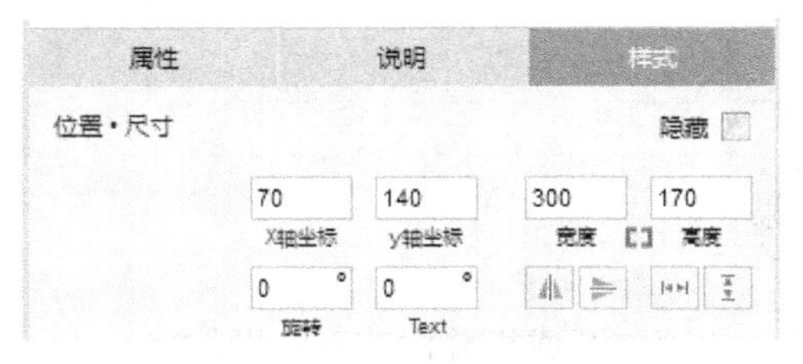

图4–169 设置元件的位置和尺寸

用户可以通过“检视”面板为元件添加各种样式，包括设置元件的位置和尺寸、填充、阴影、边框、圆角半径、不透明、字体、行间距、项目符号、对齐和填充等。

例如，通过设置元件的位置和尺寸，可以准确地控制元件在页面中的位置以及元件本身的大小，如图 4–169 所示。

用户可以在 x 轴坐标和 y 轴坐标文本框中输入数值，更改元件的坐标位置。在宽度和高度文本框中输入数值，可以控制元件的尺寸。勾选“保持宽高比例”复选框，修改宽度或高度时，对应的高度和宽度将随之等比例改变。

4.5.1 元件外形样式

元件的外形样式指的是元件的填充、阴影、边框、圆角半径和不透明。选中元件，用户可以在“检视”面板中的“样式”选项卡下逐一设置，如图 4-170 所示。

（1）填充

用户可以在“填充”选项后面的“填充颜色”下拉列表中选择颜色，修改元件的填充颜色，如图 4-171 所示。

图4-170 设置外形样式

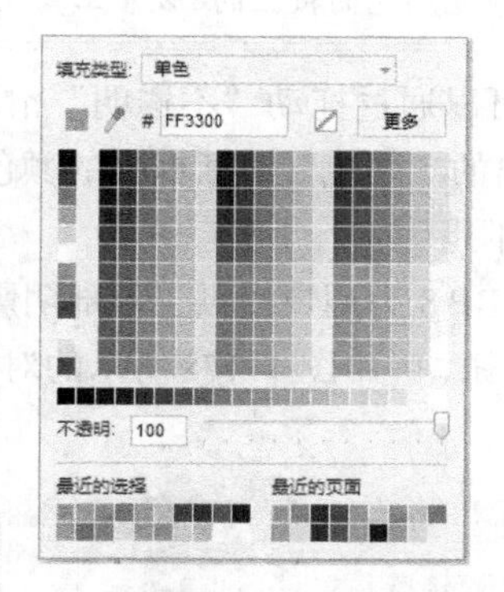

图4-171 修改元件的填充颜色

Axure RP 8 提供了单色和渐变两种填充类型。用户可以在填充色板顶部的“填充类型”中选择切换为“渐变”，如图 4-172 所示。单击色条上的滑块，可以修改渐变的颜色，如图 4-173 所示。

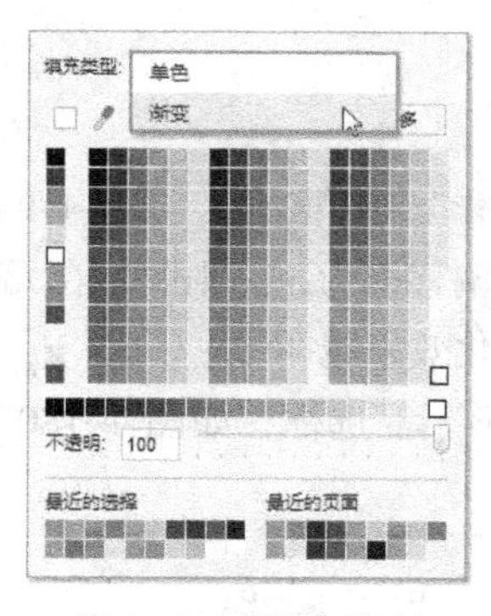

图4-172 渐变类型

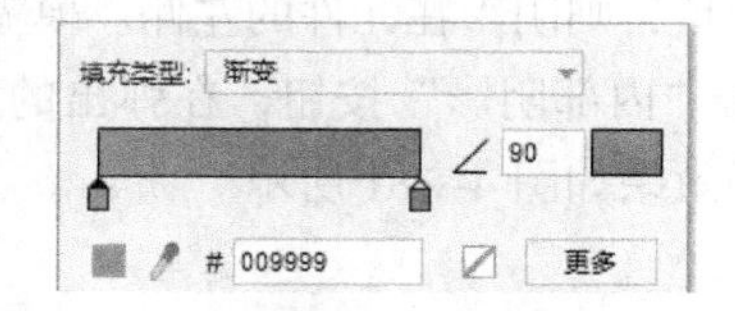

图4-173 修改渐变的颜色

拖动滑块，可以调整渐变颜色的范围，如图 4-174 所示。在色条上单击即可添加一个新的滑块，增加一个新的颜色，如图 4-175 所示。

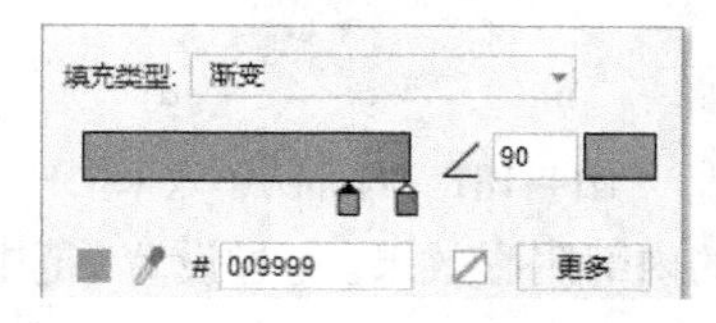

图4-174 调整渐变颜色的范围

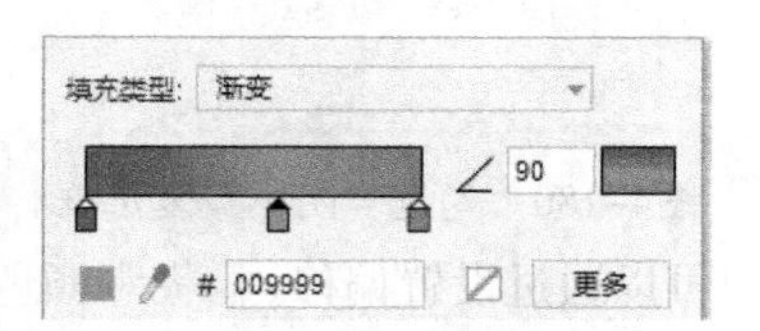

图4-175 添加新滑块

修改渐变的角度，可以实现不同角度的填充效果，如图 4–176 所示。

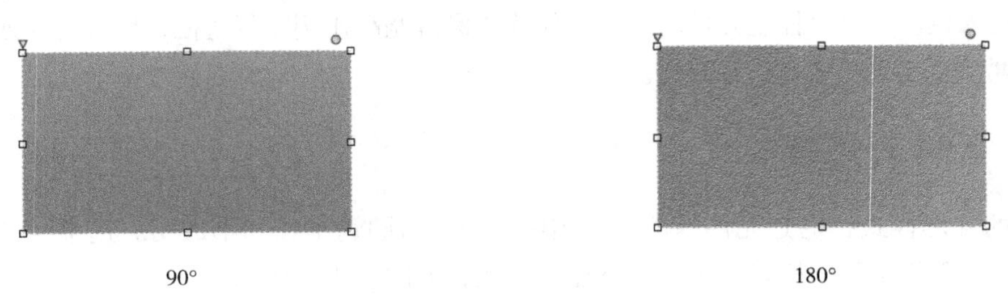

90°　　　　180°

图4–176　修改渐变角度

提示

使用填充颜色面板上的“吸管工具”，可以在页面中任意位置单击，吸取该位置的颜色作为填充颜色。

用户可以通过拖动“不透明”滑块，实现不同透明度的颜色填充。单击“更多”按钮，可以使用弹出的“颜色”对话框中的颜色，如图 4–177 所示。

（2）阴影

Axure RP 8 为用户提供了外部阴影和内部阴影两种阴影样式。单击“阴影”选项后面的“内部阴影”按钮，弹出图 4–178 所示的对话框。勾选“阴影”复选框，元件增加投影效果，如图 4–179 所示。

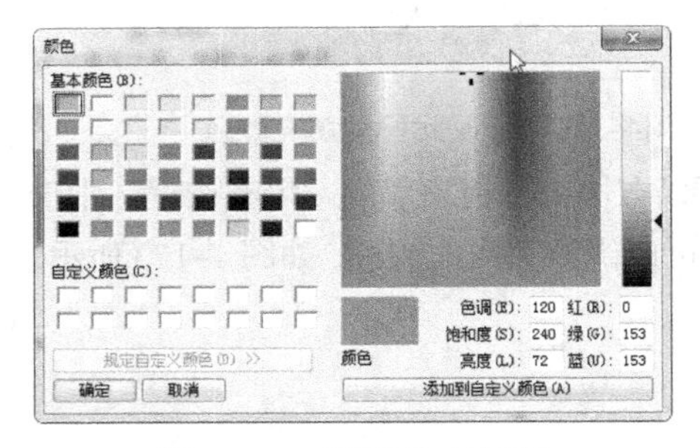

图4–177　“颜色”对话框

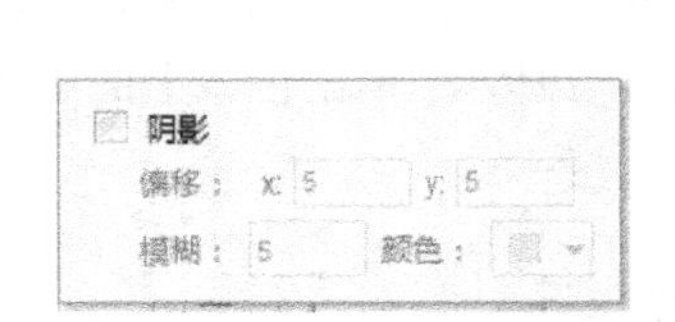

图4–178　“内部阴影”对话框

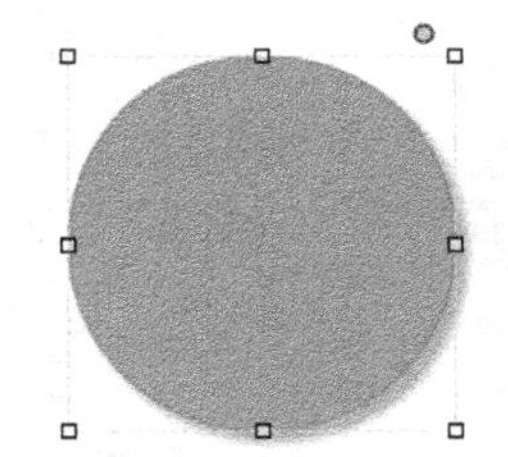

图4–179　投影效果

用户可以设置阴影的偏移位置、模糊层级和阴影颜色。偏移值为正，则阴影在元件的右侧；偏移值为负，则阴影在元件的左侧。模糊值越高，则阴影羽化效果越明显。

单击“内部阴影”按钮，在弹出的对话框中勾选“阴影”复选框，如图 4–180 所示。元件内部阴影效果如图 4–181 所示。

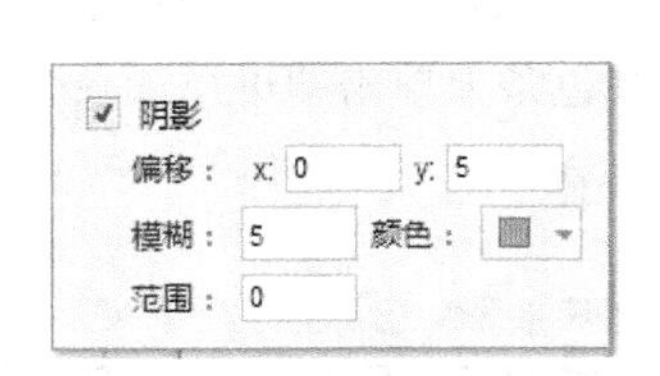

图4–180　勾选“阴影”复选框

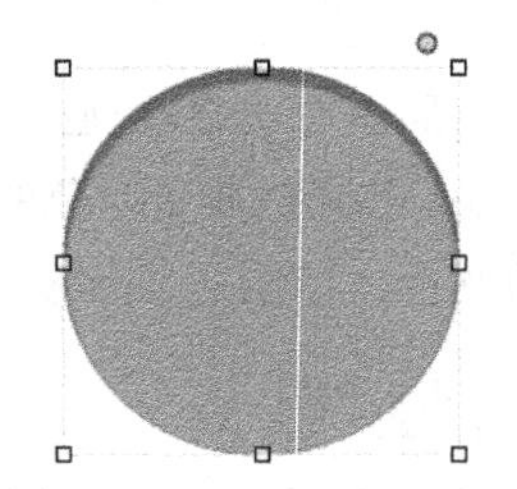

图4–181　内部阴影效果

用户可以通过设置偏移、模糊和颜色，实现更多丰富的内部阴影效果。通过设置“范围”的值，可以获得不同范围的内部阴影效果。

（3）边框

单击“边框”选项前面的三角形，将其选项展开，如图 4–182 所示。用户可以对元件的线宽、线段颜色、线段类型、线段位置和箭头样式进行设置。

Axure RP 8 提供了包括 None 在内的 6 种线宽供用户选择，如图 4–183 所示。选中元件，选择一种线宽，效果如图 4–184 所示。

图4–182　边框选项

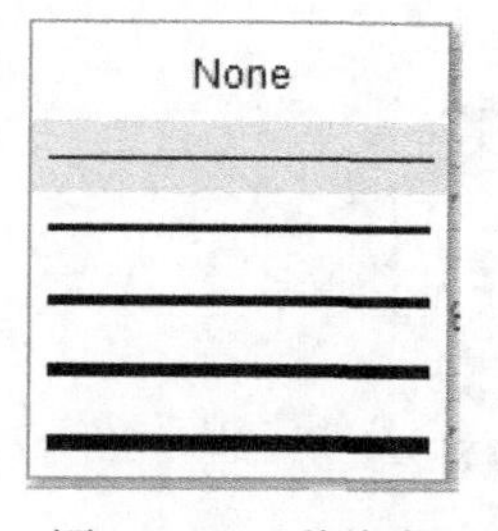

图4–183　6种线宽

图4–184　选择线宽后的效果

选择元件，在“线段颜色”下拉列表中选择一种颜色，即可为圆角的线框指定颜色。通过设置“不透明”的数值，获得更丰富的边框效果。

Axure RP 8 为用户提供了 9 种线段类型，选择元件，在“线段类型”下拉列表中选择一种类型，效果如图 4–185 所示。

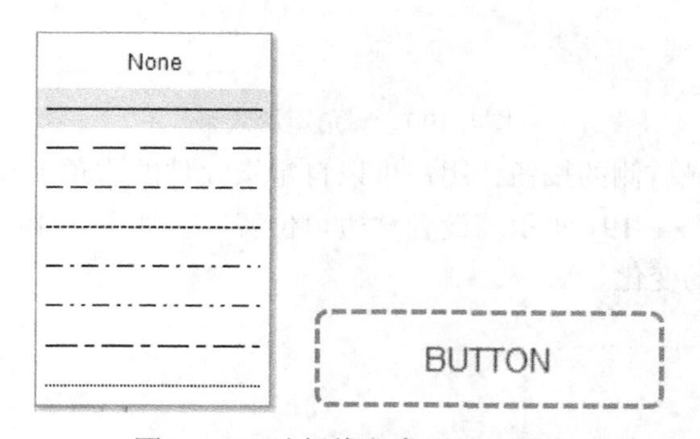

图4–185　选择线段类型后的效果

元件通常都有四条边框，通过设置“线段位置”，可以有选择地显示元件的线框。选择元件，元件效果和“线段位置”效果如图 4–186 所示。设置“线段位置”，如图 4–187 所示，观察元件效果的变化。

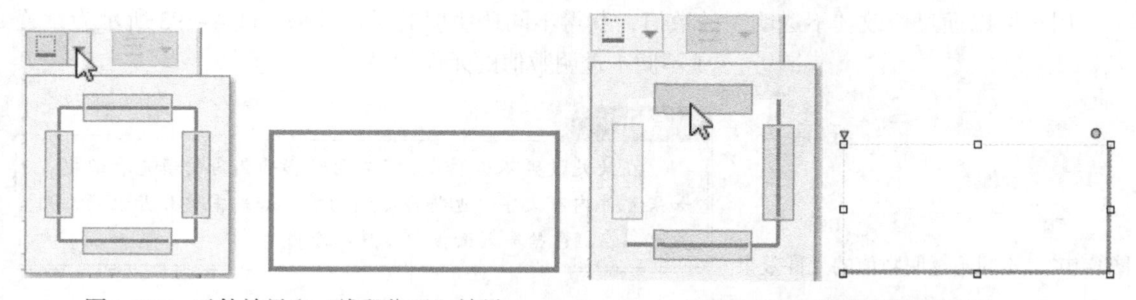

图4–186　元件效果和“线段位置”效果　　图4–187　设置“线段位置”

当用户在页面中创建“水平线”元件、“垂直线”元件、“水平箭头”元件、“垂直箭头”元件或使用“钢笔工具”和“链接工具”创建线条时，可以为其添加箭头样式。选择一个“水平线”

元件，单击“箭头样式”下拉列表，如图 4-188 所示。分别为线条的两端添加箭头，效果如图 4-189 所示。

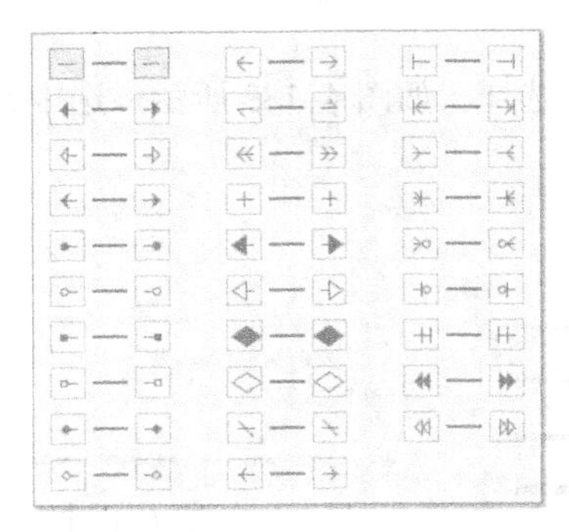

图4-188 “箭头样式”下拉列表

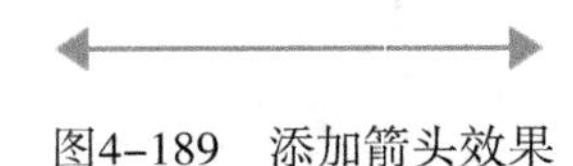

图4-189 添加箭头效果

（4）圆角半径

当选择矩形元件、图片元件和按钮元件等元件时，可以在“圆角半径”文本框中输入圆角半径值，实现圆角矩形的创建，效果如图 4-190 所示。

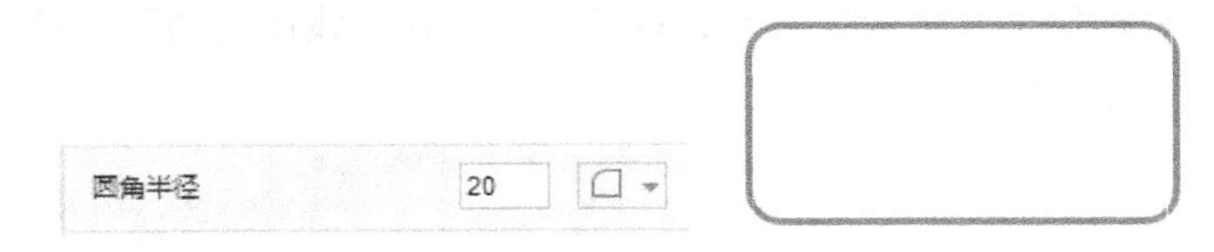

图4-190 圆角矩形效果

单击“圆角半径”最右侧的按钮，用户可以自定义元件的边角类型。选择元件，元件效果和“边角位置”效果如图 4-191 所示。设置“边角位置”，如图 4-192 所示，“圆角半径”设置为 25，观察元件效果的变化。

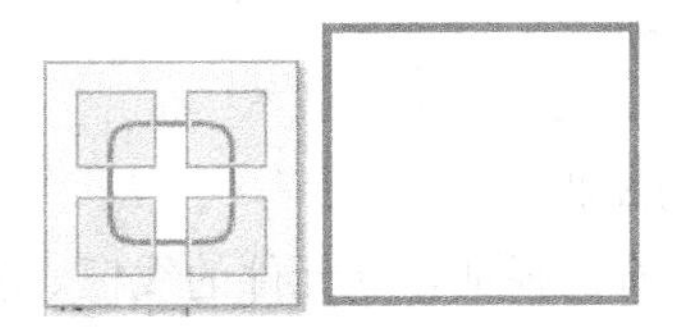

图4-191 元件效果和“边角位置”效果

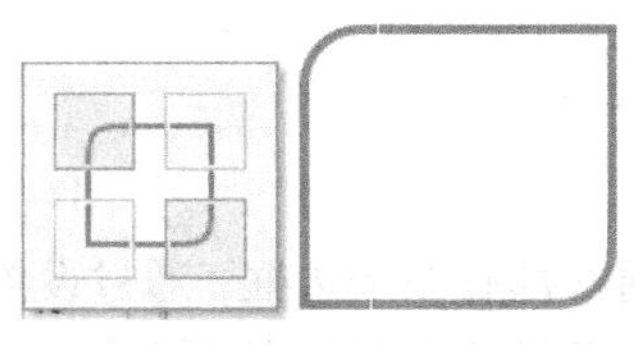

图4-192 设置“边角位置”

（5）不透明

用户可以通过修改“不透明”的数值，获得不同透明度的元件效果，图 4-193 所示为设置了不同不透明数值的元件效果。

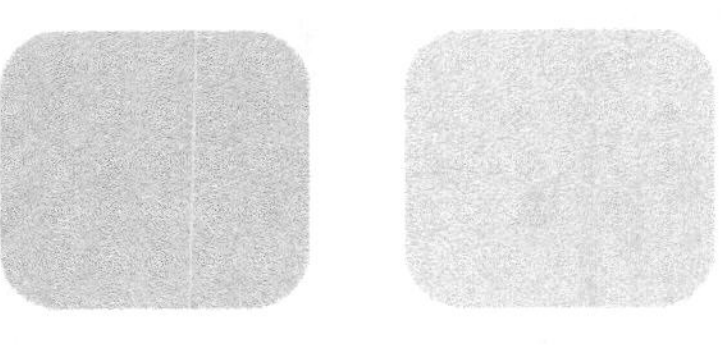

图4-193 不同不透明数值的元件效果

提示

在此处设置不透明度，将会同时影响圆角的填充和边框。如果元件内有文字，也将会受到影响。如果需要分开设置，用户可以在颜色拾取器面板中设置不透明度。

4.5.2 字体样式

Axure RP 8 提供了丰富的字体样式。在“样式”选项卡中的“字体”选项下，用户可以完成对文字的字体、字号、字型等参数的设置，如图 4-194 所示。

单击“字体系列”下拉列表，可以选择需要的字体。单击“字体类型”下拉列表，可以选择字体的类型。单击“字体尺寸”下拉列表，可以设置字体的大小。

通过单击对应的按钮，可以实现字体的加粗、斜体和下划线效果，单击“文本颜色”按钮，可以设置文本的颜色，如图 4-195 所示。单击“文字阴影”下拉列表，弹出图 4-196 所示的对话框，可以在弹出的对话框中设置阴影的角度、模糊和颜色。

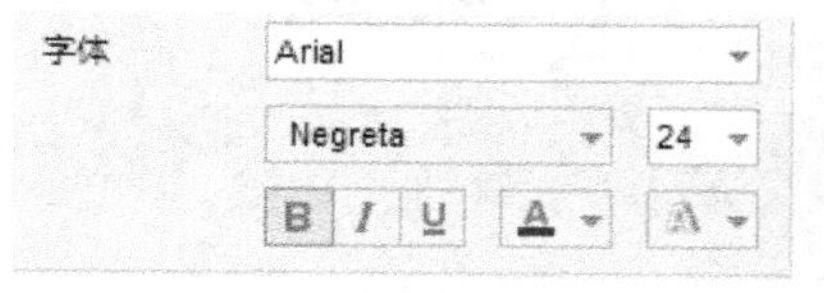

图4-194　设置“字体”

图4-195　字体效果和文本颜色

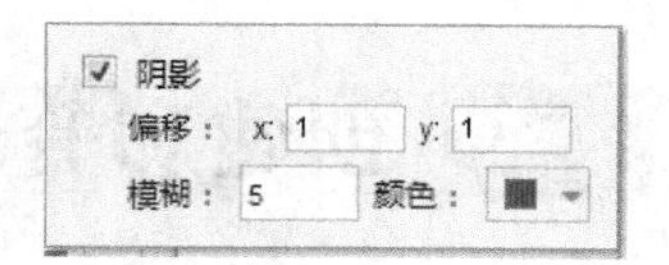

图4-196　文字阴影对话框

（1）行间距

当使用文本段落时，可以通过设置行间距控制字体显示的效果，行间距分别为 10 和 20 的效果如图 4-197 所示。

Lorem ipsum dolor sit amet, consectetur adipiscing elit. Aenean euismod bibendum laoreet. Proin gravida dolor sit amet lacus accumsan et viverra justo commodo. Proin sodales pulvinar tempor. Cum sociis natoque penatibus et magnis dis parturient montes, nascetur ridiculus mus. Nam fermentum, nulla luctus pharetra vulputate, felis tellus mollis orci, sed rhoncus sapien nunc eget.

Lorem ipsum dolor sit amet, consectetur adipiscing elit. Aenean euismod bibendum laoreet. Proin gravida dolor sit amet lacus accumsan et viverra justo commodo. Proin sodales pulvinar tempor. Cum sociis natoque penatibus et magnis dis parturient montes, nascetur ridiculus mus. Nam fermentum, nulla luctus pharetra vulputate, felis tellus mollis orci, sed rhoncus sapien nunc eget.

图4-197　行间距为10和20的效果

（2）项目符号

单击该选项后面的“项目符号”按钮，会为段落文本添加项目符号标志。图 4-198 所示为添加项目符号前后的对比效果。

（3）对齐

对于“文本段落”元件，可以在“对齐”选项下设置其文本的对齐方式为左侧对齐、居中对齐和右侧对齐，可以设置文本在垂直方向上的对齐方式为顶部对齐、垂直居中和底部对齐，如图 4-199 所示。

- 最新活动
- 公告
- 新闻列表

图4-198　对比效果

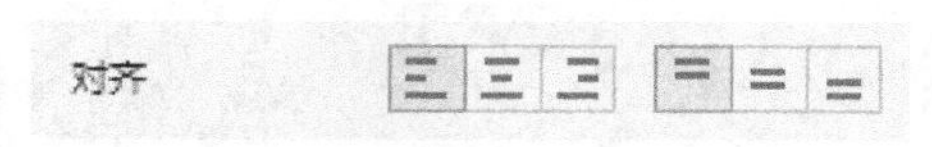

图4-199　文本段落对齐方式

（4）填充

此处的填充并不是指元件的填充颜色，而是指元件的内容到边界之间的距离，默认情况下，每个元件有 2px 的填充，如图 4-200 所示。用户可以在“填充”选项下分别为左、上、右和下设置不同的填充，如图 4-201 所示。

图4-200　填充

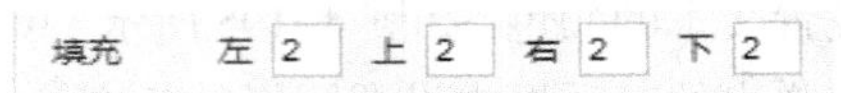

图4-201　设置填充

4.6 创建和管理样式

一个原型作品通常由很多页面组成，每个页面又由很多元件组成。逐个设置元件样式既费时又不利于修改。Axure RP 8 提供了方便的页面样式和元件样式，既方便用户快速添加样式，又便于修改。

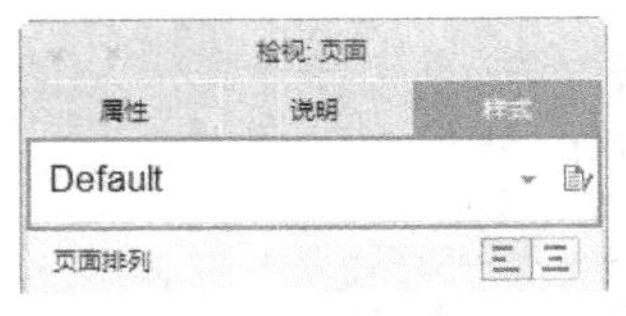

图4-202　当前页面样式

4.6.1 创建和应用页面样式

在页面的空白处单击，在“检视 : 页面”面板“样式”选项卡下显示页面的“样式”参数。面板的顶端显示当前页面的样式为默认（Default），如图 4-202 所示。

实战操作：创建页面样式

操作视频：013.mp4

单击默认样式后面的黑色三角形可以为页面选择不同的样式。单击“管理页面样式”按钮或选择“项目 7 页面样式”选项，打开“页面样式管理”对话框，如图 4-203 所示。单击左上角的“添加”按钮，即可新建一个新样式文件，为其指定一个名称，如图 4-204 所示。

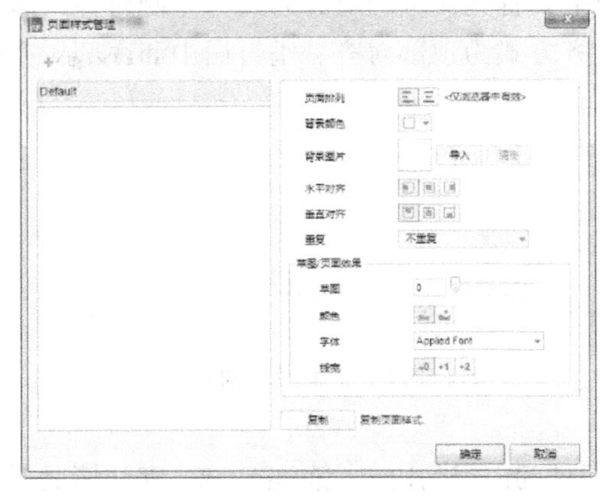

图4-203　“页面样式管理”对话框

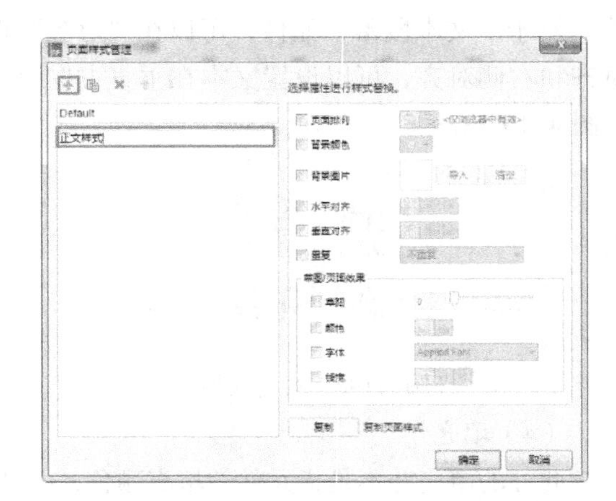

图4-204　新建新样式

在对话框的右侧可以设置该样式的各项参数，如图4-205所示。单击“确定”按钮，即在“检视”面板中创建了一个新的页面样式，如图4-206所示。

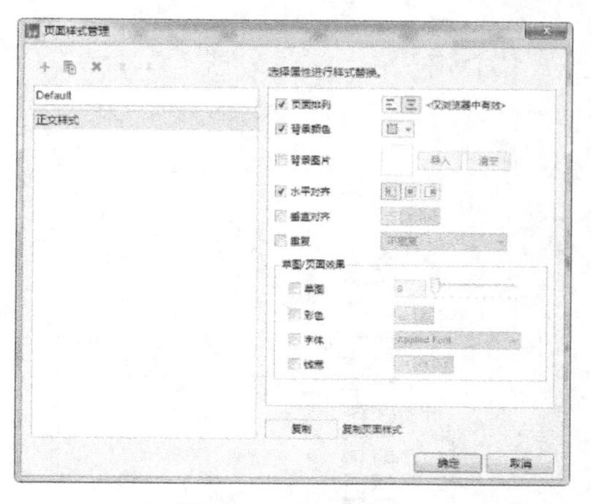

图4-205 设置样式

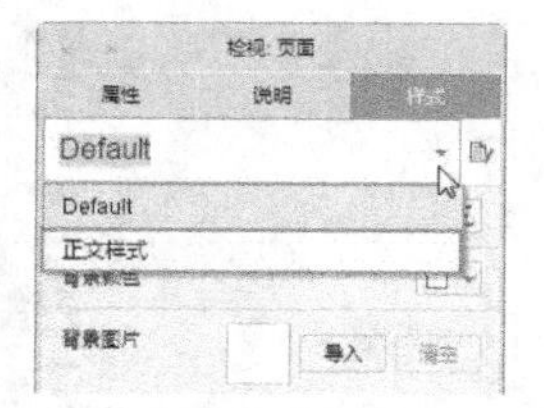

图4-206 检视页面

双击“页面”面板中的page1页面，进入page1页面的编辑状态，在“检视”面板中选择刚才创建的样式，即将该样式应用到page1页面，效果如图4-207所示。可以使用相同的方法，将该样式应用到其他几个二级页面中。

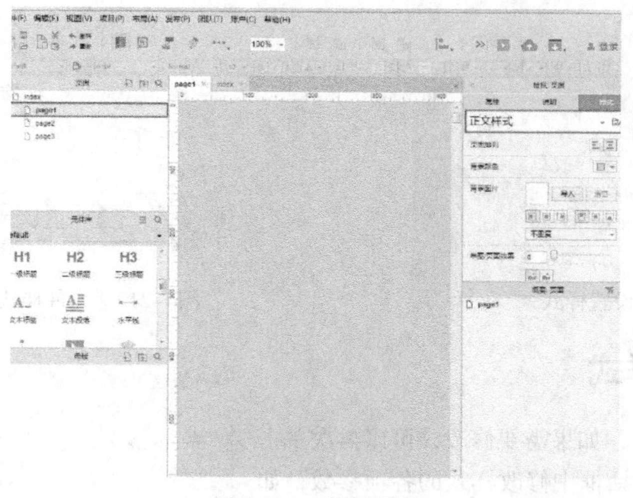

图4-207 应用页面

4.6.2 创建和应用元件样式

元件样式的创建与页面样式的创建类似。选择页面中的元件，如图4-208所示，单击“管理元件样式”按钮，打开“元件样式管理”对话框，如图4-209所示。

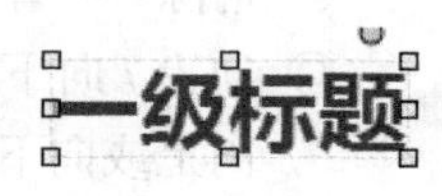

图4-208 元件

单击对话框左上角的“添加”按钮，新建一个名称为“说明文字”的样式，如图4-210所示。在对话框的右侧设置“字体”“字体尺寸”“斜体”和“字体颜色”样式，如图4-211所示。

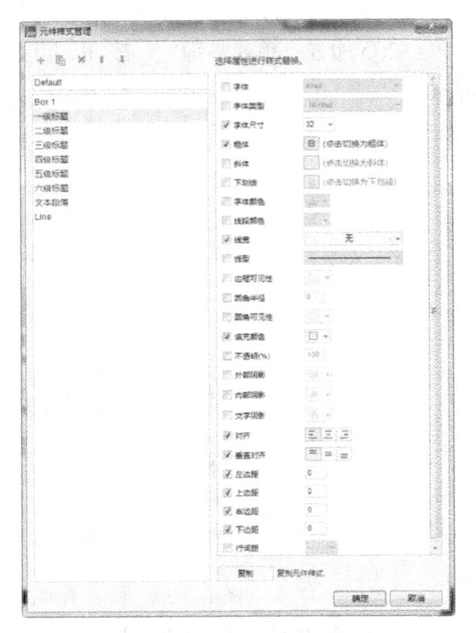

图4-209 “元件样式管理”对话框

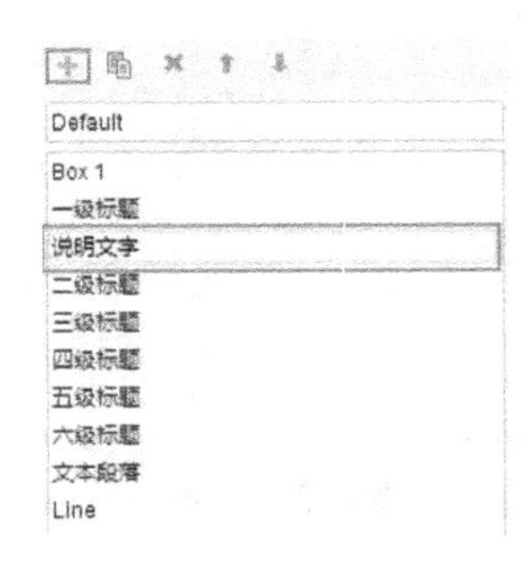

图4-210 新建样式

单击“确定”按钮，完成元件样式的创建。选择元件，在“检视”面板中选择“说明文字”样式，效果如图 4-212 所示。

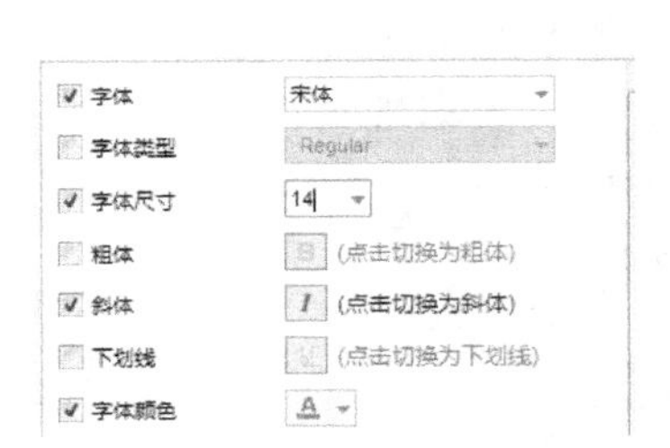

图4-211 设置样式

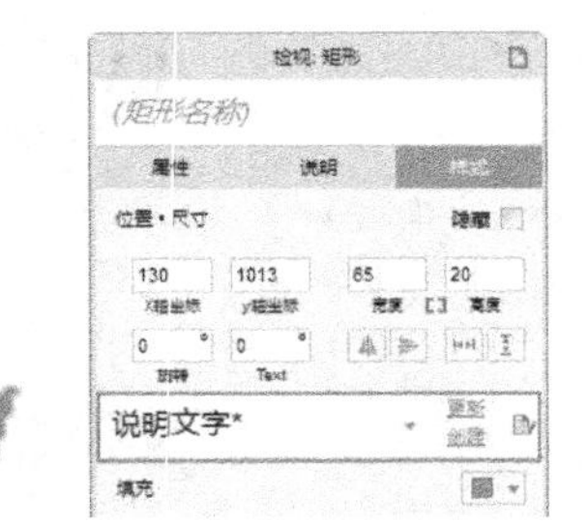

图4-212 元件样式效果

4.6.3 编辑样式

样式创建完成后，如果需要修改，可以再次单击管理样式按钮，在对话框中修改样式的各项参数，如图 4-213 所示。

◎ 添加：单击该按钮，将新建一个新的样式。

◎ 重复：单击该按钮，将复制选中的样式。

◎ 清除：单击该按钮，将删除选中的样式。

◎ 向上 / 向下：单击该按钮，所选样式将向上或向下移动一级。

◎ 复制：单击该按钮，将复制当前样式的属性，移动到另一个样式上再次单击，则会将复制的属性替换该样式的属性。

图4-213 修改参数

提示

一个样式可能会被同时应用到多个元件上，当修改了该样式的属性后，应用了该样式的元件将同时发生变化。

4.6.4 使用格式刷

格式刷的主要功能是将元件样式或修改后的元件样式快速地应用到其他元件上。单击工具栏上的“格式刷”按钮，弹出“格式刷”对话框，如图 4-214 所示。

勾选“格式刷”对话框中的“元件样式”，在下拉列表中选择“说明文字”样式，选择标题元件，单击“应用”按钮，即可将“说明文字”样式快速指定给元件，效果如图 4-215 所示。

提示

用户还可以使用“格式刷”工具，快速为个别元件指定特殊的样式。需要注意的是，无论是定义的样式，还是格式刷样式，通常都只能应用到一个完成的元件上，不能只应用到元件的局部。

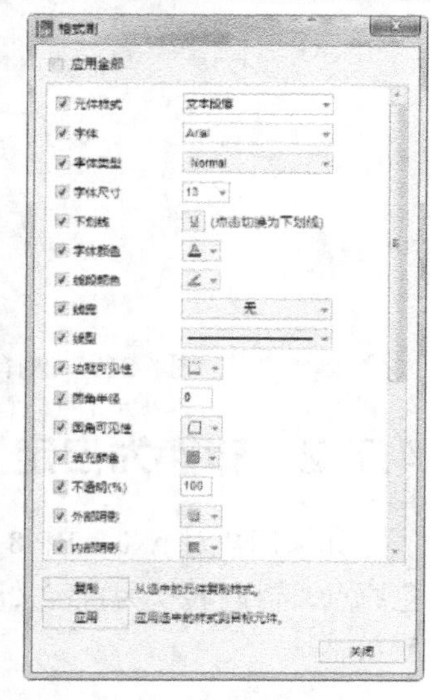

图4-214 “格式刷”对话框

文本标签 **文本标签** **文本标签**

图4-215 应用“说明文字”样式后的效果图

4.7 元件的转换

为了实现更多的元件效果，且便于原型的创建与编辑，Axure RP 8 允许用户将元件转换为其他形状，并可以再次编辑。

4.7.1 转换为形状

将元件拖入到页面中，选择元件，元件的左上角出现一个灰色圆点，如图 4-216 所示。单击元件，弹出图 4-217 所示的“转换为自定义形状”面板。

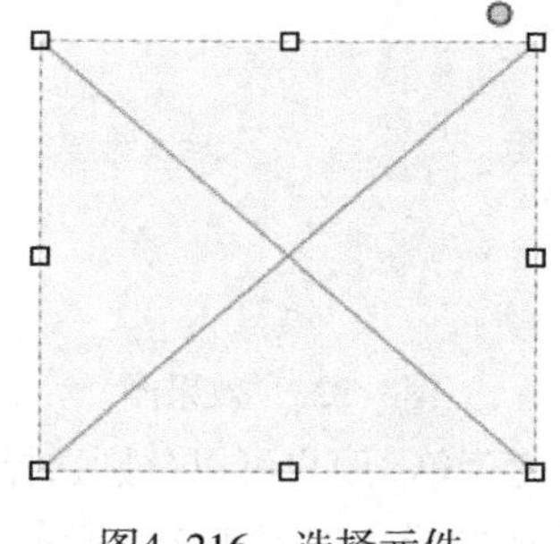

图4-216 选择元件

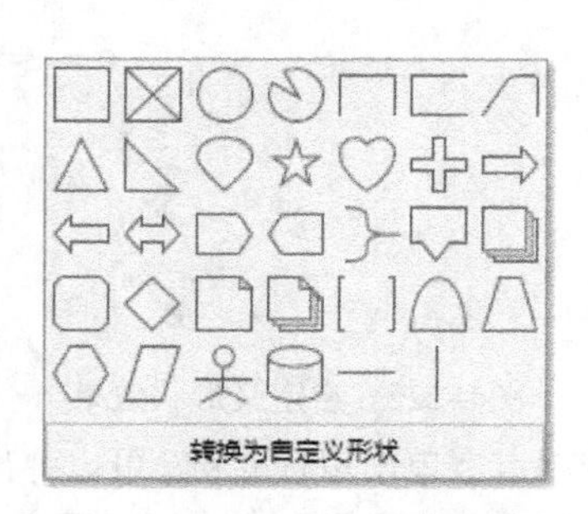

图4-217 转换形状

选择任意一个形状图标，元件将自动转换为该形状，如图 4-218 所示。拖动图形上的黄色控制点，可以继续修改形状，修改后的效果如图 4-219 所示。

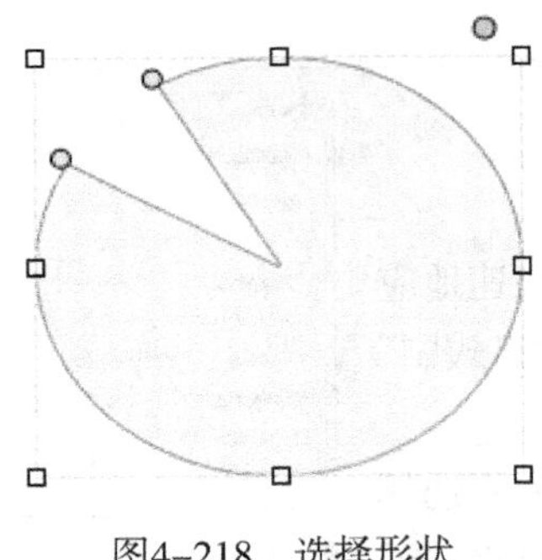

图4-218　选择形状

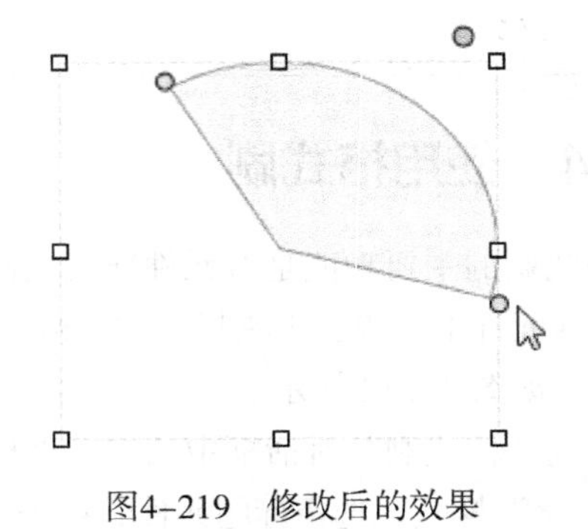

图4-219　修改后的效果

4.7.2　转换为自定义形状

如果用户对 Axure RP 8 提供的转换形状不满意，则可以自定义转换形状。单击左上角的灰色原点，选择“转换为自定义形状”选项，如图 4-220 所示，元件自动转换为可编辑形状，如图 4-221 所示。

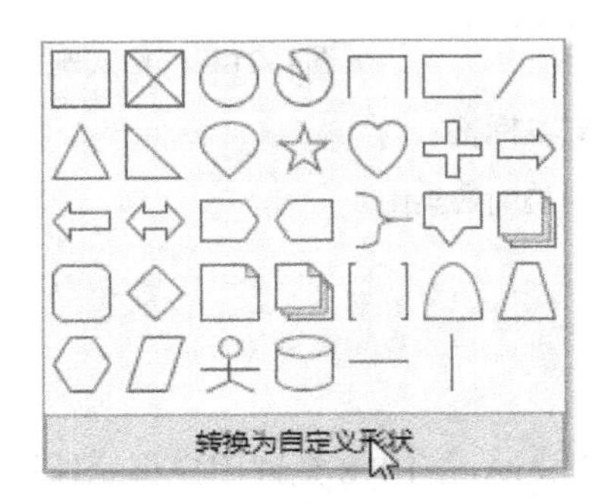

图4-220　选择“转换为自定义形状”

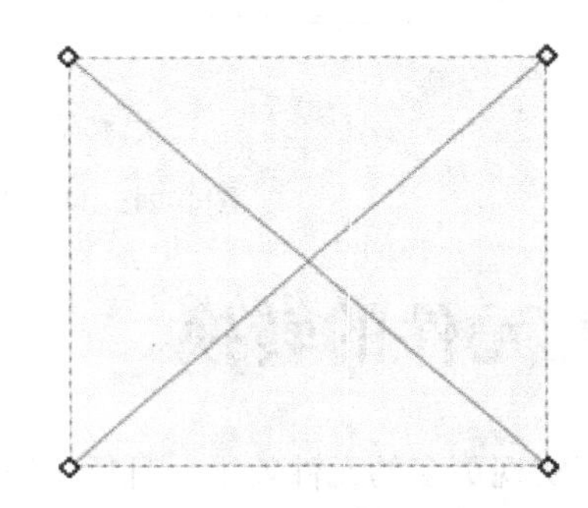

图4-221　可编辑形状

用户可以直接拖动图形的控制点，自定义形状效果，如图 4-222 所示。将光标移动到图形边上单击，即可添加一个控制点，多次添加并调整，效果如图 4-223 所示。

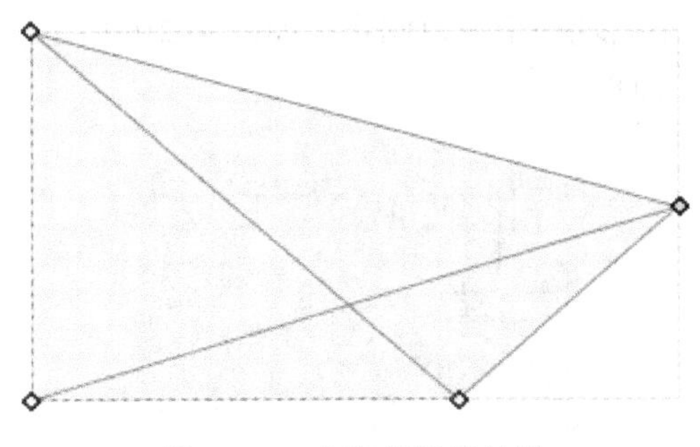

图4-222　自定义形状效果

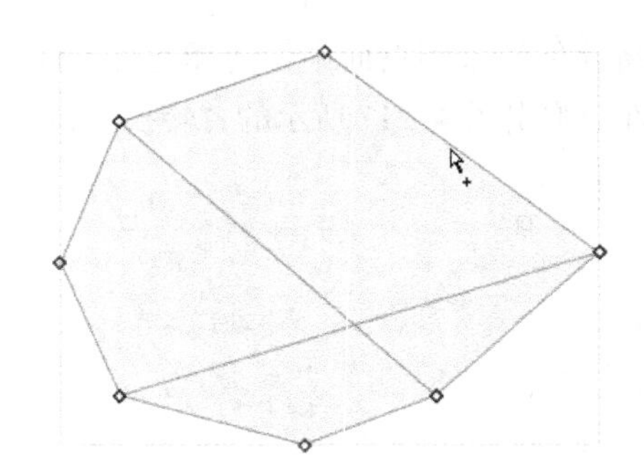

图4-223　效果图

在控制点上单击鼠标右键，可以弹出图 4-224 所示的快捷菜单。用户可以分别选择创建曲线、直线或者删除当前控制点。选择“曲线”选项后，形状将变成曲线，如图 4-225 所示。

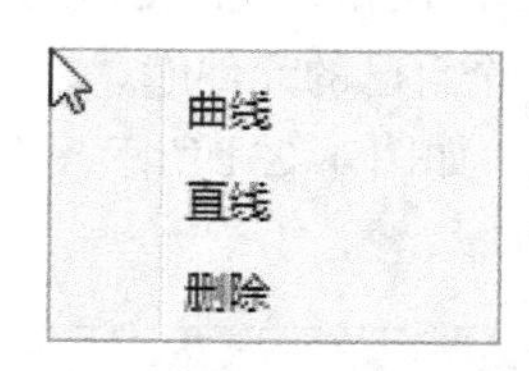

图4-224 快捷菜单

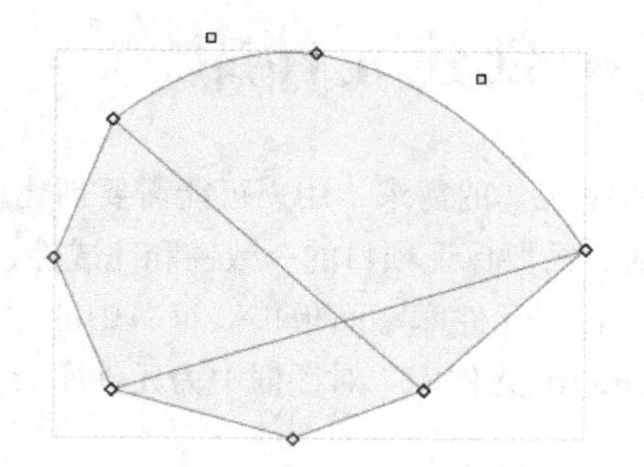

图4-225 选择“曲线”后效果

曲线控制点由两个控制轴控制弧度，拖动控制点可以同时调整两条控制轴，实现对曲线形状的改变，如图 4-226 所示。按下键盘上的 Ctrl 键拖动控制点，可以实现调整单个控制点的操作，如图 4-227 所示。

在曲线控制点上双击，即可将其转换为“直线”控制点，效果如图 4-228 所示。

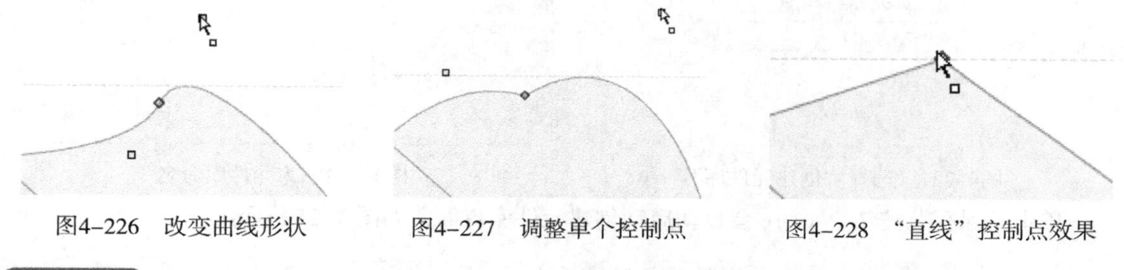

图4-226 改变曲线形状　　图4-227 调整单个控制点　　图4-228 “直线”控制点效果

提示

使用钢笔工具绘制或转换完形状后，用户也可以在工具栏中选择“边界点”工具，进入图形的编辑状态。

4.7.3 转换为图片

有时为了便于操作，会将其他元件转换为图片元件。选择一个元件，单击鼠标右键，选择“转换为图片”选项，如图 4-229 所示，即可将当前元件转换为“图片”元件，效果如图 4-230 所示。

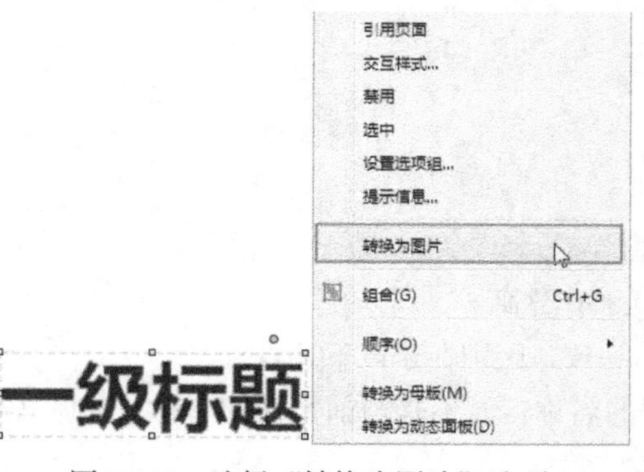

图4-229 选择“转换为图片”选项

图4-230 “图片”元件效果

4.8 创建元件库

根据工作的需求，用户可能需要创建自己的元件库，例如，在和其他的 UI 设计师合作某个项目时，需要保证项目的一致性和完成性，设计师可以创建一个自己的元件库。

选择“元件库”面板扩展菜单中的“创建元件库”选项，如图 4–231 所示。在弹出的“保存 Axure RP 元件库”对话框中为元件库命名，如图 4–232 所示。

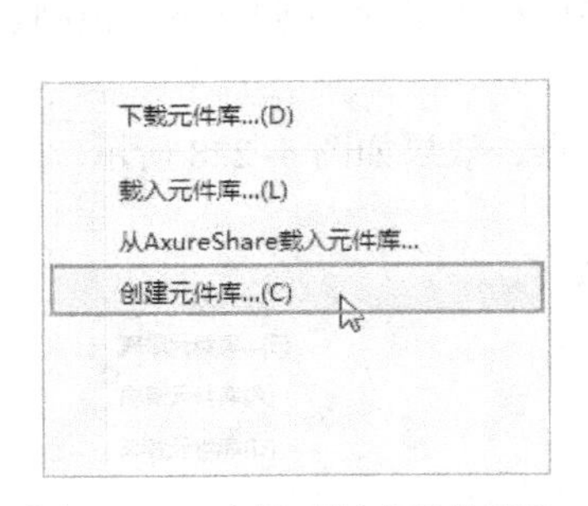

图4–231　选择“创建元件库”

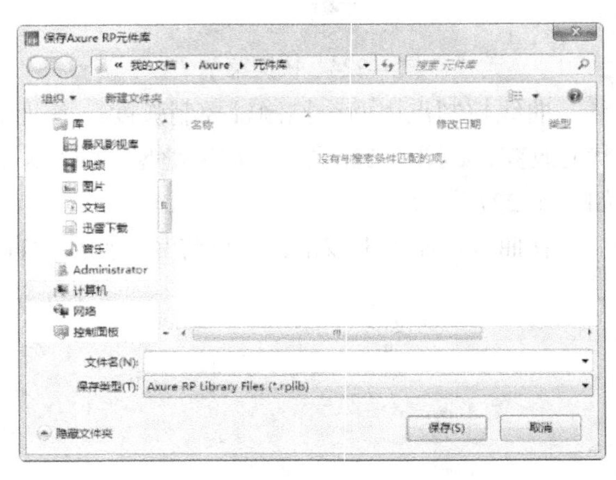

图4–232　为元件库命名

单击“保存”按钮，Axure 会自动启动创建元件库界面，如图 4–233 所示。

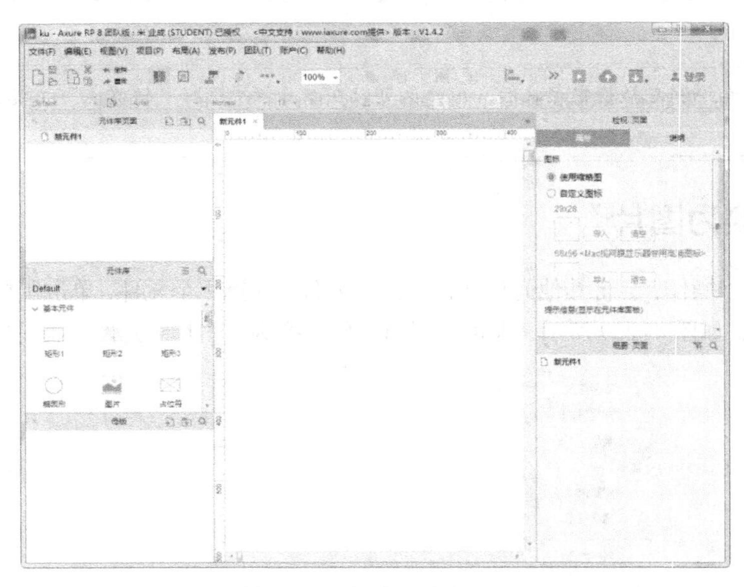

图4–233　创建元件库界面

元件库的工作界面和项目文件的工作界面基本一致，区别在于以下几点。

◎ 工作界面的左上角位置显示了当前元件库的名称，而不是当前文件的名称，如图 4–234 所示。

◎ “页面”面板变成了“元件库页面”面板，更方便元件库的新建与管理，如图 4–235 所示。

◎ “元件库”面板中，将显示新建元件库的名称和元件，如图 4–236 所示。

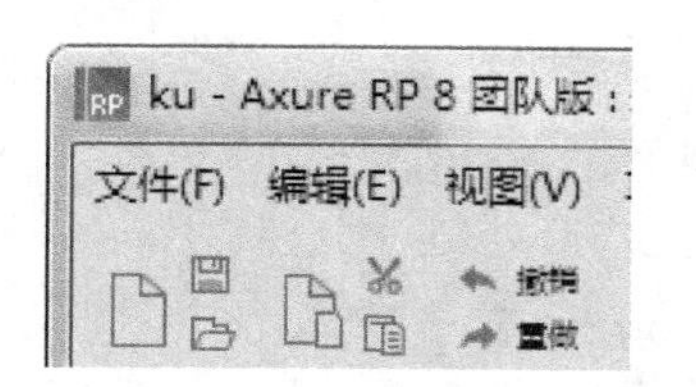

图4-234 工作界面左上角

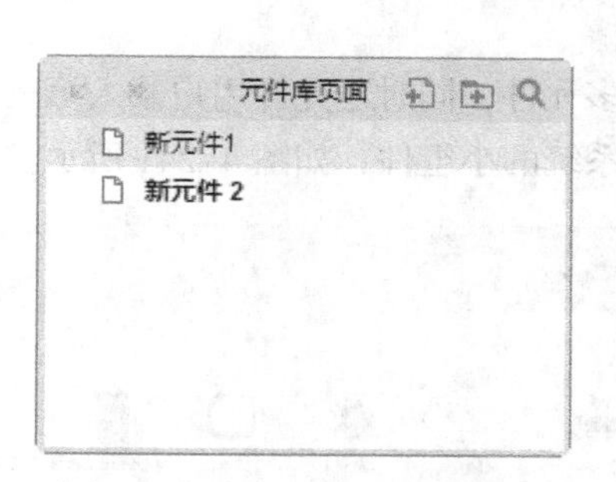

图4-235 "元件库页面"面板

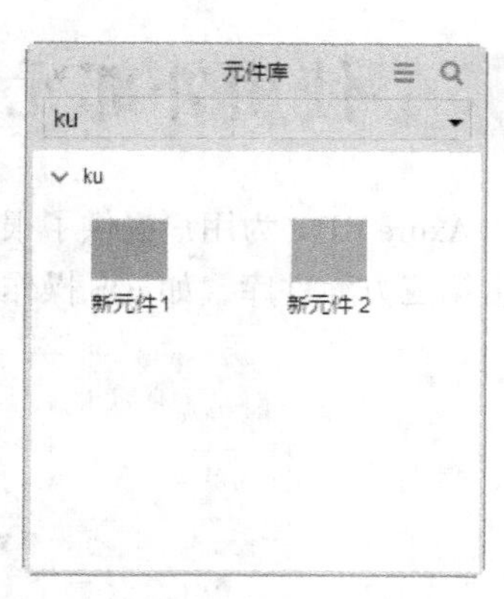

图4-236 显示新建元件库的名称和元件

实战操作：创建元件库

在"元件库页面"面板中新建一个元件，并为其命名，在元件库工作界面中导入外部的一个图片素材，如图 4-237 所示。将文件保存，返回项目工作界面，执行"元件库"面板扩展菜单中的"刷新元件库"选项，"元件库"面板如图 4-238 所示。

操作视频：014.mp4

图4-237

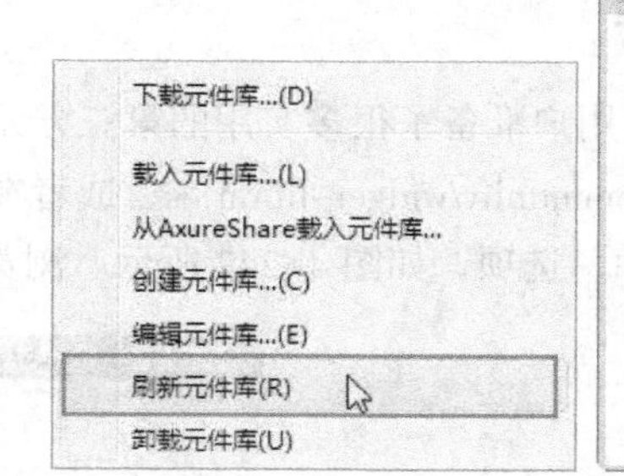

图4-238 执行"刷新元件库"后的"元件库"面板

元件库创建完成后，用户可以在"元件库"面板中选择"编辑元件库"选项，对元件库进行编辑修改，如图 4-239 所示。也可以选择"卸载元件库"删除不需要的元件库文件，如图 4-240 所示。

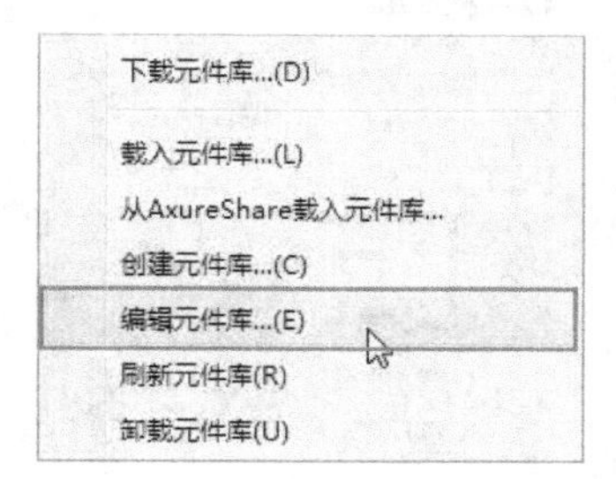

图4-239

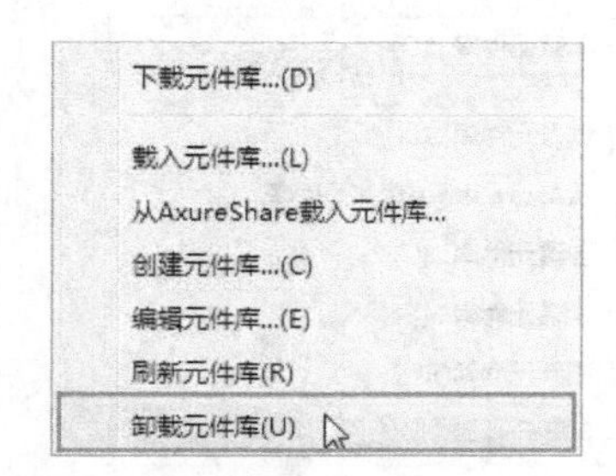

图4-240 卸载元件库

4.9 使用外部元件库

Axure RP 8 为用户提供了很多元件，同时还允许用户载入第三方元件库。互联网上可以找到很多第三方元件库，如 iOS 操作系统的小组件，如图 4-241 所示。

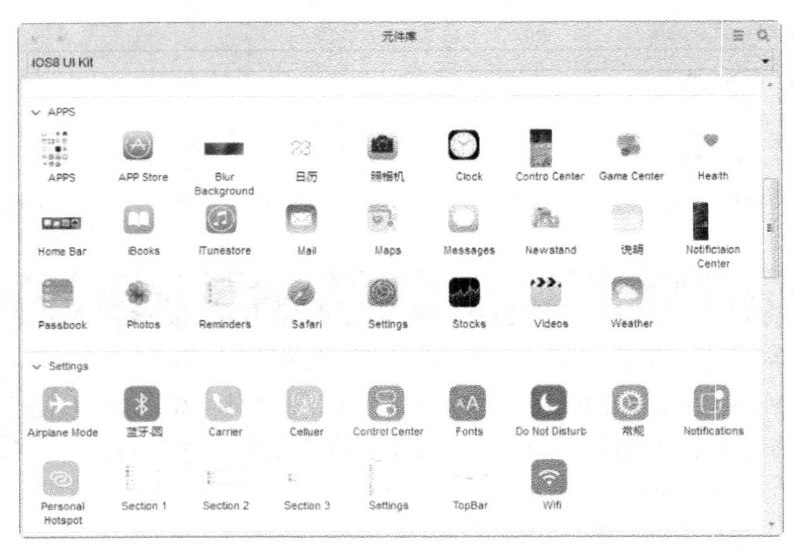

图4-241　iOS 操作系统的小组件

4.9.1 下载元件库

Axure 官方网站上也为用户准备了很多实用的第三方元件库。在浏览器地址栏中输入如下地址：http://www.axure.com/community/widget-libraries，或者在“元件库”面板右上角单击，打开扩展菜单，选择“下载元件库”选项，如图 4-242 所示。浏览器效果如图 4-243 所示。

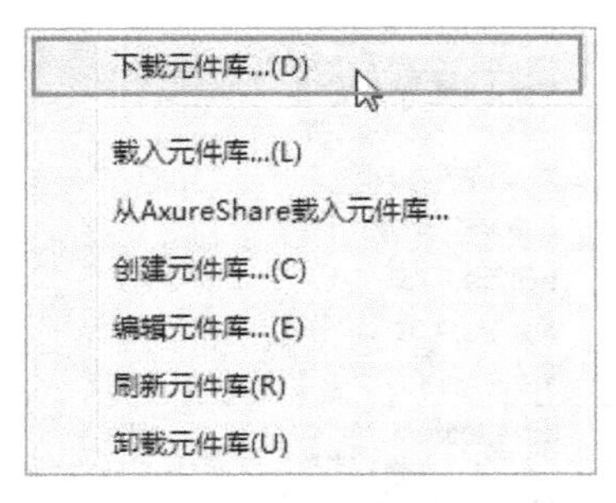

图4-242　选择“下载元件库”

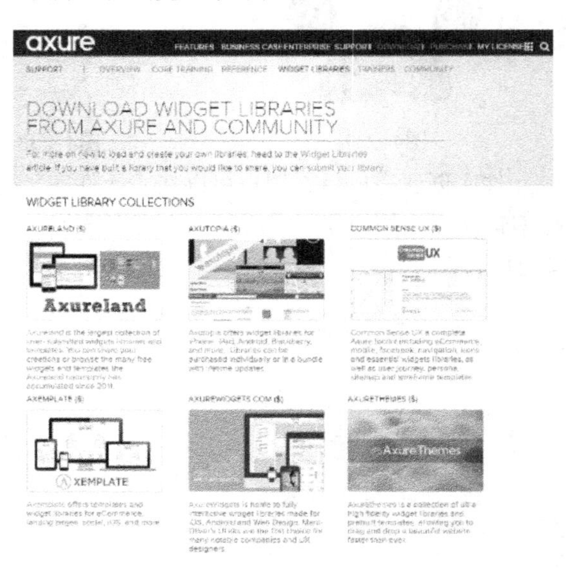

图4-243　浏览器效果

用户也可以通过在浏览器中搜索获得元件库的下载地址，下载后的元件库文件格式为 .rplib，如图 4–244 所示。

iPhone Bodies All.rplib

图4–244　下载后的元件库文件格式

4.9.2　载入元件库

下载元件库后，选择“元件”面板的扩展菜单中的“载入元件库”选项，如图 4–245 所示。在弹出的“打开”对话框中选择下载的元件库文件，单击“打开”按钮，如图 4–246 所示。

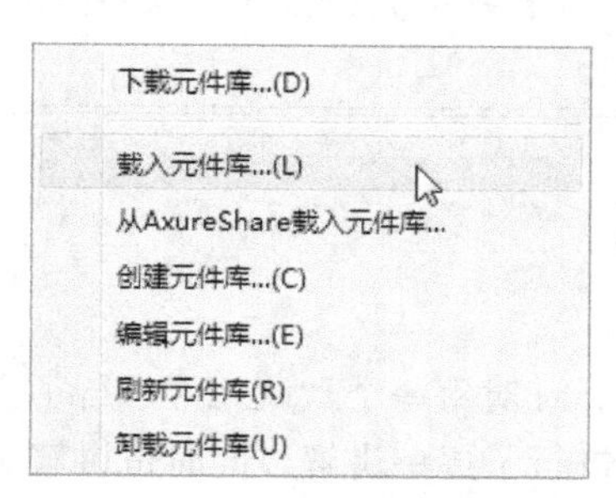

图4–245　选择“载入元件库”

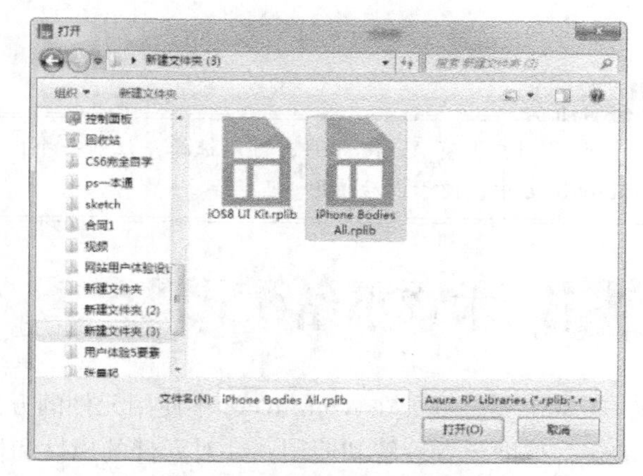

图4–246　“打开”对话框

打开后“元件库”面板效果如图 4–247 所示。将元件拖曳到页面中，效果如图 4–248 所示。

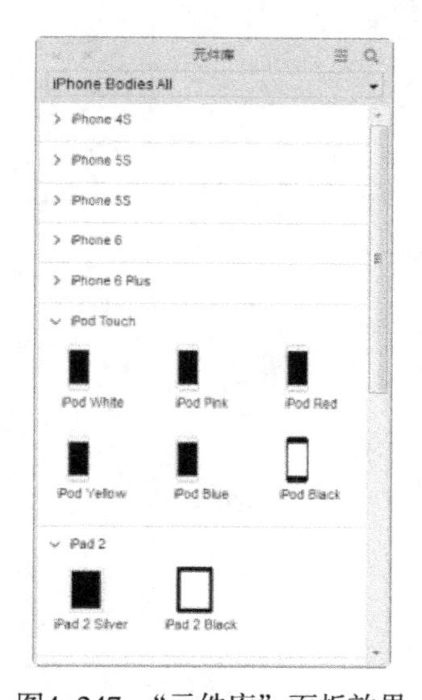

图4–247　“元件库”面板效果

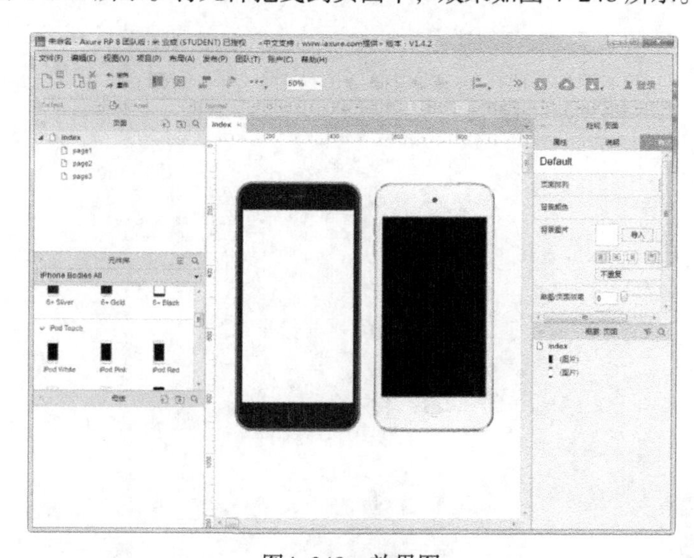

图4–248　效果图

用户也可以选择“元件库”面板的扩展菜单中的“从 AxureShare 载入元件库”选项，如图 4–249 所示。登录账户后，即可在 AxureShare 中查找元件库文件，选择载入，如图 4–250 所示。

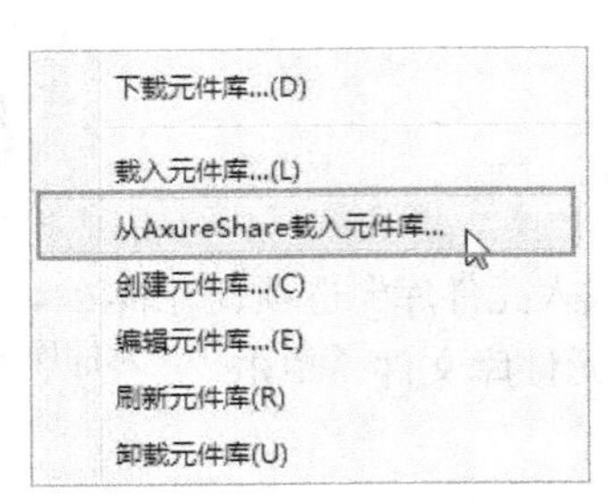

图4-249　选择“从AxureShare载入元件库”

图4-250　载入在线元件库

提示

如果用户没有 Axure 账户，可以选择先注册一个，然后再登录。将一些常用的元件库文件保存到 AxureShare 中，便于以后使用。

4.10 本章小结

本章主要讲解了在 Axure RP 8 中使用元件的方法和技巧，针对每一个默认元件进行了详细的讲解，帮助读者理解和使用，并对元件的属性和样式设置进行了逐一讲解，同时也讲解了自定义元件库和使用第三方元件的方法。通过本章的学习，读者应该可以完成基本的页面制作和页面设置。

第5章

使用动态面板

动态面板是Axure RP 8中非常重要的一个元件。其功能非常强大，且操作简单，便于理解。本章将针对动态面板的使用方法和技巧进行讲解。通过添加交互事件，向读者展示动态面板的强大功能。

本章知识点

- ❖ 了解动态面板元件
- ❖ 为动态面板添加面板
- ❖ 为动态面板添加交互事件
- ❖ 了解动态面板用例编辑对话框
- ❖ 了解转换为动态面板的方法

5.1 了解动态面板

“动态面板”元件是 Axure RP 中功能强大的元件，是一个化腐朽为神奇的元件。通过这个元件，客户可以实现很多其他原型软件不能实现的动态效果。动态面板可以被简单地看作是拥有很多种不同状态的一个超级元件。选中“动态面板”元件，将其拖入到页面中，效果如图 5–1 所示。

双击“动态面板”元件，弹出“面板状态管理”对话框，如图 5–2 所示。用户可以在该对话框中为动态面板添加不同的状态。

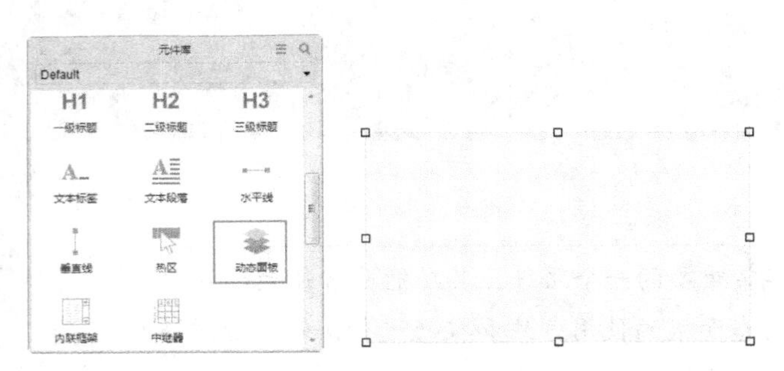

图5–1　将动态面板拖入页面后的效果

图5–2　“面板状态管理”对话框

（1）动态面板名称：此处可以为动态面板指定名称。

（2）添加 +：单击该按钮可以添加状态。

（3）复制：单击该按钮可以为当前选中状态创建一个副本。

（4）上移 / 下移 ↑ ↓：单击该按钮可以调整状态的顺序。

（5）编辑状态：单击该按钮，将进入当前状态的编辑状态。

（6）编辑全部状态：单击该按钮，将进入所有状态的编辑状态。

（7）移除状态 ×：单击该按钮，将删除当前所选状态。

提示

一个动态面板通常由多个面板组成，为了便于查找使用，对每一个面板都要重新指定名称，尽量不要使用默认的名称。

实战操作：创建动态面板

在 Axure RP 8 中，动态面板是最重要的元件之一。使用动态面板可以完成大部分的网页交互效果。首先将“动态面板”元件从“元件库”面板拖入到页面中，如图 5–3 所示。

操作视频：015.mp4

图5–3　“动态面板”元件拖入页面

双击动态面板元件，弹出“面板状态管理”对话框，为其指定名称为“创建动态面板”，如图 5-4 所示。单击“添加”按钮，添加两个面板，并分别修改其名称，如图 5-5 所示。

图5-4 “面板状态管理”对话框

图5-5 添加面板

单击“编辑全部状态”按钮，可以看到同时打开 4 个页面，包括 3 个状态页和一个 index 页，如图 5-6 所示。用户可以分别在不同的状态页里进行编辑操作。操作完成后保存页面，可返回 index 页面，添加交互效果。

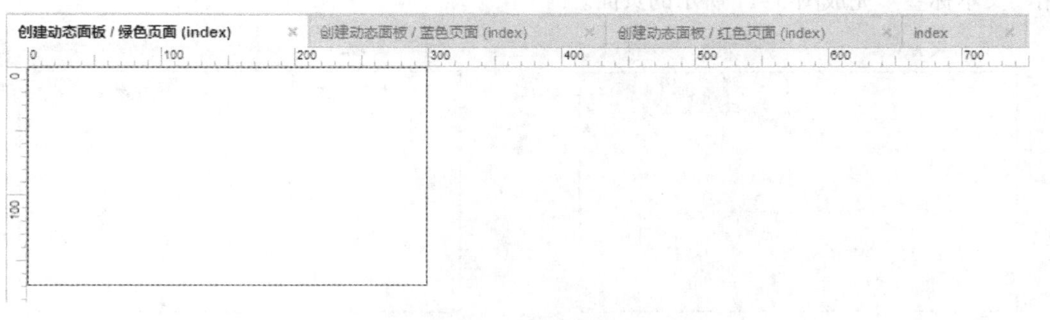

图5-6 编辑全部状态

一个动态面板中可以包含若干个不同的页面。用户可以通过在“检视：面板状态”面板中添加交互，实现丰富的页面效果，如图 5-7 所示。

提示

动态面板是唯一可以使用拖动事件的元件。用户可以设置拖动开始时、拖动时、拖动结束时、向左 / 向右拖动结束时的交互效果。

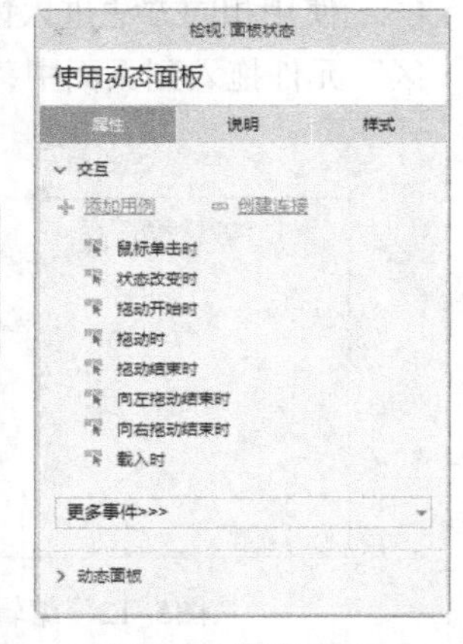

图5-7 添加交互

实战操作：使用动态面板

操作视频：016.mp4

新建一个 Axure 文件。将“动态面板”元件拖入到页面中，效果如图 5-8 所示。双击动态面板，在弹出的“面板状态管理”对话框中新建两个状态，如图 5-9 所示。

图5-8 “动态面板”元件拖到页面中的效果

图5-9 新建两个状态

选择娱乐新闻状态，单击“编辑状态”按钮，使用矩形工具制作图 5-10 所示的页面。使用“文本标签”完成图 5-11 所示的页面。

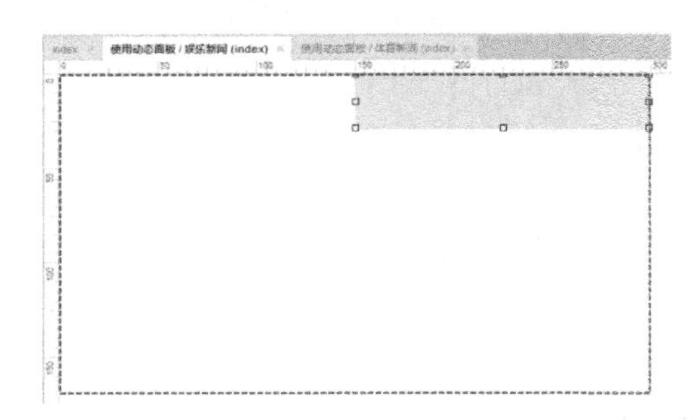

图5-10 制作页面

图5-11 使用“文本标签”完成的页面

使用相同方法进入体育新闻状态，编辑页面效果，如图 5-12 所示。返回 index 页面，将“热区”元件拖入到页面中，并调整其大小和位置，如图 5-13 所示。

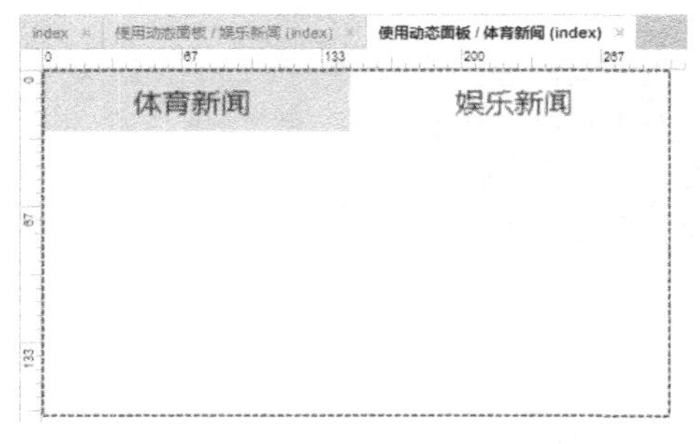

图5-12 编辑体育新闻

图5-13 将“热区”元件拖到页面后的效果

选中热区，双击“检测：热区”面板“属性”选项下的“鼠标单击时”按钮，如图 5-14 所示。在弹出的“用例编辑 < 鼠标单击时 >”对话框中选择“设置面板状态”动作，如图 5-15 所示。

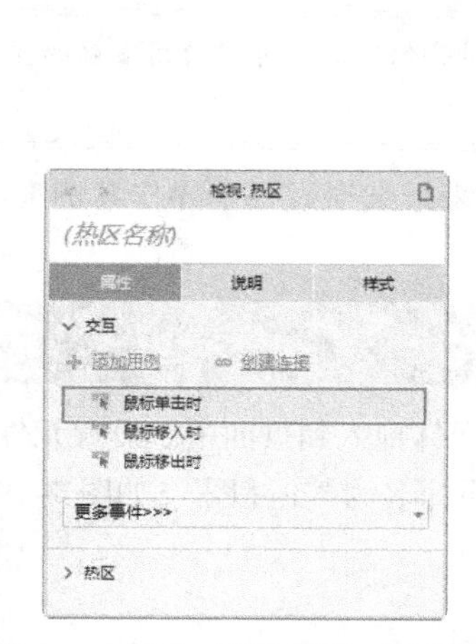

图5-14　双击“鼠标单击时”按钮

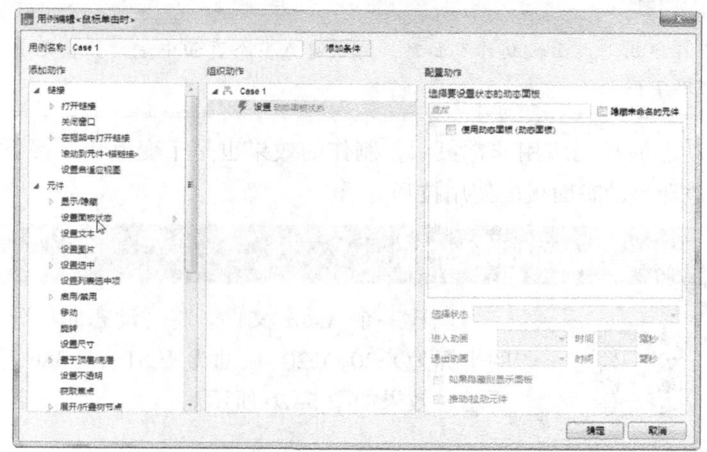

图5-15　选择“设置面板状态”动作

勾选“配置动作”下的“使用动态面板”选项，设置“选择状态”为“娱乐新闻”，如图 5-16 所示，单击“确定”按钮，完成设置。使用相同方法，为“体育新闻”状态添加动作，如图 5-17 所示。

图5-16　为“娱乐新闻”状态添加动作

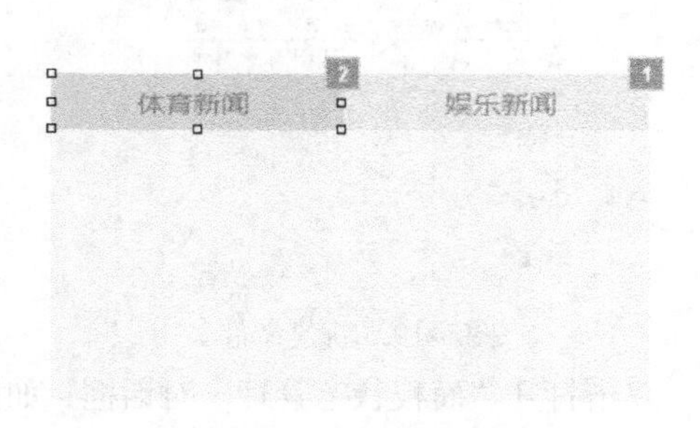

图5-17　为“体育新闻”状态添加动作

将文件保存，单击“预览”按钮，原型预览效果如图 5-18 所示。

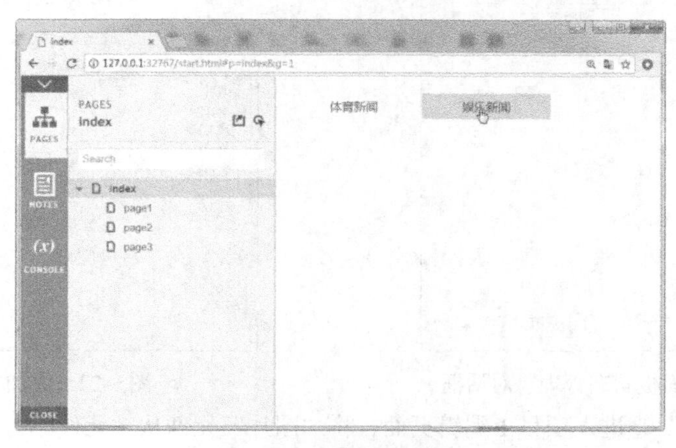

图5-18　原型预览效果

提示

在使用动态面板制作页面时，为了避免多个页面中元素位置无法对齐的情况，可以使用准确的坐标帮助定位。

动态面板的应用非常灵活，制作的效果也是千变万化，接下来继续通过一个操作案例来深层次地理解动态面板的使用技巧。

实战操作：动态面板制作轮播图

操作视频：017.mp4

新建一个 Axure 文件。将“动态面板”元件拖入到页面中。设置元件的坐标为 X:20，Y:20，尺寸为 W:515，H:386，重命名为“轮播图”，如图 5-19 所示。效果如图 5-20 所示。

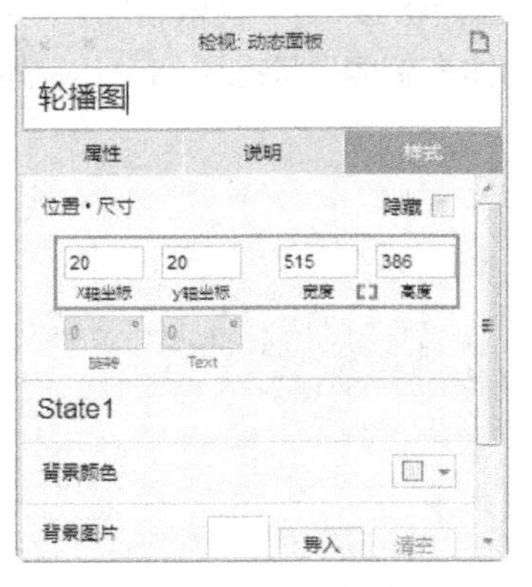

图5-19　新建文件

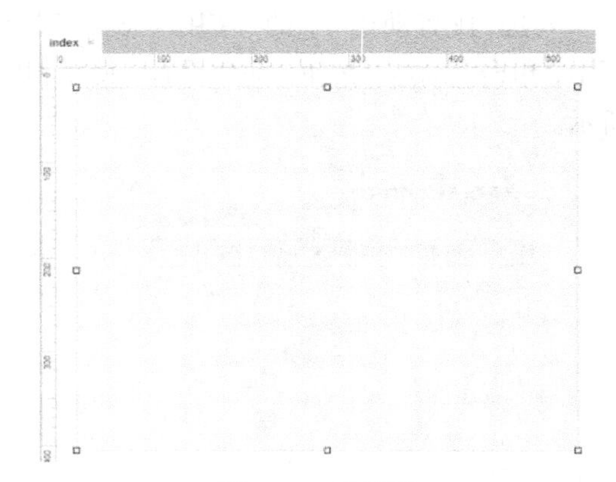

图5-20　效果图

双击打开“面板状态管理”对话框，如图 5-21 所示。单击“添加”按钮，添加 4 个状态，并分别重命名，如图 5-22 所示。

图5-21　“面板状态管理”对话框

图5-22　添加状态

双击“项目 1”，进入项目 1 编辑页面，将“图片”元件从“元件库”中拖入到页面中，并调整大小位置，如图 5-23 所示。双击图片元件，导入外部图片素材，如图 5-24 所示。

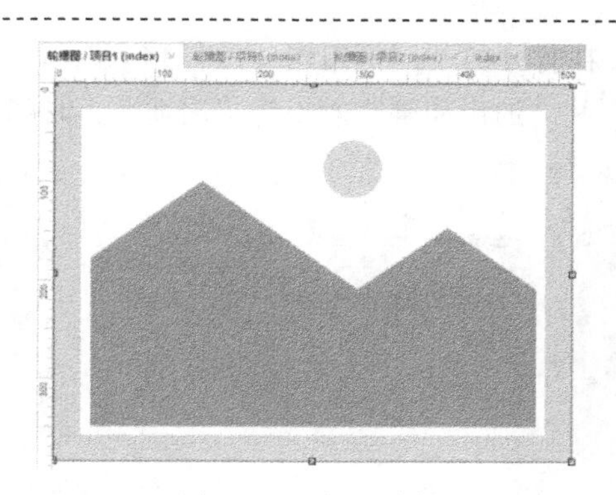

图5-23　项目1编辑

图5-24　导入外部图片素材

使用相同的方法为其他 4 个页面导入图片素材，“概要 : 页面”效果如图 5-25 所示。返回 index 页面，分别拖入 5 张图片并排列，如图 5-26 所示。

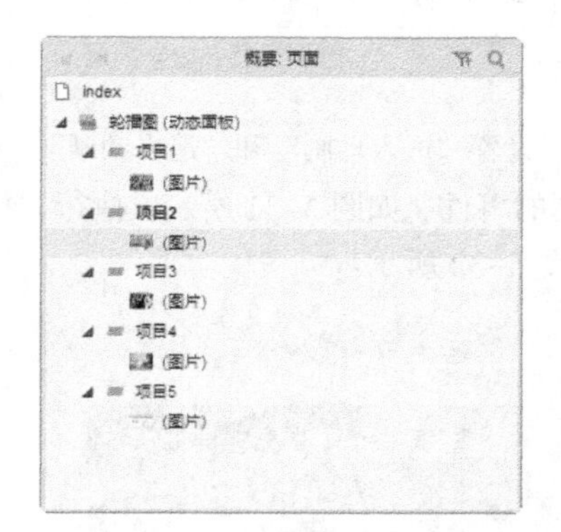

图5-25　“概要:页面”效果

图5-26　在index页面拖入5张图片并排列

提示

可以通过拖动的方式，调整“概要 : 页面”面板上页面的顺序。此顺序将影响轮播图的播放顺序。

分别将小图命名为图片 1 ~ 图片 5，如图 5-27 所示。选中图片 1 元件，双击交互事件中的“鼠标移入时”事件，打开“用例编辑 < 鼠标移入时 >”对话框，在对话框中添加动作，如图 5-28 所示。

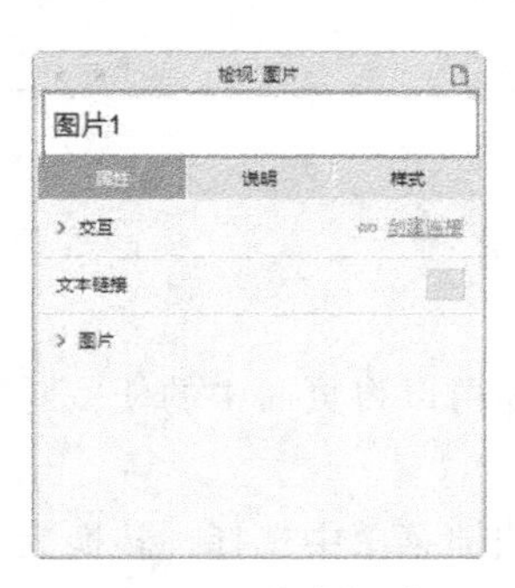

图5-27　命名图片

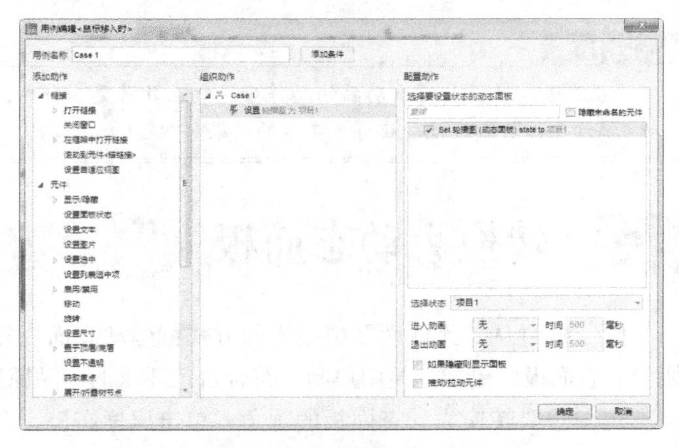

图5-28　为项目1添加动作

选中图片 2 元件，双击“鼠标移入时”事件，在打开的“用例编辑 < 鼠标移入时 >”对话框中添加图 5-29 所示的动作。设置“进入动画”和“退出动画”效果为“逐渐”，时间为 500 毫秒，如图 5-30 所示。

图5-29　为项目2添加动作

图5-30　设置“进入动画”和“退出动画”

使用相同的方法为“图片 3 ~ 图片 5”元件也添加相同的事件，如图 5-31 所示。执行“预览”命令，预览项目，在浏览器中图片可以进行切换，如图 5-32 所示。

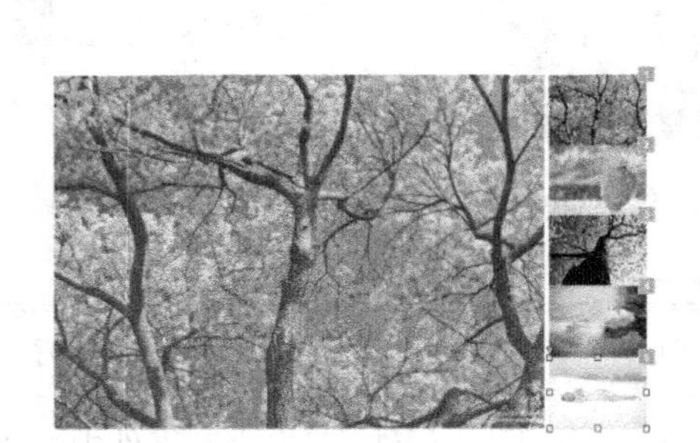

图5-31　为“图片3 ~ 图片5”添加事件

图5-32　预览效果

提示

添加进入动画和退出动画的动作后，交互效果更加自然，看起来也更丰富。用户也可以勾选“推动 / 拉动元件”复选框，获得更丰富的效果。

5.2 转换为动态面板

除了通过从“元件库”中拖入的方式创建动态面板外，用户还可以将页面中的任一对象转换为动态面板，更加方便用户制作符合自己要求的产品原型。

选中想要转换为动态面板的圆角，单击鼠标右键，在弹出的快捷菜单中选择“转换为动态面板”选项，即可将元件转换为动态面板，如图 5-33 所示。

从“元件库”面板中拖曳动态面板元件进行编辑的方法，是在动态面板内创建内容，而前面讲解的方法是先创建内容，然后再转化为动态面板的内容，二者实质上是没有区别的。

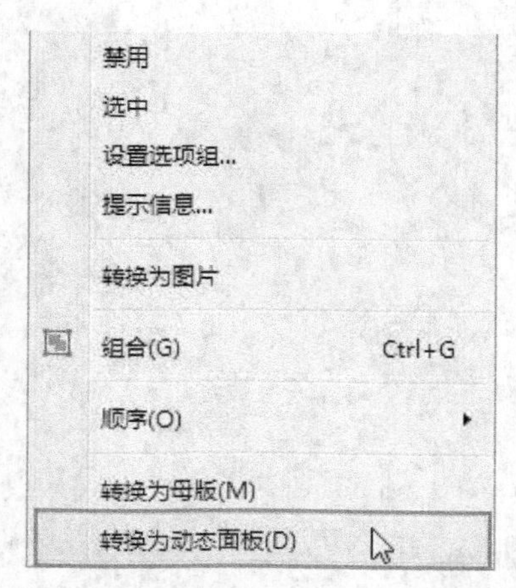

图5-33　选择“转换为动态面板”选项

提示

隐藏元件，元件显示为淡黄色遮罩。动态面板则显示为浅蓝色。页面中的母版实例显示为淡红色。读者可以通过执行“视图 > 遮罩”下的命令，选择是否使用特殊颜色显示对象。

5.3 本章小结

本章主要针对动态面板元件进行讲解。通过学习动态面板的使用，可以扩大制作的范围，使得产品原型制作更加方便。通过本章的学习，读者要在掌握动态面板基本使用的前提下，掌握动态面板交互事件的添加和编辑技巧，并将所学内容应用到实际的产品原型设计中。

第 6 章

使用母版

制作原型过程中，通常会包含很多相同的页面，可以将这些相同的内容制作成母版供用户使用。当用户修改母版时，所有应用了母版的页面都会随之发生改变。用户可以将经常使用的元件制作成一个单独的元件库，供自己或合作伙伴使用。本章将针对母版的创建和使用及第三方元件库的创建和使用进行讲解。

本章知识点

- ❖ 掌握母版的概念
- ❖ 了解母版面板的使用
- ❖ 掌握创建母版的方式
- ❖ 掌握编辑母版的方式
- ❖ 了解转换母版
- ❖ 掌握母版的使用技巧

6.1 母版的概念

母版指的是原型中一些重复出现的元素。将重复出现的元素定义为母版，供用户在不同的页面中反复使用，有点类似于 PPT 设计制作中的母版功能。

一个原型产品中的头部和底部通常会出现在每一个页面中，登录页和搜索条也会经常出现在不同的页面中，如图 6–1 所示。

图6–1　原型产品效果

在页面中使用母版，既能保持整体页面设计风格的一致，又便于修改页面。对母版进行修改，所有应用该母版的页面都会自动更新，节省了大量的工作时间。母版页面中的说明只需要编写一次，避免了在输出交互规范文档时造成额外的工作和错误。

> **提示**
>
> 母版的使用也会减小 Axure RP 文件的体积，加快原型文件的预览速度。

一般情况下，如果一个页面中有如下部分，则可以制作成为母版。

① 导航。

② 网站 Header（头部），包括网站的 LOGO。

③ 网站 Footer（尾部）。

④ 经常重复出现的元件，如分享按钮。

⑤ Tab 面板切换的元件，在不同页面同一个 Tab 面板有不同的呈现。

6.2 原型设计的参与者

在 Axure RP 8 中，母版通常被保存在“母版”面板中，如图 6–2 所示。用户在“母版”面板中可以完成母版文件的新建、文件夹的新建、子母版文件的新建和查找母版等操作。

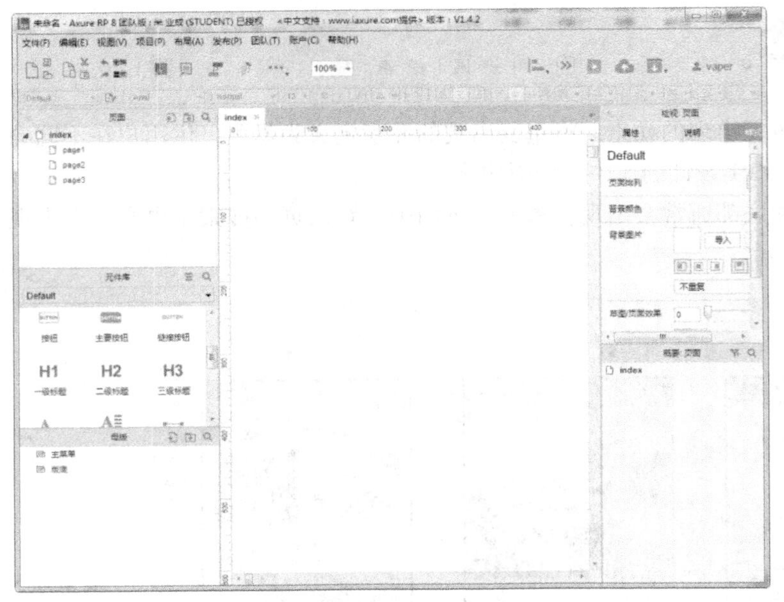

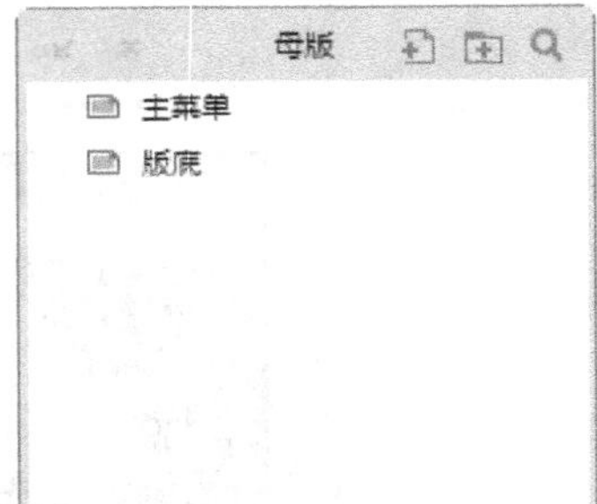

图6-2 “母版”面板

6.2.1 新建母版

单击“母版”面板右上角的“添加母版”按钮，即可新建一个母版文件，如图 6-3 所示。用户可以为新添加的母版命名，如图 6-4 所示。

图6-3 新建母版文件

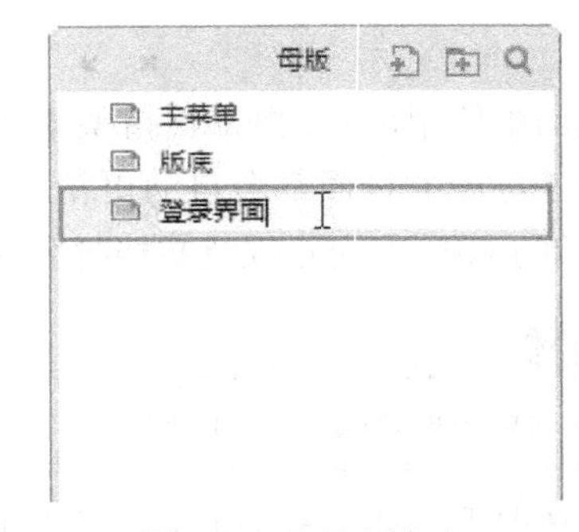

图6-4 为母版命名

同一个项目中，可能会有多个母版，为了方便母版的管理，用户可以通过新建文件夹将同类或相同位置的母版分类管理。

实战操作：创建母版文件夹

操作视频：018.mp4

单击“母版”面板右上角的“添加文件夹”按钮，即可在面板中新建一个文件夹，如图 6-5 所示。选择文件夹后新建的母版，将自动位于文件夹内。用户也可以通过拖曳的方式将母版移动到不同的文件夹内，如图 6-6 所示。

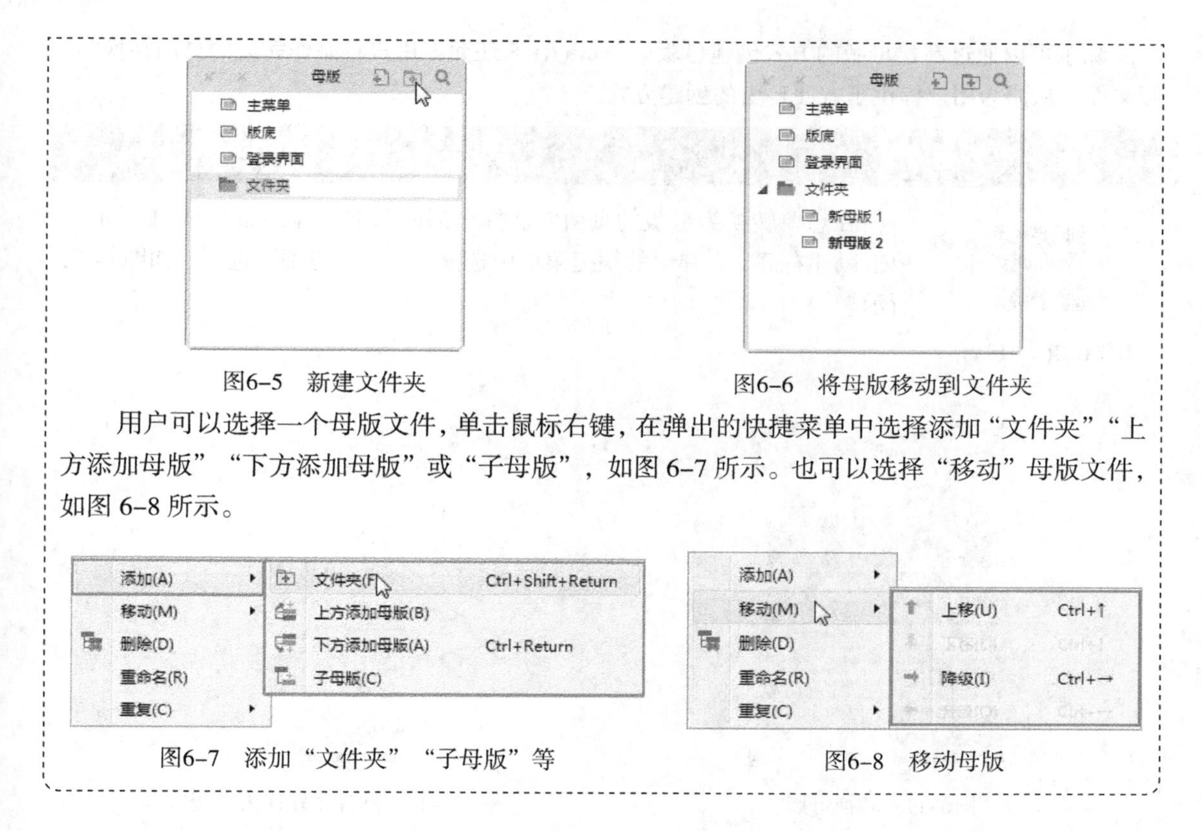

图6–5　新建文件夹

图6–6　将母版移动到文件夹

用户可以选择一个母版文件，单击鼠标右键，在弹出的快捷菜单中选择添加“文件夹”“上方添加母版”“下方添加母版”或“子母版”，如图 6–7 所示。也可以选择“移动”母版文件，如图 6–8 所示。

图6–7　添加“文件夹”“子母版”等

图6–8　移动母版

6.2.2　编辑和转换母版

双击“母版”面板中的母版文件，即可进入母版编辑状态，在页面标签栏会显示当前编辑的母版名称，如图 6–9 所示，用户即可使用各种元件创建母版页面，如图 6–10 所示。

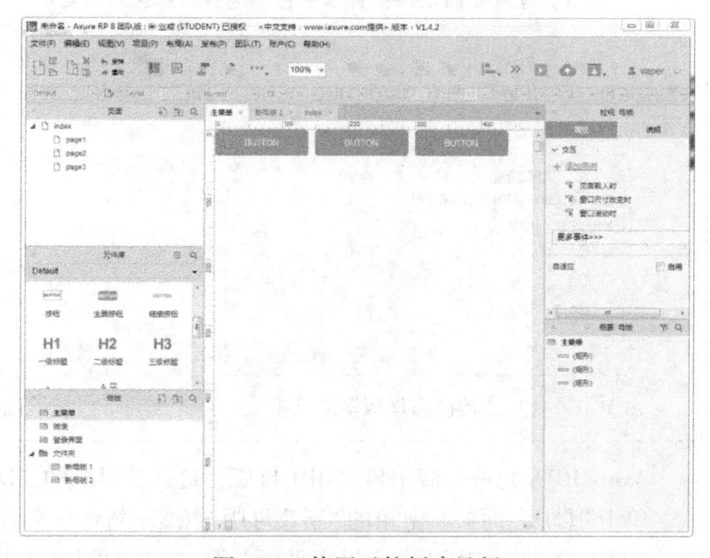

图6–9　母版编辑

图6–10　使用元件创建母版

创建完成后，执行“文件 > 保存”命令，将母版文件保存即可完成母版的编辑操作。

除了可以通过新建母版的方式创建母版，Axure RP 8 还允许用户将制作完成的页面转换为母版文件，从而为用户提供了方便自由的创建方式。

实战操作：转换为母版

操作视频：019.mp4

在想要转换为母版的页面中选择全部或局部内容，如图 6–11 所示。单击鼠标右键，在弹出的快捷菜单中选择“转换为母版”选项，如图 6–12 所示。

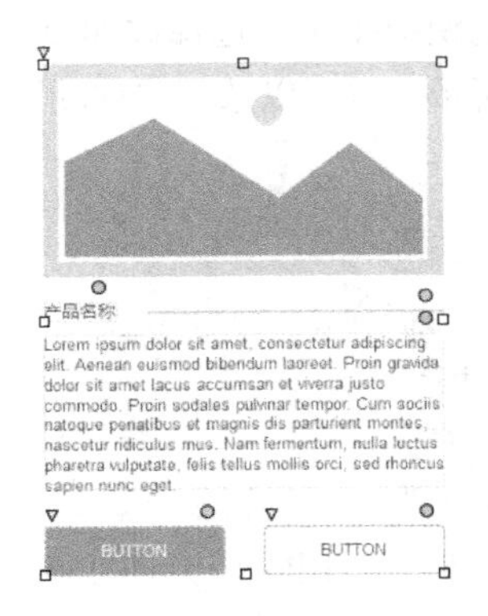

图6–11　转换母版

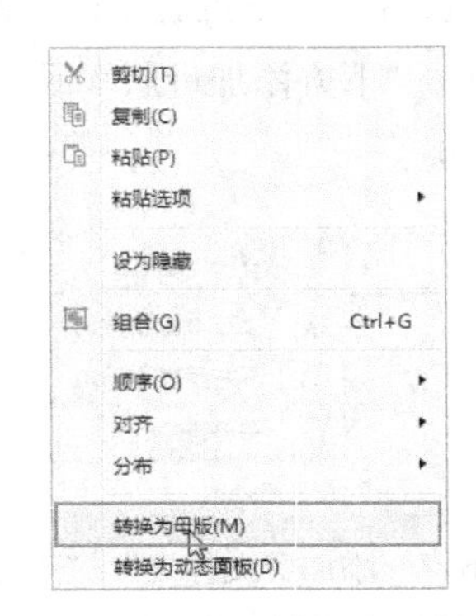

图6–12　选择“转换为母版”

弹出“转换为母版”对话框，如图 6–13 所示。为其指定名称，选择一种“拖放行为”，单击“继续”按钮，即可完成母版的转换，如图 6–14 所示。

提示

转换为母版后的元件，将以一种半透明的红色遮罩显示。

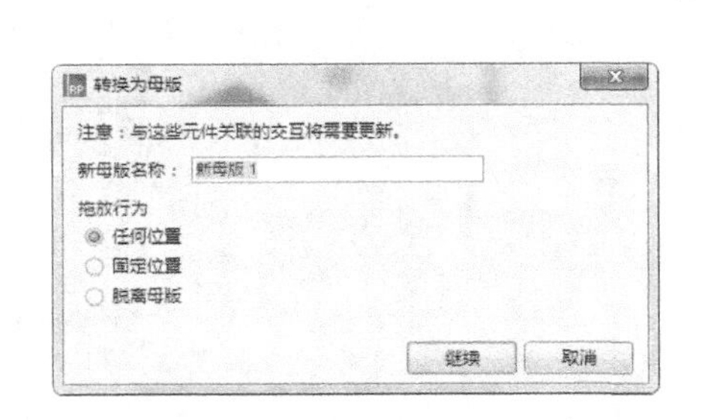

图6–13　“转换为母版”对话框

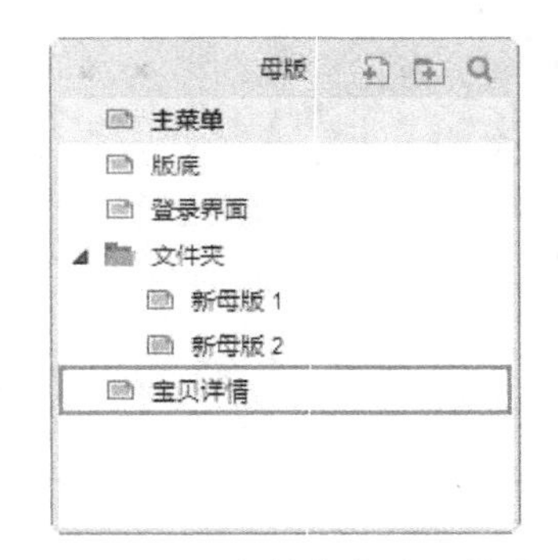

图6–14　母版转换完成后效果

Axure RP 8 允许母版中再套用子母版，这样使母版的层次会更加丰富，应用领域更加广泛。

单击“母版”面板右上角的“新建母版”按钮，新建一个名称为“宝贝列表”的母版，如图 6–15 所示。双击“宝贝列表”母版，进入母版页面，将“宝贝详情”母版从“母版”面板中拖入到页面中，如图 6–16 所示。

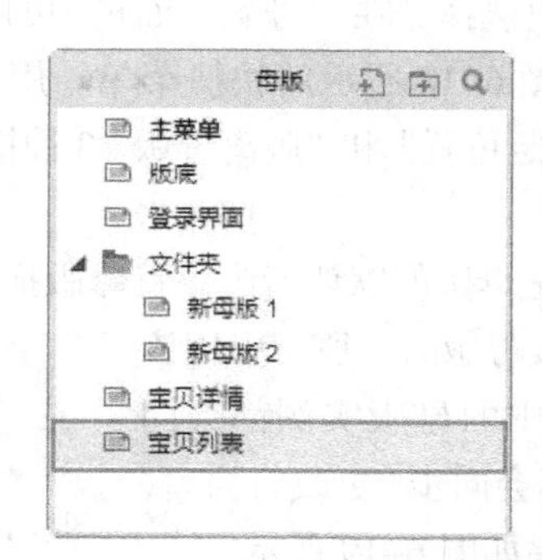

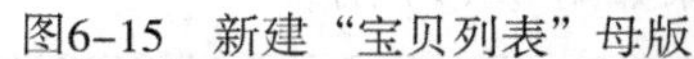
图6-15 新建“宝贝列表”母版

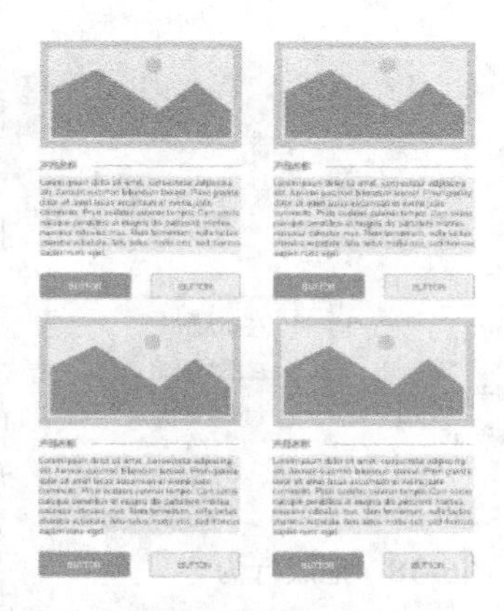
图6-16 将“宝贝详情”母版拖入页面

执行“文件 > 保存”命令，即可完成子母版的创建。

6.2.3 删除母版

对于拖入到页面中的母版，选中后，直接按下键盘上的 Delete 键，即可将其删除。在“母版”面板中，选中想要删除的母版，按键盘上的 Delete 键或者单击鼠标右键，在弹出的快捷菜单中选择“删除”命令，即可删除当前母版文件。

6.3 使用母版

完成母版的创建后，用户可以通过多种方法将母版应用到页面中。当修改母版内容时，页面中应用的该母版也会随之发生变化。

6.3.1 拖放行为

用户可以通过拖曳的方式，将母版文件拖入到页面中。双击“页面”面板中的一个页面，进入编辑状态。在“母版”面板中选择一个母版文件，将其直接拖入到页面中，如图 6-17 所示，即可完成母版的使用。

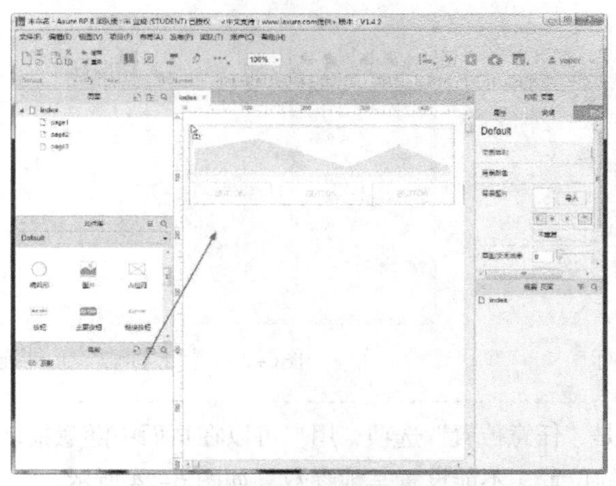
图6-17 将母版文件拖入页面中

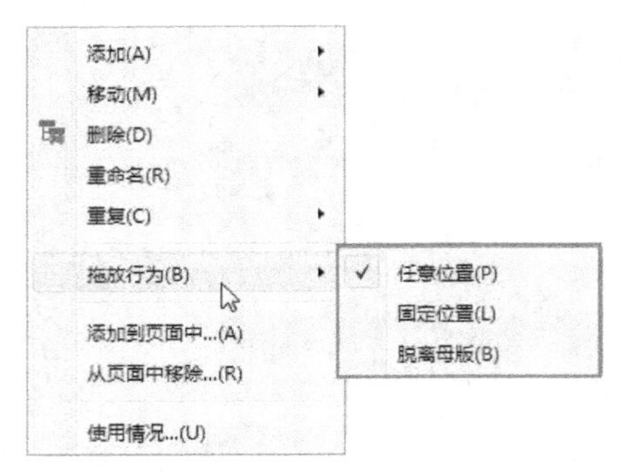

图6–18　拖放行为

使用直接拖放的方式应用母版，Axure RP 8 提供了 3 种不同的方式供用户选择。在“母版”面板中的文件上单击鼠标右键，弹出图 6–18 所示的快捷菜单。用户可以选择“任意位置”“固定位置”和“脱离母版”3 种拖放行为。

（1）任意位置

任意位置行为是母版的默认行为，将母版拖入页面中的任意位置，当修改母版时，所有引用该母版的原型设计图中的母版实例都会同步更新，只有坐标不会同步。更改行为后，母版图标改变，效果如图 6–19 所示。

图6–19　效果图

实战操作：在任意位置使用母版

在“母版”面板中新建一个名为“标志”的母版文件，如图 6–20 所示。双击进入母版文件，拖曳图片元件到页面中，并导入图片，效果如图 6–21 所示。

操作视频：020.mp4

图6–20　新建“标志”母版

图6–21　导入图片后的效果

在“检视 : 图片”面板中修改其坐标为 X:200，Y:200，如图 6–22 所示。返回 index 页面，将“标志”元件从“母版”面板拖入到页面中，如图 6–23 所示。

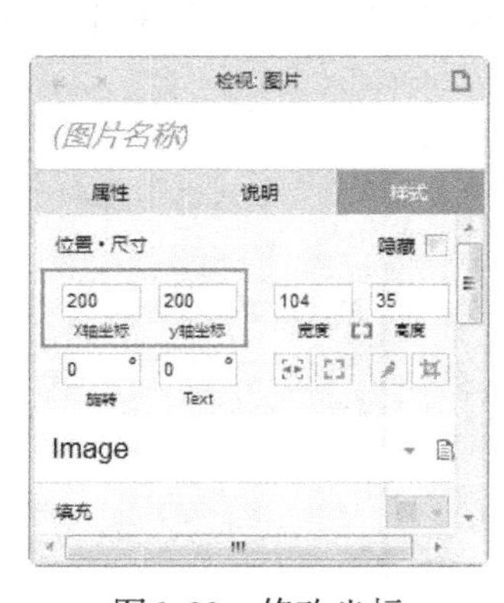

图6–22　修改坐标

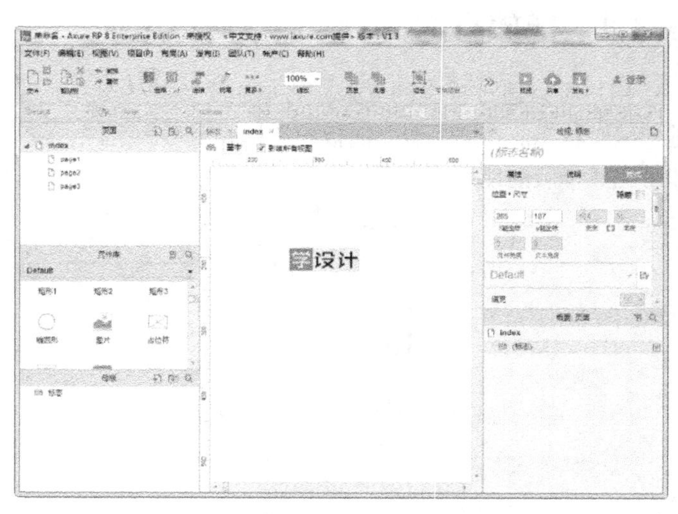

图6–23　将“标志”元件拖入到页面中

默认情况下选择的是“任意位置”选项，用户可以在页面中随意拖动母版文件到任何位置。用户只能更改母版文件的位置，不能设置其他参数，如图 6–24 所示。

（2）固定位置

固定位置是指将母版拖入页面中后，母版实例中元素的坐标会自动继承母版页面中元素的位置，不能修改。和普通行为一样，对母版所做的修改也会立即更新到原型设计母版实例中。更改行为后，母版图标改变，如图 6–25 所示。

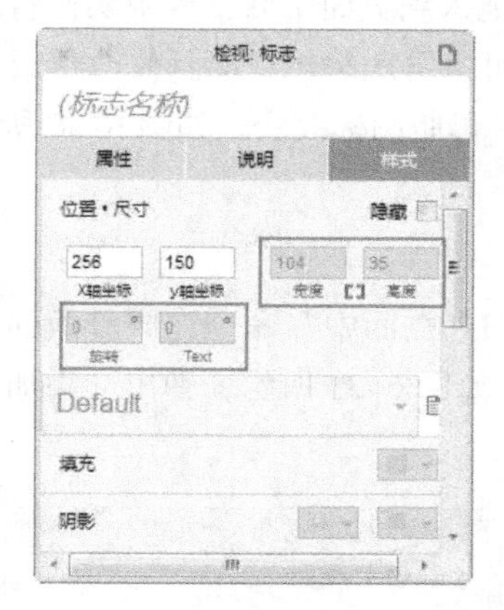

图6–24　其他参数不能设置

图6–25　母版图标改变后的效果

在“标志”文件上单击右键，选择“拖放行为 > 固定位置”选项，如图 6–26 所示。再次将“标志”母版文件拖入到页面中，如图 6–27 所示。

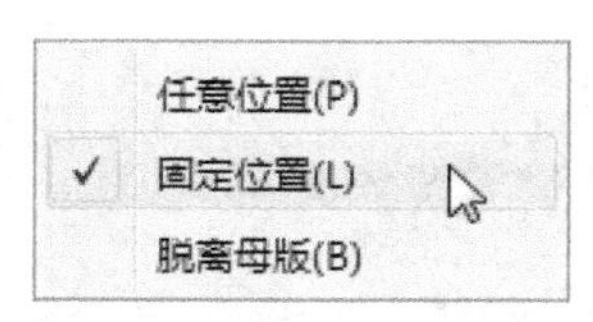

图6–26　选择“固定位置”

图6–27　将“标志”母版拖到页面

母版元件四周出现红色的虚线，代表当前元件为固定位置母版。该母版将固定在 X:200，Y:200 的位置，不能移动。双击该元件，即可进入“标志”母版文件内，用户可以对其进行再次编辑。保存后，index 页面中的母版元件将同时发生变化。

采用“固定位置”拖入的母版元件，默认情况下为锁定状态，单击工具栏上的“解除锁定位置和尺寸”按钮，弹出图 6–28 所示的对话框。根据提示，用户可以在母版元件上单击鼠标右键，选择“脱离母版”命令，如图 6–29 所示，即可脱离母版，自由移动。

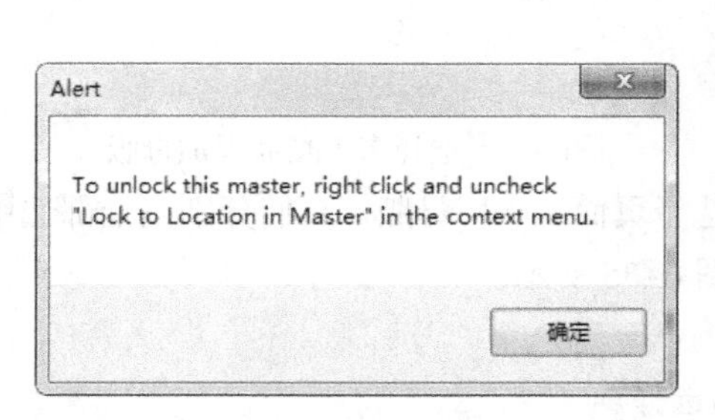

图6–28　Alert对话框

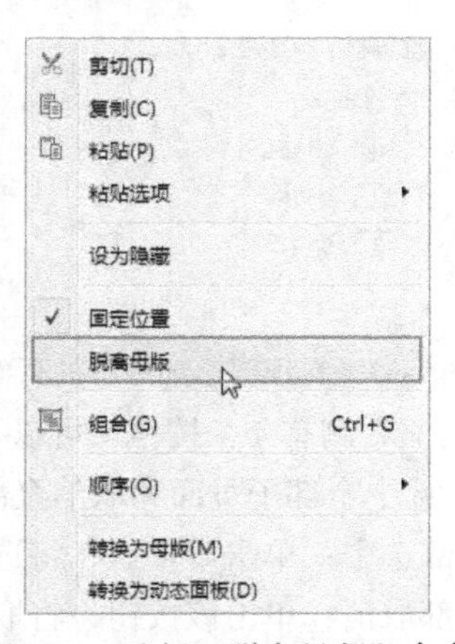

图6–29　选择“脱离母版”命令

脱离母版后的母版文件将单独存在，不再与母版文件有任何的关联。

（3）脱离母版

脱离母版是指将母版拖入到页面中后，母版实例将自动脱离母版，成为独立的内容。可以再次编辑，而且修改母版对其不再有任何影响。更改行为后，母版图标改变，如图 6–30 所示。

图6–30　母版图标改变后的效果

6.3.2　添加到页面中

除了采用拖动的方式应用母版外，还可以通过“添加到页面中”命令完成母版的使用。在母版文件上单击鼠标右键，选择“添加到页面中”选项，如图 6–31 所示，弹出“添加母版到页面中”对话框，如图 6–32 所示。

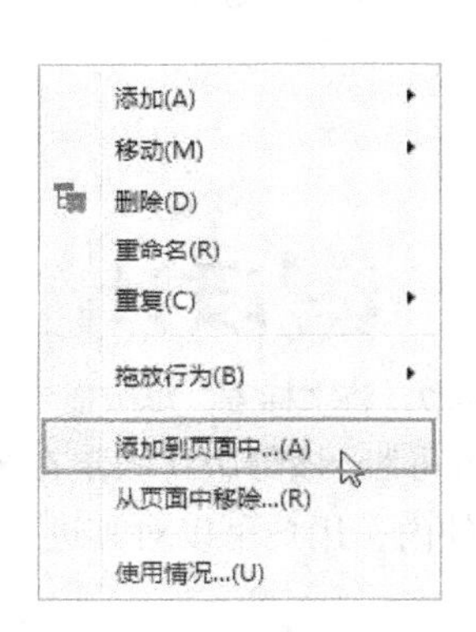

图6–31　选择“添加到页面中”

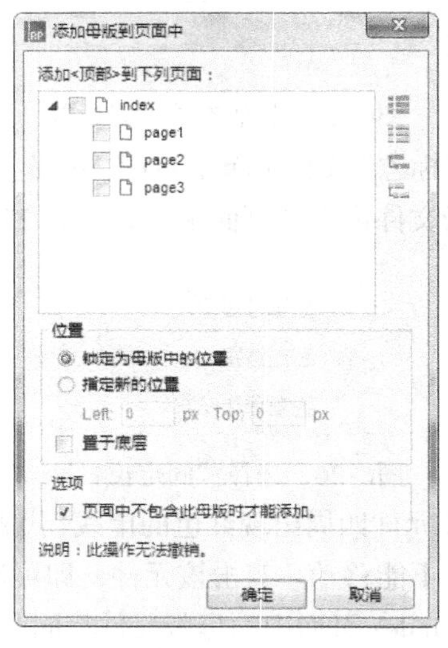

图6–32　“添加母版到页面中”对话框

用户可以在对话框的顶部选择添加母版的页面，如图 6–33 所示。可以同时选择多个页面添加母版，如图 6–34 所示。

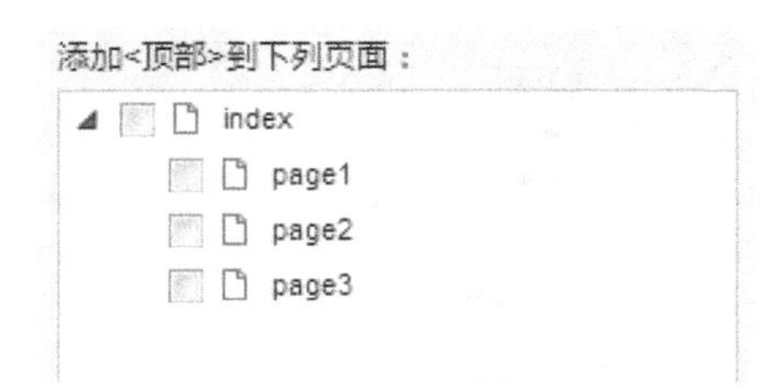

图6–33　在顶部添加母版的页面

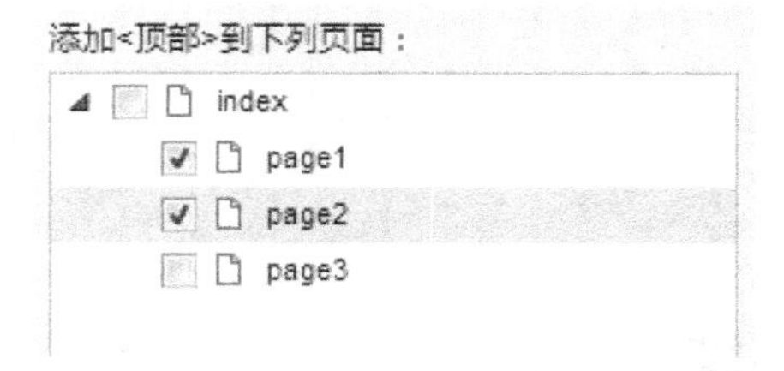

图6–34　选择多个页面添加母版

在对话框右侧有 4 个按钮，可以帮助用户快速选择页面，应用母版。它们分别是全部选中、全部取消、选中全部子页面和取消全部子页面，如图 6–35 所示。

◎ 全部选中：单击该按钮，将选中所有页面。

◎ 全部取消：单击该按钮，将取消所有页面的选择。

◎ 选中全部子页面：单击该按钮，将选中所有子页面。

◎ 取消全部子页面：单击该按钮，将取消所有子页面的选择。

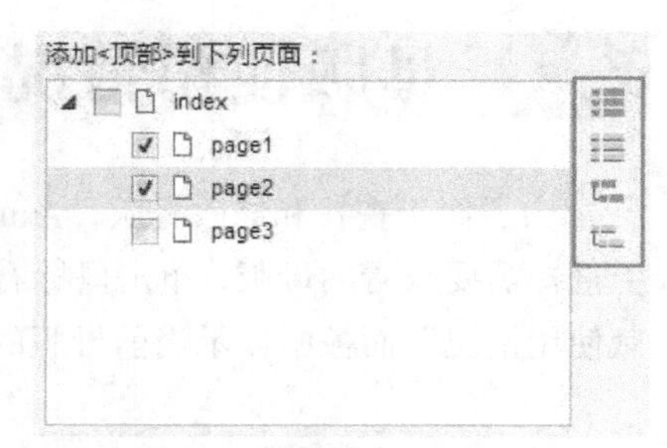

图6–35 通过按钮选择页面

用户可以选择“锁定为母版中的位置”，将母版添加到指定的位置，也可以通过指定坐标为母版指定一个新的位置，如图 6–36 所示。

勾选“置于底层”复选框，当前母版将会添加到页面的底层，如图 6–37 所示。

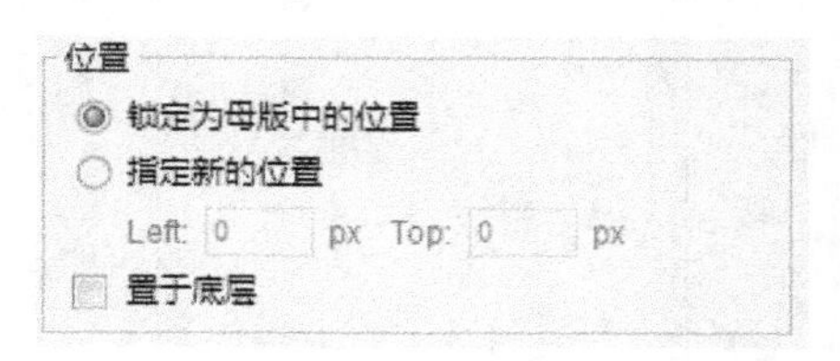

图6–36 为母版指定位置

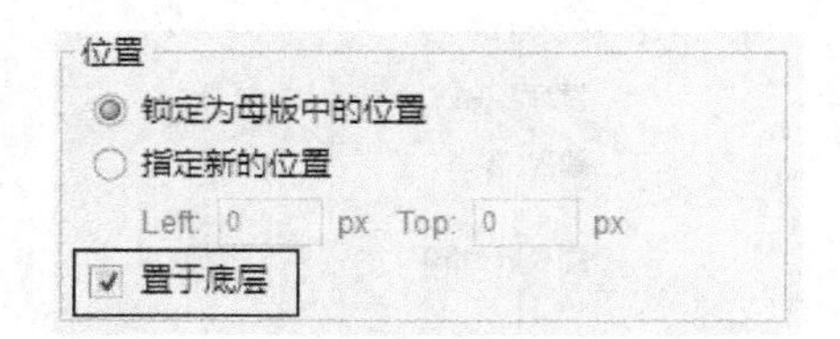

图6–37 勾选“置于底层”复选框

提示

用户如果勾选了“页面中不包含母版时才能添加”复选框，则只能为没有母版的页面添加母版。

6.3.3 从页面中移除

用户可以一次性将多个页面的母版移除。在“母版”面板中选择要移除的母版文件，单击鼠标右键，选择“从页面中移除”选项，如图 6–38 所示，弹出从页面中移除母版的对话框，如图 6–39 所示。

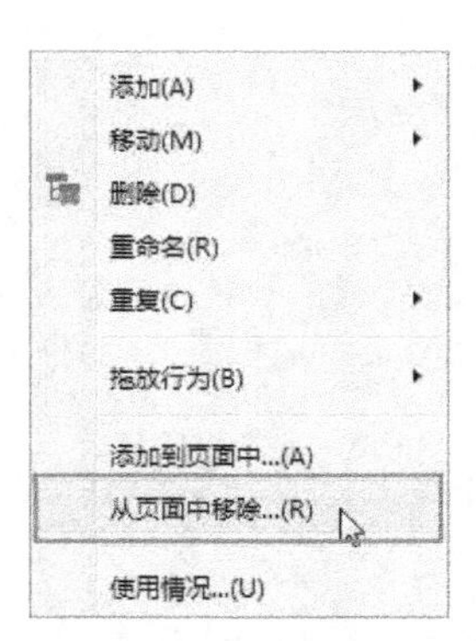

图6–38 选择“从页面中移除”

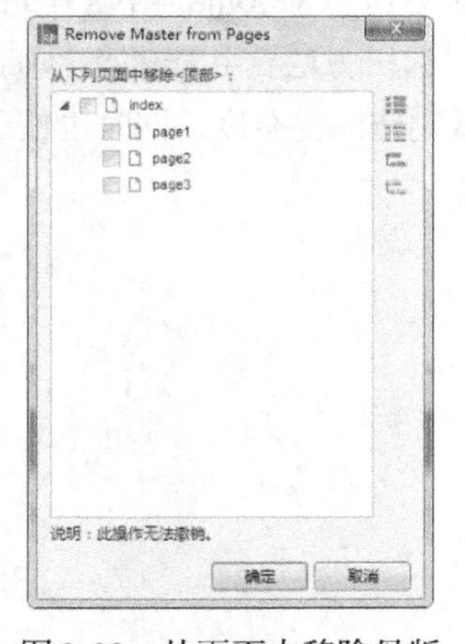

图6–39 从页面中移除母版

在页面列表中选择想要移除母版的页面，单击“确定”按钮，即可完成移除母版的操作。

提示

使用“添加到页面中”和“从页面中移除”命令添加或删除母版的操作是无法通过“撤销”命令撤销的，需要重新再次操作。

6.4 母版使用情况

为了便于查找和修改母版，Axure RP 8 提供了母版的使用情况供用户参考。在“母版”面板上选择需要查看的母版，单击鼠标右键，选择“使用情况”选项，如图 6-40 所示。在弹出的“母版使用情况”面板中显示当前母版的使用情况，如图 6-41 所示。

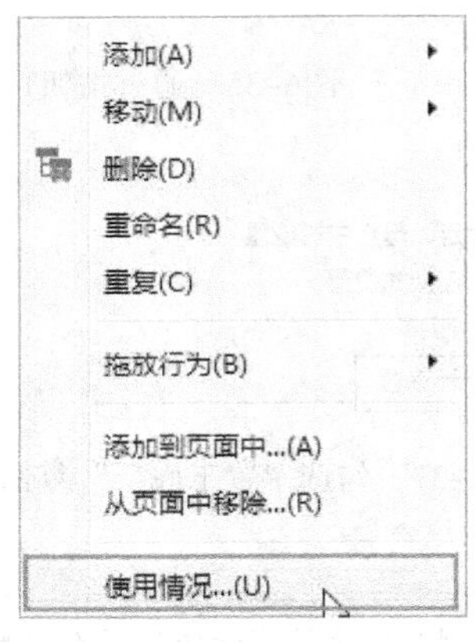

图6-40　选择“使用情况”

图6-41　母版使用情况

在“母版使用情况”面板中可以查看应用当前母版的母版文件和页面文件，单击面板中的选项，即可快速进入相应母版或页面中。

6.5 本章小结

本章主要讲解了 Axure RP 8 中母版的创建和使用方法。通过本章的学习，读者应该掌握母版的创建与编辑方法，并能够将母版应用到实际的工作中。在制作产品原型时，母版的应用可以大大降低制作的复杂度，同时也便于后期的再次修改。

第 7 章

变量与表达式

本章将针对Axure中难度较高的“变量”和表达式，即全局变量、局部变量、设置条件和公式等知识点进行讲解。通过学习变量和表达式的使用，读者应理解并制作更为复杂的原型作品。要想提高Axure交互设计制作水平，除了需要掌握基础知识外，还要进行大量的练习。

本章知识点

- ❖ 了解变量
- ❖ 掌握局部变量和全局变量的使用
- ❖ 掌握设置条件的方法
- ❖ 理解表达式的使用

7.1 使用变量

Axure RP 8 中的变量是一个非常有个性和使用价值的功能，有了变量之后，很多需要复杂条件判断或者需要传递参数的功能逻辑就可以实现了，大大丰富了原型演示的可实现效果。变量分为全局变量和局部变量两种，接下来逐一进行讲解。

7.1.1 全局变量

全局变量是一个数据容器，就像一个硬盘，可以把需要的内容存入，在需要的时候读取出来使用。

全局变量作用范围为一个页面内，即“页面”面板中的一个节点（不包含子节点）内有效，所以这个全局也不是指整个原型文件内的所有页面通用，还是有一定的局限性的。

在“用例编辑”对话框中单击“设置变量值”动作选项，对话框效果如图 7-1 所示。默认情况下只包含一个全局变量：OnLoadVariable。勾选 OnLoadVariable 复选框，用户可以在下面的下拉列表中选择设置全局变量值，如图 7-2 所示。

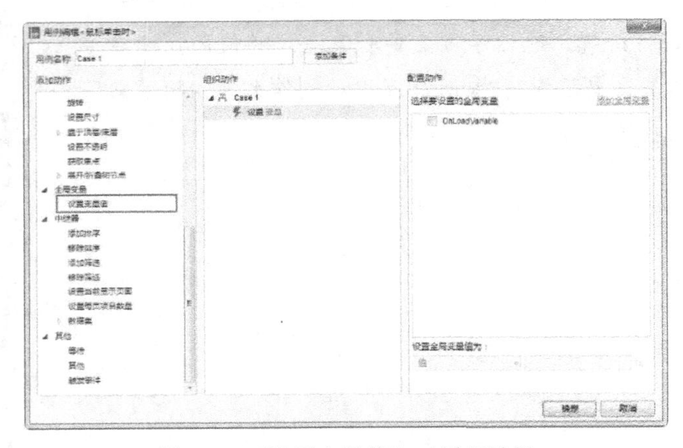

图7-1 “设置变量值”对话框效果

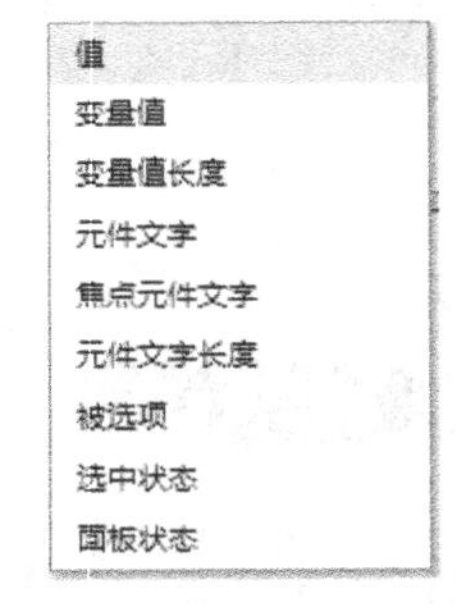

图7-2 设置全局变量值

Axure RP 8 一共提供了 9 种全局变量值供用户使用，具体功能如下。

◎ 值：直接附一个常量，数值、字符串都可以。

◎ 变量值：获取另外一个变量的值。

◎ 变量值长度：获取另外一个变量的值的长度。

◎ 元件文字：获取元件上的文字。

◎ 焦点元件文字：获取焦点元件上的文字。

◎ 元件文字长度：获取元件文字的值的长度。

◎ 被选项：获取被选择的项目。

◎ 选中状态：获取元件的选中状态。

◎ 面板状态：获取面板的当前状态。

用户可以通过单击“用例编辑”对话框右侧的“添加全局变量”选项，创建一个新的全局变量，如图 7-3 所示。

在弹出的“全局变量”对话框中单击“添加”按钮，即可新建一个全局变量，如图 7-4 所示。

用户可以对变量重命名，以便查找和使用，如图 7-5 所示。

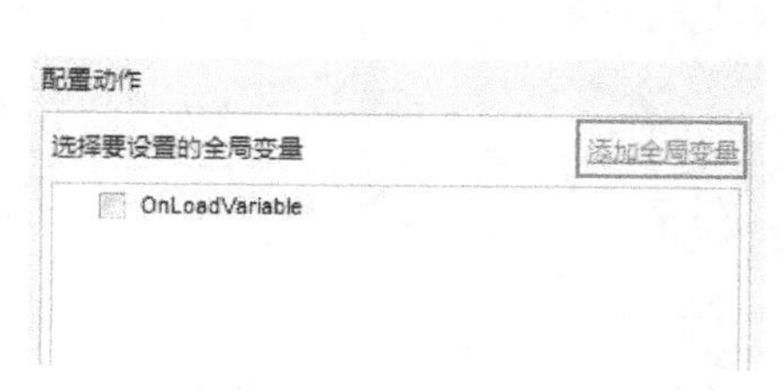

图7-3　创建新的全局变量

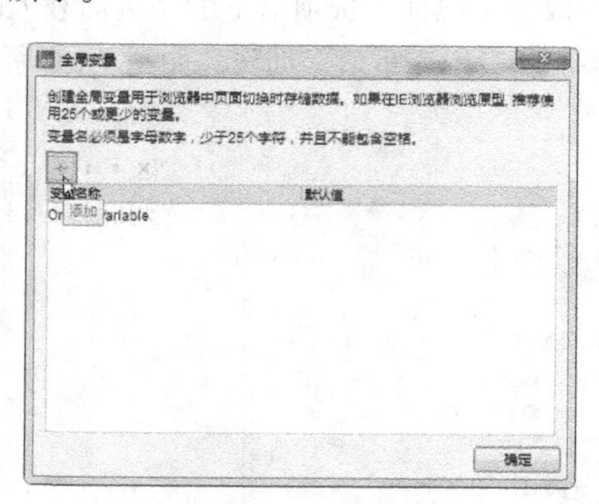

图7-4　单击“添加”按钮

用户可以通过使用“上移”和“下移”功能调整全部变量的顺序。使用“清除”功能将选中的全局变量删除。单击“确定”按钮，即可完成全局变量的创建，如图 7-6 所示。

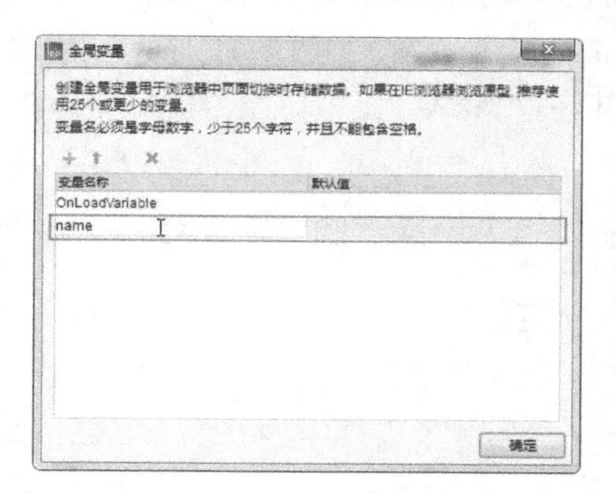

图7-5　对变量重命名

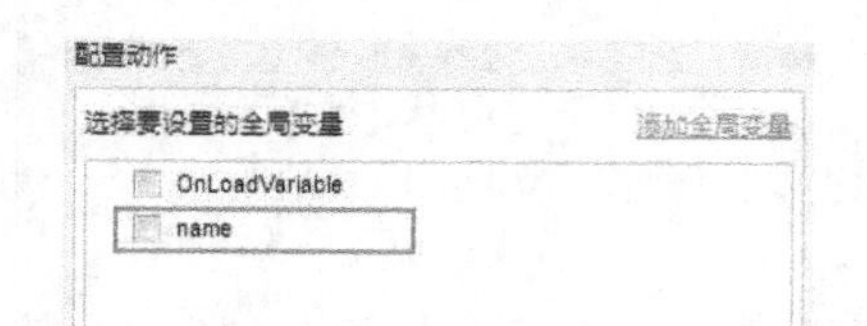

图7-6　完成全局变量的创建

实战操作：使用全局变量

新建 Axure 文档，分别拖入“一级标题”元件和“主要按钮”元件到页面中，如图 7-7 所示。分别将两个元件命名为“标题”和“提交”，并修改元件文字，如图 7-8 所示。

操作视频：021.mp4

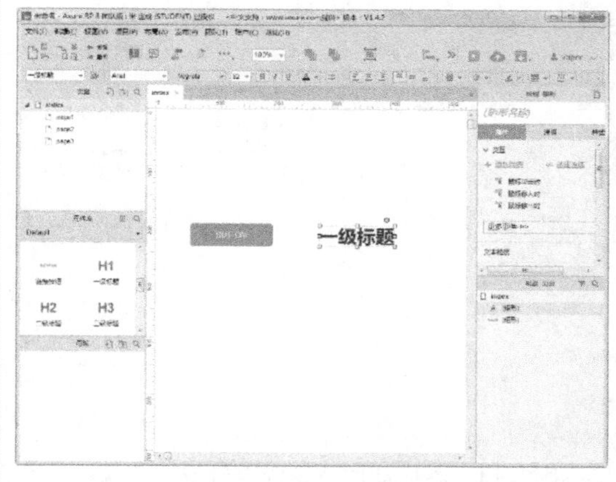

图7-7　拖入元件到页面

单击显示变量　　变量内容

图7-8　对元件命名及修改文字

双击“属性”选项卡下的“页面载入时”选项，如图 7–9 所示。在“用例编辑”对话框中添加“设置变量值”动作，如图 7–10 所示。

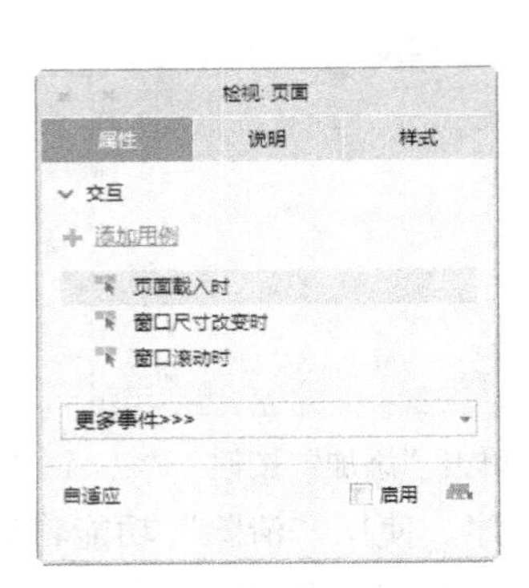

图7–9 双击“页面载入时”选项

图7–10 添加“设置变量值”动作

单击“添加全局变量”选项，新建一个名为 wenzi 的全局变量，如图 7–11 所示。单击“确定”按钮，勾选 wenzito 复选框，输入变量值，如图 7–12 所示。

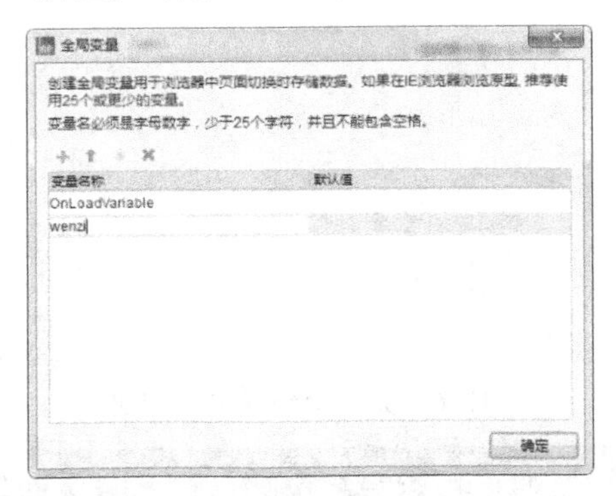

图7–11 新建全局变量

图7–12 输入变量值

单击“确定”按钮，“检视 : 矩形”面板效果如图 7–13 所示。选择按钮元件，双击“鼠标单击时”事件，添加“设置文本”动作，勾选“标题”复选框，设置“变量值”为 wenzi，如图 7–14 所示。

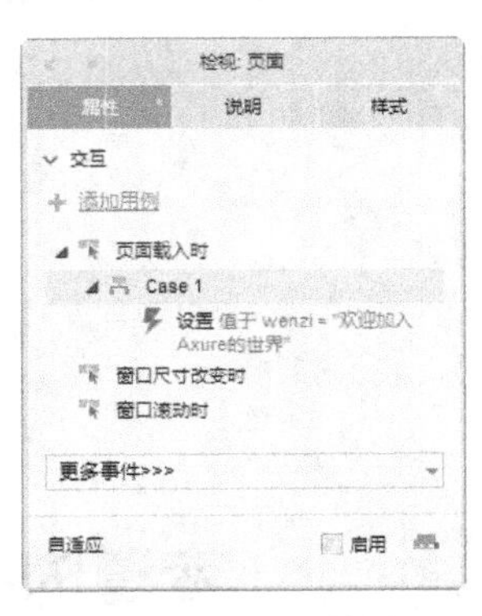

图7–13 面板效果

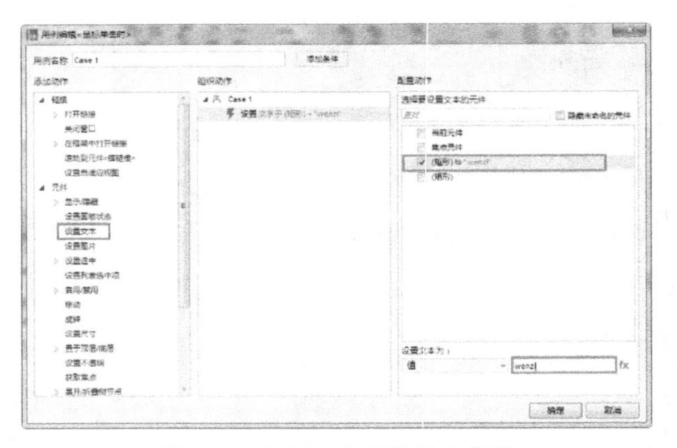

图7–14 添加动作及设置变量值

单击“确定”按钮，页面效果如图 7-15 所示。单击工具栏上的“预览”按钮，页面预览效果如图 7-16 所示。

1
单击显示变量
变量内容

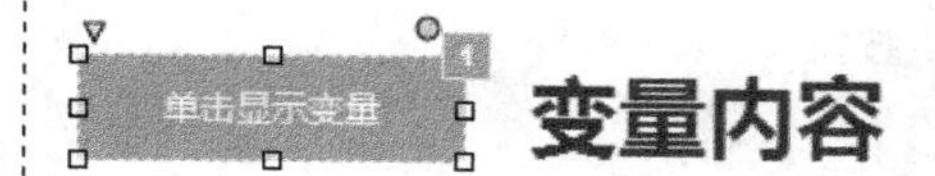

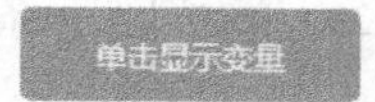

图7-15 页面效果

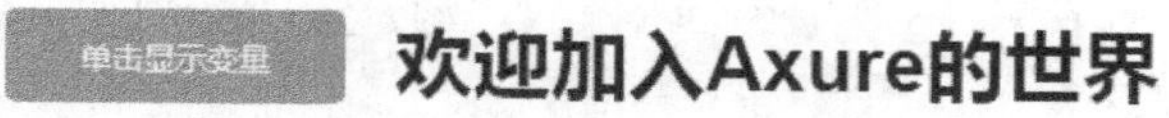

单击显示变量
欢迎加入Axure的世界

图7-16 预览效果

7.1.2 局部变量

局部变量作用范围为一个 Case 里面的一个事务，一个事件里面有多个 Case，一个 Case 里面有多个事务，可见局部变量的作用范围非常小。例如，在 Case 里面要设置一个条件，如果用到了局部变量，这个变量只在这个条件语句里面生效。局部变量只能依附于已有组件使用，不能直接赋值，这一点从下图的局部变量所支持的赋值功能中可以看出。由此可知，全局变量比局部变量要多 3 个赋值方法。

局部变量在编辑值 / 文本的界面中进行创建，通过在“插入变量或函数…”列表中选取使用。

添加“设置变量值”动作，单击“用例编辑”对话框右下角的 fx 按钮，弹出“编辑文本”对话框，在对话框下部可添加局部变量，如图 7-17 所示。单击“添加局部变量”选项，即可添加一个局部变量，如图 7-18 所示。

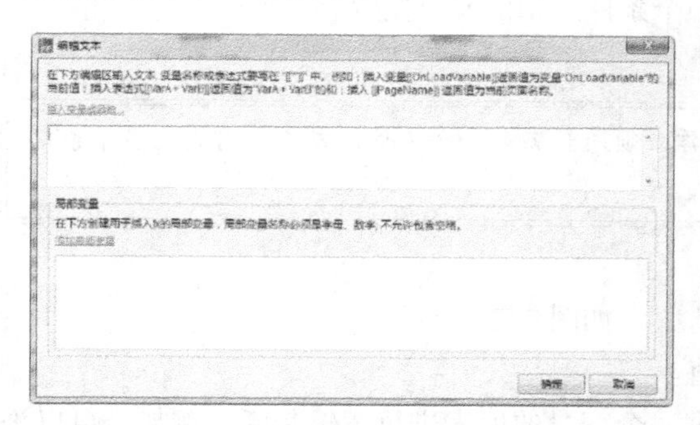

图7-17 “编辑文本”对话框

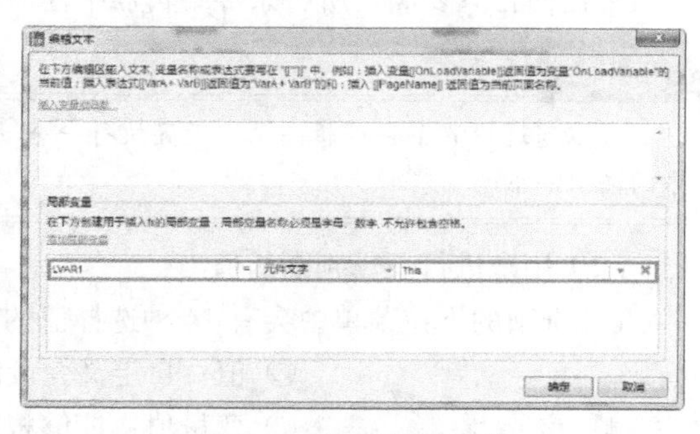

图7-18 添加局部变量

局部变量能够在创建时获取多种类型的数据，如图 7-19 所示。局部变量在应用时的作用范围决定了其只能充当事务里面的赋值载体，更多的是在函数当中用到，充当函数的运算变量，因此不会在外部页面级的逻辑中看到。

选中状态
被选项
变量值
元件文字
焦点元件文字
元件

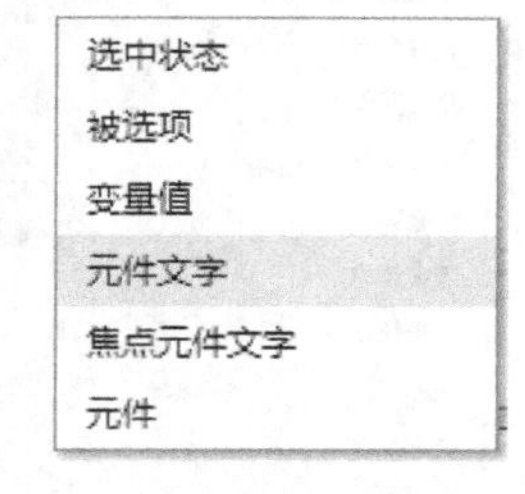

图7-19 多种类型的数据

7.2 设置条件

用户可以为动作设置条件，实现控制动作发生的时机。单击“用例编辑”对话框中的“添加条件”按钮，如图 7-20 所示。弹出“条件设立”对话框，如图 7-21 所示。

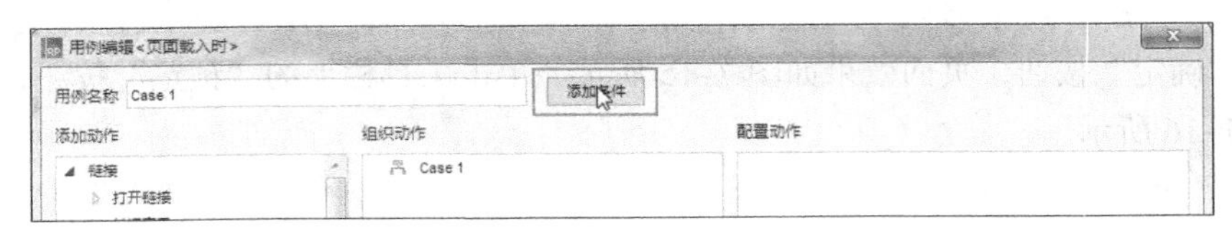

图7-20　单击“添加条件”按钮

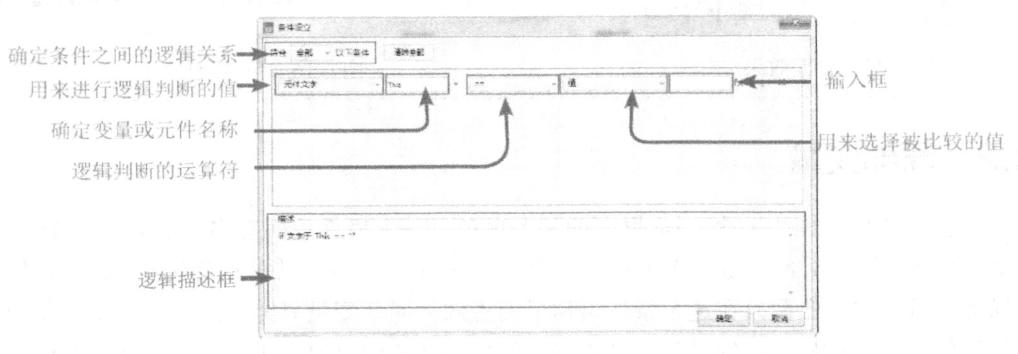

图7-21　“条件设立”对话框

（1）确定条件之间的逻辑关系

单击“全部”后面的向下箭头，可以看到条件逻辑关系中有两种关系，即“全部”关系和“任何”关系。

◎ 全部：必须同时满足所有条件编辑器中的条件，用例才有可能发生。

◎ 任何：只要满足所有条件编辑器中任何一个条件，用例就会发生。

提示

可以通过设置条件逻辑关系，设置执行一个动作必须同时满足多个条件，或者仅需满足多个条件中的任何一个。

（2）用来进行逻辑判断的值

在此选项的下拉菜单中会有 14 种选择值的方式，如图 7-22 所示。

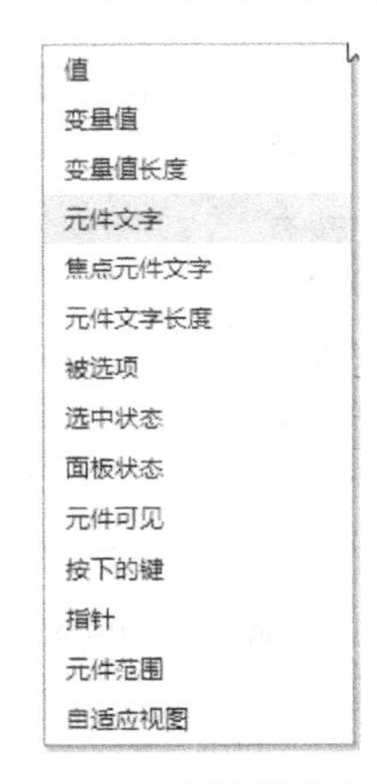

图7-22　选择值的方式

◎ 值：自定义变量值。

◎ 变量值：能够根据一个变量的值来进行逻辑判断。例如，可以添加一个名为“日期”的变量并且判断只有当日期为 3 月 18 日的时候，才发生 Happy Birthday 的用例。

◎ 变量值长度：在验证表单时，要验证用户选择的用户名或者密码长度。

◎ 元件文字：用来获取某个文本输入框文本的值。

◎ 焦点元件文字：当前获得焦点的元件文本。

◎ 元件文字长度：与变量值长度是相似的，它判断的是某个元件的文本长度。

◎ 被选项：可以根据页面中某个复选框元件的选中与否来进行逻辑判断。

◎ 选中状态：动态面板当前的状态。

◎ 面板状态：某个动态面板的状态。根据动态面板的状态来判断是否执行某个用例。

◎ 元件可见：动态面板当前是可见的或隐藏的。

◎ 按下的键：当前元件是否被按下。

◎ 指针：可以通过当前的指针获取鼠标的当前位置，实现鼠标拖曳的相关功能。可以根据拖曳的位置，判断是否要执行某些操作。

◎ 元件范围：为元件事件添加条件事件指定的范围。

◎ 自适应视图：根据一个元件的所在面板进行判断。

（3）确定变量或元件名称

确定变量或元件的名称是根据前面的选择方式来确定的。例如，说前面选择的逻辑判断值是“变量值”选项，确定变量或元件名称就要选择到底哪个是“OnLoadVariable”；也可以添加新的变量，如图 7–23 所示。

（4）逻辑判断的运算符

逻辑判断可以选择等于、大于或小于等条件，如图 7–24 所示。需要注意的是“包含”和“不包含”选项，也就是可以判断包含关系。

图7–23 添加新变量

==
!=
<
>
<=
>=
包含
不包含
是
不是

图7–24 运算符

（5）用来选择被比较的值

这部分是和“用来进行逻辑判断的值”做比较的那个值，选择的方式和用来进行逻辑判断的值一样。例如，选择比较两个变量，刚才选择了第 1 个变量的名称，现在就要选择第 2 个变量的名称。

（6）输入框

如果前面“用来选择被比较的值”选择的是“值”，就要在输入框中输入具体的值。

（7）逻辑描述框

Axure RP 会根据读者在前面几部分中的输入，生成一段描述让读者判断条件的逻辑是否正确。

（8）fx 键

该键可以让读者在输入值的时候，使用一些常规的函数，如获取日期、截断和获取字符串、预设置参数等。这部分用得非常少。

（9）+ 键

该键可以新增条件。

（10）键

该键可以删除条件。

提示

添加用例时，打开用例编辑器，首先选择要使用的若干个动作，然后再针对动作进行参数设定。

当需要同时为多个 Case 改变条件判断关系时，可以在相应的 Case 名称上单击鼠标右键，选择“切换为 <If> 或 <Else If>”选项即可，如图 7-25 所示。

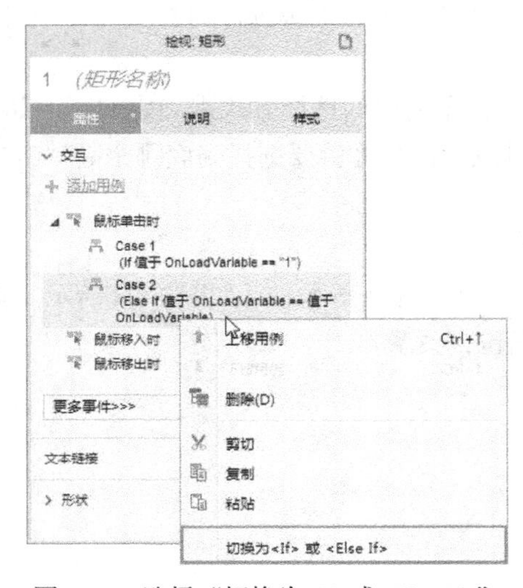

图7-25　选择“切换为<If>或<Else If>”

7.3 使用表达式

表达式是由数字、运算符、数字分组符号（括号）、变量等组合成的公式。在 Axure RP 8 中，表达式必须写在 [[]] 中，否则将不能作为表达式正确运算。

7.3.1 运算符类型

运算符是用来执行程序代码运算的，针对一个以上操作数项目来进行运算。Axure RP 8 中一共包含了 4 种运算符，分别是算术运算符、关系运算符、赋值运算符和逻辑运算符。

（1）算术运算符

算术运算符就是常说的加减乘除符号，符号是+、—、*、/，如 a+b、b/c 等。除了以上 4 个算术运算符外，还有一个取余数运算符，符号是 %。取余数是指当不能整除时，删除结果的整数部分，只保留剩余的部分，如 18/5，其结果为 3。

（2）关系运算符

Axure RP 8 中一共有 6 种关系运算符，分别是 <、<=、>、>=、==、!=。关系运算符对其两侧的表达式进行比较，并返回比较结果。比较结果只有真或假两种，也就是 True 和 False。

（3）赋值运算符

Axure RP 8 中的赋值运算符是 =。赋值运算符能够将其右侧的表达式运算结果赋值给左侧一个能够被修改的值，如变量、元件文字等。

（4）逻辑运算符

Axure RP 8 中的逻辑运算符有两种，分别是 && 和 ‖。&& 表示并且的关系，‖ 表示或者的关系。逻辑运算符能够将多个表达式连接在一起，形成更复杂的表示式。

在 Axure RP 8 中还有一种逻辑运算符！，它表示不是，能够将表达式结果取反。

例如，！（a+b&&=c），其返回的值与（a+b&&=c）的值相反。

7.3.2 表达式的格式

a+b、a>b 或者 a+b&&=c 等都是表达式。在 Axure RP 8 中只有在值的编辑时才可以使用表达式，表达式必须写在 [[]] 中。

下面通过几个例子加深理解。

[[name]]：这个表达式没有运算符，返回值是 name 的变量值。

[[18/3]]：这个表达式的结果是 6。

[[name=='admin']]：当变量 name 的值为 'admin' 时，返回 True，否则返回 False。

[[num1+num2]]：当两个变量值为数字时，这个表达式的返回值为两个数字的和。

如果想将两个表达式的内容链接在一起或者将表达式的返回值与其他文字链接在一起时，只需将它们写在一起就可以。

7.4 本章小结

本章主要针对变量和表达式进行了学习，内容包括全局变量和局部变量的概念和使用方法、条件的设置和表达式的使用。通过本章的学习，读者应该掌握创建全局变量和局部变量的方法，了解条件的作用，并且能够熟练掌握表达式的使用，为制作更为复杂的原型产品打下基础。

第 8 章

函数的使用

Axure RP 8中的函数是帮助用户获取结果的方法。就像一个计算器，它可以看作是获取结果的方法，用户只需要掌握如何使用它，而不需要知道它的计算原理。本章将针对函数的概念进行讲解，针对Axure RP 8中的函数进行逐一讲解，帮助读者掌握每一个函数的具体含义，同时还能应用到实际的原型制作中。

本章知识点

- ❖ 掌握函数的概念
- ❖ 了解函数的作用
- ❖ 掌握函数的使用方法
- ❖ 了解函数的具体含义

8.1 了解函数

Axure RP 8 中的函数指的是软件自带的函数，是一种特殊的变量，可以通过调用获得一些特定的值。函数的使用范围很广泛，能够让原型制作变得更迅速、更灵活和更逼真。在 Axure RP 8 中只有表达式中能够使用函数。

图8–1　Axure自带的函数

在“用例编辑”对话框中添加“设置变量值”动作后，勾选 OnLoadVariable to 复选框，单击 fx 按钮，单击“插入变量或函数”选项，即可看到 Axure 自带的函数，如图 8–1 所示。

在该面板中除了全局变量和布尔类型的预算法，剩下的就是 9 种类型的函数。函数使用的格式是：对象 . 函数名 (参数 1, 参数 2……)。

实战操作：使用函数

首先使用“文本框”元件、“文本标签”元件和“主要按钮”元件制作图 8–2 所示的页面效果。从左到右依次将文本框元件命名为“shi”“fen”“miao”，如图 8–3 所示。

操作视频：022.mp4

图8–2　页面效果

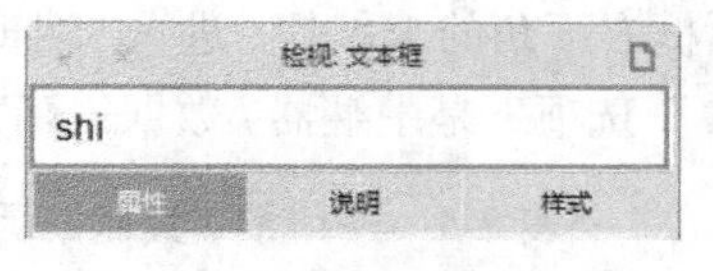

图8–3　为文本框元件命名

选择按钮元件，双击“属性”选项卡下的“鼠标单击时”事件，添加“设置文本”动作，勾选“shi”复选框，单击 fx 按钮，如图 8–4 所示。单击“插入变量或函数”选项，选择 getHours() 选项，效果如图 8–5 所示。

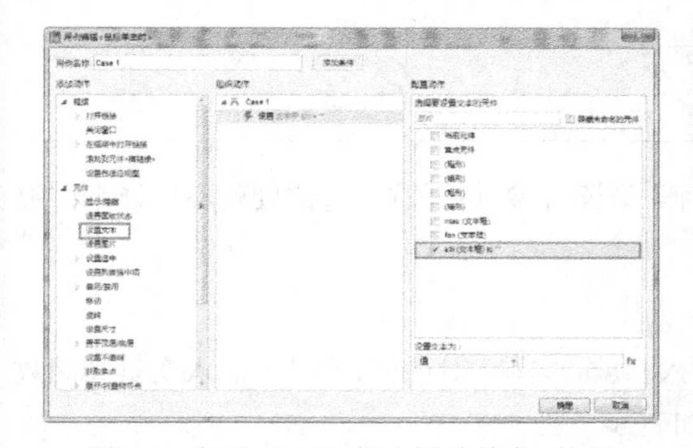

图8–4　勾选“shi”复选框并单击fx按钮

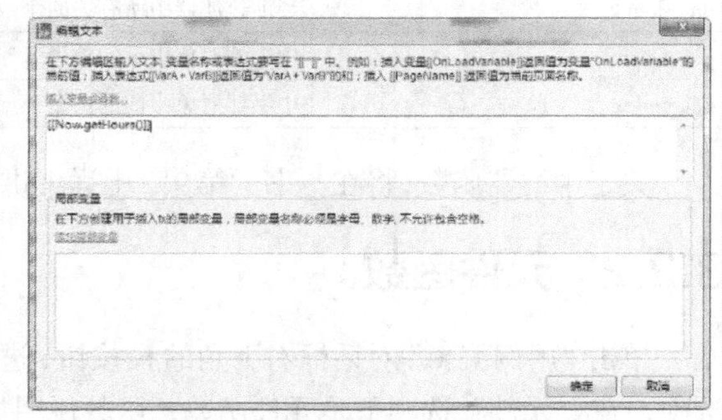

图8–5　选择getHours()后效果

单击“确定”按钮，获取小时函数。使用相同的方法，为其他两个文本框添加函数，如图 8–6 所示。

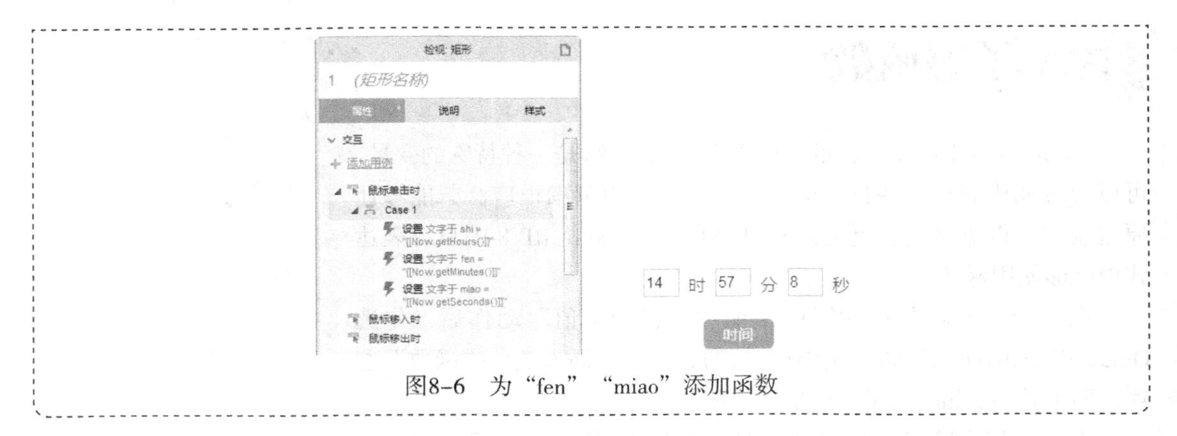
图8-6　为“fen”“miao”添加函数

8.2 常见函数

除了变量和布尔类型，Axure RP 8 中按照函数功能的不同将函数分为 9 类，分别是中继器 / 数据集、元件、页面、窗口、鼠标指针、数字、字符串、数学和日期。接下来逐一进行介绍。

8.2.1 中继器 / 数据集

单击“用例编辑”对话框右下角的 fx 按钮，进入“编辑文本”对话框，单击“插入变量和函数”选项，在“中继器 / 数据集”选项下是中继器 / 数据集函数，函数说明如表 8-1 所示。

表 8-1　中继器 / 数据集函数说明

函数名称	说　　明
Repeater	获得当前项的父中继器
visibleItemCount	返回当前页面中所有可见项的数量
itemCount	当前过滤器中项的数量
dataCount	当前过滤器中所有项的个数
pageCount	中继器对象中页的数量
pageindex	中继器对象当前的页数

关于中继器函数，将在本书的第 9 章中详细讲解，请读者参看相关章节，此处就不再详细讲解。

8.2.2 元件函数

单击“用例编辑”对话框右下角的 fx 按钮，进入“编辑文本”对话框，单击“插入变量和函数”选项，在“元件”选项下是元件函数，函数说明如表 8-2 所示。

表 8-2　元件函数说明

函数名称	说　　明
x	获得部件的 X 坐标
y	获得部件的 Y 坐标
this	获得当前部件
width	获得部件的宽度

续表

函数名称	说　　明
height	获得部件的高度
scrollX	动态面板部件在 X 轴滚动的距离，单位：px
scrollY	动态面板部件在 Y 轴滚动的距离，单位：px
text	部件的文本值
name	部件的名称
top	获得部件的 Y 坐标，即顶部 Y 坐标的值
left	获得部件的 X 坐标，即左侧 X 坐标的值
right	获得部件右侧的 X 坐标，right-left= 部件的宽度
bottom	获得部件底部的 Y 坐标，bottom-top= 部件的高度

实战操作：使用元件函数

新建 Axure 文档，使用“图片”元件插入图片，将其命名为 bigpic，复制图片并调整其大小，排列效果如图 8-7 所示。继续使用相同的方法导入另一张图片，并分别将它们命名为 pic1 和 pic2，如图 8-8 所示。

操作视频：023.mp4

图8-7　复制图片并调整

图8-8　为图片命名

使用矩形元件，创建一个图 8-9 所示的边框，并将其命名为 kuang，选择 pic1，双击“鼠标移入时”选项，在“用例编辑”对话框中选择“设置图片”动作，并勾选 Set bigpic，如图 8-10 所示。

图8-9　创建边框

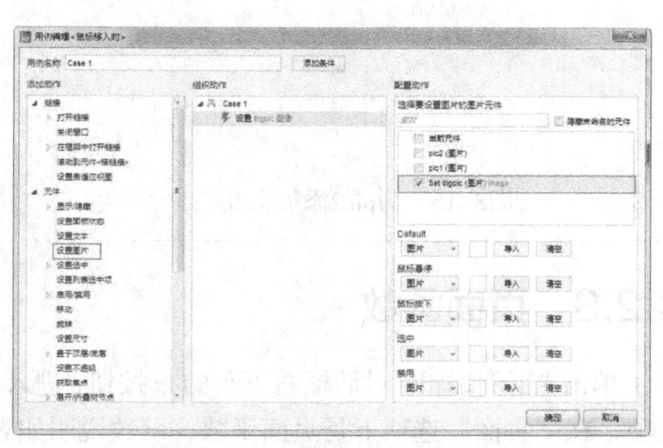

图8-10　勾选Set bigpic元件

在 Default 下单击“导入”按钮，再次选择第一张图片导入，如图 8–11 所示。选择“移动”动作，在右侧“移动”选项下选择“到达”方式，单击 X: 后的 fx 按钮，在“编辑值”对话框中删除数值 0，单击插入变量或函数选项，选择 x 选项，如图 8–12 所示。

图8–11　再次导入图片

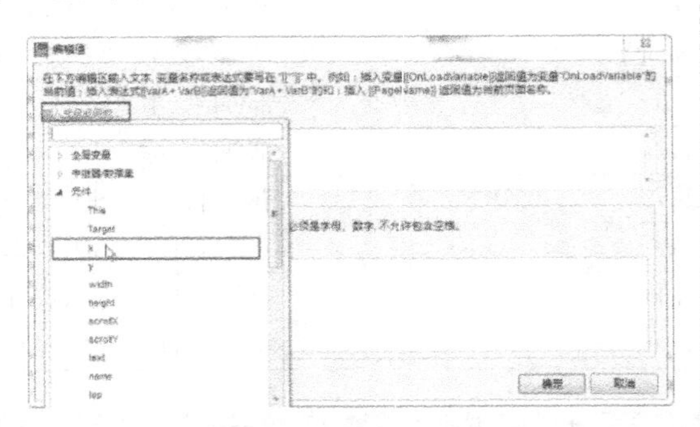
图8–12　选择x选项

为了保证边框与图片对齐，使其移动 3 个单位，如图 8–13 所示，单击确定按钮。单击 Y: 后的 fx 按钮，相同设置如图 8–14 所示。

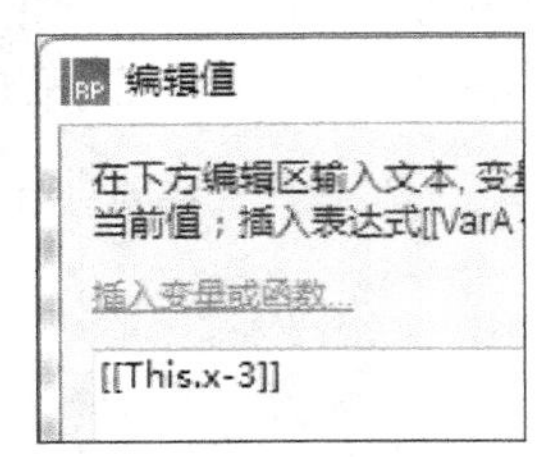

图8–13　x移动3个单位

图8–14　y移动3个单位

使用相同的方法为 pic2 添加交互，“检视 : 图片”面板如图 8–15 所示。制作完成后预览效果如图 8–16 所示。

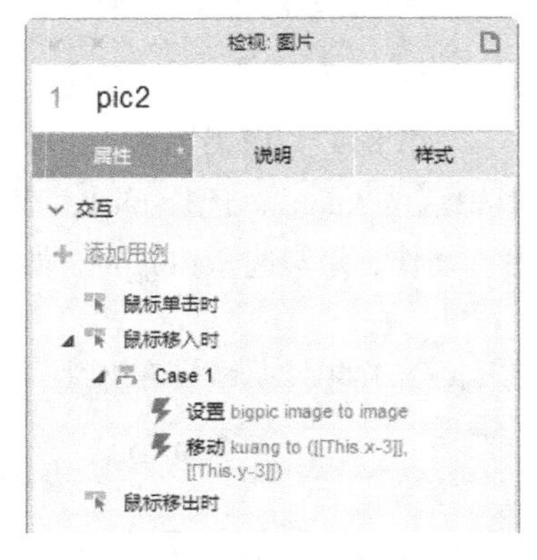

图8–15　为pic2添加交互

图8–16　预览效果

8.2.3 页面函数

单击“用例编辑”对话框右下角的 fx 按钮，进入“编辑文本”对话框，单击“插入变量和函数”选项，在“页面”选项下是页面函数，函数说明如表 8–3 所示。

表 8-3 页面函数说明

函数名称	说　　明
PageName	获得部件的 X 坐标获得当前页面的名称

8.2.4 窗口函数

单击“用例编辑”对话框右下角的 fx 按钮，进入“编辑文本”对话框，单击“插入变量和函数”选项，在“窗口”选项下是窗口函数，函数说明如表 8-4 所示。

表 8-4 窗口函数说明

函数名称	说　　明
Window.width	打开原型页面的浏览器当前宽度
Window.height	打开原型页面的浏览器当前高度
Window.scrollX	浏览器中页面水平滚动的距离
Window.scrollY	浏览器中页面垂直滚动的距离

8.2.5 鼠标指针函数

单击“用例编辑”对话框右下角的 fx 按钮，进入“编辑文本”对话框，单击“插入变量和函数”选项，在“鼠标指针”选项下是鼠标指针函数，函数说明如表 8-5 所示。

表 8-5 鼠标指针函数说明

函数名称	说　　明
Cursor.x	鼠标指针所在的 X 坐标
Cursor.y	鼠标指针所在的 Y 坐标
DragX	本次拖动事件部件沿 X 轴拖动的距离
DragY	本次拖动事件部件沿 Y 轴拖动的距离
TotalDragX	部件沿 X 轴拖动的总距离（在一次 OnDragStart 和 OnDragDrop 函数之间）
TotalDragY	部件沿 Y 轴拖动的总距离（在一次 OnDragStart 和 OnDragDrop 函数之间）

实战操作：使用鼠标指针函数

新建 Axure 文档，使用“图片”元件插入图片，调整其大小，并将其命名为 pic，如图 8-17 所示。将“动态面板”元件拖入到页面中，将其命名为 mask，双击编辑 State1，为其指定背景图片，效果如图 8-18 所示，并将其设置为隐藏。

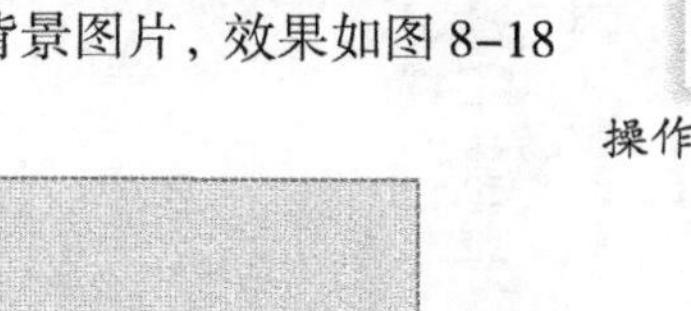

操作视频：024.mp4

图8-17　插入图片并命名

图8-18　效果图

返回 index 页，再次拖入一个动态面板元件，将其命名为 zoombig，双击编辑 State1，导入一张图片，并将其命名为 bigpic，如图 8-19 所示。

图8-19　导入图片并命名

返回 index 页，勾选工具栏上的“隐藏”按钮，将 zoombig 元件隐藏。使用“热区”元件创建一个和图片大小一致的热区，并将其命名为 requ，如图 8-20 所示。选中热区元件，双击“鼠标移入时”事件，单击“显示 / 隐藏”动作，设置参数如图 8-21 所示。

图8-20　创建热区

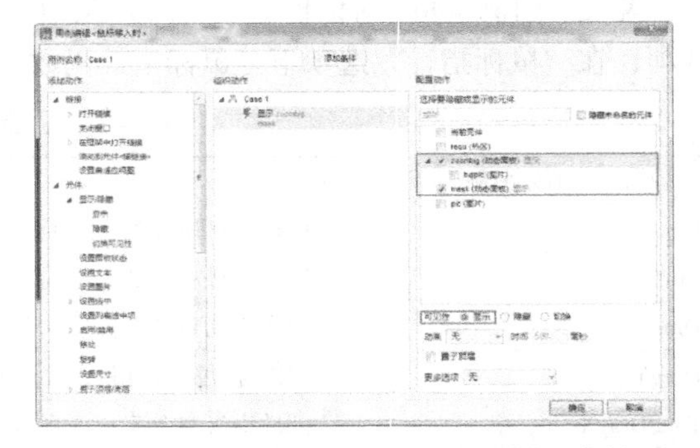

图8-21　设置“鼠标移入时”事件的参数

单击“确定”按钮，返回 index 页。双击“鼠标移出时”事件，选中“显示 / 隐藏”动作，设置参数如图 8-22 所示。单击“确定”按钮，返回 index 页。

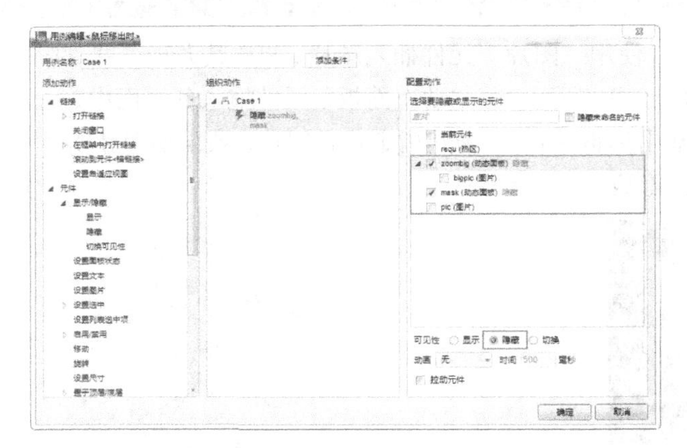

图8-22　设置“鼠标移出时”事件的参数

在“更多事件”下拉列表中选择“鼠标移动时”，双击“鼠标移动时事件”，选择“移动”动作，选择 mask 动态面板，单击“添加边界”选项，选择“左侧”“>=”，单击 fx 图标，单击“插入变量或函数”选项，选择 left，如图 8-23 所示。

使用相同的方法设置其他几个边的边界，完成效果如图 8-24 所示。

图8-23　设置左侧边界

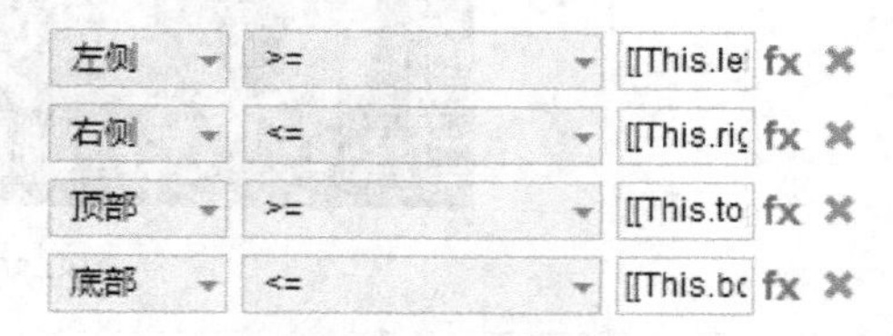

图8-24　设置其他边的边界

选择“移动”动作，选择“到达”，单击 X：后的 fx 图标，设置指针函数，如图 8-25 所示。同样方式，设置 Y 的值，如图 8-26 所示。

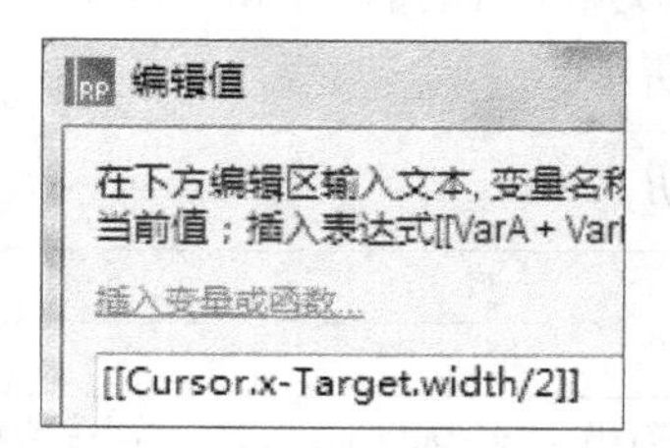

图8-25　设置X的值

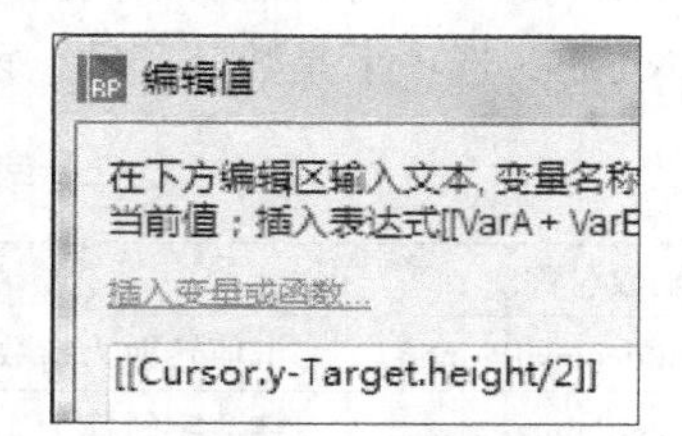

图8-26　设置Y的值

勾选 bigpic 元件，选择“到达”，单击 X：后的 fx 图标，单击“添加局部变量”选项，新建一个局部变量，如图 8-27 所示。

图8-27　新建局部变量

创建图 8-28 所示的表达式，用来控制大图的显示。使用相同方法设置 Y 的表达式，如图 8-29 所示。

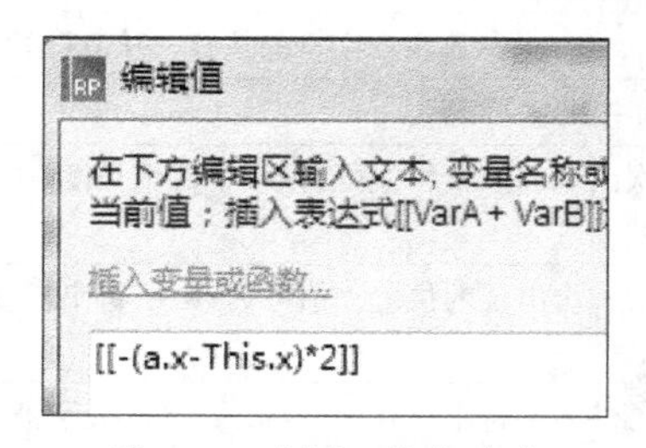

图8-28　创建X的表达式

图8-29　创建Y的表达式

单击“确定”按钮，返回 index 页面，预览效果如图 8-30 所示。

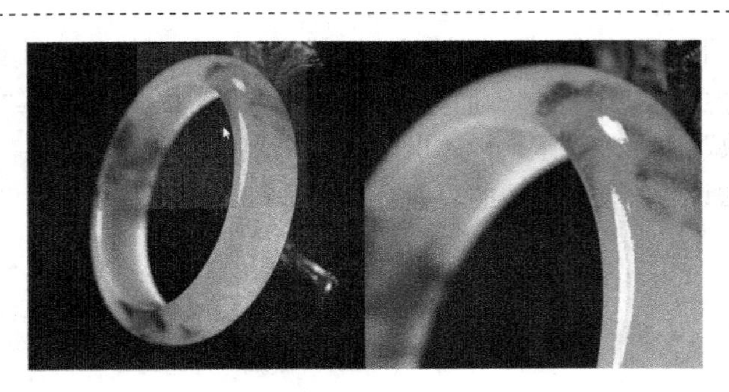

图8-30　预览效果

8.2.6　数字函数（Number）

单击“用例编辑”对话框右下角的 fx 按钮，进入“编辑文本”对话框，单击“插入变量和函数”选项，在 Number 选项下是数字函数，函数说明如表 8-6 所示。

表 8-6　数字函数说明

函数名称	说　　明
toExponential(decimalPoints)	把值转换为指数计数法
toFixed(decimalPoints)	将数字转换为小数点后有指定位数的字符串，decimalPoints 参数表示小数点的位数
toPrecision(length)	将数字格式化为指定的长度，length 参数表示长度

8.2.7　字符串函数

单击“用例编辑”对话框右下角的 fx 按钮，进入“编辑文本”对话框，单击“插入变量和函数”选项，在“字符串”选项下是字符串函数，函数说明如表 8-7 所示。

表 8-7　字符串函数说明

函数名称	说　　明
length	返回指定字符串的字符长度
charAt(index)	返回在指定位置的字符，index 参数表示字符的位置，从 0 开始
charCodeAt(index)	返回在指定位置字符的 Unicode 编码，index 参数表示字符的位置，从 0 开始
concat(‘string’)	连接两个或多个字符串，参数表示连接的字符串
indexOf(‘searchValue’)	某个指定字符串在该字符串中首次出现的位置，值可为 0~ 字符串长度 -1，searchValue 表示查找的指定字符串
lastIndexOf(‘searchValue’)	某个指定字符串在该字符串中最后一次出现的位置，值可为 0~ 字符串长度 -1，searchValue 表示查找的指定字符串
replace(‘searchvalue’,‘newvalue’)	将字符串中的某个字符串替换为另外的字符串。其中，searchvalue 表示被替换的字符串，newvalue 表示替换成的字符串
slice(str, end)	提取字符串的片段，并返回被提取的部分
split(‘separator’, limit)	将字符串按照一定规则分割成字符串组，数组的各个元素以“,”分隔。其中，separator 参数表示用于分隔的字符串，limit 表示数组的最大长度

续表

函数名称	说　　明
substr(start, length)	字符串截取函数，从 start 位置提取 length 长度的字符串。当从第一个字符截取时，start 的值等于 0
substring(from, to)	字符串截取函数，截取字符串从 from 位置到 to 位置的子字符串，当从第一个字符截取时，from 等于 0
toLowerCase()	将字符串中的全部字符都转换为小写
toUpperCase()	将字符串的全部字符都转换为大写
trim	删除字符串的首尾空格
toString()	转换为字符串并返回

8.2.8 数学函数

单击“用例编辑”对话框右下角的 fx 按钮，进入“编辑文本”对话框，单击“插入变量和函数”选项，在“数学”选项下是数学函数，函数说明如表 8-8 所示。

表 8-8 数学函数说明

函数名称	说　　明	函数名称	说　　明
+	加，返回前后两个数的和	cos(x)	返回 X 的余弦值
-	减，返回前后两个数的差	exp(x)	返回 X 的 e 指数值
*	乘，返回前后两个数的乘积	floor(x)	对 X 进行下舍入操作
/	除，返回前后两个数的商	log(x)	返回 X 的自然对数
%	余，返回前后两个数的余数	max(x,y)	返回 X 和 Y 两个数的最大值
abs(x)	返回 X 的绝对值	min(x,y)	返回 X 和 Y 两个数的最小值
acos(x)	返回 X 的反余弦值	pow(x,y)	返回 X 的 Y 次幂
asin(x)	返回 X 的反正弦值	random()	返回 0 到 1 的随机数
atan(x)	返回 X 的反正切值	sin(x)	返回 X 的正弦值
atan2(y,x)	返回从 X 轴到 (X,Y) 的角度	sqrt(x)	返回 X 的平方根
ceil(x)	对 X 进行上舍入操作	tan(x)	返回 X 的正切值

实战操作：使用数学函数

新建一个 Axure 文档。使用“矩形 3”元件、“文本框”元件、“文本标签”元件和“主要按钮”元件完成页面的制作，如图 8-31 所示。分别为文本框元件和按钮元件设置名称，如图 8-32 所示。

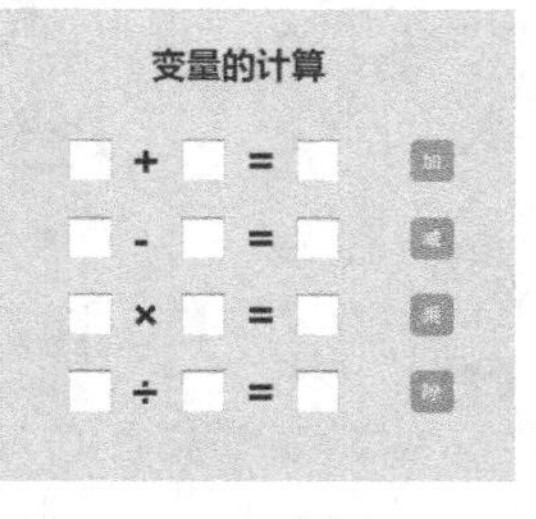

图8-31　页面制作

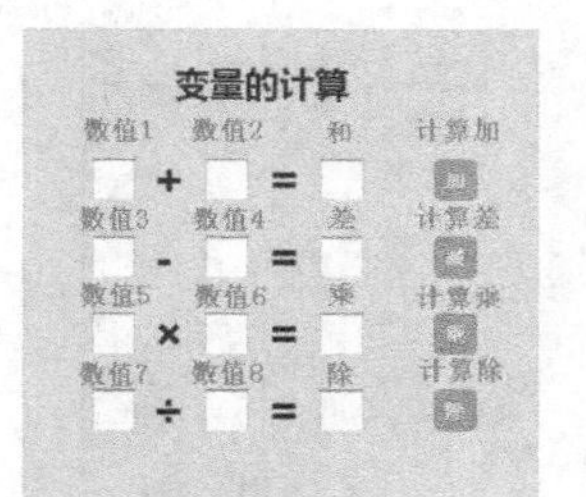

图8-32　为文本框和按钮命名

操作视频：025.mp4

选择“加”按钮元件，双击“鼠标单击时”事件，添加“设置变量值”动作，单击“添加全局变量”选项，新建两个全局变量 a 和 b，如图 8–33 所示。单击“确定”按钮，勾选 a 复选框，设置全局变量为“元件文字”等于“数值 1”，如图 8–34 所示。

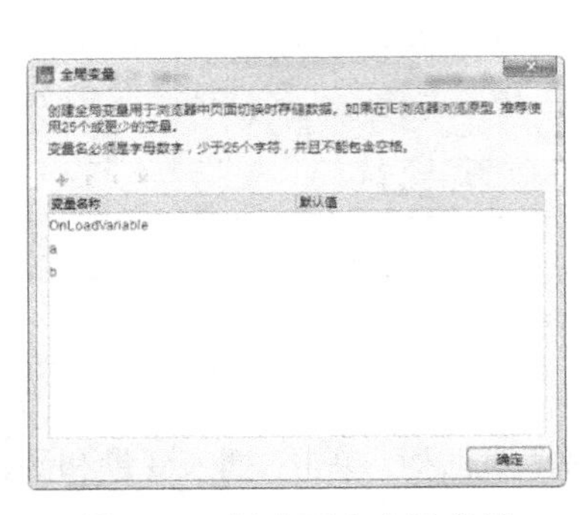

图8–33 新建两个全局变量

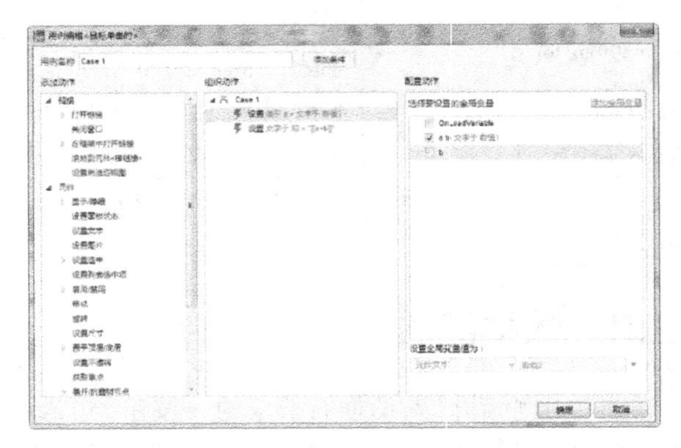

图8–34 设置全局变量a

勾选 b 复选框，设置全局变量为“元件文字”等于“数值 2”，如图 8–35 所示。添加“设置文本”动作，勾选“和”复选框，单击对话框右下角的 fx 按钮，单击“编辑文本”对话框中的“插入变量或函数”选项，插入图 8–36 所示的变量。

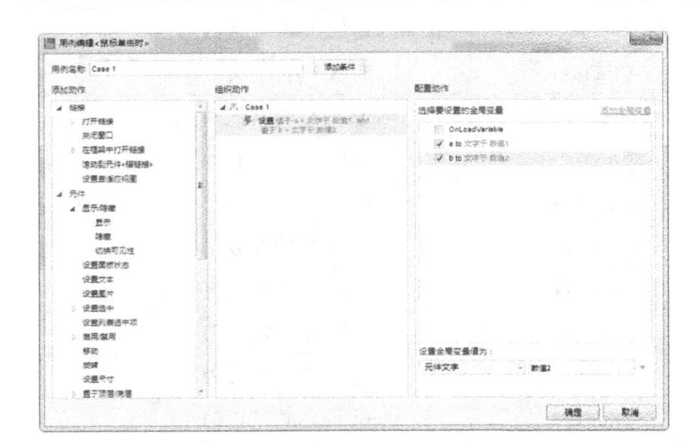

图8–35 设置全局变量b

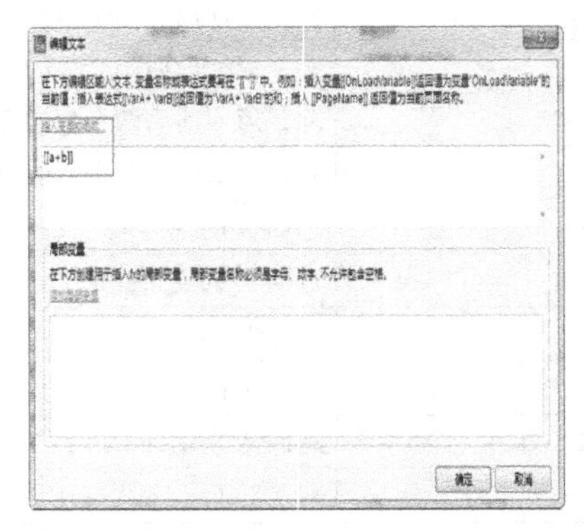

图8–36 插入变量

单击“确定”按钮，“用例编辑”对话框如图 8–37 所示。单击“确定”按钮，预览页面，预览效果如图 8–38 所示。

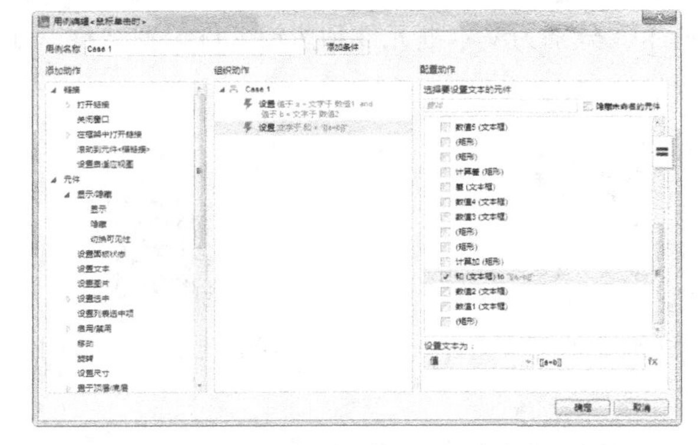

图8–37 “用例编辑”对话框

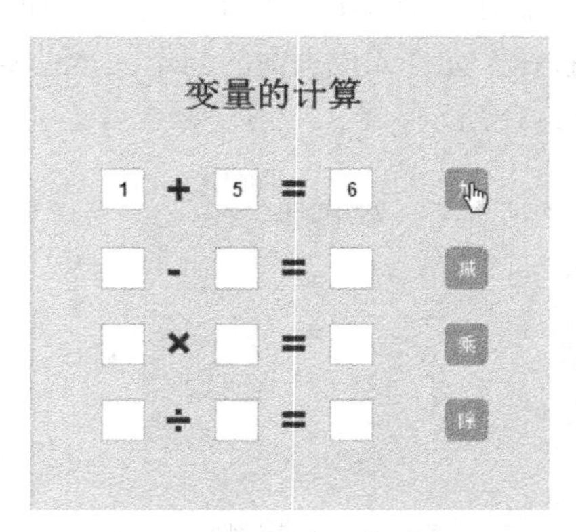

图8–38 预览页面效果

使用相同的方法，依次为其他几个按钮元件添加交互，完成后的页面效果如图 8-39 所示。预览效果如图 8-40 所示。

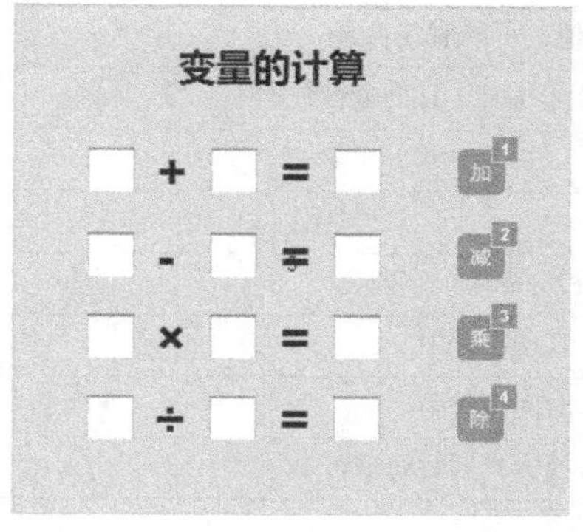

图8-39　页面效果

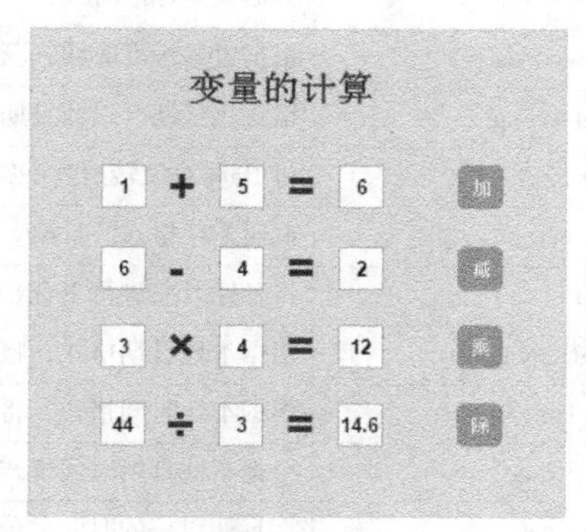

图8-40　预览效果

8.2.9　日期函数

单击“用例编辑”对话框右下角的 fx 按钮，进入“编辑文本”对话框，单击“插入变量和函数”选项，在“日期”选项下是日期函数，函数说明如表 8-9 所示。

表 8-9　日期函数说明

函数名称	说　　明
Now	返回计算机系统当前设定的日期和时间值
GenDate	获得生成 Axure 原型的日期和时间值
getDate()	返回 Date 对象属于哪一天的值，可取值 1~31
getDay()	返回 Date 对象为一周中的哪一天，可取值 0 ~ 6，周日的值为 0
getDayOfWeek()	返回 Date 对象为一周中的哪一天，表示为该天的英文表示，如周六表示为“Saturday”
getFullYear()	获得日期对象的 4 位年份值，如 2015
getHours()	获得日期对象的小时值，可取值 0 ~ 23
getMilliseconds()	获得日期对象的毫秒值
getMinutes()	获得日期对象的分钟值，可取值 0 ~ 59
getMonth()	获得日期对象的月份值
getMonthName()	获得日期对象的月份的名称，根据当前系统时间关联区域的不同，会显示不同的名称
getSeconds()	获得日期对象的秒值，可取值 0 ~ 59
getTime()	获得 1970 年 1 月 1 日迄今为止的毫秒数
getTimezoneOffset()	返回本地时间与格林威治标准时间（GMT）的分钟值
getUTCDate()	根据世界标准时间，返回 Date 对象属于哪一天的值，可取值 1 ~ 31
getUTCDay()	根据世界标准时间，返回 Date 对象为一周中的哪一天，可取值 0 ~ 6，周日的值为 0
getUTCFullYear()	根据世界标准时间，获得日期对象的 4 位年份值，如 2015
getUTCHours()	根据世界标准时间，获得日期对象的小时值，可取值 0 ~ 23
getUTCMilliseconds()	根据世界标准时间，获得日期对象的毫秒值
getUTCMinutes()	根据世界标准时间，获得日期对象的分钟值，可取值 0 ~ 59

续表

函数名称	说　　明
getUTCMonth()	根据世界标准时间，获得日期对象的月份值
getUTCSeconds()	根据世界标准时间，获得日期对象的秒值，可取值 0 ~ 59
parse(datestring)	格式化日期，返回日期字符串相对 1970 年 1 月 1 日的毫秒数
toDateString()	将 Date 对象转换为字符串
toISOString()	返回 ISO 格式的日期
toJSON()	将日期对象进行 JSON（JavaScript Object Notation）序列化
toLocaleDateString()	根据本地日期格式，将 Date 对象转换为日期字符串
toLocaleTimeString()	根据本地时间格式，将 Date 对象转换为时间字符串
toLocaleString()	根据本地日期时间格式，将 Date 对象转换为日期时间字符串
toTimeString()	将日期对象的时间部分转换为字符串
toUTCString()	根据世界标准时间，将 Date 对象转换为字符串
UTC(year,month,day,hour, minutes sec, millisec)	生成指定年、月、日、小时、分钟、秒和毫秒的世界标准时间对象，返回该时间相对 1970 年 1 月 1 日的毫秒数
valueOf()	返回 Date 对象的原始值
addYears(years)	将某个 Date 对象加上若干年份值，生成一个新的 Date 对象
addMonths(months)	将某个 Date 对象加上若干月值，生成一个新的 Date 对象
addDays(days)	将某个 Date 对象加上若干天数，生成一个新的 Date 对象
addHous(hours)	将某个 Date 对象加上若干小时数，生成一个新的 Date 对象
addMinutes(minutes)	将某个 Date 对象加上若干分钟数，生成一个新的 Date 对象
addSeconds(seconds)	将某个 Date 对象加上若干秒数，生成一个新的 Date 对象
addMilliseconds(ms)	将某个 Date 对象加上若干毫秒数，生成一个新的 Date

实战操作：使用日期函数

新建 Axure 文档。将“二级标题”元件拖入到页面中，修改文本内容，如图 8-41 所示。分别将两个元件命名为日期和时间，如图 8-42 所示。

操作视频：026.mp4

2015年12月19日
13:12:00

图8-41　修改文本内容

2015年12月19日
日期
时间13:12:00

图8-42　为元件命名

选中两个元件，单击鼠标右键，选择“转换为动态面板”选项，转换效果如图 8-43 所示。将动态面板命名为“动态时间”，如图 8-44 所示。

在“概要：页面”面板中的State1 项目上单击鼠标右键，选择“复制状态”选项，复制效果如图 8-45 所示。双击“属性”选项卡下的“载入时”事件，添加“设置面板状态”动作，选择状态为 Next，勾选向后循环，循环间隔设置为 1000 毫秒，如图 8-46 所示。

图8–43 转换效果

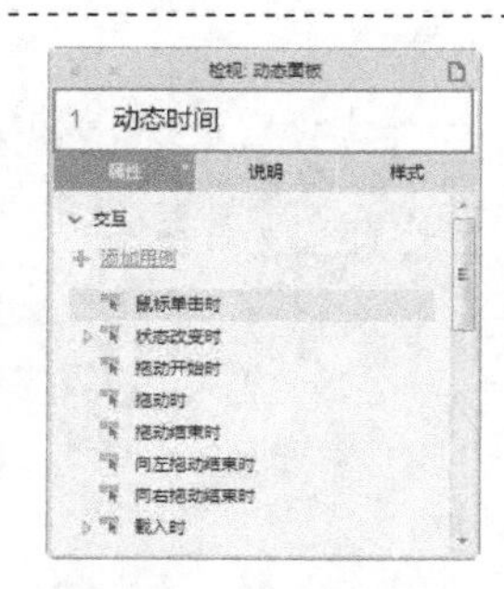

图8–44 为动态面板命名

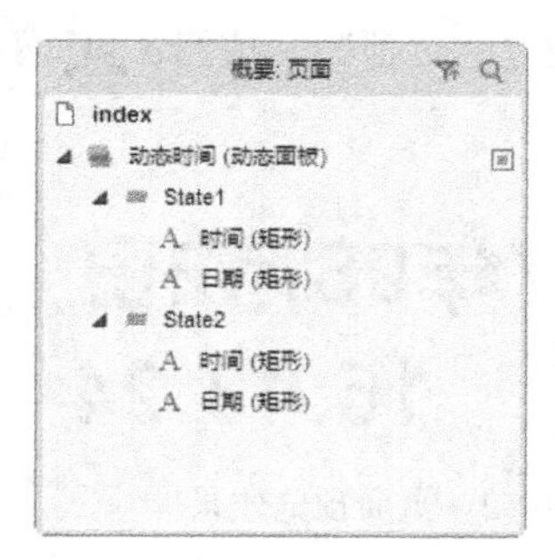

图8–45 复制效果

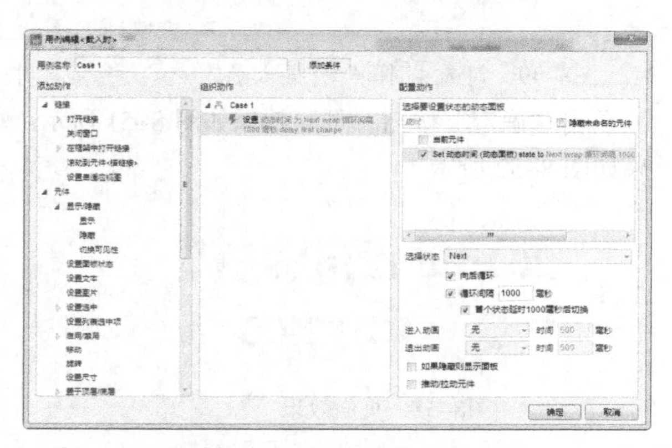

图8–46 设置面板状态

单击“确定”按钮，双击“状态改变时”事件，添加“设置文本”动作，勾选两个“日期”复选框，如图 8–47 所示。单击 fx 按钮，在“编辑文本”对话框中插入函数，如图 8–48 所示。

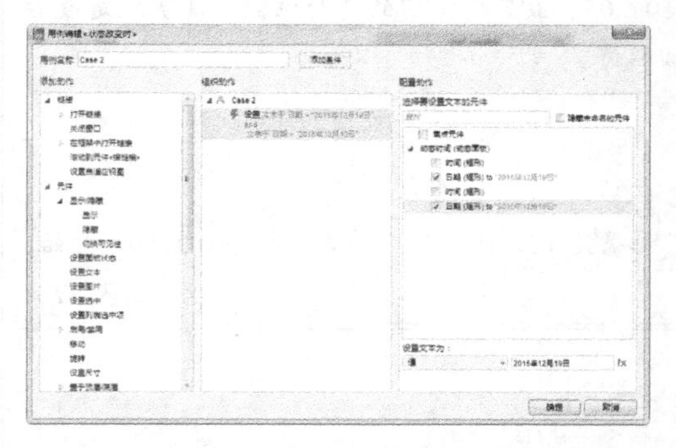

图8–47 编辑“状态改变时”事件

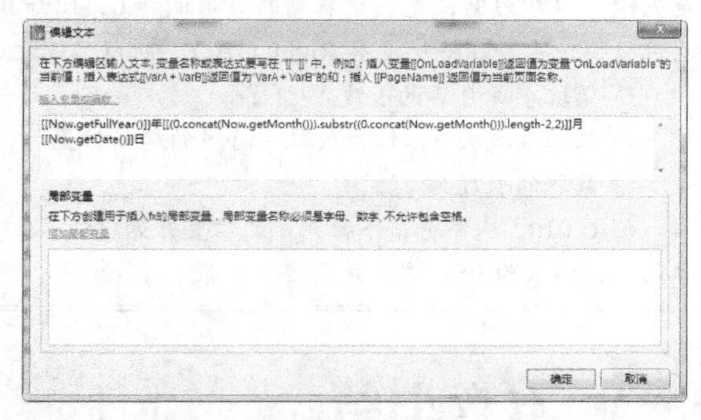

图8–48 插入函数

提示

concat() 函数是在字符串后面附加字符串，主要是在月、日、时、分、秒之前加上 0。substr() 函数是从字符串的指定位置开始，截取固定长度的字符串，起始位置从 0 开始；length 的主要功能是取得目标字符串的长度。

单击“确定”按钮，勾选两个“时间”复选框，在“编辑文本”对话框中插入图 8–49 所示的函数。单击“确定”按钮，“用例编辑”对话框如图 8–50 所示。

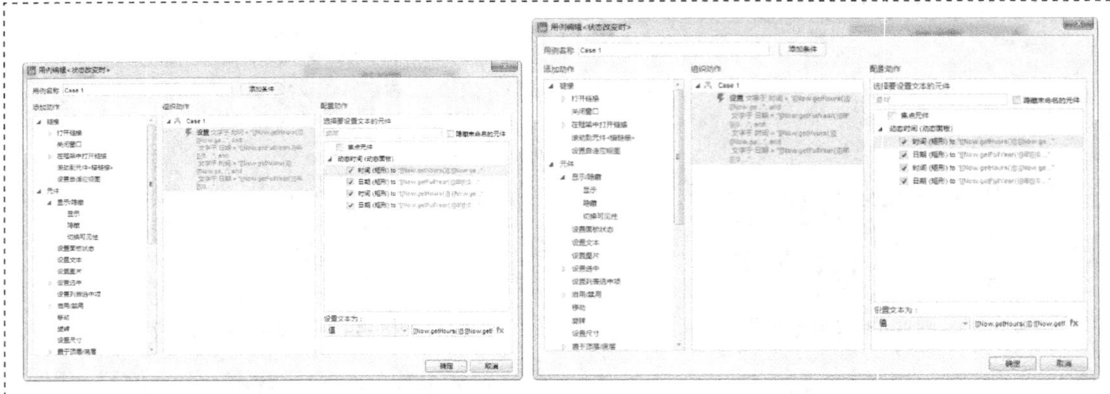

图8-49　勾选“时间”并插入函数　　　图8-50　编辑后的“用例编辑”对话框

单击“确定”按钮，页面效果如图 8-51 所示。单击工具栏上的“预览”按钮，页面预览效果如图 8-52 所示。

2015年12月19日
13:12:00

图8-51　页面效果

2017年08月2日
15:43:24

图8-52　页面预览效果

提示

日期的获取和连接并不困难，这里的难点是如何将 1 位文字转换为 2 位文字，上一步提到的函数是关键。以秒为例，先在获取到的秒前面加 0，比如 010、05。最后要保留的是两位数，其实就是最后两位数，但是 Axure 中没有 Right() 函数，所以只能迂回取得。

◎ 获取添加 0 后的长度。

◎ 用长度减去 2，作为截取字符串的起始位置。

◎ 截取的长度为 2。

例如 010，从字符串下标为 1 的位置开始，取两位，结果为 10；05，从字符串下标为 0 的位置开始，取两位，结果为 05。这就是需要的效果。

8.3 本章小结

本章中主要讲解了 Axure RP 8 中函数的使用方法和技巧。通过本章的学习，读者应在理解“函数”概念和作用的同时，熟练掌握常用函数的使用方法和设置技巧，并能够将函数应用到日常的网页原型制作中。

第9章 使用中继器

当原型中有重复的对象时，可以使用中继器来实现。中继器的使用可以使原型效果更加逼真，制作效率更快。本章将针对中继器的相关内容进行讲解，帮助读者了解中继器的组成以及中继器数据集和项目列表的操作。

本章知识点

- 理解中继器的概念
- 熟练使用中继器元件
- 掌握数据集的操作
- 掌握项目列表操作
- 掌握中继器/数据集函数的使用

9.1 中继器的组成

中继器元件是一款高级元件，是一个存放数据集的容器，通常使用中继器来显示商品列表、联系人信息列表和数据表等。

中继器元件是由中继器数据集中的数据项填充的，数据项可以是文本、图片或页面链接。将中继器元件拖入 Axure 页面编辑区内，如图 9-1 所示。选中中继器元件后双击，就会进入中继器面板，如图 9-2 所示，在这里可以对中继器进行编辑和设置。

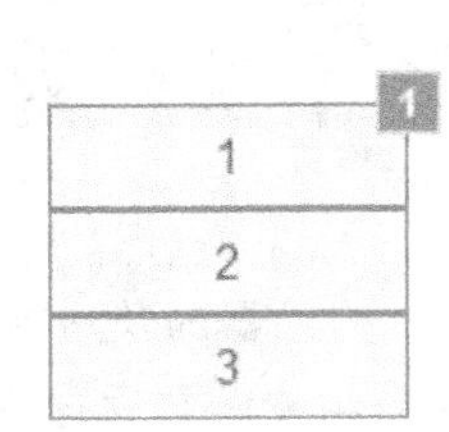

图9-1　将中继器拖入页面

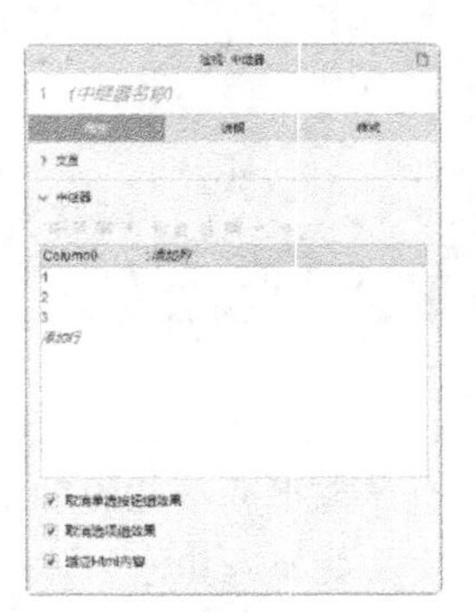

图9-2　中继器面板

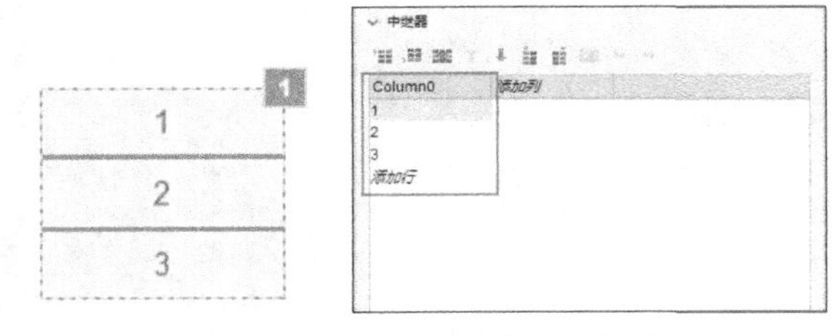

图9-3　中继器默认的显示数量

默认情况下，中继器的显示数量与“检视：中继器”面板中的数据行一致。默认元件为一列 3 行，如图 9-3 所示。

9.1.1 数据集

数据集就是一个数据表，位于“检视：中继器”面板的底部，如图 9-4 所示。数据集可以包含多行多列。单击“添加行”或“添加列”即可完成行或者列的添加。也可以通过单击顶部的图标完成添加、删除等操作，如图 9-5 所示。

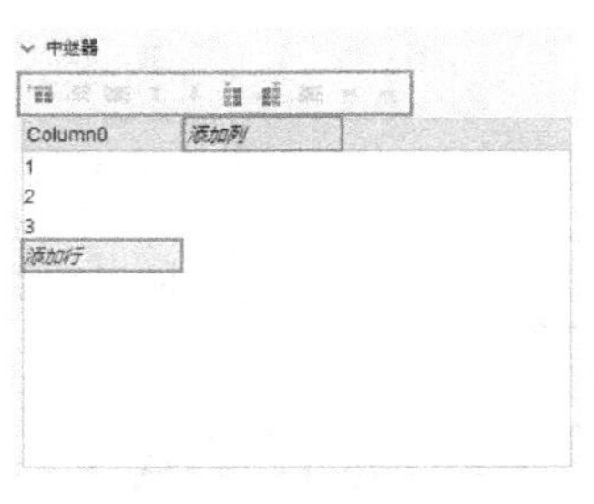

图9-4　数据集

图9-5　顶部图标

提示

双击列名可以对其进行编辑。需要注意的是，列名只能为字母、数字和“_”，且不能以数字开头。

数据集中的内容可以包含文本、导入图片和引用页面，图片的导入和页面的引用可以通过在单元格上单击鼠标右键，选择相应的选项来进行，如图 9-6 所示。

小技巧

数据集的表格可以直接进行编辑。如果遇到数据较多时，可以选择在Excel中进行编辑，然后通过复制粘贴的方式，将数据粘贴到数据集中。

提示

从Excel复制到数据集中的数据末尾会有一个多余的空行，为了避免不必要的错误，要将其删除。

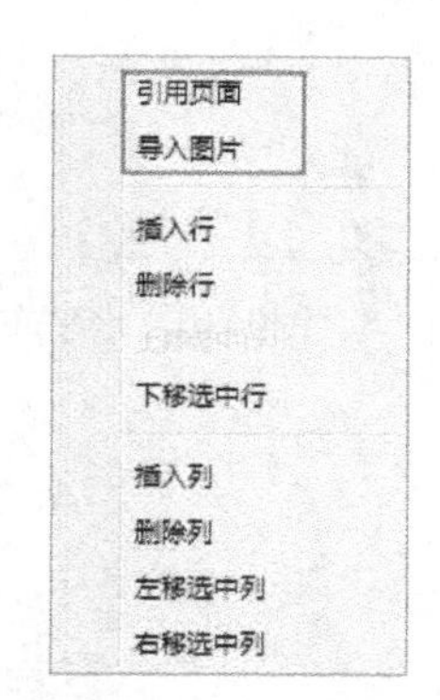

图9-6　引用页面及导入图片

9.1.2　项目交互

项目交互主要用来将数据集中的数据传递到原型中的元件并显示出来，或者根据数据集中的数据执行相应的动作。

项目交互只有3个触发事件：载入时、每项加载时和项目调整尺寸时，如图9-7所示。比较常用的是“每项加载时”，如果需要把数据集中的某些数据直接显示到模板的元件上，就可以在这里添加用例动作，如图9-8所示。

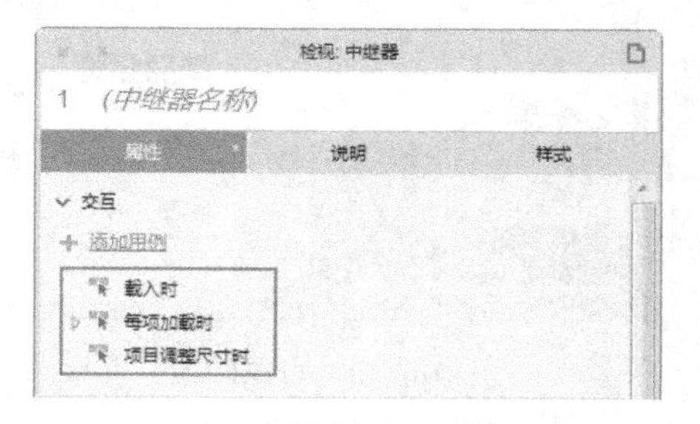

图9-7　项目交互的触发事件

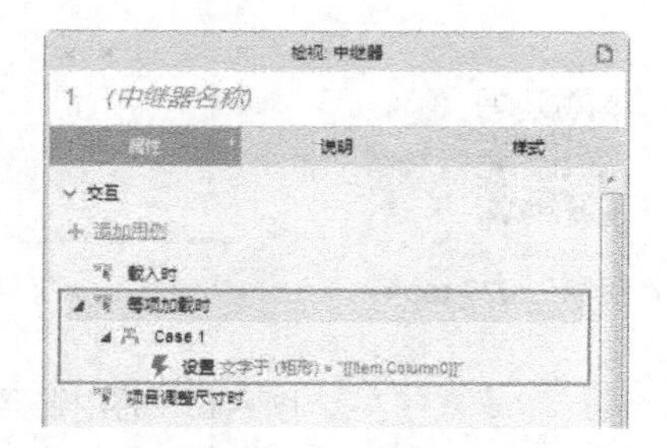

图9-8　添加用例动作

9.1.3　样式设置

选中中继器元件，用户可以在“检视：中继器”面板中对其进行样式的设置，如图9-9所示。通过样式设置可以调整中继器的排版、布局和分页等样式。

在“布局”选项下，默认情况下为“垂直”布局方式。选择“水平”方式，元件则更改为水平布局，如图9-10所示。勾选“网格排布”复选框后，设置每排项目数，则布局效果如图9-11所示。

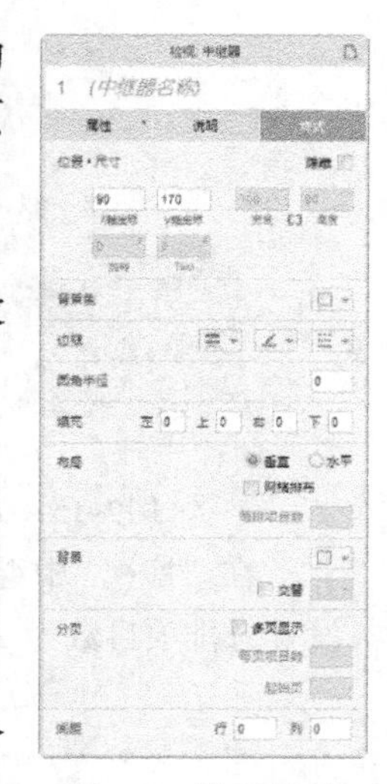

图9-9　设置样式

提示

用户可以在“背景”选项下设置背景颜色。背景色是背景颜色的设置，如果被不透明的元件遮挡，则背景色不能显示。如果想要看到背景色的效果，则将元件的填充颜色取消或者设置一定的不透明度。

在“分页”选项下，用户可以设置中继器元件的分页显示功能。勾选“分页显示”复选框，用户可以在“每页项目数”文本框中输入每页项目的数量，在“起始页”文本框中设置起始页码，如图9-12所示。

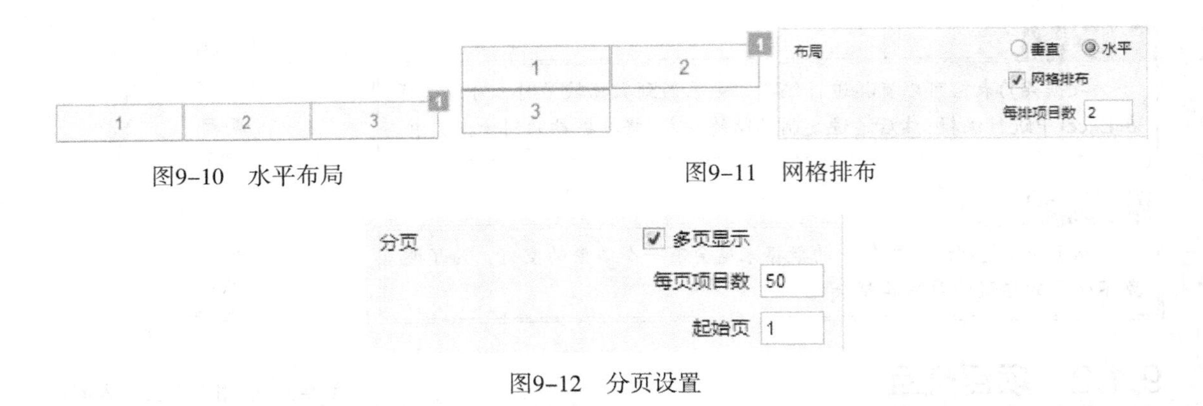

图9–10　水平布局

图9–11　网格排布

图9–12　分页设置

实战操作：使用中继器

将中继器元件拖入到页面中，如图 9–13 所示。双击进入编辑页，使用图片元件和文本标签元件完成图 9–14 所示的页面制作。

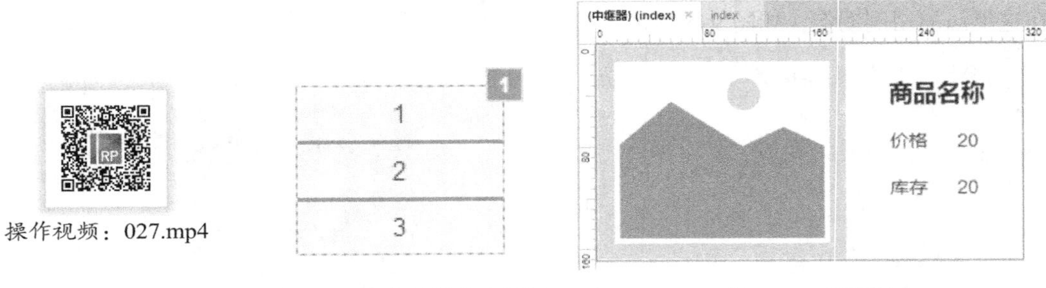

图9–13　将中继器拖入页面

图9–14　页面制作

分别为元件命名，如图 9–15 所示。返回 index 页，在“检视：中继器”面板中输入各项产品的参数，在 pic 单元格中单击鼠标右键，选择“导入图片”选项，导入图片，完成效果如图 9–16 所示。

图9–15　为元件命名

中继器

Column0	name	jg	kc	pic	添加列
1	男士外套	45	05	TB1...	
2	男士衬衣	30	20	TB1c...	
3	男士西服	120	30	TB1...	
4	休闲西服	80	45	TB1...	
5	衬衫	32	02	TB1k...	
6	休闲裤	45	23	TB1...	
添加行					

图9–16　完成效果

在“检视：中继器”面板中“样式”选项下设置“布局”为“水平”，勾选“网格排布”，设置每排项目数为 2，行和列的“间距”都设置为 10，如图 9–17 所示。

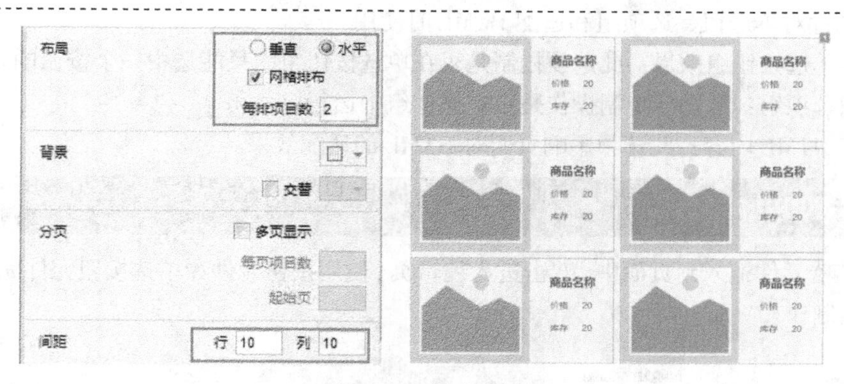

图9-17　样式设置

双击 Case 1，在“用例编辑 < 每项加载时 >”对话框中勾选 name，单击 fx 图标，在“编辑文本”对话框中单击“插入变量和函数”选项，选择结果如图 9-18 所示。使用相同的方法分别为 JG、kc 设置值，如图 9-19 所示。

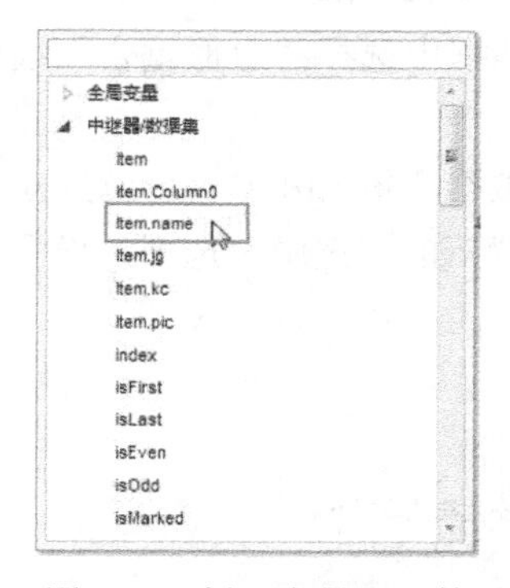

图9-18　插入变量和函数

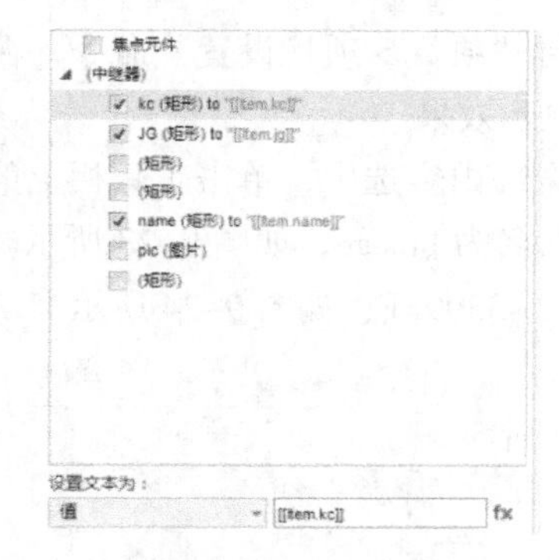

图9-19　为JG、kc设置值

单击添加“设置图片”动作，勾选 pic，在 Default 中选择“值”，单击 fx 按钮，添加变量值，如图 9-20 所示。返回 index 页面，页面效果如图 9-21 所示。

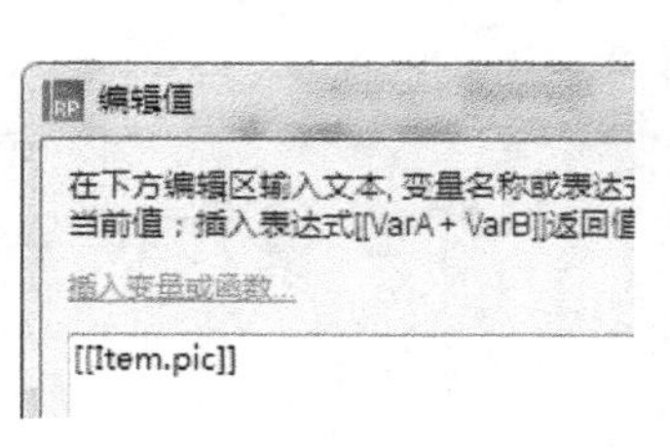

图9-20　添加变量值

图9-21　页面效果

9.1.4 属性设置

中继器属性包括“取消单选按钮组效果”“取消选项组”和“适应 HTML 内容”3 部分。这

3 个属性分别针对单选钮、选项组和适配 HTML 时使用。

◎ 取消单选按钮组效果：此选项控制是否在单选按钮组中只能选中一个按钮的效果。

◎ 取消选项组：此选项控制操作是否在操作组中运行。

◎ 适应 HTML 内容：此选项影响页面对 HTML 的适配效果。

实战操作：使用中继器属性

将中继器元件拖入到页面中，双击进入编辑页，使用按钮元件和单选按钮元件完成图 9-22 所示的页面制作。

操作视频：028.mp4

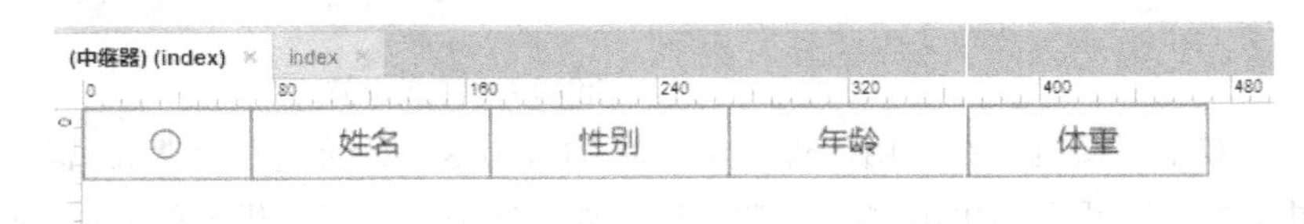

图9-22 页面制作

执行“项目 > 项目设置”命令，在“项目设置”对话框中选择“边框重合”选项。获得更好的显示效果。

将全部内容选中，单击工具栏上的“组合”按钮或按组合键 Ctrl+G，将所选对象编组，并将其命名为 biaoge，如图 9-23 所示。单击交互样式设置下的“选中”选项，设置其“填充颜色”为 #3399FF，如图 9-24 所示。

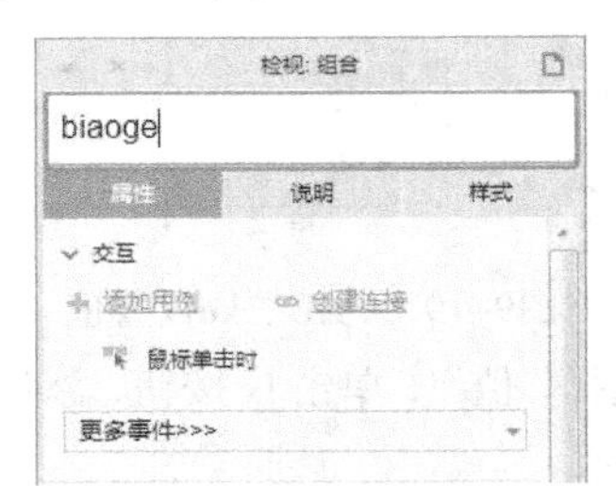

图9-23 编组并命名

图9-24 设置“选中”选项

在“设置选项组名称”文本框中设置选项组名称为 RAWS，如图 9-25 所示。双击“鼠标单击时”事件，选择“选中”动作，勾选中继器组，设置参数，如图 9-26 所示。

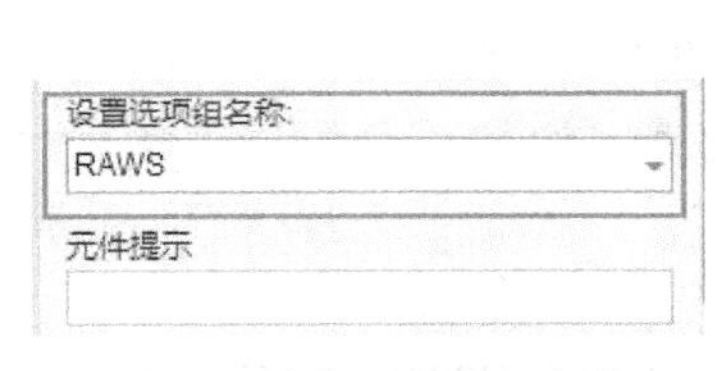

图9-25 设置选项组名称

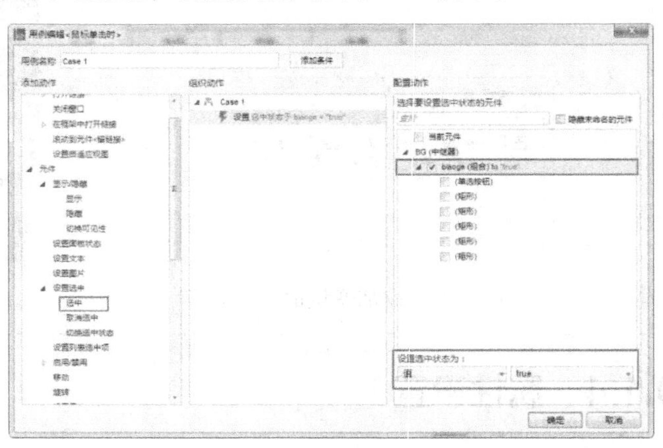

图9-26 设置参数

返回 index 页，中继器效果如图 9–27 所示。取消“检视：中继器”面板底部的“取消选项组效果”选项，如图 9–28 所示。

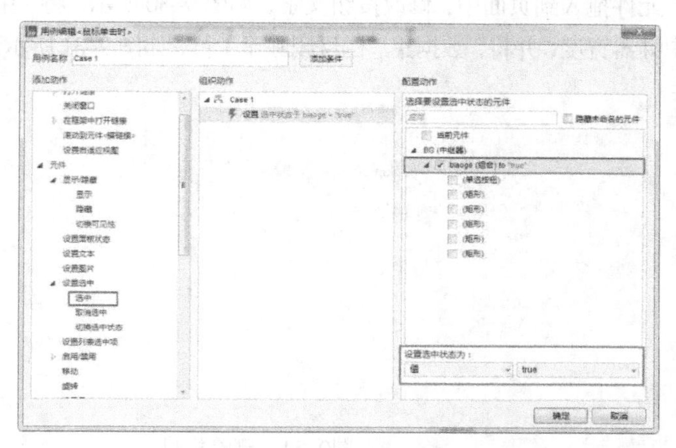

图9–27 中继器效果

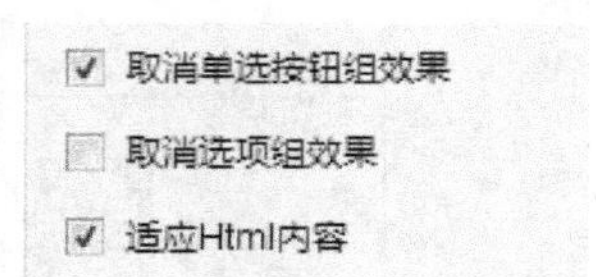

图9–28 取消选项

单击工具栏上的“预览”按钮或者按下 F5 键预览页面，预览效果如图 9–29 所示。

	姓名	性别	年龄	体重
	姓名	性别	年龄	体重
	姓名	性别	年龄	体重

	姓名	性别	年龄	体重
	姓名	性别	年龄	体重
	姓名	性别	年龄	体重

图9–29 预览效果

9.2 数据集的操作

掌握了中继器的组成后，接下来一起学习中继器数据集的操作。数据集可以完成添加、删除和修改等操作，并能够实时呈现，这让原型产品的效果更加丰富、逼真。同时，中继器还具有筛选功能，能够让数据按照不同的条件排列。

中继器动作中可以使用“数据集”动作控制中继器添加行、标记行和更新行等操作，各动作具体含义如下。

◎ 添加行：为中继器的数据集添加行。

◎ 标记行：为中继器的数据集标记行。

◎ 取消标记：为中继器的数据集取消标记行。

◎ 更新行：为中继器的数据集更新行。

◎ 删除行：为中继器的数据集删除行。

实战操作：使用中继器实现自增

新建 Axure 文档。将“默认按钮”元件拖入到页面中，修改按钮文字，如图 9-30 所示。将“中继器”元件拖入到页面中，双击修改中继器宽度，并将“数据集”栏目删除至 1 行，如图 9-31 所示。

操作视频：029.mp4

增 加

图9-30 修改按钮

图9-31 删除栏目

返回 index 页面，将“中继器”元件命名为 RE，如图 9-32 所示。选择按钮元件，双击“鼠标单击时”选项，添加“添加行”动作，勾选 RE 复选框，单击“添加行”按钮，如图 9-33 所示。

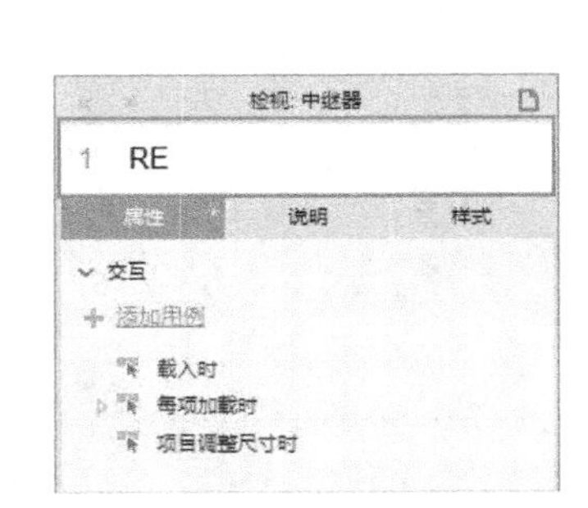

图9-32 为“中继器”命名

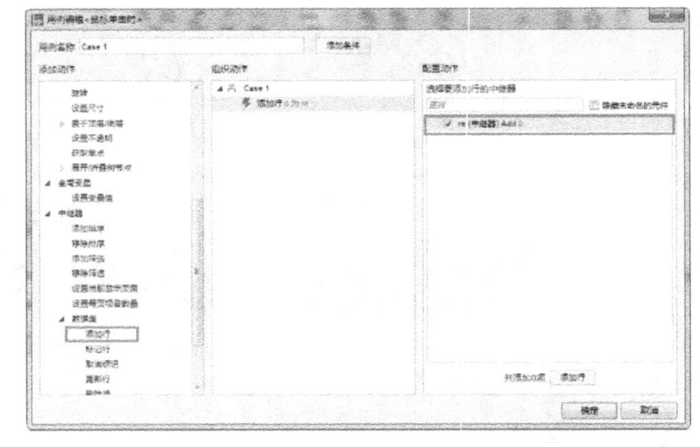

图9-33 添加行

在弹出的“添加行到中继器”对话框中单击 fx 按钮，如图 9-34 所示。在弹出的“编辑值”对话框中单击“添加局部变量”按钮，设置各项参数，如图 9-35 所示。

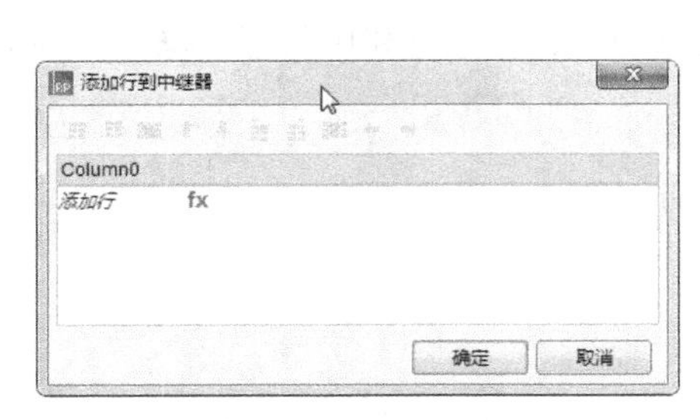

图9-34 单击fx按钮

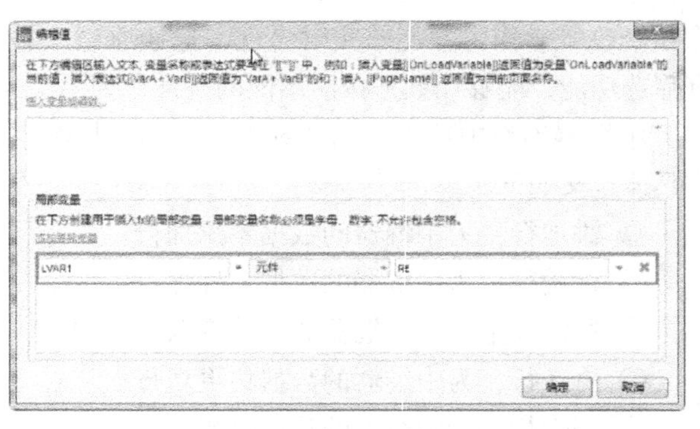

图9-35 设置参数

单击“插入变量和函数”选项，插入变量的效果如图9-36所示。单击“确定”按钮，“添加行到中继器”对话框如图9-37所示。

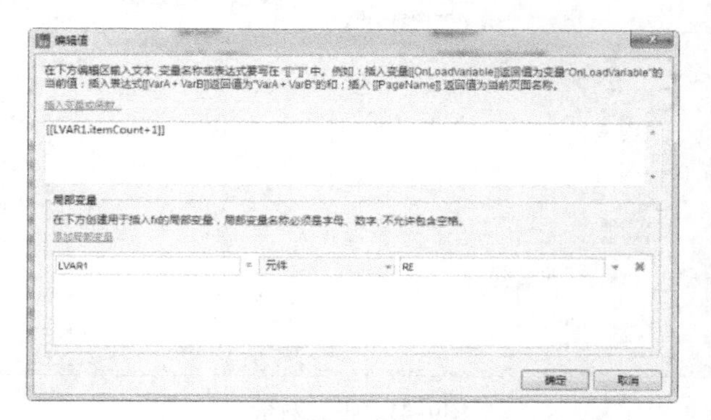

图9-36 插入变量的效果

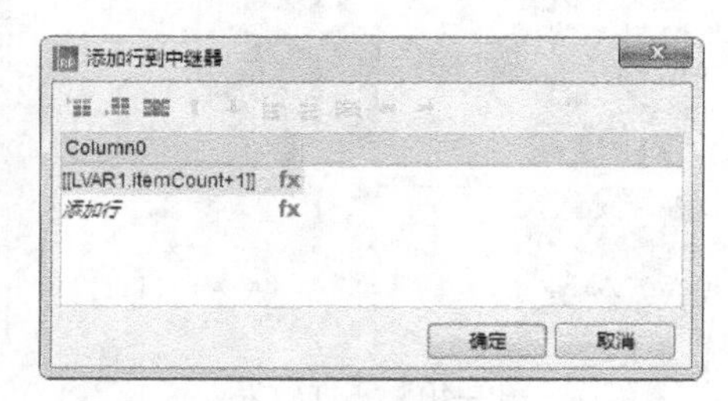

图9-37 “添加行到中继器”对话框

单击两次“确定”按钮，页面效果如图9-38所示。单击工具栏上的“预览”按钮，预览效果如图9-39所示。

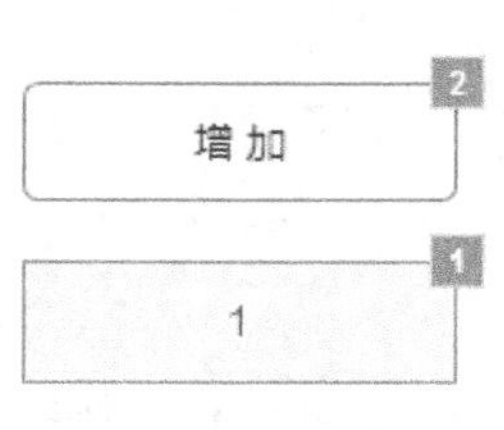

图9-38 页面效果

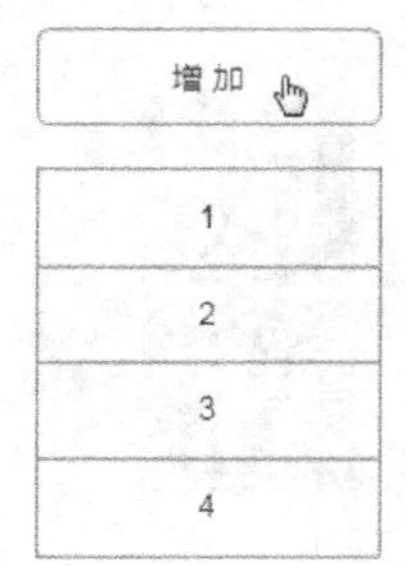

图9-39 预览效果

提示

执行“项目 > 项目设置”命令，在“项目设置”对话框中选择“边缘重合”选项，可以使相连的边线自动重合，获得更好的显示效果。

9.3 项目列表操作

中继器中的项目列表通常是按照输入数据的顺序进行显示的。用户可以通过添加交互，实现更加丰富的显示效果，如按照价格升降序排列等。

实战操作：使用中继器

打开9.1.3小节中的文件，效果如图9-40所示。双击“检视：页面”面板中的“页面载入时”事件，选择“设置每页项目数量”动作，勾选中继器，设置显示数量为4，如图9-41所示。

操作视频：030.mp4

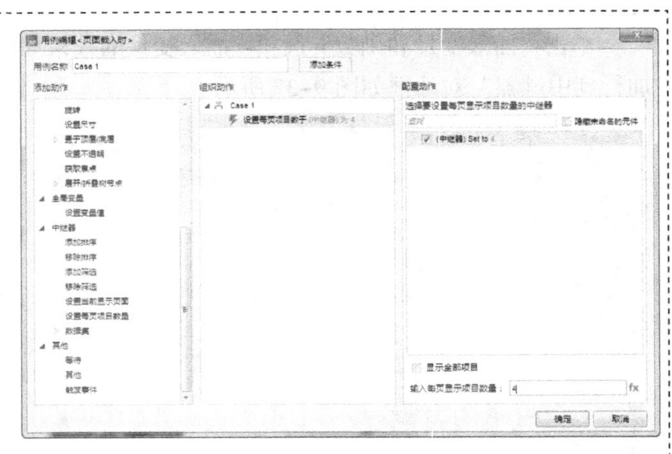

图9-40　文件效果　　　　图9-41　设置数量

单击“确定”按钮后预览页面，预览效果如图 9-42 所示。要实现分页效果，也可以在“检视 : 中继器”面板中的“布局”选项下设置参数，获得分页效果，如图 9-43 所示。

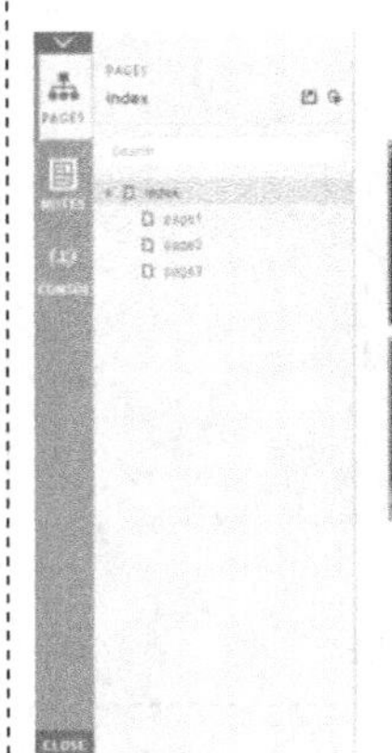

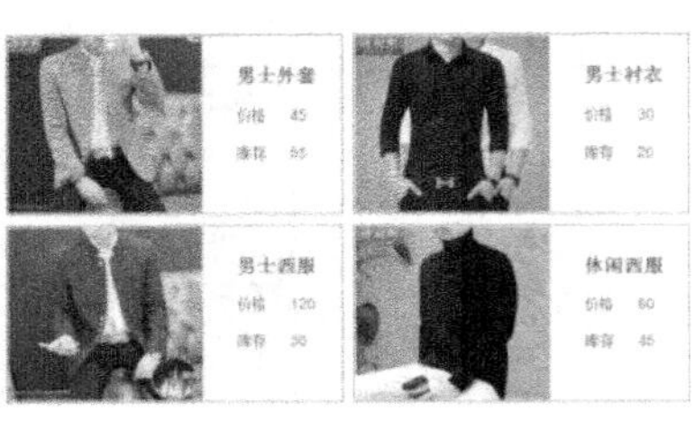

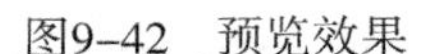

图9-42　预览效果　　　　图9-43　设置分页参数

提示

在面板中直接设置的分页效果将直接显示在页面中。而通过脚本实现的效果，只能在预览页面时才显示。

实战操作：使用中继器设置排序

操作视频：031.mp4

将“按钮”元件拖入到页面中，调整大小、位置和文字内容，效果如图 9-44 所示。选中按钮，双击“检视 : 提交按钮”面板上的“鼠标单击时”事件。选择“添加排序”动作，按照价格进行“升序”排列，如图 9-45 所示。

图9-44 “按钮”元件效果

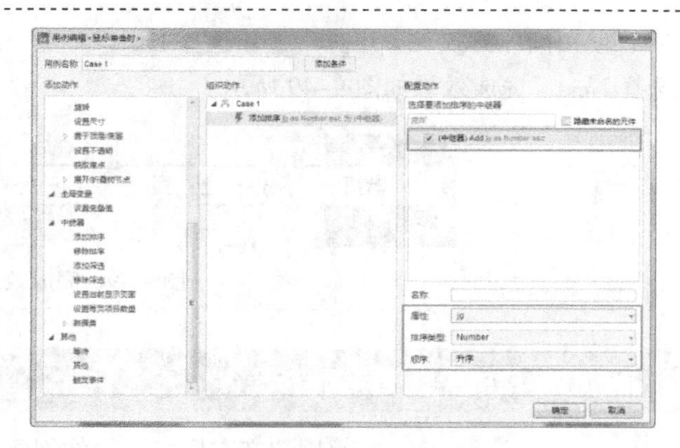

图9-45 添加排序

单击“确定”按钮，返回 index 页面，单击工具栏上的“预览”按钮，预览效果如图 9-46 所示。

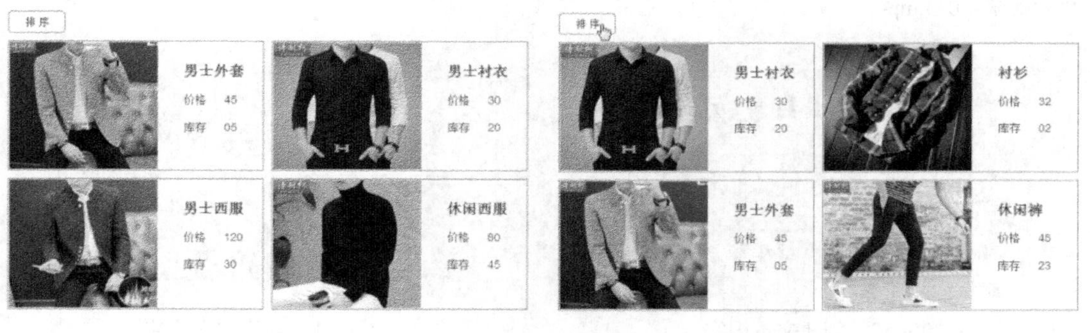

图9-46 预览效果

实战操作：使用中继器添加分页

继续使用“按钮”元件创建图 9-47 所示的效果。选中“首页”按钮，双击“鼠标单击时”事件，选择“设置当前显示页面”动作，勾选“中继器”选项，选择页面为 Value，如图 9-48 所示。

操作视频：032.mp4

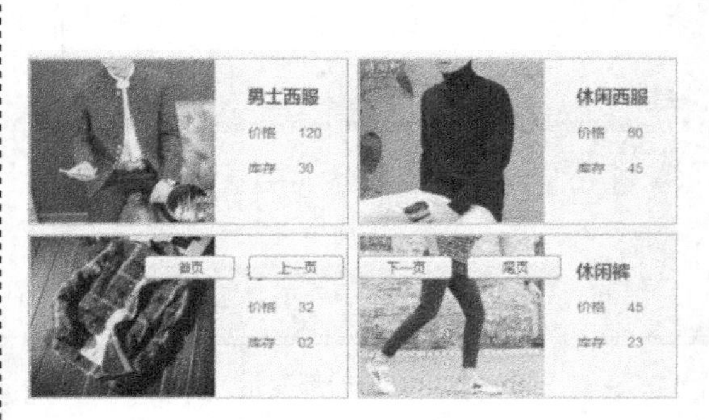

图9-47 效果图

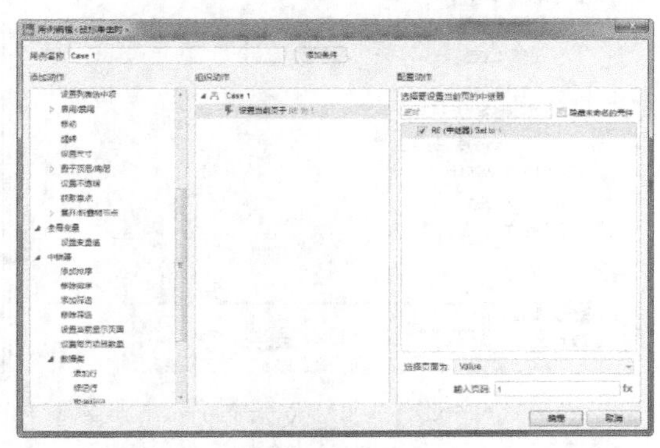

图9-48 设置参数

使用同样方式为“尾页”按钮选择 Last，“上一页”按钮选择 Previous，“下一页”按钮选择 Next，完成效果如图 9-49 所示。

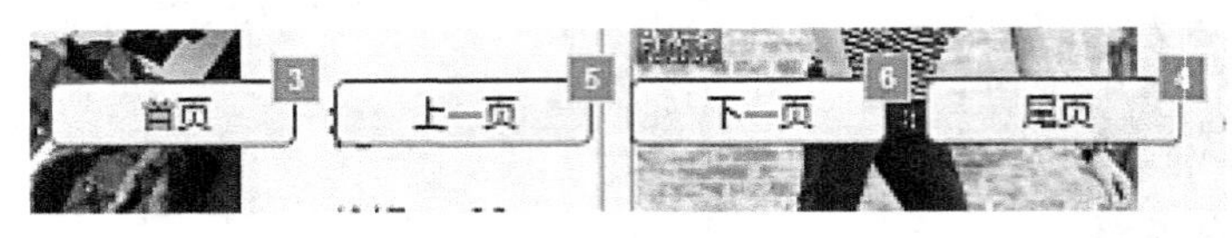

图9-49　完成效果

实战操作：使用中继器添加翻页

操作视频：033.mp4

使用“文本标签”元件创建图 9-50 所示的文本内容。继续创建一个文本标签，并指定名称为 dq，再次创建一个文本标签，指定名称为 All，如图 9-51 所示。

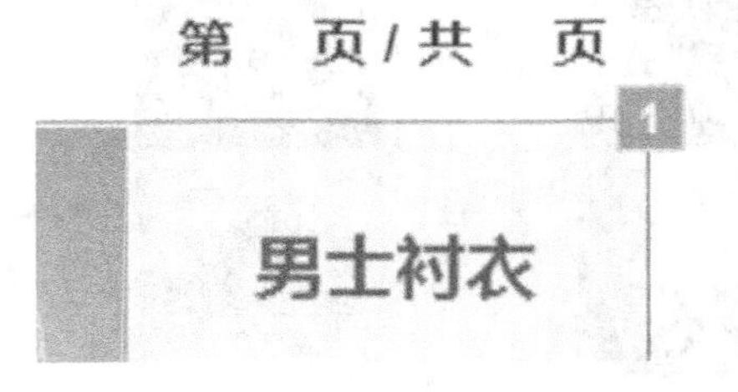

图9-50　创建文本内容

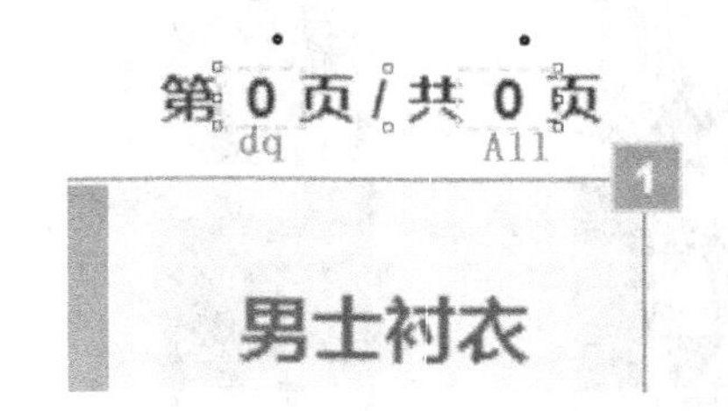

图9-51　创建文本标签

选择中继器元件，双击“载入时”事件，选择“设置文本”动作，勾选 dq 选项，设置文本为“富文本”，如图 9-52 所示。单击“编辑文本”按钮。在“输入文本”对话框中单击底部的“添加局部变量”选项，设置内容如图 9-53 所示。

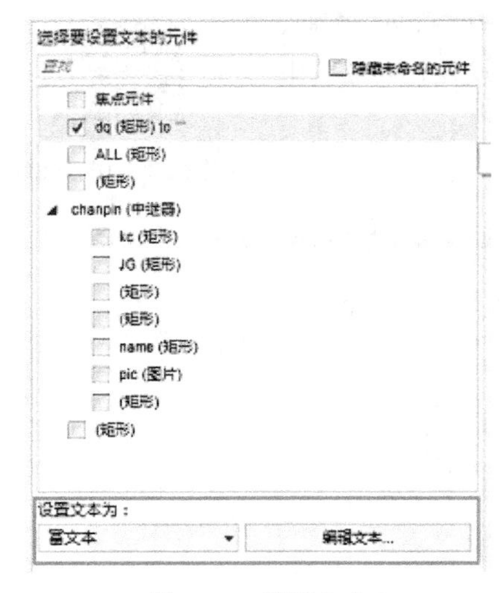

图9-52　设置文本

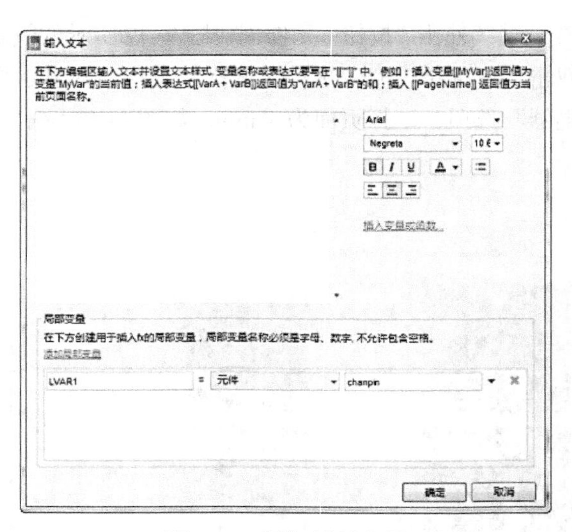

图9-53　添加局部变量

单击“插入变量或函数”选项，选择 pageindex 函数，并在右侧设置显示文本样式，如图 9-54 所示，单击“确定”按钮。勾选 All 选项，使用相同的方法添加文本，如图 9-55 所示。

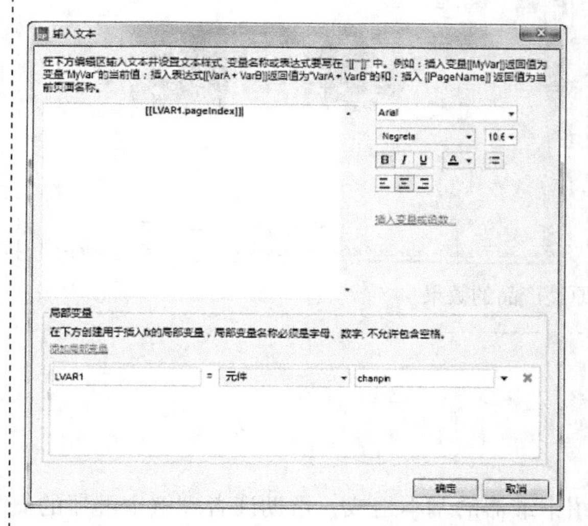

图9-54 选择函数并设置文本样式

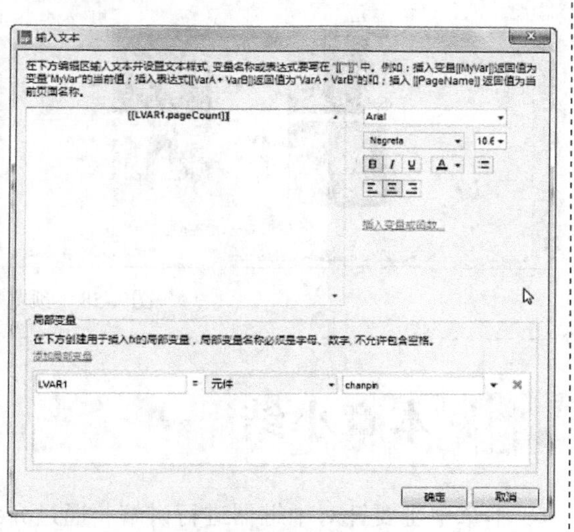

图9-55 添加文本

提示

为了保证分页中的每一个按钮都能够正确显示总页数和当前页数，需要将显示页码的事件添加到所有控制按钮上。

在“检视 : 中继器”面板中选择刚刚创建的事件，按下组合键 Ctrl+C 或执行“复制”命令，如图 9-56 所示。选择底部“首页”按钮，在 Case 1 上单击鼠标右键，选择“粘贴”命令，如图 9-57 所示。

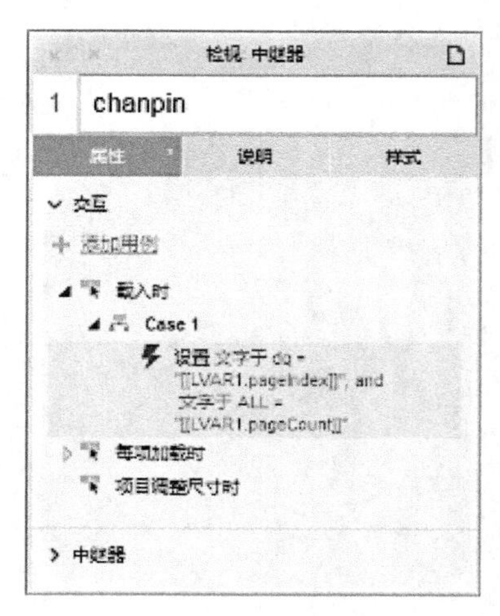

图9-56 复制事件

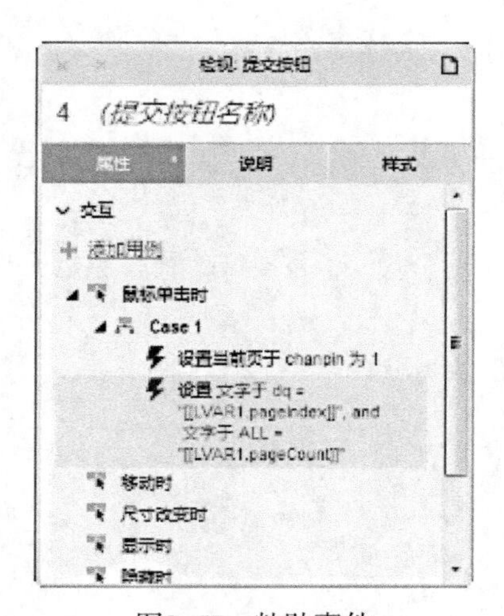

图9-57 粘贴事件

继续使用相同的方法，复制事件到其他几个按钮上。单击工具栏上的“预览”按钮，预览原型产品的效果如图 9-58 所示。

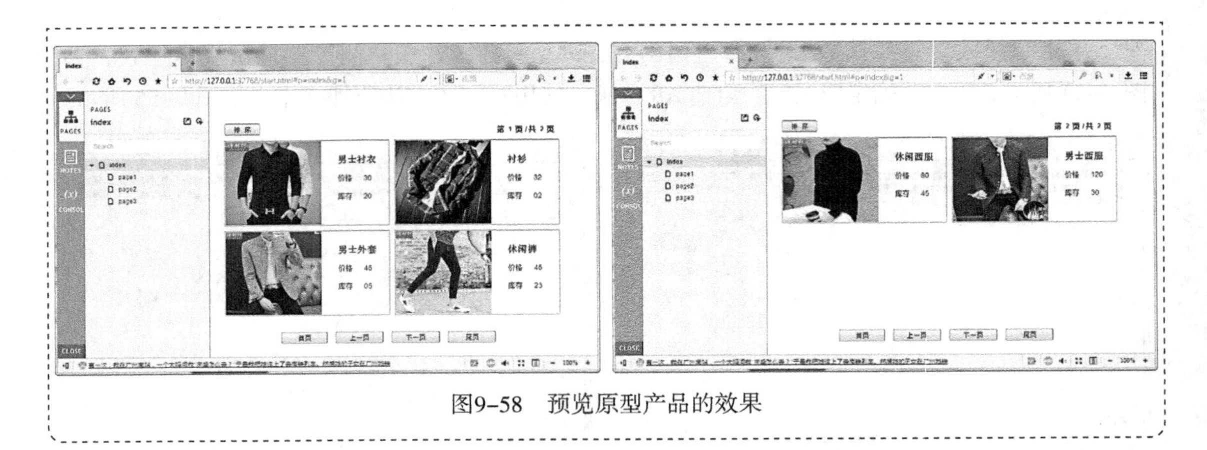

图9-58　预览原型产品的效果

9.4 本章小结

本章中主要针对中继器进行讲解。通过介绍中继器的基本组成，帮助读者理解中继器的概念的同时熟练使用中继器元件。同时通过案例的形式向读者介绍中继器数据集的使用方法和技巧，并且对中继器 / 数据集函数也进行了讲解。读者熟练掌握中继器的使用，有利于完成较为复杂的网站原型效果。

第10章 团队合作与Axure Share

Axure RP 8允许多人参与同一个项目的开发，团队中的每个人都会分到一个或多个项目模块，每个模块都有联系。团队项目时间短、预算有限，假如每个人都在自己的模块中工作，可能会导致整个项目不能同步，合作存在很大的挑战，这是项目文档的本身特点。本章向用户介绍Axure RP 项目合作功能及方法，并对如何保持原型同步进行讲解。

本章知识点

- ❖ 掌握创建团队合作的方法
- ❖ 掌握创建团队项目的方法
- ❖ 了解团队项目的编辑
- ❖ 使用 Axure Share
- ❖ 掌握发布到 Axure Share 的方法

10.1 创建共享位置

在创建团队项目时，要做好准备工作。首先需要存储项目的空间位置，共享项目位置可以创建在以下位置。

（1）共享的网络硬盘

（2）公司共享的 SVN 服务器

（3）SVN 托管服务器、Beanstalk 或者 Unfuddle

不管使用哪种方式，都需要有一个地址，有了这个地址用户就可以创建团队项目了。

10.1.1 下载安装 SVN 软件

本书将搭配使用 VisualSVN Server 服务端和 TortoiseSVN 客户端。现在 Subversion 已经迁移到 apache 网站上了，下载地址：http://subversion.apache.org/packages.html#windows，如图 10–1 所示。

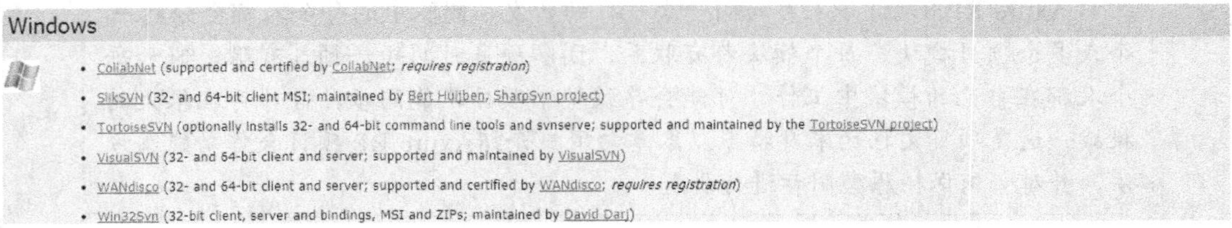

Windows

- CollabNet (supported and certified by CollabNet; *requires registration*)
- SlikSVN (32- and 64-bit client MSI; maintained by Bert Huijben, SharpSvn project)
- TortoiseSVN (optionally installs 32- and 64-bit command line tools and svnserve; supported and maintained by the TortoiseSVN project)
- VisualSVN (32- and 64-bit client and server; supported and maintained by VisualSVN)
- WANdisco (32- and 64-bit client and server; supported and certified by WANdisco; *requires registration*)
- Win32Svn (32-bit client, server and bindings, MSI and ZIPs; maintained by David Darj)

图10–1　下载SVN软件

提示

SVN(Subversion) 是近年来崛起的版本管理工具。目前，绝大多数开源软件都使用 SVN 作为代码版本管理软件。如何快速建立 Subversion 服务器，并且在项目中使用起来，这是大家最关心的问题，使用 Subversion 通过几个命令可以非常容易地建立一套服务器环境。

分别下载 VisualSVN Server 和 TortoiseSVN 客户端，在 TortoiseSVN 下载页面的底部可以选择下载中文语言包，如图 10–2 所示。

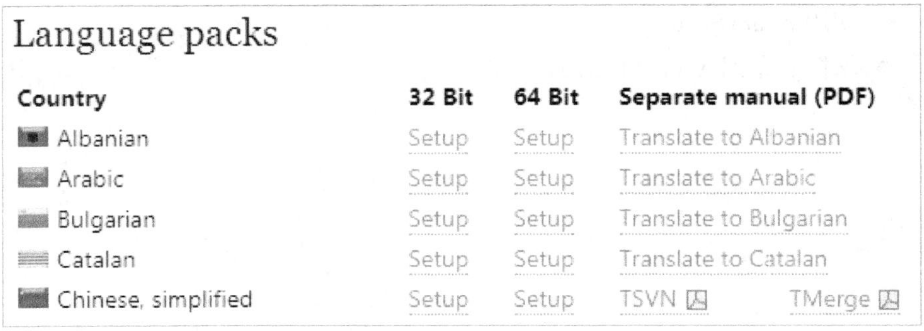

Language packs

Country	32 Bit	64 Bit	Separate manual (PDF)	
Albanian	Setup	Setup	Translate to Albanian	
Arabic	Setup	Setup	Translate to Arabic	
Bulgarian	Setup	Setup	Translate to Bulgarian	
Catalan	Setup	Setup	Translate to Catalan	
Chinese, simplified	Setup	Setup	TSVN	TMerge

图10–2　中文下载包

VisualSVN Server 是一个集成的 SVN 服务端工具，并且包含 mmc 管理工具，是一款 SVN 服务端不可多得的好工具。在使用 VisualSVN Server 之前，需要首先安装该工具。网站中为用户提供了32位和64位两个版本，如图10-3所示。用户可以根据个人情况选择下载。

VisualSVN Server
Includes Apache Subversion 1.9.5 command line tools.
The most favored way to setup and maintain an enterprise level Apache Subversion server on the Microsoft Windows platform. VisualSVN Server is useful either for home, small business or enterprise users.
Learn more about VisualSVN Server for Windows

Download 32-bit
Download 64-bit
Version: 3.6.1
Size: ~10 MB

图10-3　32位和64位的VisualSVN Server

下载完成后，双击VisualSVN Server安装包，开始安装VisualSVN Server，弹出图10-4所示的对话框。单击Next按钮，弹出用户协议对话框，如图10-5所示。

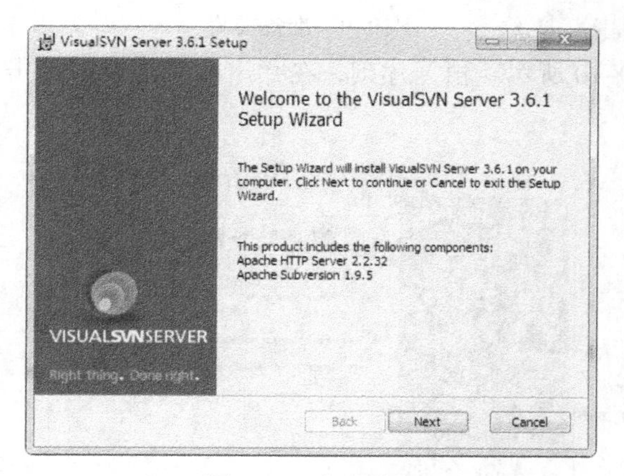

图10-4　欢迎界面

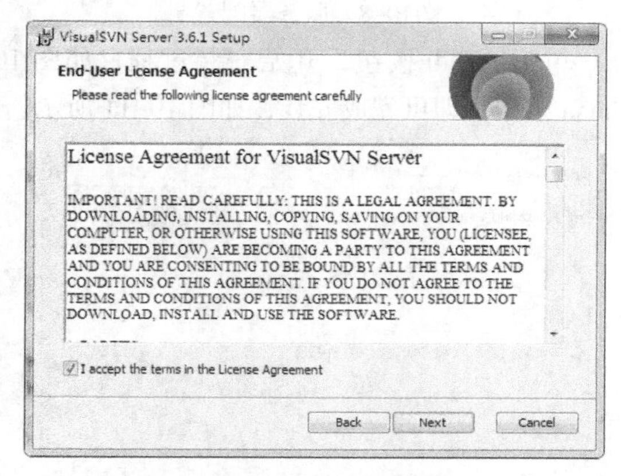

图10-5　用户协议对话框

勾选同意协议选项，单击Next按钮，进入图10-6所示的对话框，单击Next按钮。单击对话框中的Standard Edition按钮，如图10-7所示。

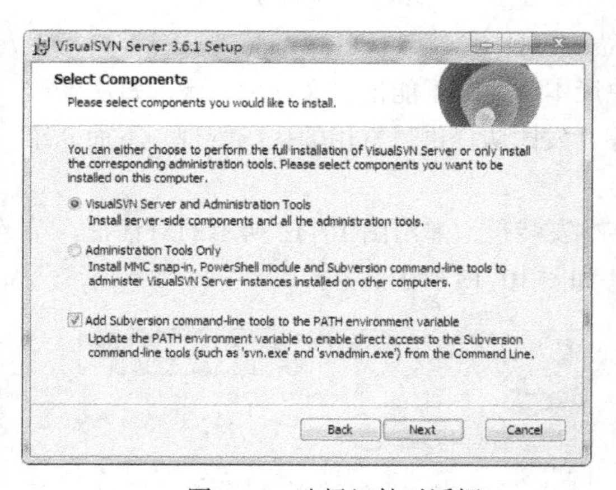

图10-6　选择组件对话框

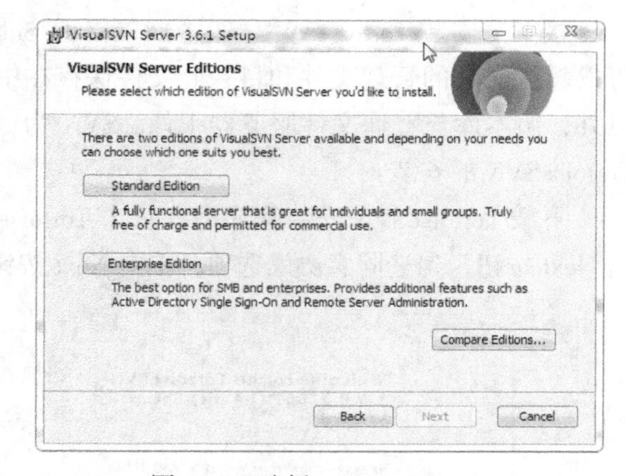

图10-7　选择Standard Edition

Location是指VisualSVN Server的安装目录，Repositories是指定版本库目录。Server Port指定一个端口，勾选Use secure connection表示使用安全连接，如图10-8所示。单击Next按钮，效果如图10-9所示。

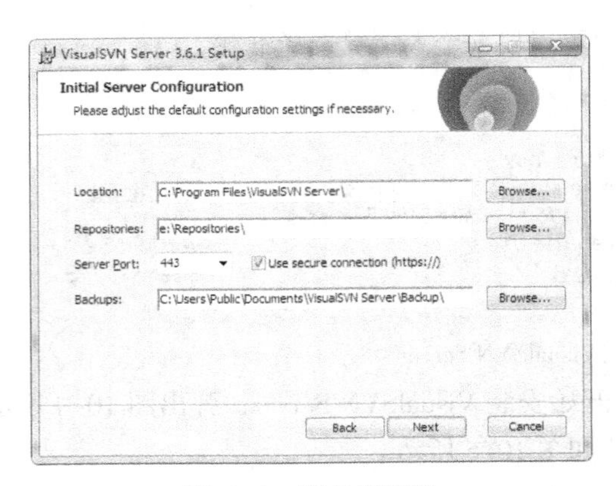

图10-8　服务器配置

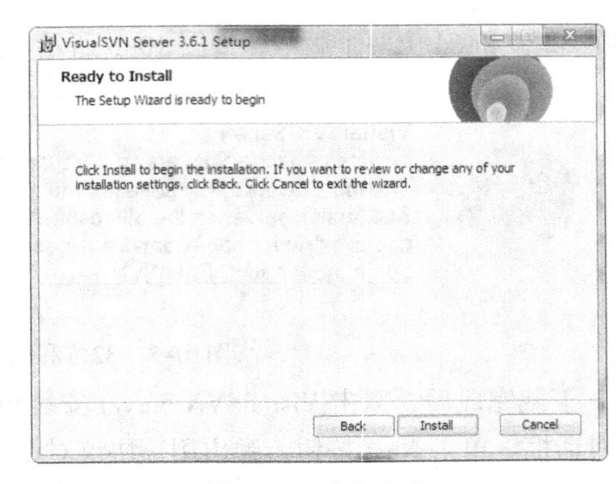

图10-9　准备安装

单击 Install 按钮，开始安装过程，如图 10-10 所示。稍等片刻，在弹出的对话框中单击 Finish 按钮，即可完成安装，如图 10-11 所示。

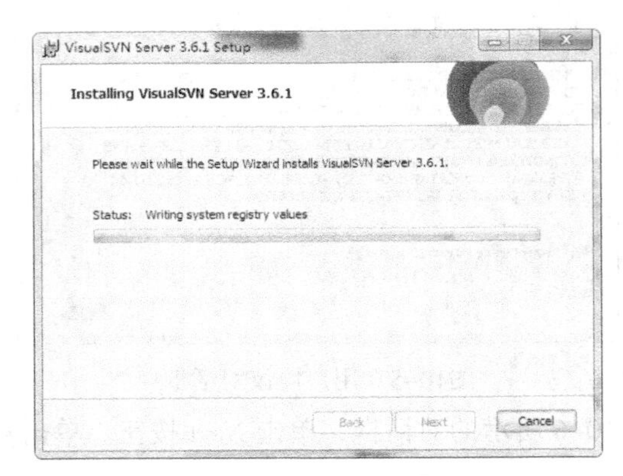

图10-10　开始安装

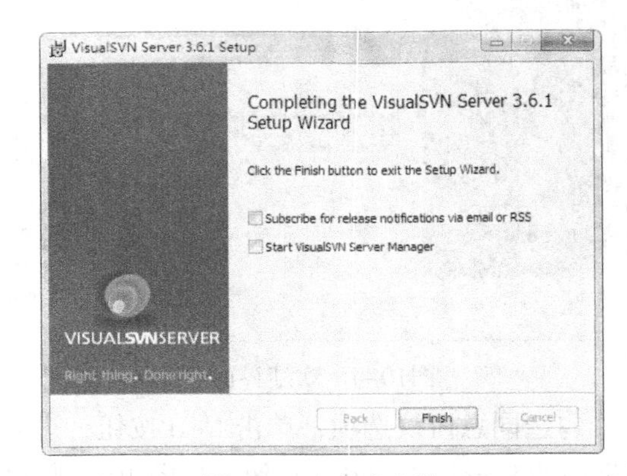

图10-11　完成安装

接下来安装 TortoiseSVN。TortoiseSVN 是 Subversion 版本控制系统的一个免费开源客户端，可以超越时间的管理文件和目录。文件保存在中央版本库，除了能记住文件和目录的每次修改以外，版本库与普通文件服务器很像。SVN 为程序开发团队提供了常用的代码管理，下面介绍 TortoiseSVN 的安装。

下载 TortoiseSVN 安装程序后，双击 TortoiseSVN 安装包，弹出图 10-12 所示的对话框。单击 Next 按钮，勾选同意协议选项，单击 Next 按钮，如图 10-13 所示。

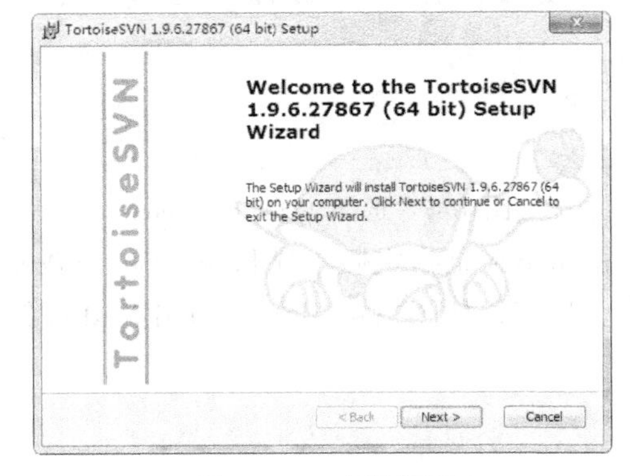

图10-12　欢迎界面

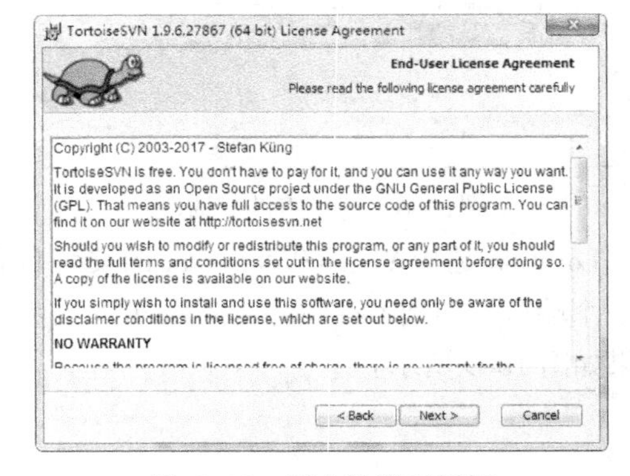

图10-13　用户协议对话框

保持默认安装地址，单击 Next 按钮，进入图 10–14 所示的对话框。继续单击 Next 按钮，开始安装过程，如图 10–15 所示。

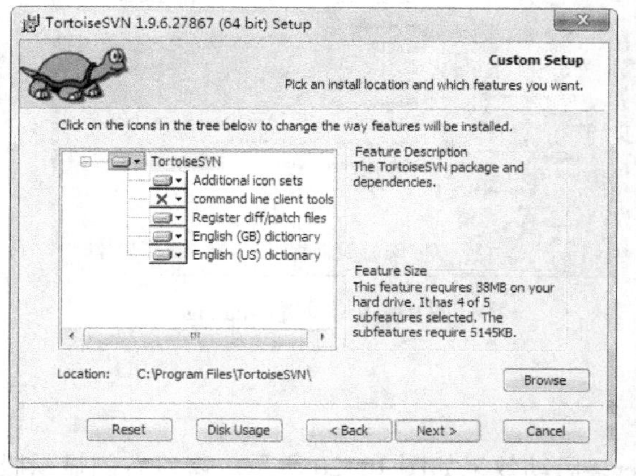

图10–14 自定义安装

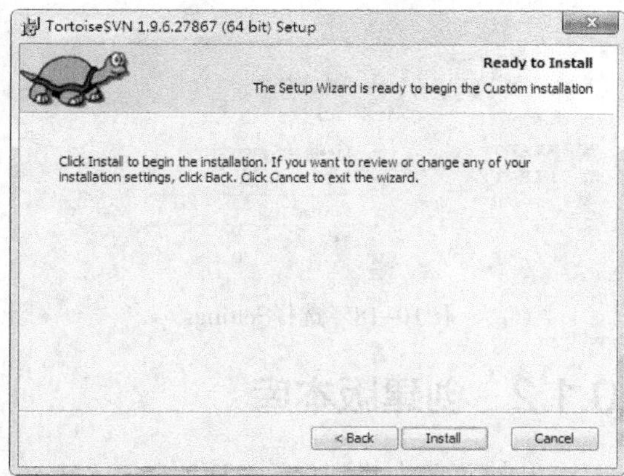

图10–15 准备安装

可以看到 TortoiseSVN 的安装过程，如图 10–16 所示。稍等片刻，单击“Finish”按钮，即可完成软件的安装，如图 10–17 所示。

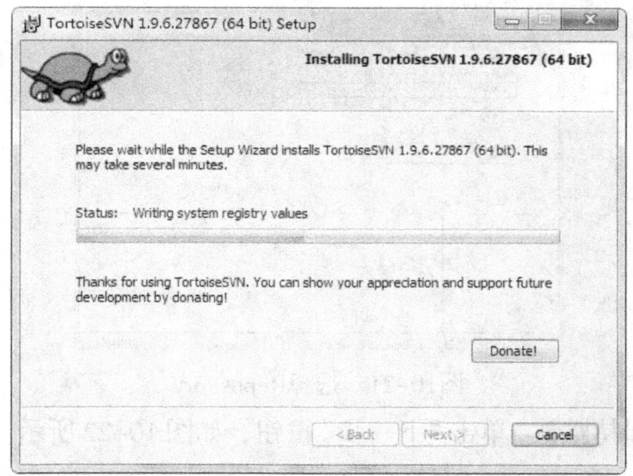

图10–16 安装过程

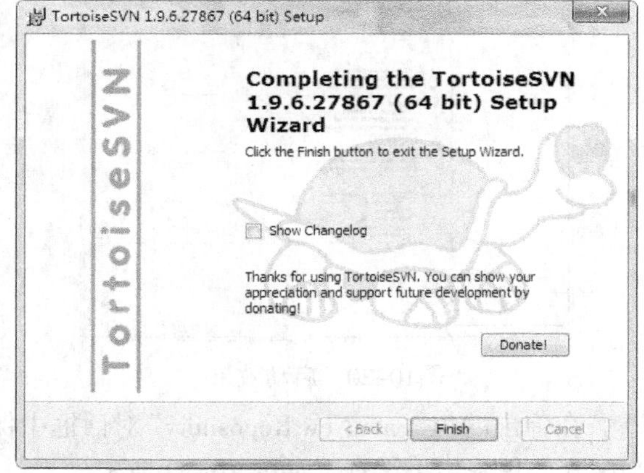

图10–17 完成安装

提示

安装过程中，会提示关闭一些应用程序，按照提示单击 OK 按钮即可。如果没有关闭，则不能正常安装。

接下来开始安装中文语言包。按照提示单击“Next”按钮即可完成安装。安装完成后，在桌面上单击鼠标右键，选择 Settings 选项，如图 10–18 所示。在弹出的对话框中设置 Language 为中文，如图 10–19 所示。

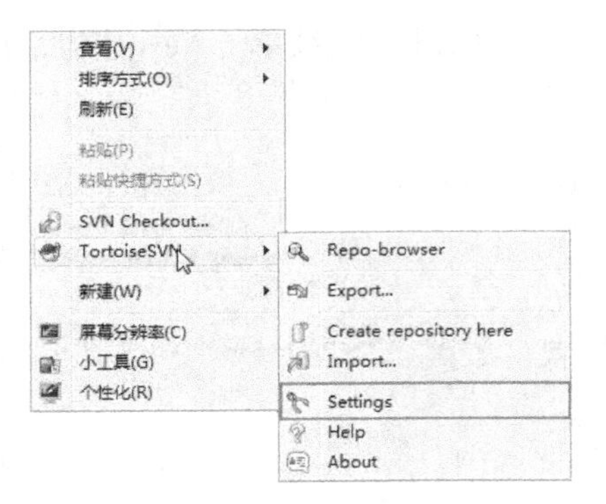

图10-18　选择Settings

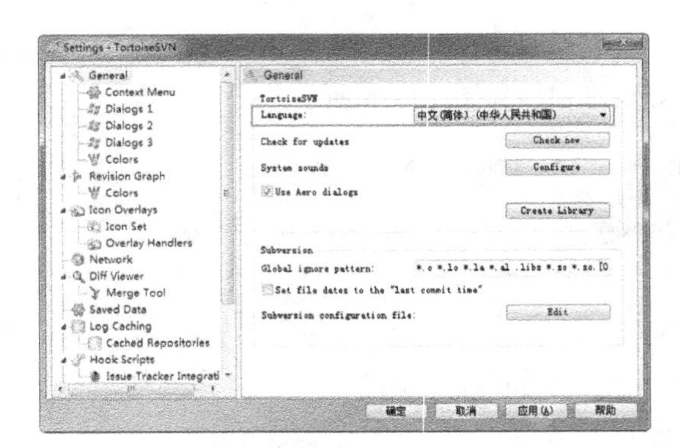

图10-19　设置Language

10.1.2　创建版本库

在开始菜单中找到 VisualSVN Server Manager，启动效果如图 10-20 所示。窗口右侧显示版本库的各种信息。在左侧窗口 Repositories 文件夹上单击鼠标右键，选择“新建 >Repository”选项，如图 10-21 所示。

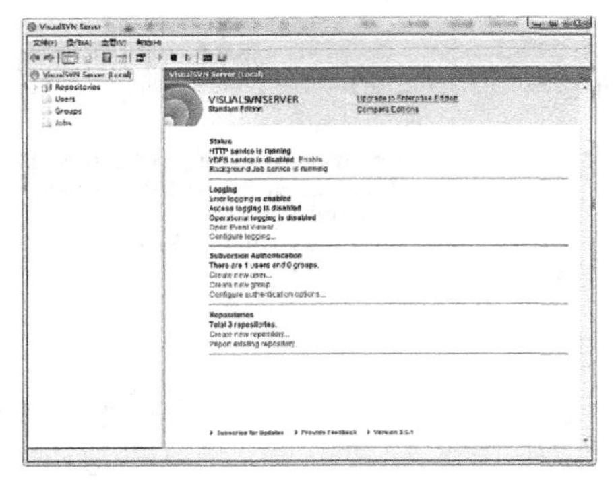

图10-20　启动效果

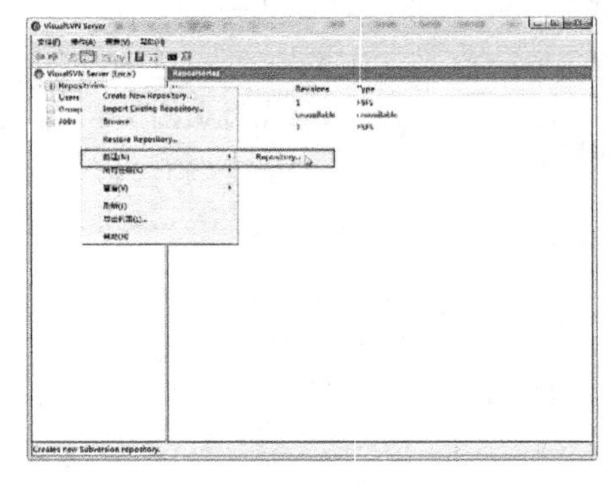

图10-21　选择Repository

在弹出的“Create New Repository”对话框中保持默认，单击“下一步”按钮，如图 10-22 所示。为版本库指定一个名称，如图 10-23 所示。

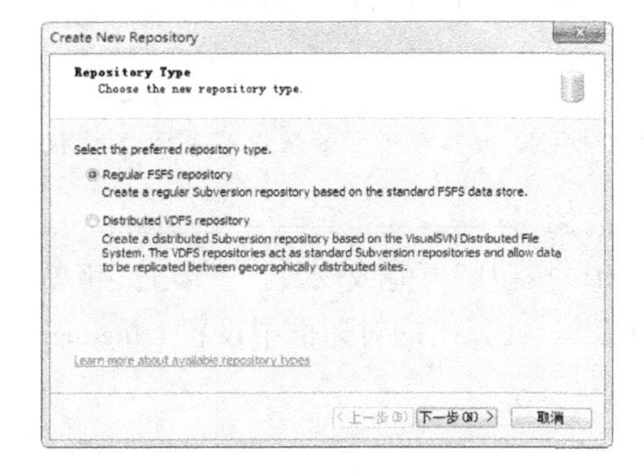

图10-22　默认设置

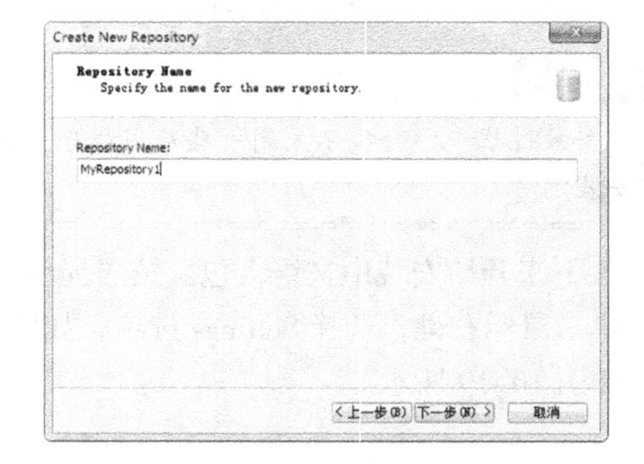

图10-23　为版本库指定名称

提示

版本库名称可以包含字母、数字、破折号、点或下划线，开始和结束都不能使用点。

单击“下一步”按钮，选择包含默认文件夹，如图 10-24 所示。单击“下一步”按钮，保持默认属性，单击“Create”按钮，如图 10-25 所示。

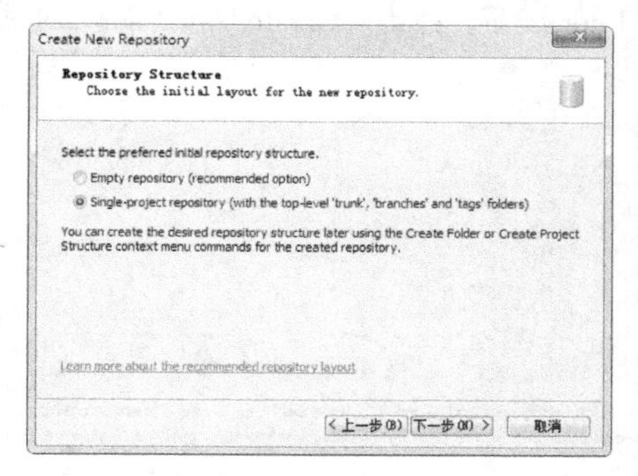

图10-24 选择包含默认文件夹

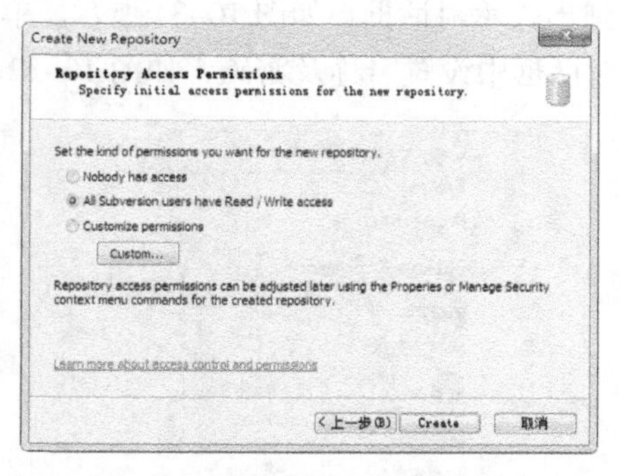

图10-25 单击“Create”按钮

弹出“Create New Repository”对话框，版本库的各项参数如图 10-26 所示。单击“Finish”按钮完成创建，返回“VisualSVN Server”对话框，即可查看版本库，创建版本库中会默认建立 trunk、branches 和 tags 3 个文件夹，如图 10-27 所示。

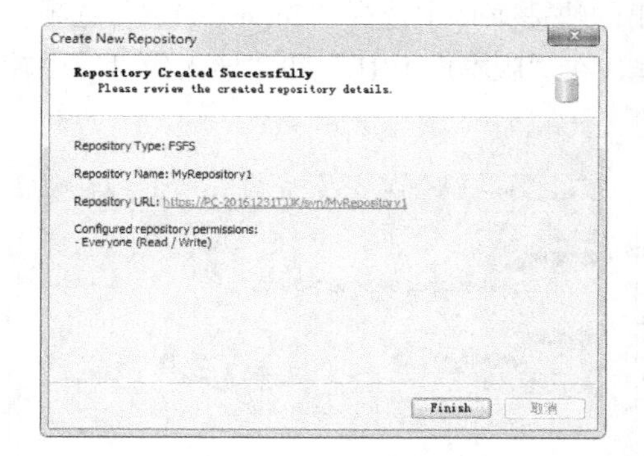

图10-26 版本库参数

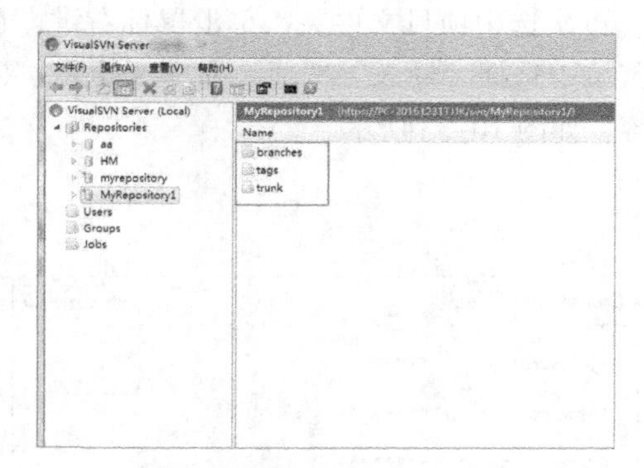

图10-27 默认建立3个文件夹

将项目导入版本库中，找到安装的项目文件夹，选中文件夹，单击鼠标右键，在弹出的快捷菜单中选择“TortoiseSVN”选项，在子菜单中选择“导入”选项，如图 10-28 所示。弹出导入对话框，如图 10-29 所示。

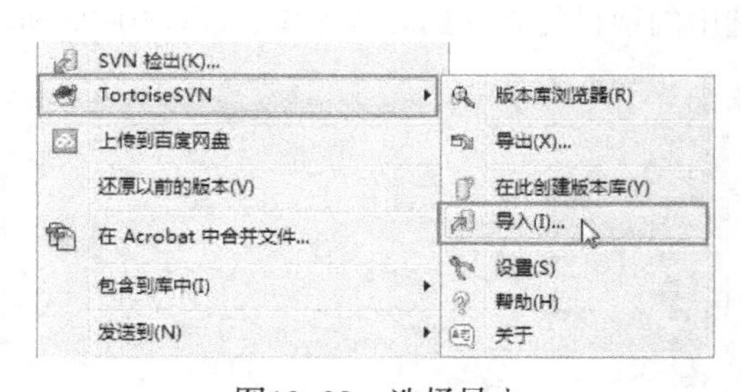

图10-28 选择导入

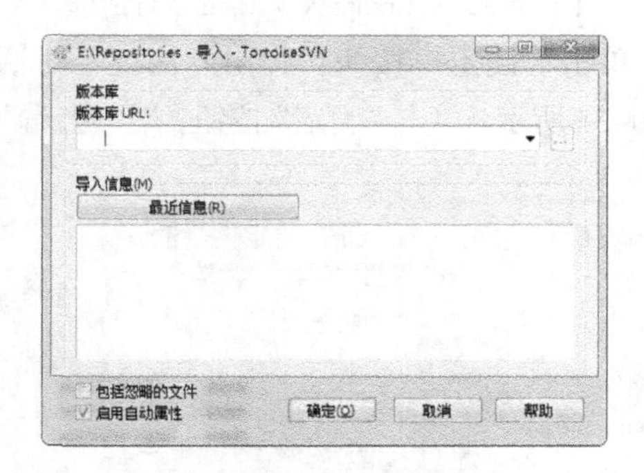

图10-29 导入对话框

提示

项目文件夹的位置就是图 10-8 中设置的位置。

返回“VisualSVN Server”对话框。在版本库上单击鼠标右键，选择“Copy URL to Clipboard”选项，如图 10-30 所示。

弹出提示对话框，如图 10-31 所示。单击 Create User 按钮，弹出“Create New User”对话框，在该对话框中设置名称及密码，如图 10-32 所示。

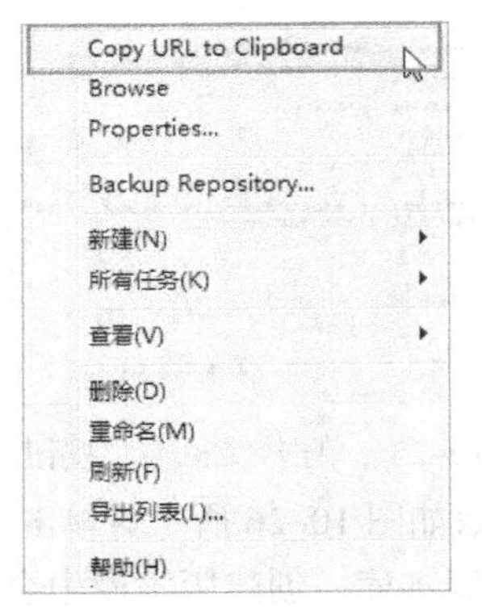

图10-30　选择Copy URL to Clipboard

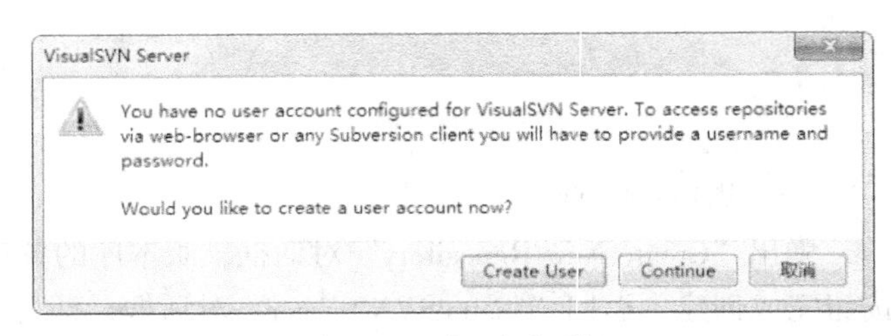

图10-31　提示对话框

再次选中项目文件夹，单击鼠标右键，在弹出的快捷菜单中选择“TortoiseSVN”选项，在子菜单中选择“导入”选项，弹出“导入”对话框，在“版本库 URL”和“导入信息”中输入内容，如图 10-33 所示。

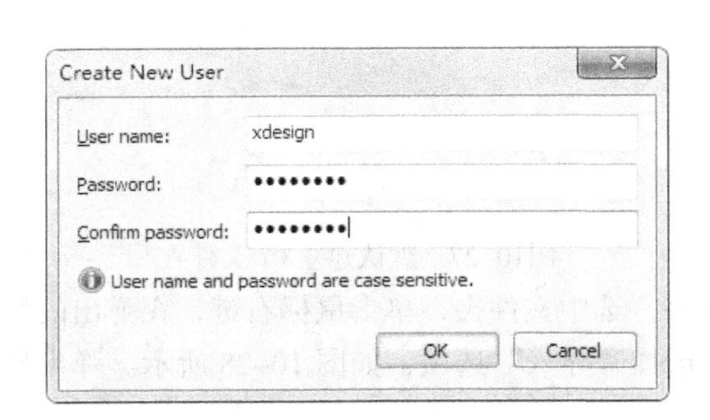

图10-32　“Create New User”对话框

图10-33　在导入对话框输入内容

单击“确定”按钮，弹出“认证”对话框，在对话框中输入前面创建的新用户及密码，如图 10-34 所示。单击“确定”按钮，用户会看到所选中的项目将导入到版本库中，如图 10-35 所示。

图10-34　“认证”对话框

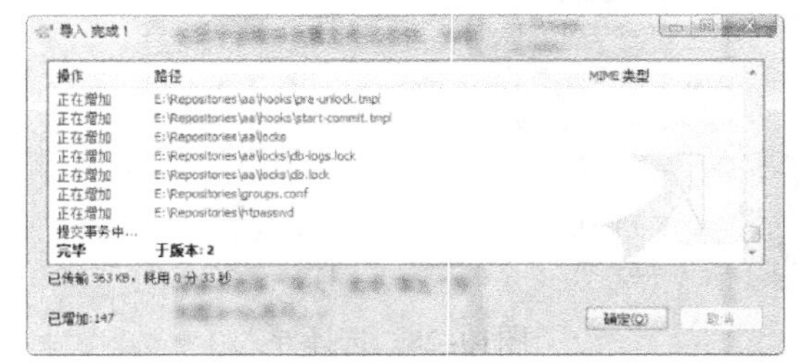

图10-35　项目将导入到版本库

项目导入到版本库以后，不能随便让任何人都能读写版本库，所以需要建立用户组和用户，返回“VisualSVN Server”对话框，选择“Users”选项，单击鼠标右键，在弹出的快捷菜单中选择“新建”选项，在子菜单中选择“User”选项，如图 10–36 所示。弹出“Create New User”对话框，需要再次创建用户，如图 10–37 所示。

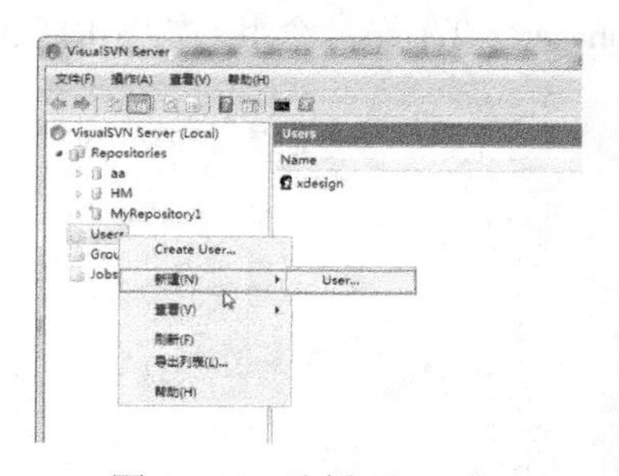

图10–36　选择“User”

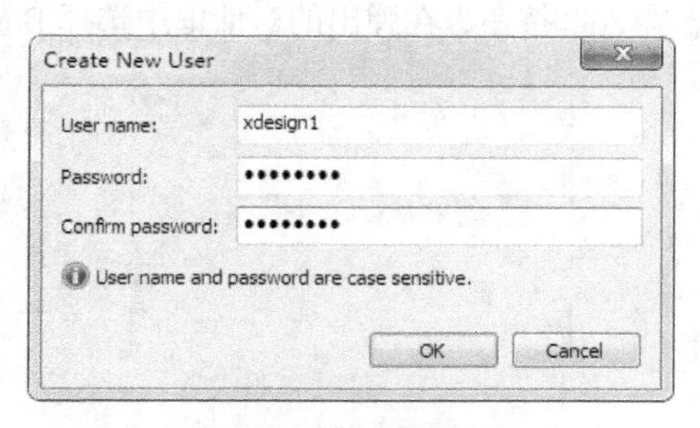

图10–37　再次创建用户

使用相同的方法继续创建 6 个用户，如图 10–38 所示。选择 Groups 选项，单击鼠标右键，在弹出的快捷菜单中选择“新建”选项，在子菜单中选择“Group”选项，如图 10–39 所示。

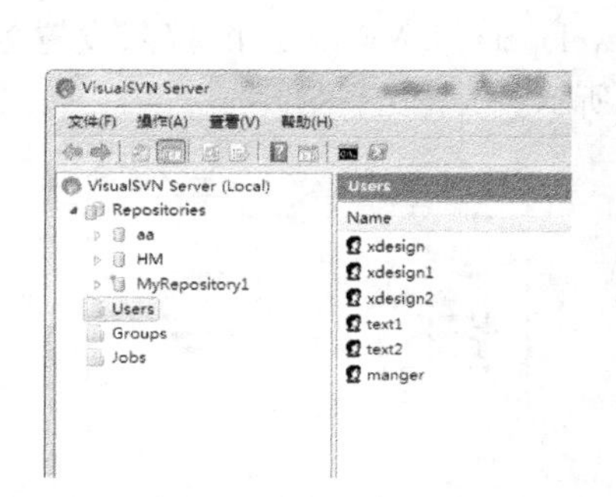

图10–38　创建6个用户

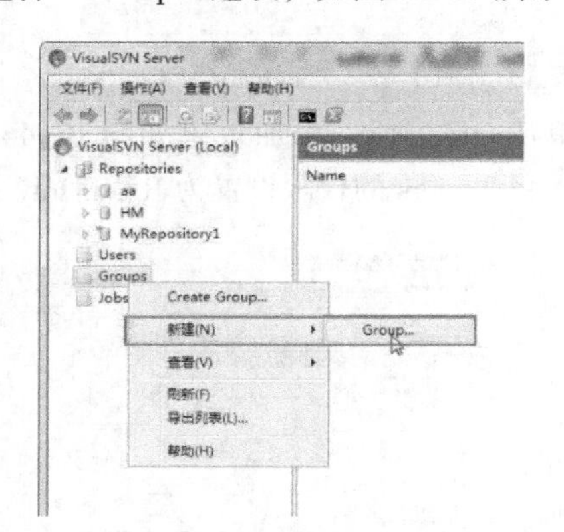

图10–39　选择“Group”

提示

6 个用户分别代表 3 个开发人员、2 个测试人员和 1 个项目经理。

在弹出的对话框中填写 Group name 为 Developers，单击 Add 按钮，在弹出的对话框中选择 3 个 xdesign，加入到这个组，单击 OK 按钮，如图 10–40 所示。使用相同的方法创建其他组，如图 10–41 所示。

图10–40　选择3个xdesign

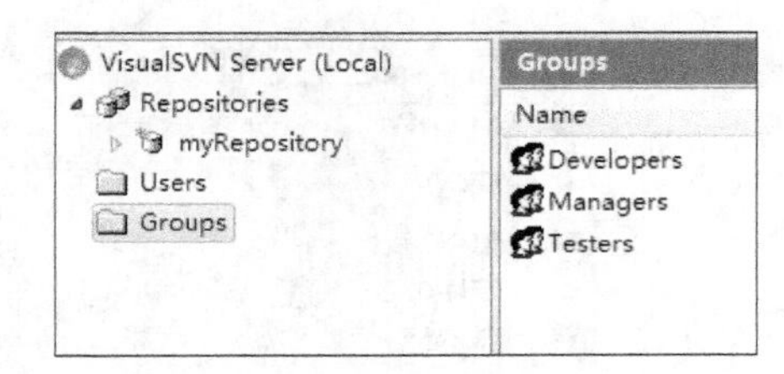

图10–41　创建其他组

在 VisualSVN Server 对话框中，选择 MyRepository1 选项，单击鼠标右键，在弹出的快捷菜单中选择 Properties 选项，在弹出的对话框中，选择“Security”选项卡，如图 10-42 所示。在对话框中单击“Add”按钮，在弹出的对话框中选择 Developers、Managers、Testers 3 个组，如图 10-43 所示。

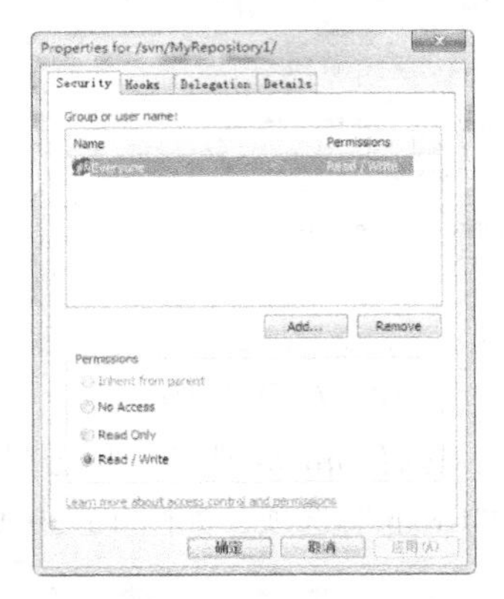

图10-42 “Security”选项卡

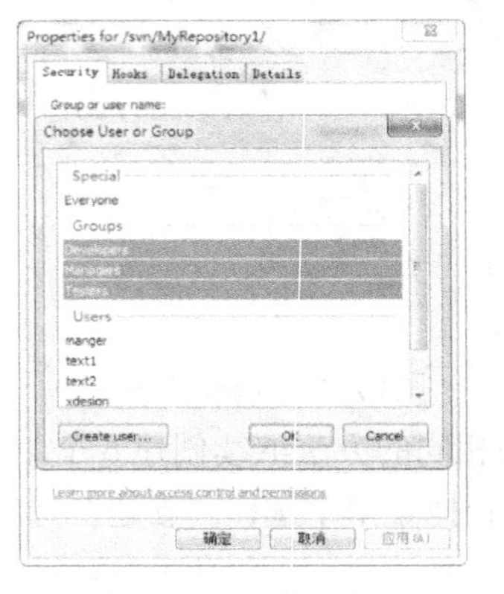

图10-43 选择3个组

单击 OK 按钮，添加效果如图 10-44 所示。将 Developers 和 Managers 的权限设置为 Read/Write，将 Testers 的权限设置为 Read Only，如图 10-45 所示。

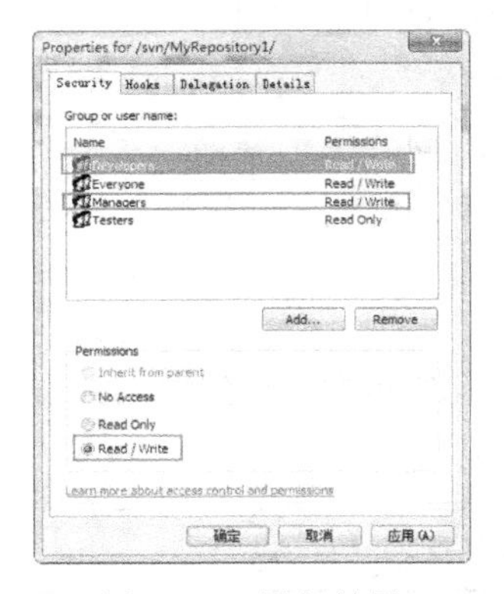

图10-44 添加效果

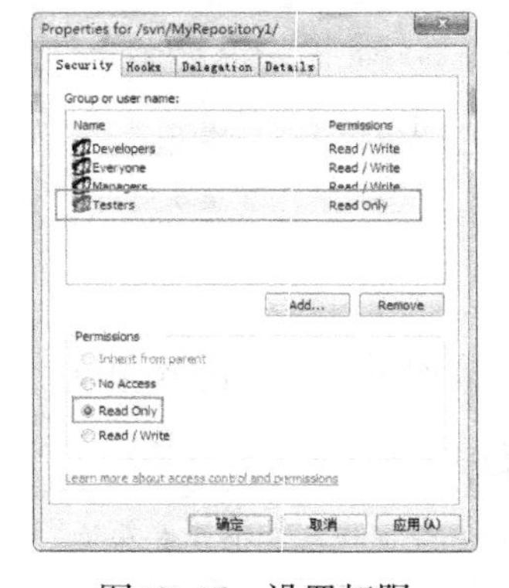

图10-45 设置权限

完成以上步骤的操作，服务端设置完成。接下来用客户端去检出代码。在桌面空白处单击鼠标右键，在弹出的快捷菜单中选择“SVN 检出”选项，如图 10-46 所示。在弹出的对话框中填写版本库 URL（具体获取方式在讲解上传项目到版本库时讲过），选择检出目录，如图 10-47 所示。

图10-46 选择“SVN检出”

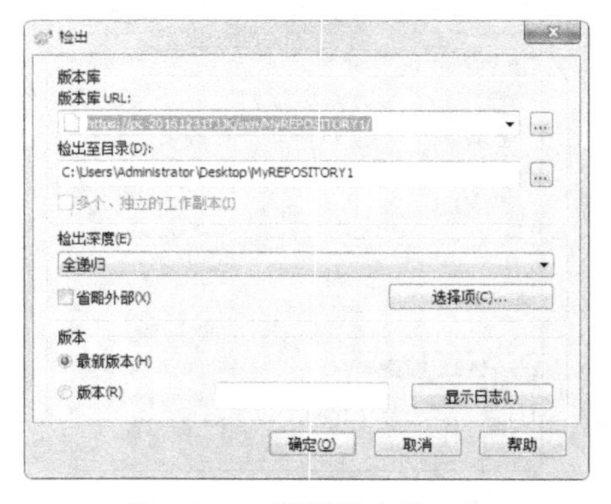

图10-47 填写版本库URL

单击“确定”按钮，开始检出项目，如图 10-48 所示。检出完成之后，打开工作副本文件夹（工作项目文件夹），会看到所有文件和文件夹都有一个绿色的对勾标志，如图 10-49 所示。

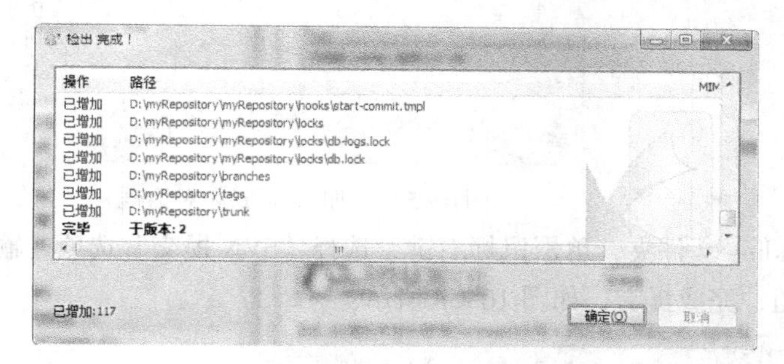

图10-48 检出项目

图10-49 绿色对勾文件夹

10.2 TortoiseSVN 客户端应用

完成 TortoiseSVN 客户端的安装后，用户就可以在客户端中完成上传文件、修改文件等操作。这些操作可以被多个同级用户看到，便于整个团队项目的创建。

10.2.1 新建共享文件

用户如果需要在文件夹中创建一个新的共享文件，则需要使用 SVN 提交功能将文件上传到指定文件夹中。

实战操作：新建共享文件

打开工作项目文件夹（绿色对勾文件夹），在该文件中添加一个 readme 文件夹，用户会发现创建的 readme 文件夹显示为问号，如图 10-50 所示。在 readme 文件夹上单击鼠标右键，选择“TortoiseSVN 选项 > 增加”选项，如图 10-51 所示。

图10-50 readme文件夹

版本库浏览器(R)
导出(X)...
在此创建版本库(Y)
增加(A)...
导入(I)...
增加到忽略列表(I)
设置(S)
帮助(H)
关于

图10-51 选择“增加”

操作视频：034.mp4

弹出图 10-52 所示的对话框，单击“确定”按钮，弹出“加入 完成”对话框，如图 10-53 所示。

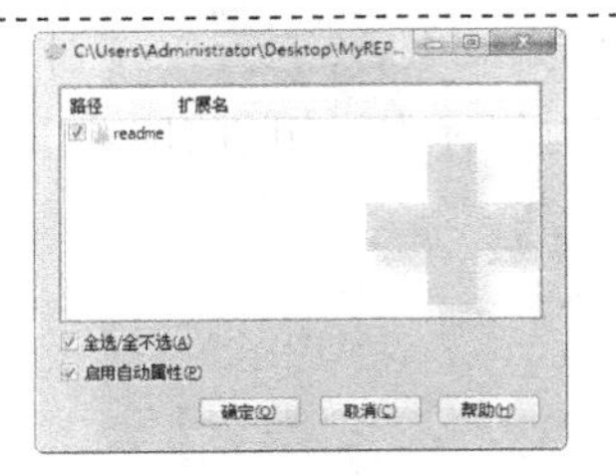

图10-52 “增加”对话框

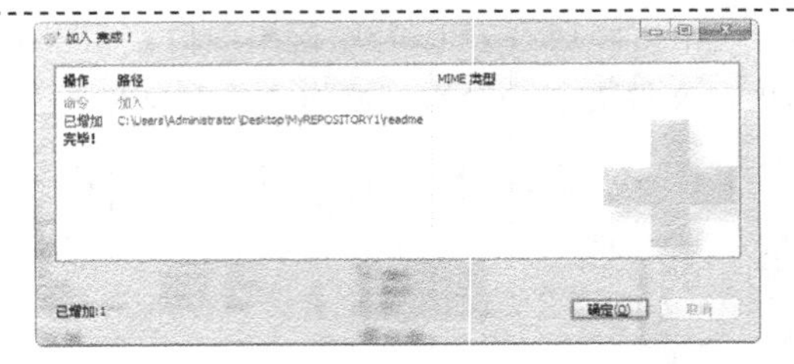

图10-53 “加入 完成”对话框

返回工作项目文件夹，选择 readme 文件夹，单击鼠标右键，选择“SVN 提交”选项，输入用户名和密码，单击“确定”按钮，完成提交，如图 10-54 所示。

图10-54 完成提交

10.2.2 修改共享文件

除了新建共享文件外，用户还可以对共享文件夹中的任意文件进行修改，以完成原型的创建任务。

实战操作：修改共享文件

在工作项目文件夹中新建一个 come.txt 的共享文件，如图 10-55 所示。打开 come.txt 文件，在文本中添加内容，如图 10-56 所示。

操作视频：035.mp4

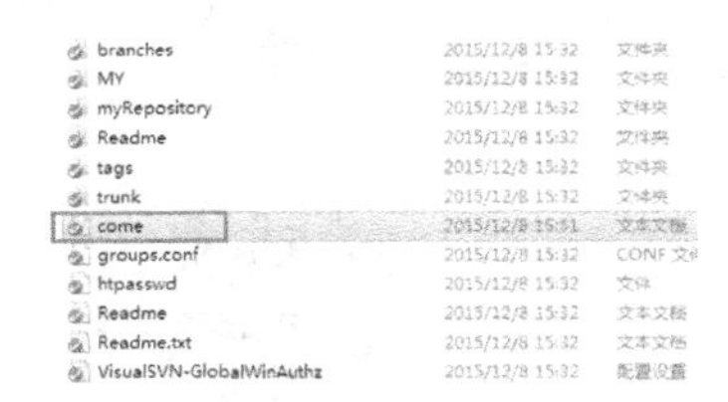

图10-55 新建come.txt文件

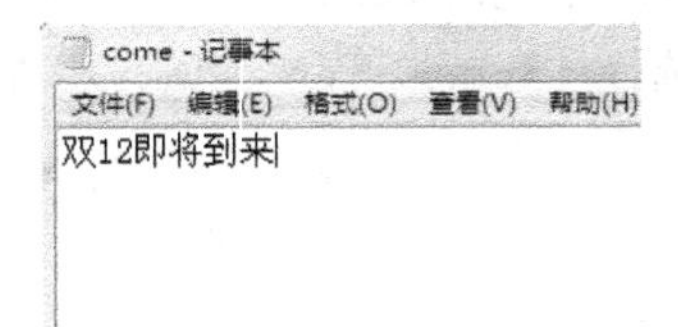

图10-56 添加内容

将文件保存后关闭，文件的图标变成红色的感叹号，如图 10-57 所示。通过提交更改上传文件后，感叹号即可消失。更改文件名为 come1.txt，文件图标如图 10-58 所示。

图10-57 文件图标变为“!”

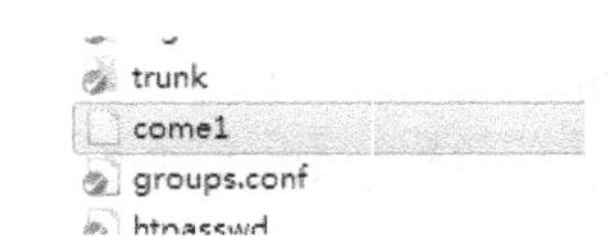

图10-58 更改文件名

选中 come1.txt 文件，单击鼠标右键，在弹出的快捷菜单中选择“TortoiseSVN”选项，在子菜单中选择“加入”选项，如图 10-59 所示。将文件提交后，单击鼠标右键，选择“刷新”选项，将文件夹刷新，效果如图 10-60 所示。

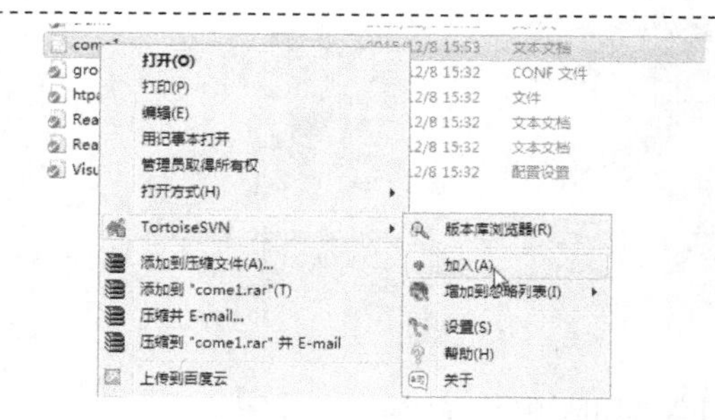

图10-59 选择“加入”

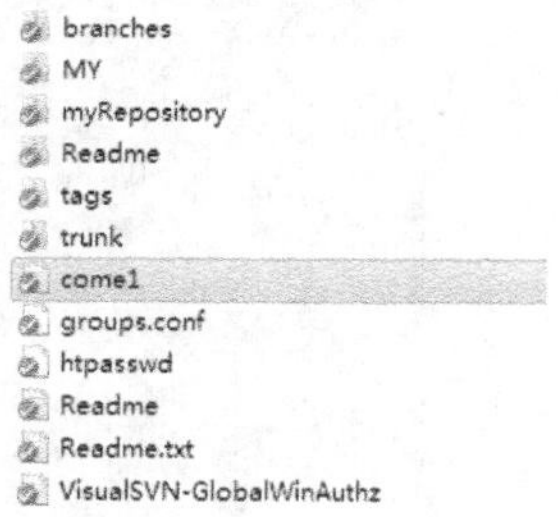

branches
MY
myRepository
Readme
tags
trunk
come1
groups.conf
htpasswd
Readme
Readme.txt
VisualSVN-GlobalWinAuthz

图10-60 刷新后效果

选择需要删除的文件，单击鼠标右键，在弹出的快捷菜单中选择“TortoiseSVN”选项，在子菜单中选择“删除”选项，如图10-61所示。将文件删除后，单击鼠标右键，选择“SVN提交”选项，弹出图10-62所示的对话框，用户可以根据提示选择删除。

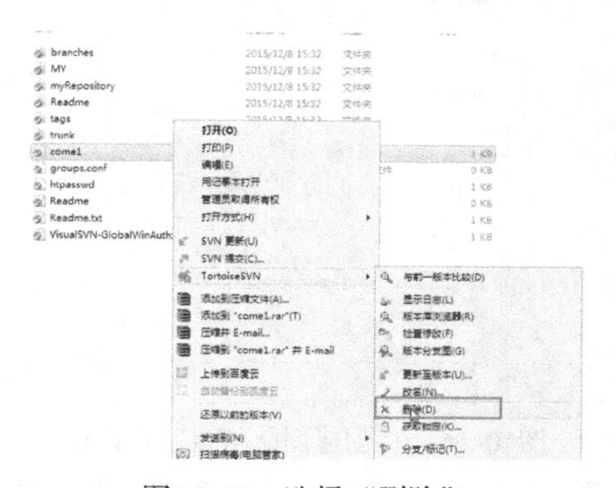

图10-61 选择“删除”

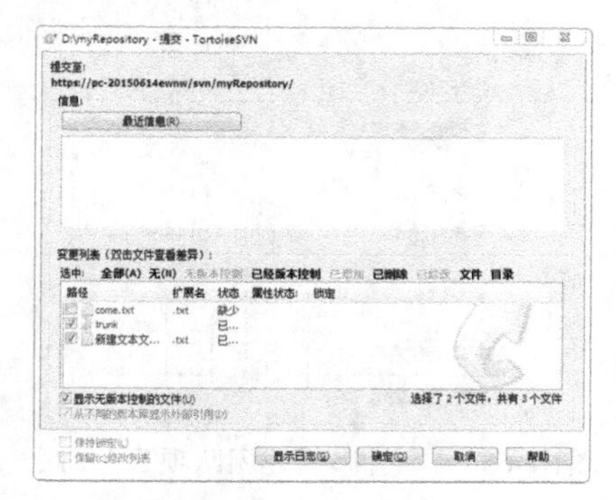

图10-62 “提交”对话框

单击“确定”按钮后，弹出“认证”对话框，输入密码及用户名后，弹出“提交 完成”对话框，如图10-63所示，可将想要删除的文件删除。

图10-63 “提交 完成”对话框

10.3 使用团队项目

一个大的项目通常不是一个人完成的，需要几个甚至几十个人共同来完成。创建团队项目可以使团队中的所有用户及时共享最新信息，全程参与到项目的研发制作中。

10.3.1 创建团队项目

执行“文件 > 新建”命令，新建一个Axure文档。执行“团队 > 从当前文件创建团队项目”命令，如图10-64所示，即可开始创建团队项目。

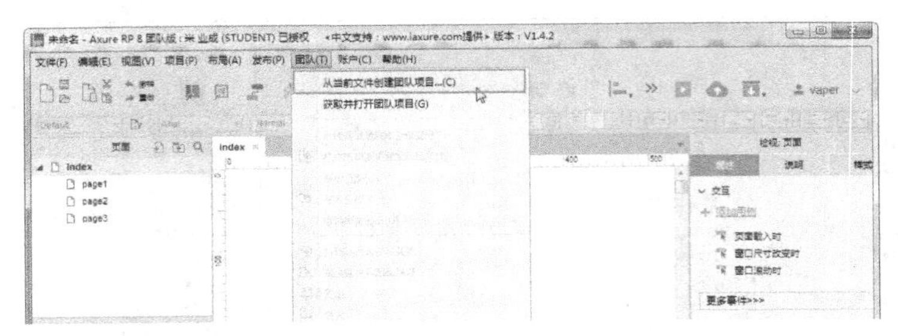

图10-64 “团队>从当前文件创建团队项目”命令

用户也可以执行“文件 > 新建团队项目”命令，如图 10-65 所示。在弹出的“创建团队项目”对话框中创建项目，如图 10-66 所示。

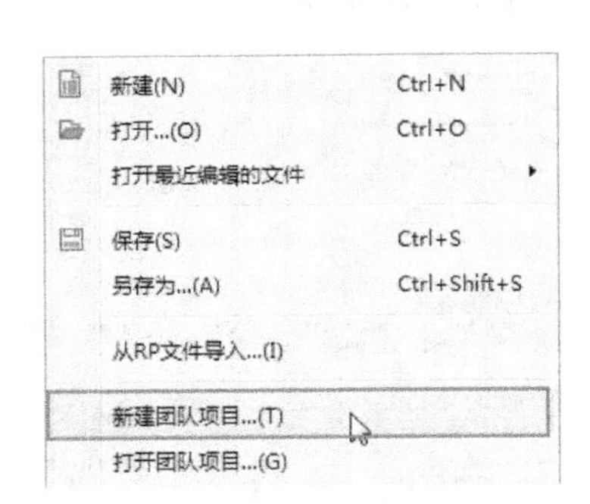

图10-65 “文件>新建团队项目”命令

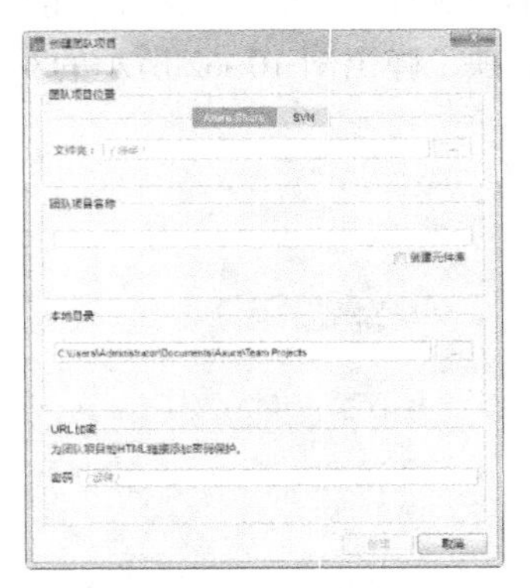

图10-66 “创建团队项目”对话框

单击“创建团队项目”对话框中的 SVN 选项，单击团队目录后的按钮，选择工作项目文件夹位置（绿色对勾标识的文件夹）。

提示

在选择团队目录位置时，可以直接复制粘贴 URL 或 SVN 的地址。用户也可以在工作项目文件夹（绿色对勾文件夹）直接新建文件，将文件添加到版本控制中（前面讲解的添加文件操作），在选择团队目录时直接选择该文件位置，创建团队项目。

在团队目录中输入团队项目的目录，如图 10-67 所示。在本地目录选项下选择本地项目保存的位置，如图 10-68 所示。

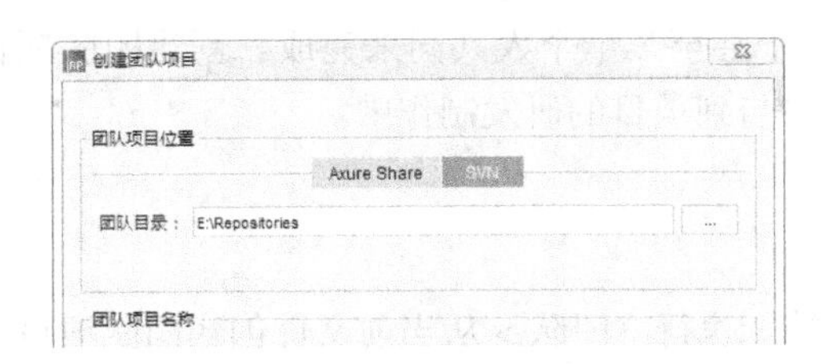

图10-67 输入团队项目的目录

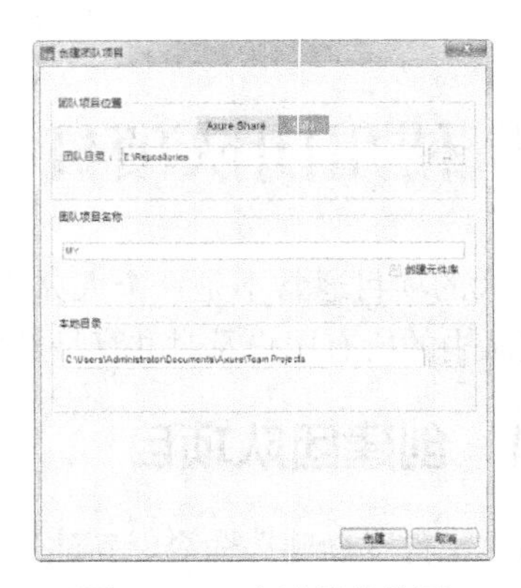

图10-68 选择保存位置

提示

在给团队项目命名时，要保持简短的项目名称，在名称中如果包含多个独立的单词，要使用连字符或者首字母大写，不要出现空格，因为项目名称会在 URL 使用，所以要避免空格。

单击“创建”按钮，弹出创建进度窗口，如图 10-69 所示。当创建成功后，弹出提示成功对话框，如图 10-70 所示。

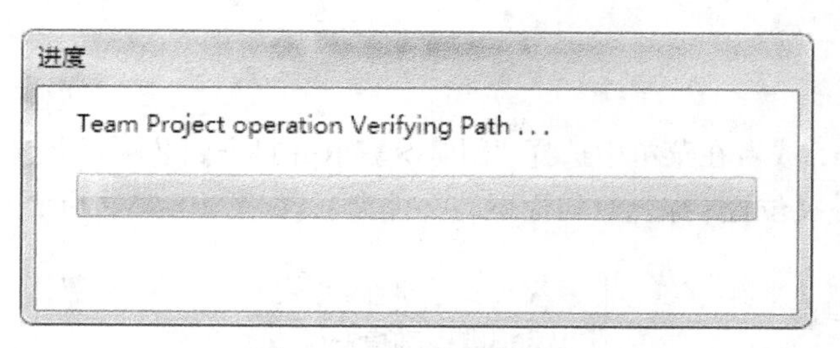

图10-69　创建进度窗口

图10-70　提示成功对话框

提示

本地目录选项是本地项目保存的位置，用户可以将该位置打开，会看到 Axure 团队项目创建了两个内容。

Axure RP 默认的保存格式是 Axure RP 标准文件格式，这种格式在同一时间只能有一个人进行访问和编辑，而 Axure RP 团队项目是为了支持团队合作，因此可以多人进行访问，团队项目文件格式为 .rpprjg 格式，文件图标如图 10-71 所示。

图10-71　团队项目文件图标

打开工作项目文件夹（绿色对勾文件夹），用户会看到创建的团队项目，但是并没有显示“受控状态”，如图 10-72 所示。选择该项目，将文件添加到版本控制的状态（同前面讲解的添加文件的方法相同，这里不再详细讲解），文件显示效果如图 10-73 所示。

图10-72　创建的团队项目

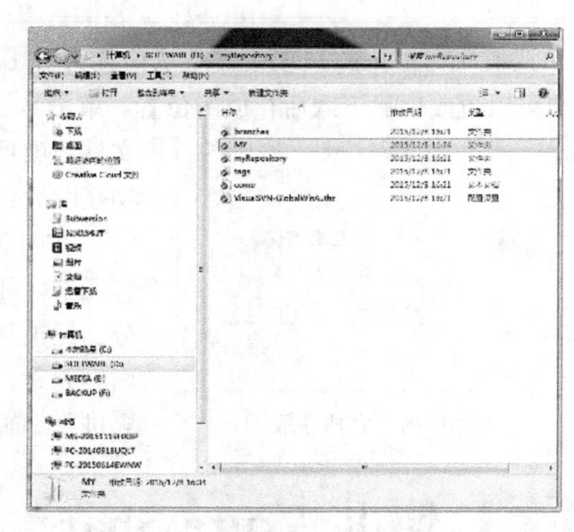

图10-73　文件显示效果

提示

如果用户先在项目文件夹（绿色对勾文件夹）中新建文件，并将该文件添加到版本控制状态，在选择团队目录时，如果选择的是该新建文件，不用再添加，只需要更新即可。

完成团队项目的创建后，需要将共享目录的地址告诉团队合作中的其他成员。同时把 SVN 服务器的用户名和密码准备好，团队合作中其他成员在第一次连接下载时需要使用。

10.3.2 打开团队项目

执行“文件 > 打开团队项目”命令，或者在菜单中选择“团队 > 获取并打开团队项目”选项，如图 10-74 所示。选择项目建成的文件夹位置（绿色对勾标识的文件夹），如图 10-75 所示。

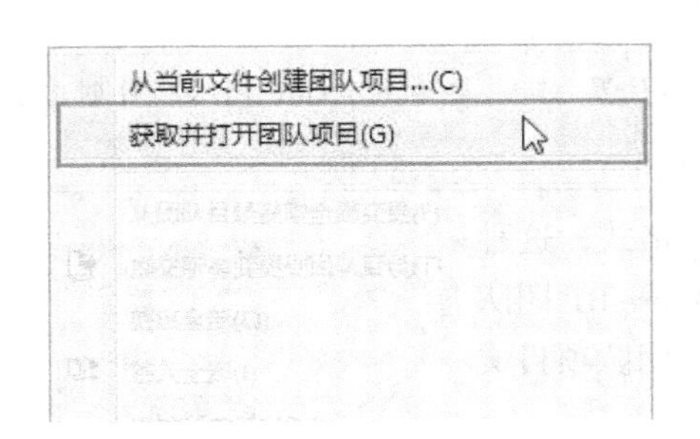

图10-74 选择“获取并打开团队项目”

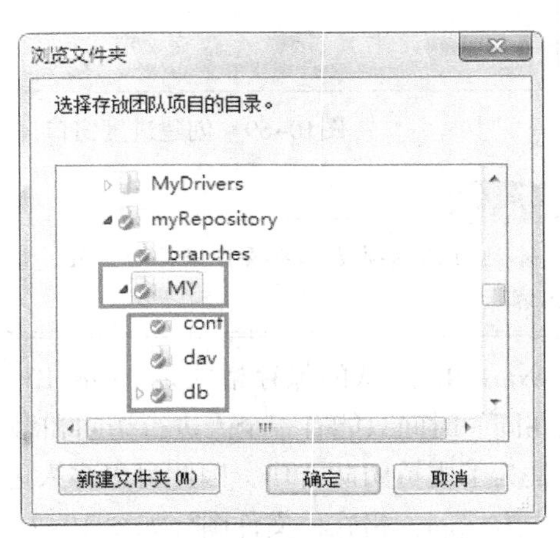

图10-75 选择项目

提示

用户在选择文件时会看到在 MY 团队项目文件夹有 db、dav 及 conf 子目录，说明在此台计算机上已经获取过该团队项目文件，不需要重复获取，直接执行“文件 > 打开”命令即可打开项目文件。

在 Local Diretory 选项中，默认位置为 C:\Users\Administrator\Documents\Axure\Team Projects，用户可以更改项目下载后存放的位置。单击 Get 键，Axure RP 会从服务器或者网络目录下载项目文件，项目成功获取后弹出图 10-76 所示的对话框。项目成功获取后，可以进行编辑。

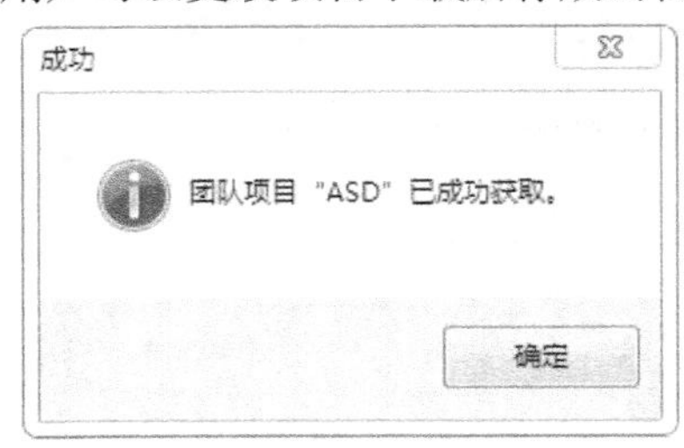

图10-76 成功获取

在团队项目中编辑文件，团队成员要签出所有需要的内容元素。如果其他团队成员也想签出同一部分，会提示该部分已经被签出。当签出部分完成设计后，团队成员可以签入内容元素，同时其他的团队成员也可以对想要签出的内容元素进行编辑设计。

10.4 使用 Axure Share

Axure Share 是用于存放 HTML 原型的 Axure 云主机服务。Axure Share 目前托管在 Amazon 网

络服务平台，是一个相当可靠和安全的云环境。用户可以登录 https://share.axure.com/ 查看。

10.4.1 创建 Axure Share 账号

使用 Axure RP 需要创建一个账号，从 2014 年 5 月开始，Axure Share 就全部免费了。每个账号可以创建 100 个项目，每个项目的大小限制为 100MB。

用户可以执行“发布 > 登录 Axure 账号”命令，弹出“登录”对话框，如图 10-77 所示。在“登录”对话框中选择“创建账号”选项，如图 10-78 所示。

图10-77 “登录”对话框

图10-78 创建账号

用户可以在“创建账号”对话框中创建账号，也可以登录 https://share.axure.com 在网页中创建，如图 10-79 所示。

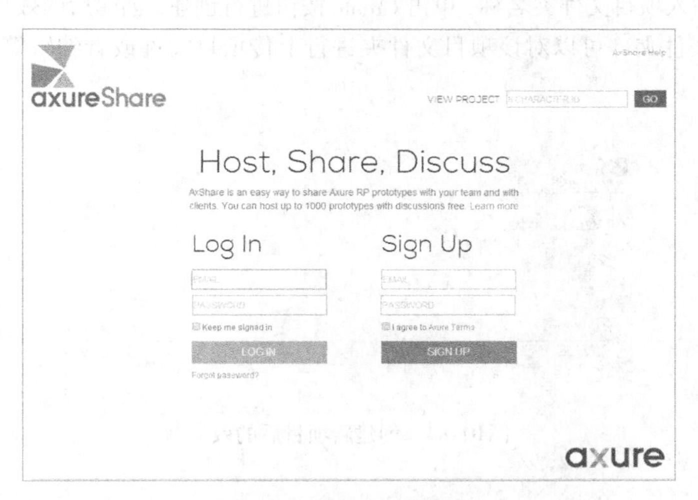

图10-79 在网页创建账号

10.4.2 上传原型到 Axure Share

读者可以将原型托管在 Axure Share 上并与利益相关者分享。使用 HTML 原型的讨论功能可以让利益相关者与设计团队进行离线讨论。

读者可以在 Axure 网站中链接 Axure Share，也可以直接访问 https://share.axure.com。图 10-80 所示为 Axure Share 登录页面，图 10-81 所示为登录后的状态页面。

图10-80　Axure Share登录页面

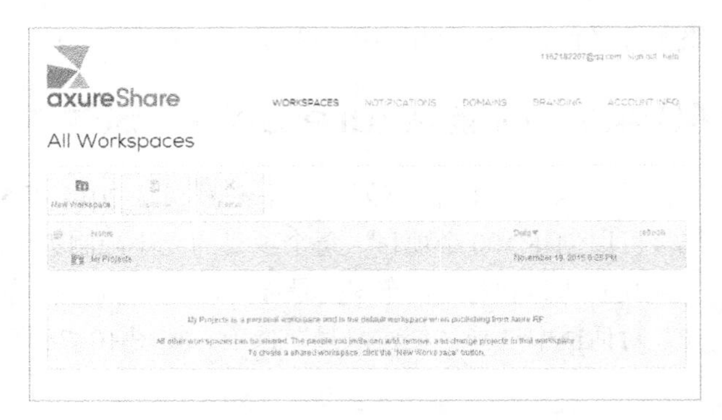

图10-81　登录后的状态页面

将原型文件存储于 Axure Share 托管服务上很简单，需要读者登录账号后进入登录界面，单击创建新项目按钮，如图 10-82 所示，弹出创建新项目对话框，如图 10-83 所示。

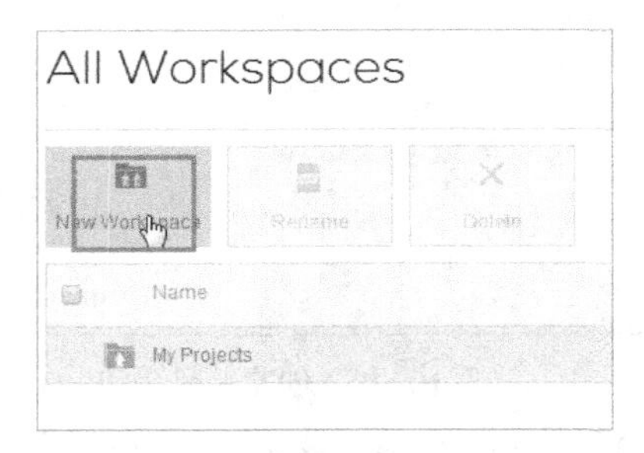

图10-82　单击创建新项目按钮

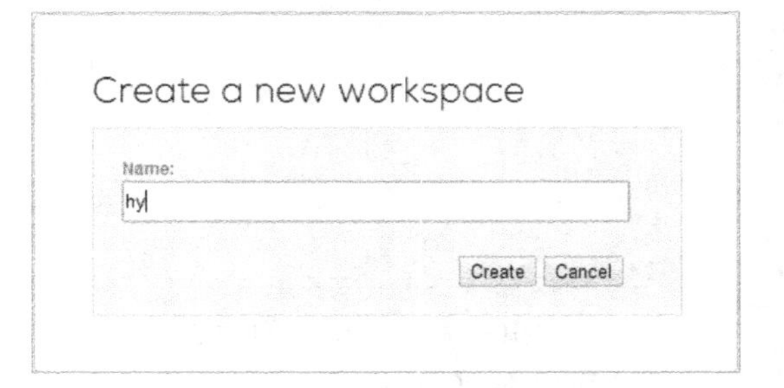

图10-83　创建新项目

在对话框中输入项目文件夹名称，单击 Create 按钮进行创建，创建后的效果如图 10-84 所示。选中新建的项目文件夹，可以对该项目文件夹进行上传项目文件或者编辑等操作，如图 10-85 所示。

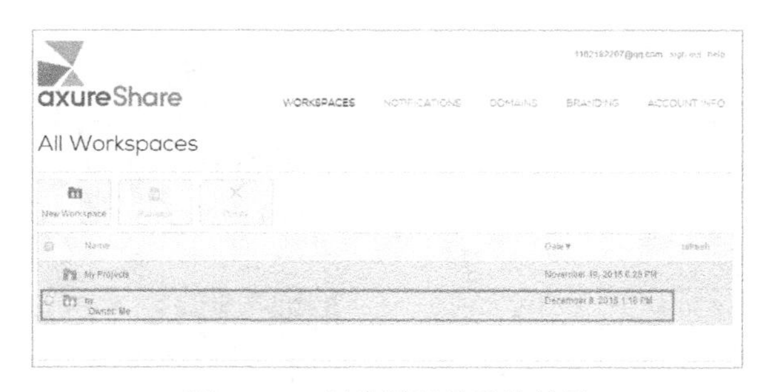

图10-84　创建新项目后的效果

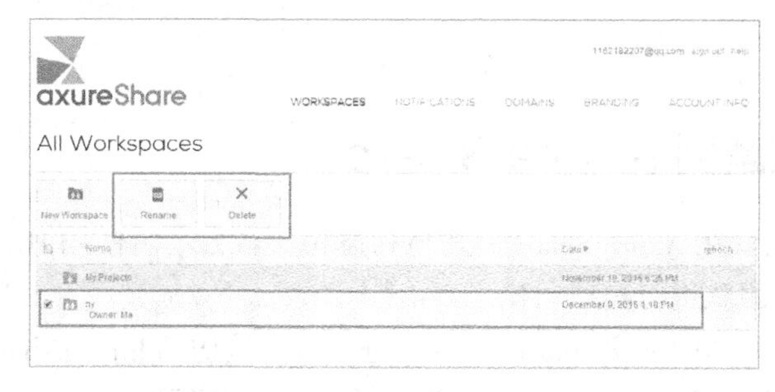

图10-85　选中项目文件夹可进行操作

用户可以在网页中直接创建项目文件夹，也可以将项目上传到 Axure Share 中，执行“发布 > 发布到 Axure Share”命令，弹出“发布到 Axure Share”对话框，如图 10-86 所示。

◎ 配置

可以设置 HTML 输出设置，单击编辑按钮即可弹出“生成 HTML”对话框，读者可以对其进行设置，如图 10-87 所示。

图10-86 “发布到Axure Share”对话框

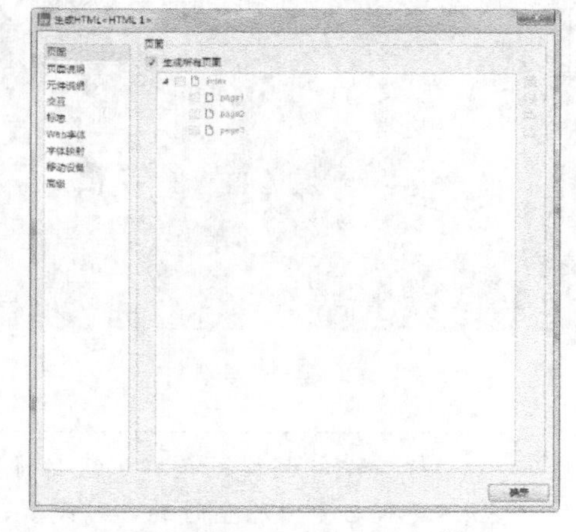
图10-87 “生成HTML”对话框

◎ 创建一个新项目

需要输入新项目的名称、密码及文件夹，选择文件夹时弹出“登录”对话框，需要读者登录 Axure Share 账号。如果读者已经登录了账号，可以选择前面一节中创建的项目文件夹。

◎ 替换现有项目

将新的原型替换原来的原型，但是需要输入原型的项目 ID。

10.5 本章小结

当需要多人同时制作一个项目时，使用团队合作就非常有必要了。本章讲解了团队项目合作原型存储的公共位置以及团队项目的制作、获取及发布。团队合作的重点是团队项目中的签入和签出，只有将制作完的内容全部签入后，才能使团队合作中的其他成员看到。

第11章 发布与输出

原型设计制作完成后，需要将其发布输出，以供使用。本章将介绍Axure RP 8发布与输出原型时的各种设置，向读者详细介绍调整预览时默认Axure RP打开界面的方法等内容。Axure RP 8中共提供了4种生成器，默认的HTML生成器、Word生成器、CSV报告生成器和新增的打印生成器。

本章知识点

- 掌握在浏览器中查看原型
- 了解 HTML 生成器的使用
- 了解 Word 生成器的使用
- 了解 CSV 报告生成器
- 了解打印生成器
- 掌握设置浏览器的方法

11.1 发布查看原型

当项目完成后，单击工具栏中的“预览”按钮或按 F5 键，即可在浏览器中查看原型效果。用户可以选择浏览器和设置生成项目的位置。

单击工具栏上的“发布”按钮，在下拉菜单中选择“生成 HTML 文件”选项，如图 11–1 所示。弹出“生成 HTML”对话框，如图 11–2 所示。

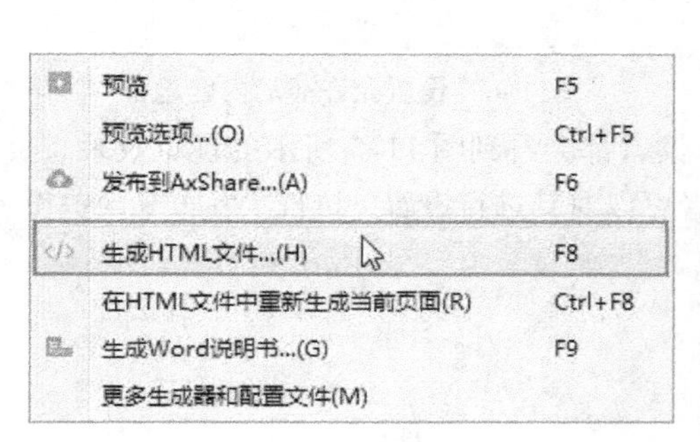

图11–1 选择“生成HTML文件”

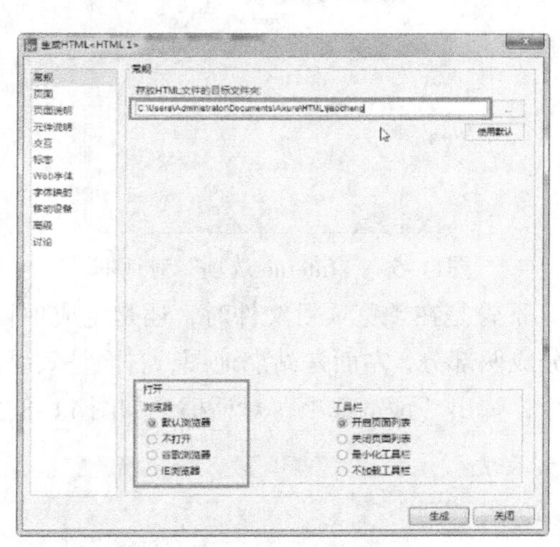

图11–2 “生成HTML”对话框

选择想要保存项目的位置，然后再选择默认打开浏览器。Axure RP 8 会自动识别当前系统中的浏览器供用户选择，默认选择 IE 浏览器。

提示

如果存储位置未创建，Axure RP 8 会创建一个当前文件夹供用户使用。

单击“确定”按钮，在浏览器中可以看到生成的项目原型。对于 IE 浏览器， 每次生成 Axure RP 项目并且在浏览器中打开的时候，会出现图 11–3 所示的安全提示。

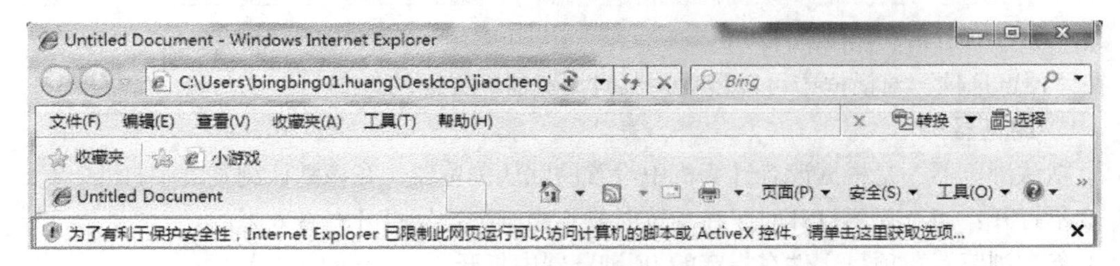

图11–3 安全提示

在提示上单击鼠标左键，在弹出的快捷菜单中选择“允许阻止的内容”选项即可，如图 11–4 所示。

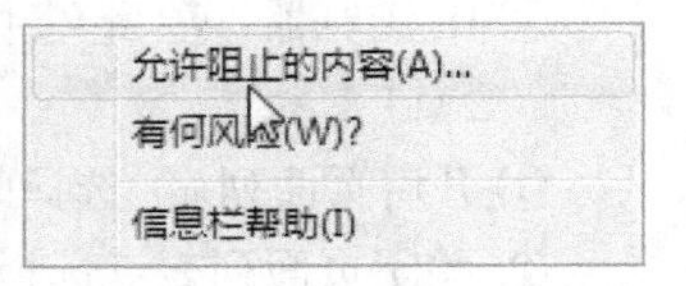

图11–4 允许阻止的内容

为了避免每次预览时提示都出现，用户可以在 IE 浏览器中执行“工具 >Internet 选项”，弹出“Internet 选项”对话框，如图 11–5 所示。

在“高级”选项卡中勾选“允许活动内容在我的计算机上的文件中运行 *”复选框，如

图 11-6 所示。重启 IE 浏览器，再生成项目时就不会弹出安全警告了。

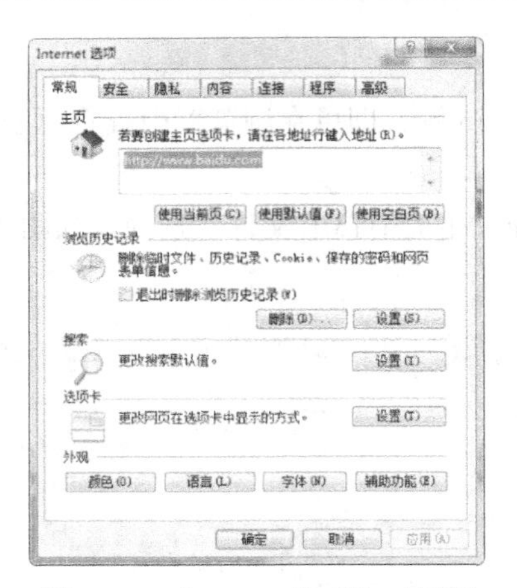

图11-5 “Internet选项”对话框

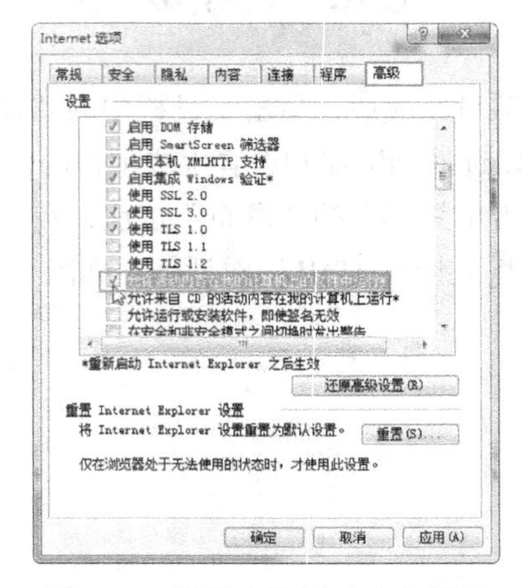

图11-6 设置允许活动内容运行

不管是在预览项目文件时，还是生成项目时，读者都会看到图 11-7 所示的预览效果。页面会分成两部分，左面是站点地图，右面是效果，读者可以对其进行设置，执行“发布 > 预览设置”命令，弹出“预览选项”对话框，如图 11-8 所示。

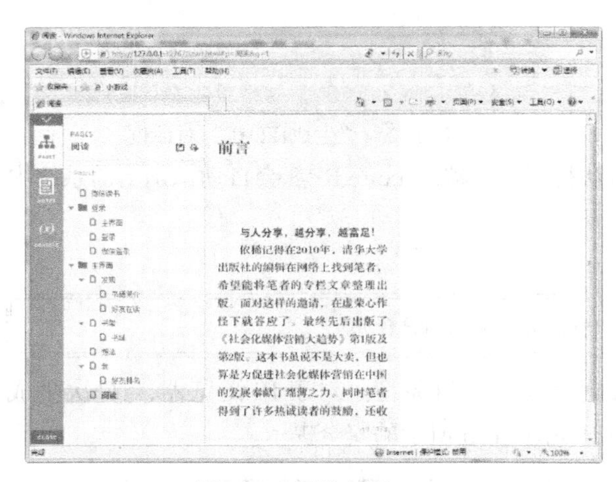

图11-7 预览效果

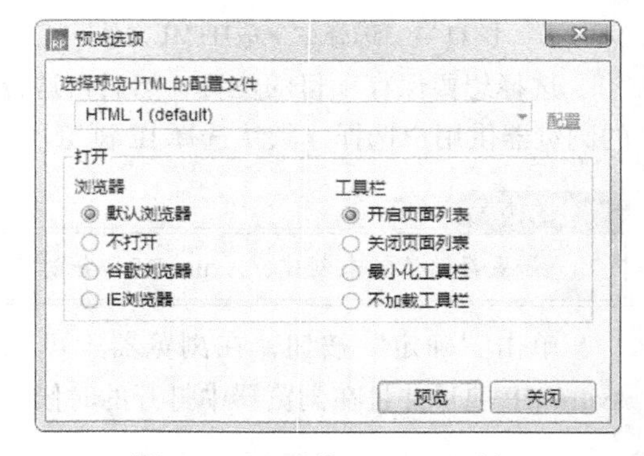

图11-8 “预览选项”对话框

在“预览选项”对话框中可以设置预览时浏览器的界面的分布。

（1）浏览器

① 默认浏览器：是根据读者计算机中设置的默认浏览器，在该默认浏览器中打开。

② 不打开：当选择不打开时，在预览时是不会有浏览器打开查看效果的。

③ 谷歌浏览器：项目文件在指定的 IE 浏览器中打开。

④ IE 浏览器：项目文件在指定的 IE 浏览器中打开。

（2）工具栏

① 开启页面列表：选择此选项，预览原型时将显示左侧的页面列表内容。此选项为默认状态。

② 关闭页面列表：选择此选项，预览原型时将不显示左侧的页面列表，只显示工具栏，如图 11-9 所示。

③ 最小化工具栏：选择此选项，预览原型将隐藏工具栏和页面列表，如图 11-10 所示。单

击浏览器窗口左上角位置，即可显示工具栏和页面列表。

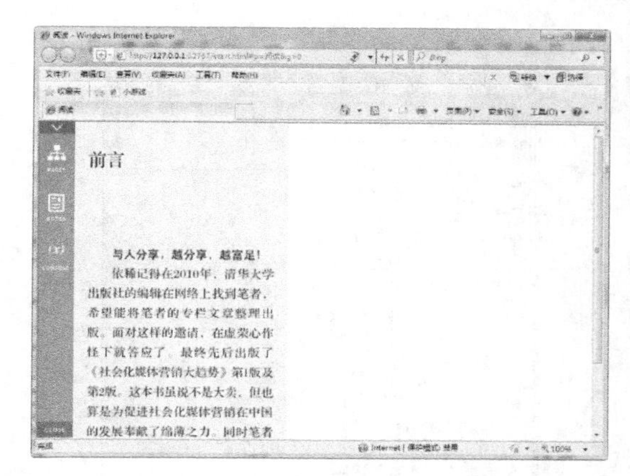

图11–9　关闭页面列表的效果

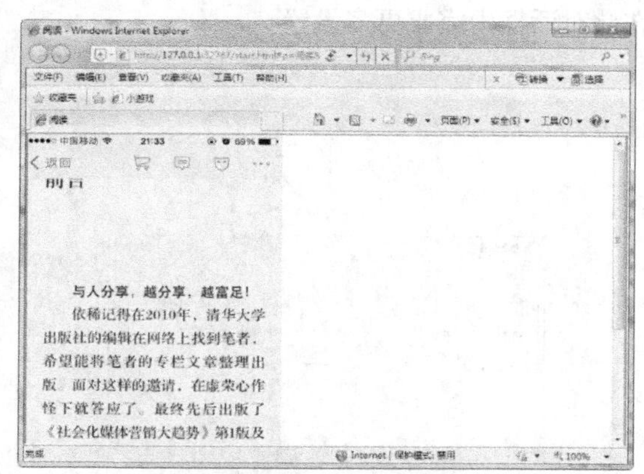

图11–10　最小化工具栏效果

④ 不加载工具栏：选择此选项，预览原型将不显示工具栏和页面列表。

11.2 使用生成器

在输出项目文件之前，首先要了解生成器的概念。所谓生成器，就是为用户提供的不同的生成标准。在 Axure RP 8 中一共有 HTML 生成器、Word 生成器、CSV 报告生成器和打印生成器 4 种生成器。接下来逐一进行介绍。

11.2.1 HTML 生成器

单击工具栏中的“发布”按钮，在下拉菜单中选择“生成 HTML 文件”选项，如图 11–11 所示，弹出“生成 HTML”对话框，如图 11–12 所示。

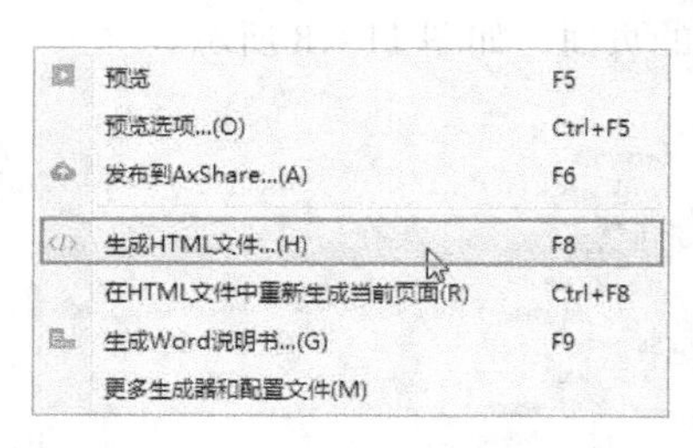

图11–11　选择“生成HTML文件”

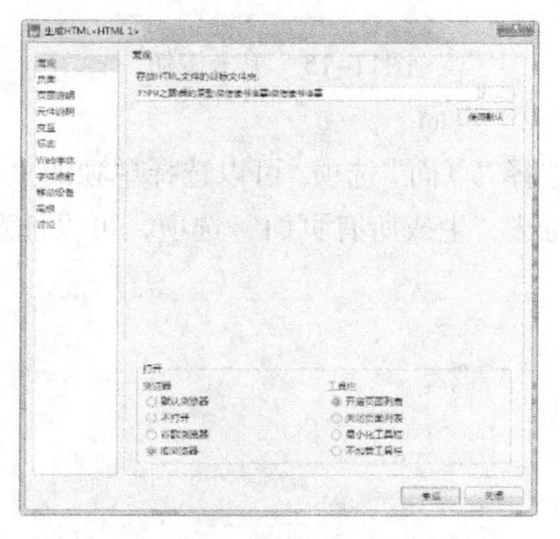

图11–12　“生成HTML”对话框

在“生成 HTML ”对话框中可以配置默认 HTML 生成器的选项。可以创建多个 HTML 生成器，在大型项目中可以将图形切分成多个部分输出，以加快生成的速度。生成之后可以在 Web 浏览器中查看。

用户也可以执行“发布 > 更多生成器和配置文件”命令，弹出“管理配置文件”对话框，如图 11–13 所示。双击“HTML1(default)”选项，弹出“生成 HTML ”对话框，如图 11–14 所示。在此对话框中完成更多设置。

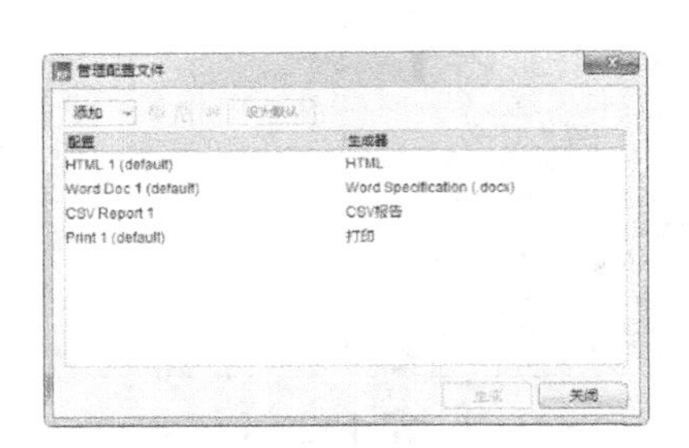

图11–13 “管理配置文件”对话框

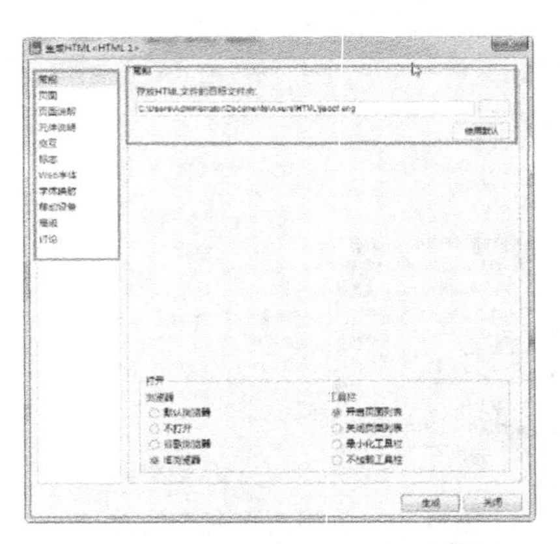

图11–14 “生成HTML”对话框

对话框中各项参数解释如下。

（1）常规

可以设置存放 HTML 文件的位置，单击图 11–15 所示的按钮，可以弹出“选择保存 HTML 文件的目录”对话框，可以设置文件保存的位置，如图 11–16 所示。

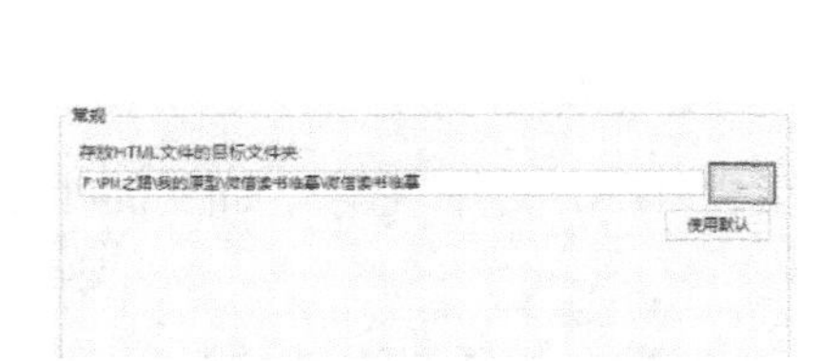

图11–15 单击按钮

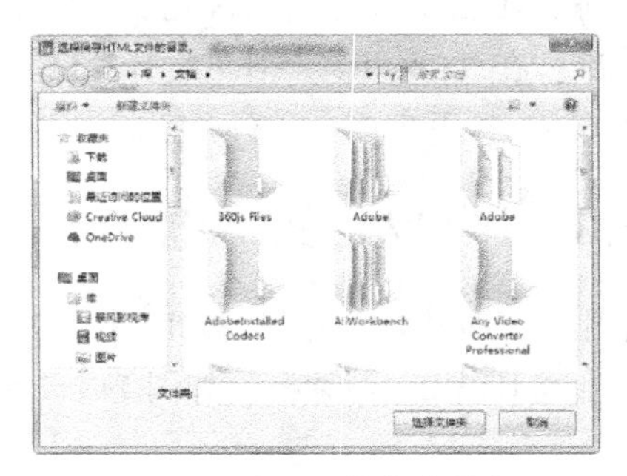

图11–16 设置文件保存的位置

（2）页面

选择“页面”选项，可以选择单独的页面，默认情况下，是生成所有页面的，如图 11–17 所示。取消勾选“生成所有页面”选项，可以任意选择要生成的页面，如图 11–18 所示。

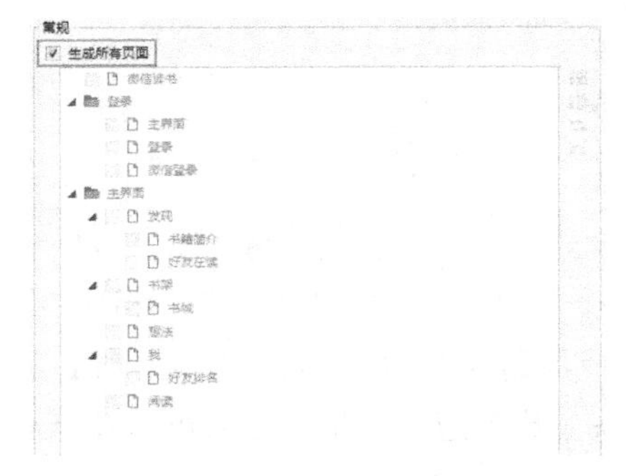

图11–17 默认生成所有页面

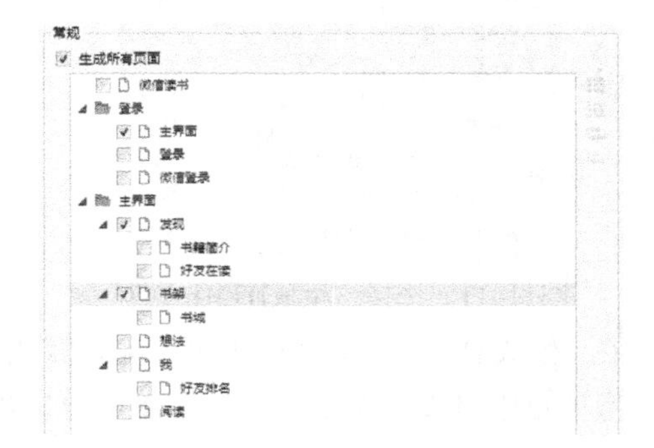

图11–18 选择要生成的页面

在项目文件中针对页面过多，提供了全部选中、全部取消、选中全部子页面及取消全部子页面 4 个按钮，如图 11–19 所示。

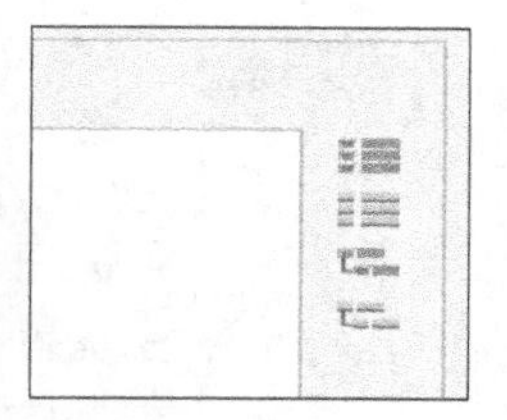

图11–19　4个按钮

（3）页面说明

Axure RP 8 提供了一个简单的页面说明字段名称 Default，可以对页面说明重命名，也可以添加其他的页面说明，让 HTML 文档的页面说明更具有结构化，如图 11–20 所示。

（4）元件说明

在页面编辑区中的每个元件都有它存在的理由，开发者会把每个元件转化为代码，如图 11–21 所示。

图11–20　页面说明

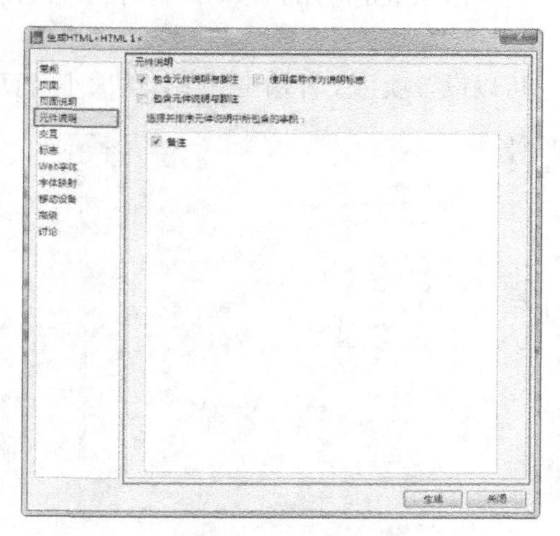

图11–21　元件说明

（5）交互

指定用例交互行为，如图 11–22 所示。

（6）标志

可以导入标志并设置标题，如图 11–23 所示。

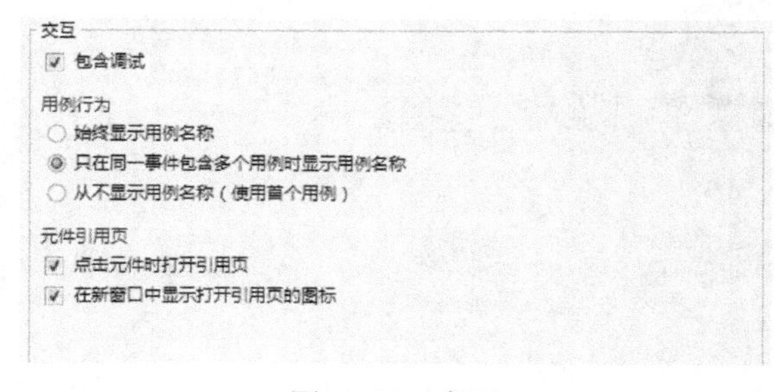

图11–22　交互

图11–23　标志

（7）Web 字体

在 Axure RP 8 中默认字体是 Arial 字体，可以通过元件样式编辑器修改元件的默认字体。这里的 Web 字体，也就是可以查看项目文件中哪里应用了 Web 字体，如图 11–24 所示。

（8）字体映射

创建一种新的字体映射关系，如图 11–25 所示。

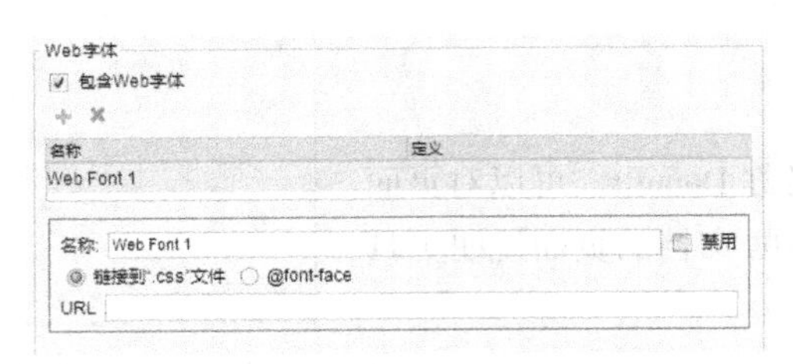

图11-24　Web字体

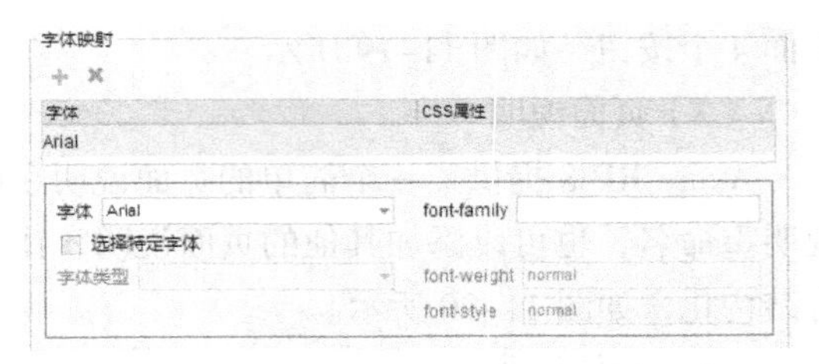

图11-25　字体映射

（9）移动设备

当输出原型是应用到移动设备时，可以设置适配移动设备的特殊原型，如图 11-26 所示。

（10）高级

可以设置项目文件输出时字体的大小及页面的草图效果，如图 11-27 所示。

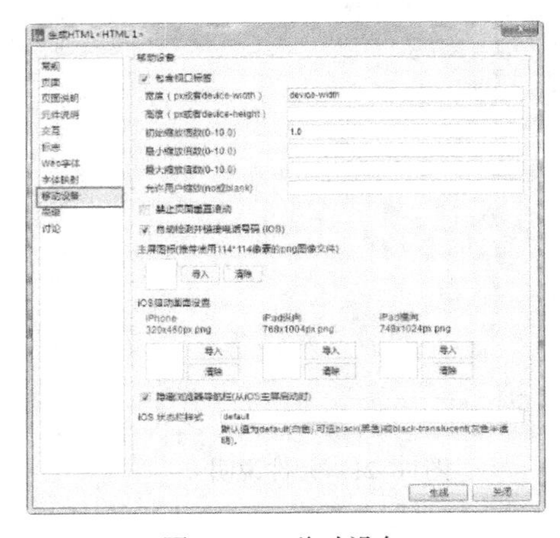

图11-26　移动设备

图11-27　高级

（11）讨论

可以让访问者在浏览时创建说明和回复其他访问者的说明，读者需要有自己的 ID，对说明进行管理及保护，如图 11-28 所示。

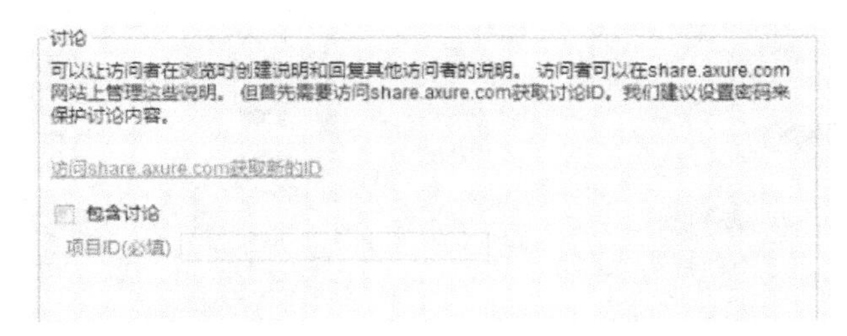

图11-28　讨论

提示

对于响应式的 Web 项目文件，HTML 原型是最好的展示方式。

11.2.2　Word 生成器

用户可以使用 Word 生成器将原型文件输出为 Word 文件。Axure RP 8 默认对 Word 2007 支持得比较好，并自带 Office 兼容包。生成的文件格式是 docx。如果需要低版本的 Word，则需要转化一下。

双击“管理配置文件”对话框中的“Word Doc1（default）”选项，弹出“生成 Word 说明书（Word Doc 1）”对话框，如图 11-29 所示。

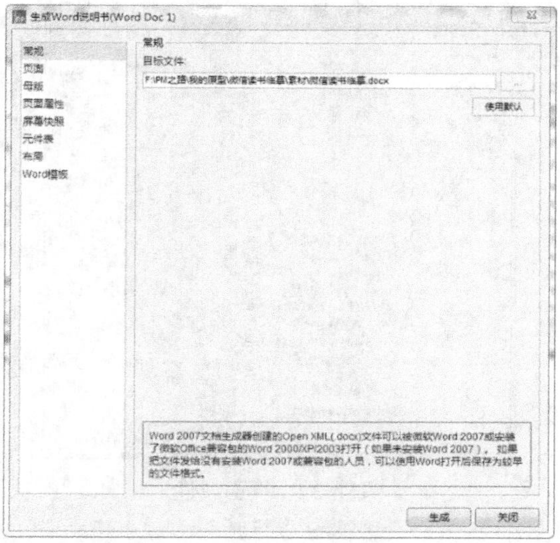

图11-29 “生成Word说明书（Word Doc 1）”对话框

对话框中各项参数解释如下。

（1）常规

在 Word 2007 规范生成器中创建 Open XML 文件（docx），所以在 Word 2007 或 Word 2000 中打开。XP 或 2003 可以使用 Microsoft Office 兼容包打开。

（2）页面

和 HTML 生成器中的页面说明一样，可以让页面更具有结构化，如图 11-30 所示。用户可以选择是否输出包含标题部分。

（3）母版

可以选择需要出现在 Word 文档中的母版及形式，如图 11-31 所示。

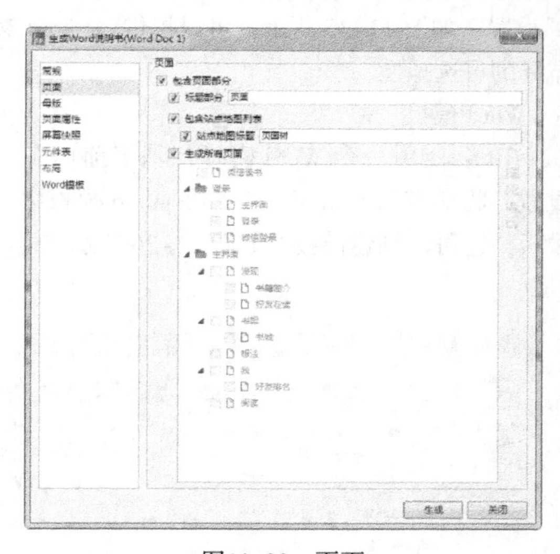

图11-30 页面

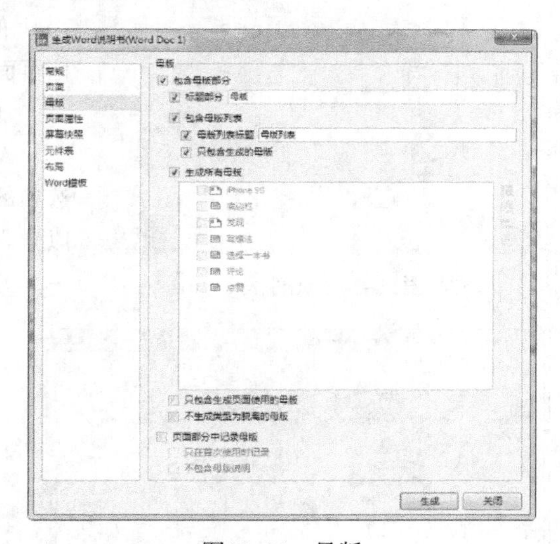

图11-31 母版

（4）页面属性

在页面属性中，可以选择生成时需要包含的页面。该选项提供了多种丰富的选项和配置页面信息，这些配置可以应用于 Axure 文件页面管理面板中的所有页面，如图 11-32 所示。

（5）屏幕快照

Axure RP 8 生成 Word 文档功能的一项特别节省时间的方式就是，自动生成所有页面的屏幕快照。也就是说，生成文档时，所有页面的屏幕快照都会自动更新，还可以同时创建编号脚注，如图 11-33 所示。

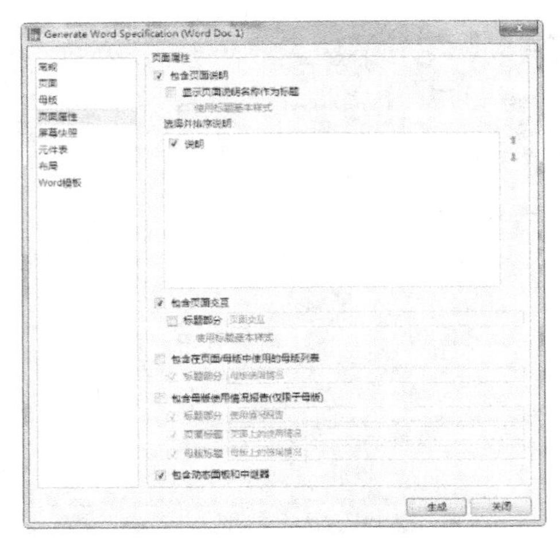

图11-32　页面属性

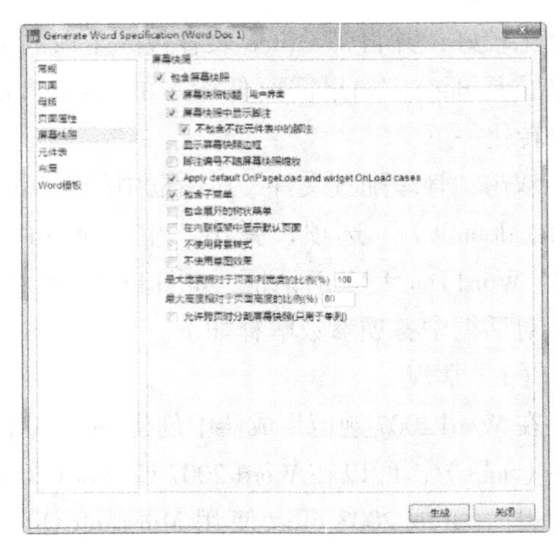

图11-33　屏幕快照

图11-34　元件表

（6）元件表

元件表选项提供了多种选项配置功能，可以对 Word 文档中包含的元件说明信息进行管理，如图 11-34 所示。

（7）布局

布局设置，如图 11-35 所示，可以提供对 Word 文档页面布局的可选择性。

（8）Word 模板

Axure RP 会使用一个 Word 模板，基于前面各个选项的设置，将所有内容组织起来。在 Word 模板中可以导入模板，还可以创建模板，如图 11-36 所示。

图11-35　布局

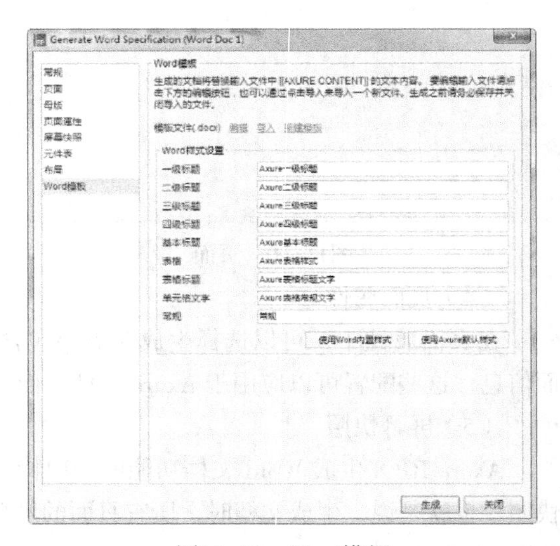

图11-36　Word模板

提示

在项目文件输出时，Word 文档是最重要的，也是最容易的输出形式。

11.2.3 CSV 报告生成器

CSV 是一种通用的、相对简单的文件格式，被用户、商业和科学广泛应用。最广泛的应用是在程序之间转移表格数据，而这些程序本身是在不兼容的格式上进行操作的（往往是私有的和 / 或无规范的格式）。因为大量程序都支持某种 CSV 变体，至少是作为一种可选择的输入 / 输出格式。

项目文件以纯文本形式存储表格数据（数字和文本）。文本意味着该文件是一个字符序列，不含必须像二进制数字那样被解读的数据。CSV 文件由任意数目的记录组成，记录间以某种换行符分隔；每条记录由字段组成，字段间的分隔符是其他字符或字符串，最常见的是逗号或制表符。通常，所有记录都有完全相同的字段序列。

双击“管理配置文件”对话框中的“CSV Report 1”选项，弹出“Configure CSV Reports（CSV Report 1）”对话框，如图 11-37 所示。

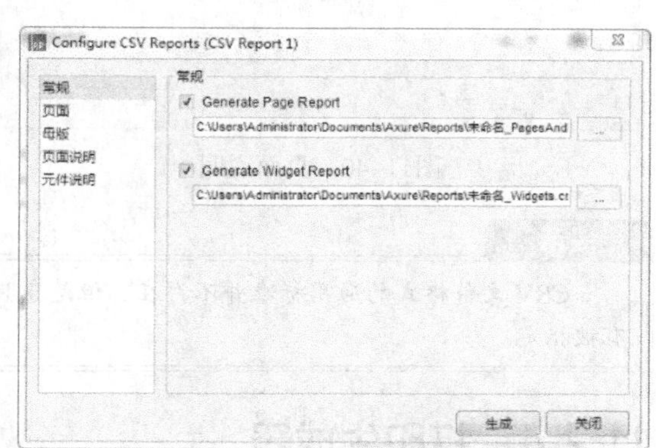

图11-37 “Configure CSV Reports（CSV Report 1）”对话框

对话框中各项参数解释如下。

（1）常规

分别设置页面报告和控件报告保存的位置，如图 11-38 所示。

（2）页面

和前面介绍的生成器中的页面说明一样，用户可以选择要生成的页面。

（3）母版

可以选择需要在 CSV 报告中出现的母版，如图 11-39 所示。

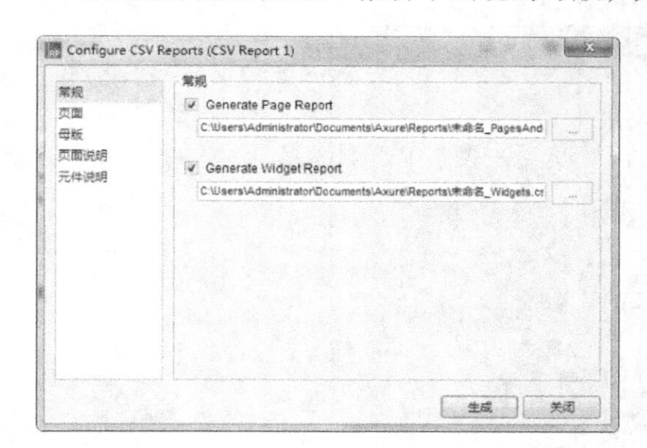

图11-38 常规

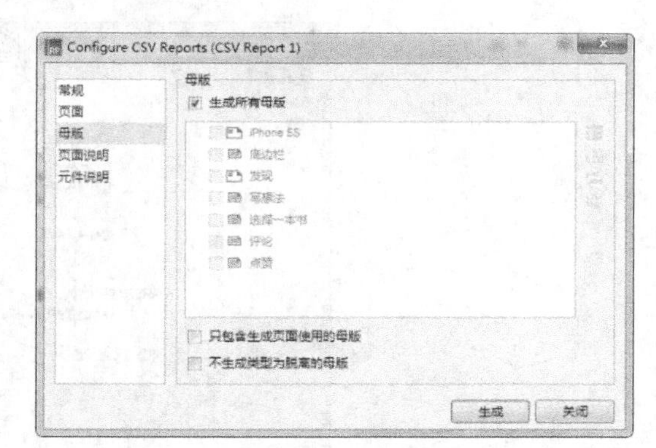

图11-39 母版

（4）页面说明

可以选择需要在 CSV 报告中出现的页面说明，如图 11-40 所示。

（5）元件说明

可以选择需要在 CSV 报告中出现的元件说明，如图 11-41 所示。

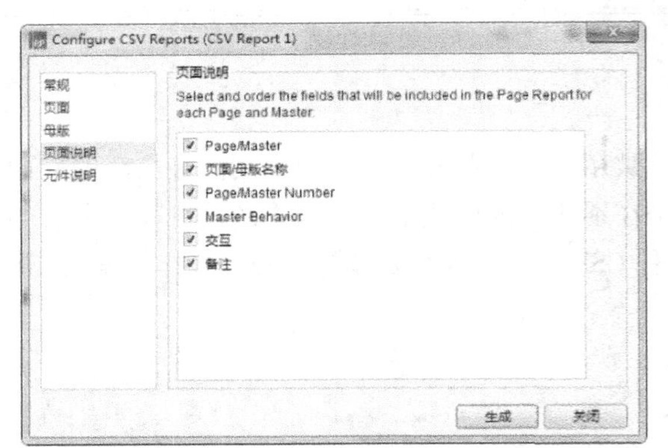

图11-40　页面说明

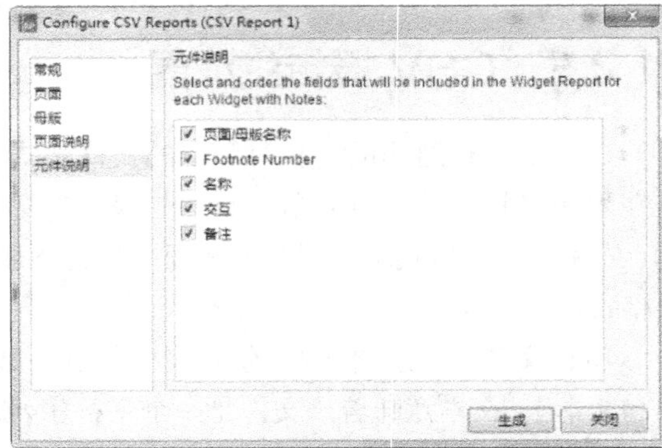

图11-41　元件说明

提示

CSV 文件格式的通用标准并不存在，但是在 RFC 4180 中有基础性的描述。使用的字符编码同样没有被指定。

11.2.4　打印生成器

打印生成器是 Axure RP 8 中新增加的生成器，是指如果需要定期打印不同的页面或母版，可以创建不同的打印配置项，这样就不需要每次都重新去配置打印属性。

在打印时，可以配置想打印的页面的比例，无论是打印文件的几页或文件的一节，还是打印一组模板，都可轻松实现。如果正在从 RP 文件里打印多个页面，不必频繁地重复调整打印设置，可以为每个需要打印的页面创建单独的打印配置。

双击“管理配置文件”对话框中的“打印生成器”选项，弹出“打印 (Print 1)”对话框，如图 11-42 所示。

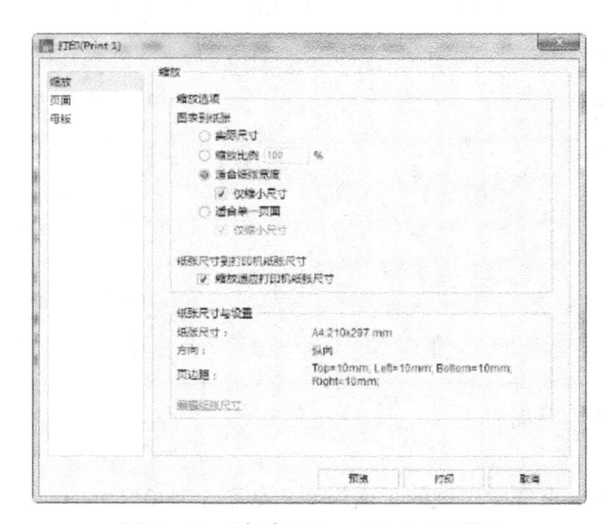

图11-42　“打印（Print 1）”对话框

（1）缩放

可以用来设置缩放图标为纸张大小、全尺寸、缩放、按宽度适配及按页面适配几种规格。

（2）页面

选定需要打印的页面进行打印，如图 11–43 所示。

（3）母版

选定需要打印的母版进行打印，如图 11–44 所示。

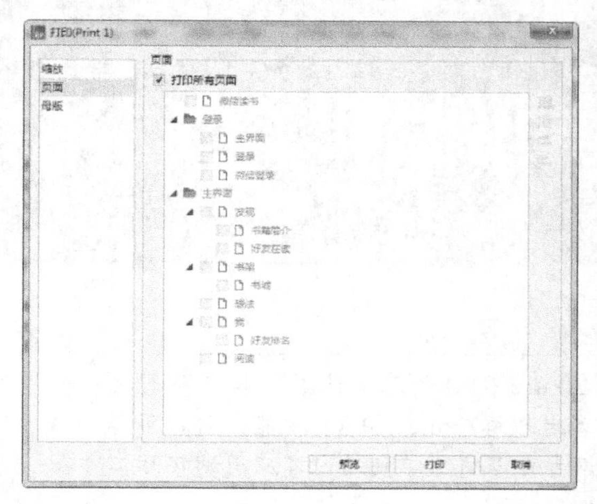

图11–43　页面

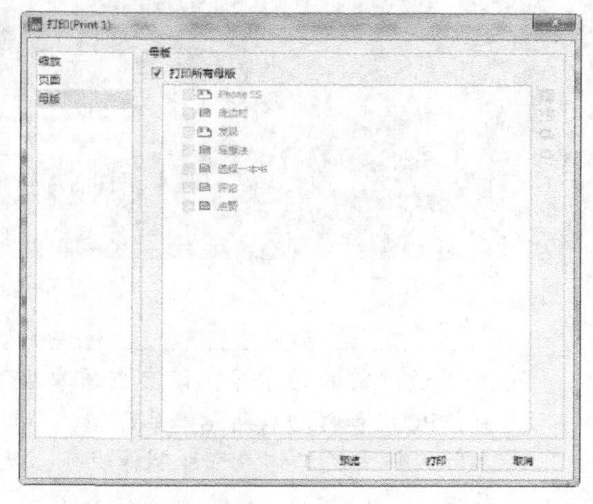

图11–44　母版

11.3 本章小结

本章针对原型的发布与输出进行了讲解，包括使用浏览器查看原型的方法、如何设置浏览器以及浏览器的种类，同时针对 4 种生成器进行了详细的介绍。通过本章的学习，读者可以将原型文件输出为符合个人要求的格式，以便使用。

第12章 综合案例

通过前面的学习，读者应该掌握了Axure RP 8的基本使用。本章将通过制作PC端和移动端网站产品原型，帮助读者理解Axure RP 8的功能，同时了解实际工作中的工作流程和制作规范，使读者可以将所学到的内容应用到实际工作中。

本章知识点

- 制作加载 QQ 邮箱页面
- 制作微博用户评论页面
- 制作课程购买页面
- 使用链接类动作
- 制作宝贝分类页面
- 制作抽奖活动页面
- 制作网站登录页面
- 制作百度网站页面
- 制作微信 APP 界面原型

12.1 加载QQ邮箱页面

本案例模拟QQ邮箱登录加载页面效果。案例共需要3个页面，通过设置页面交互效果，实现3个页面的切换效果。

操作视频：12.1

（1）案例分析

当输入用户名和密码，单击“登录”按钮后，开始启动页面加载。页面加载完成后将直接进入邮箱界面。为了便于用户查看效果，本案例将加载时间设置得较长，制作时读者可以根据理解情况修改加载时间。

（2）案例效果

① 登录界面

② 加载页面

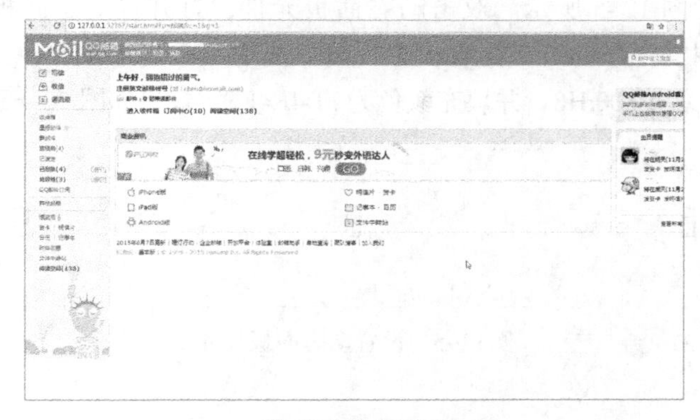

③ 登录成功页面

（3）操作步骤

01 执行“文件 > 新建”命令，新建一个 Axure 文档，如图 12-1 所示。在 index 页面中，拖曳一个矩形 1 元件，设置元件的坐标为 X450:Y360，尺寸为 W305:H12，并将其命名为“蓝色矩形”，如图 12-2 所示。

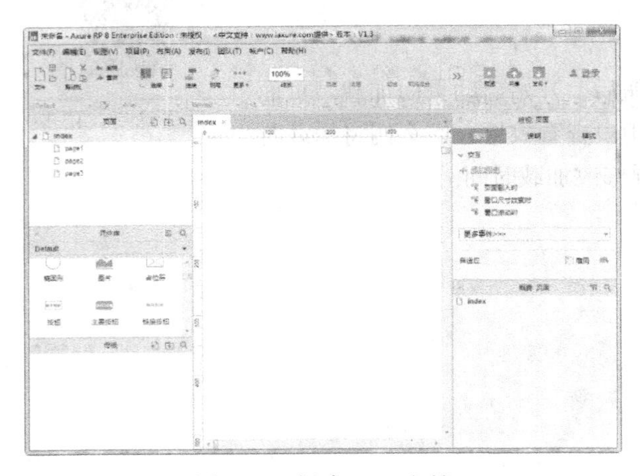

图12-1　新建Axure文档

图12-2　设置矩形元件

02 设置矩形 1 元件的填充颜色为 #FFFFFF，边框颜色为 #A1A9B7，如图 12-3 所示。效果如图 12-4 所示。

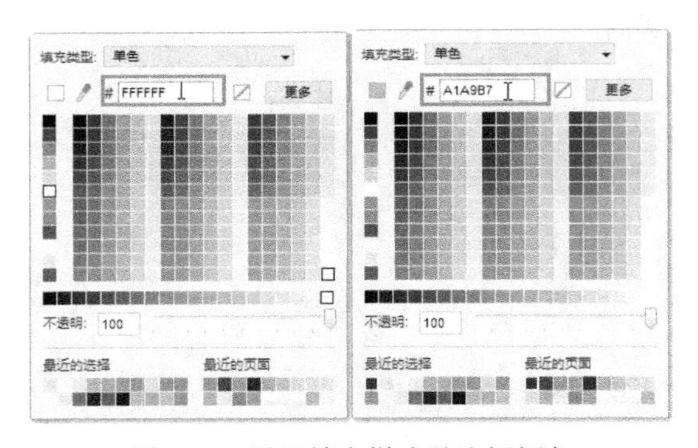

图12-3　设置填充样式及边框颜色

图12-4　矩形1元件效果

03 继续拖入一个动态面板元件，将此元件放置在矩形 1 元件上，设置动态面板尺寸为 W300:H8，如图 12-5 所示。双击动态面板元件，打开“动态面板管理器”对话框，在该对话框中双击 State1，在该状态页面下拖曳一个矩形 1 元件，设置矩形的坐标为 X0:Y0，尺寸为 W300:H8，并填充颜色为 #D4E4FF，效果如图 12-6 所示。

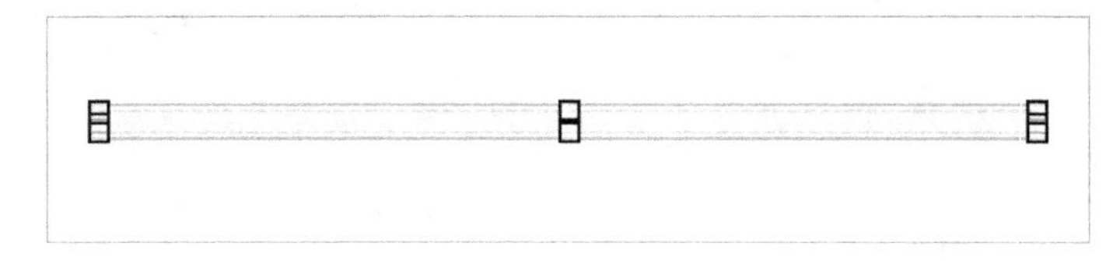

图12-5　设置动态面板尺寸

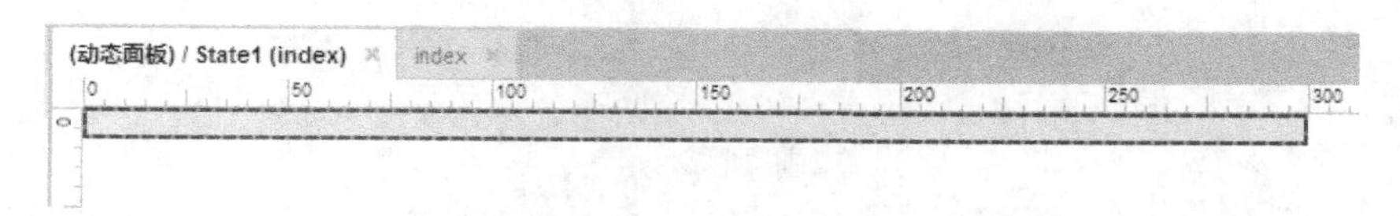

图12-6 State1页面下的效果图

04 在该页面中继续拖曳动态面板元件，重命名为“进度”，设置坐标为X0:Y0，尺寸为W300:H8，双击动态面板元件，打开“动态面板管理器”对话框，在该对话框中双击State1，在该状态页面下拖曳一个矩形1元件，设置矩形的坐标为X0:Y0，尺寸为W300:H8，并填充颜色为#FFFFF，边框为无，效果如图12–7所示。“概要 : 页面”面板如图12–8所示。

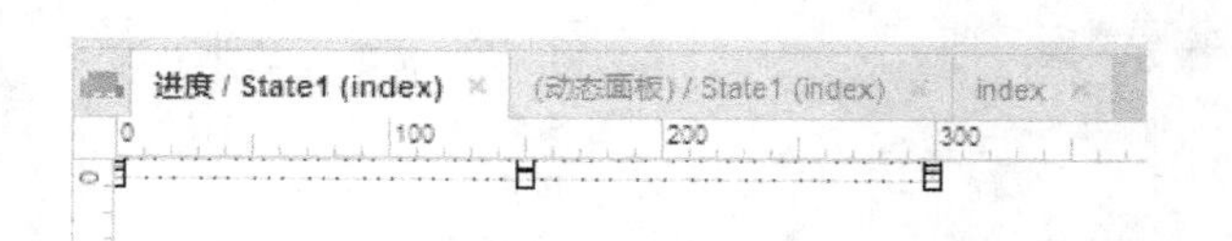

图12–7 进度页面下的效果图

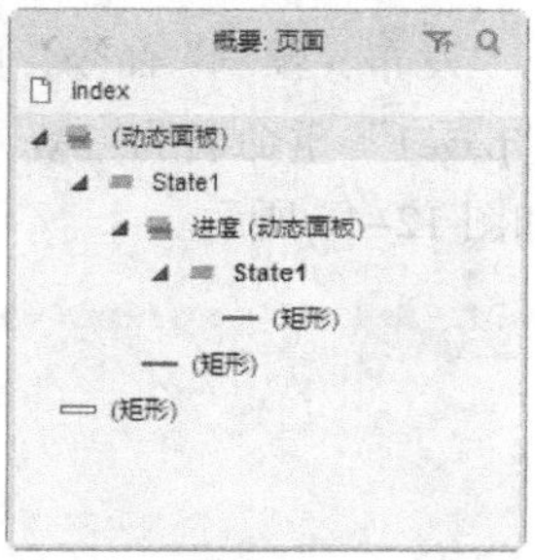

图12–8 “概要:页面”面板

05 返回index页面，在该页面中拖曳一个文本标签元件，设置元件的坐标为X30:Y20，尺寸为W280:H19，如图12–9所示。设置字体为Arial，字体大小为16，字体颜色为#333333，字体样式为粗体，输入文字内容，效果如图12–10所示。

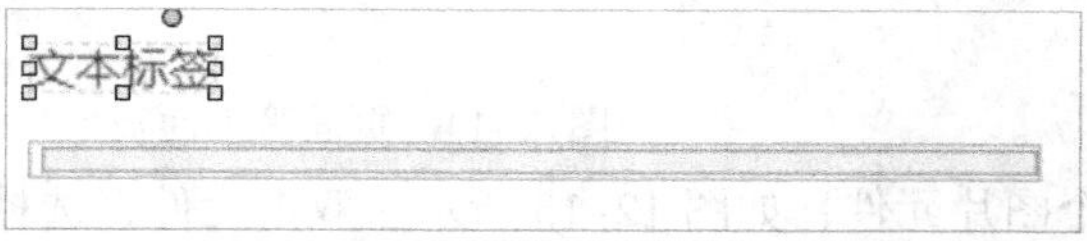

图12–9 设置文本标签元件的坐标和尺寸

图12–10 文本标签的最终效果

06 双击“页面载入时”事件，打开“用例编辑”对话框，添加“移动”动作，如图12–11所示。继续添加动作并配置动作，如图12–12所示。

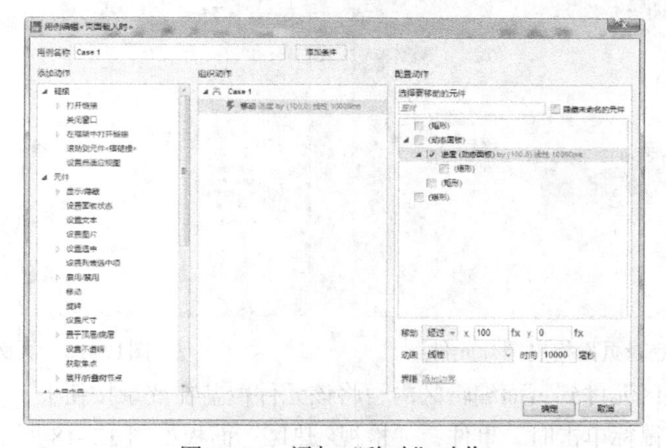

图12–11 添加“移动”动作

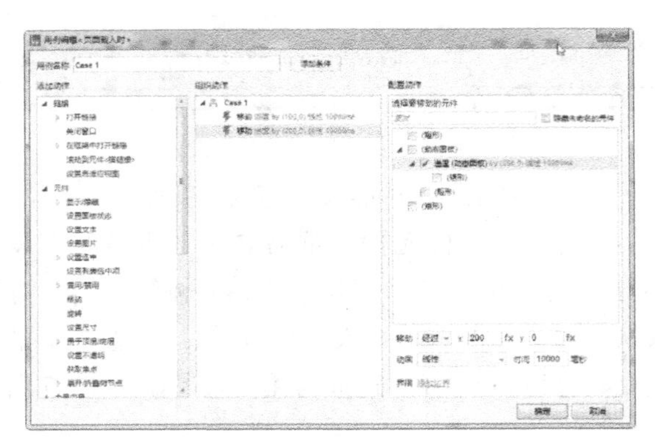

图12-12　添加及配置动作

07 执行“发布 > 预览”命令，预览效果，如图 12-13 所示。将 index 页面重命名为“进度”，将“page1”重命名为“登录”，将“登录”移动到“进度”页面的上面，页面管理面板如图 12-14 所示。

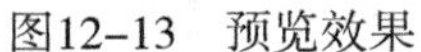

图12-13　预览效果

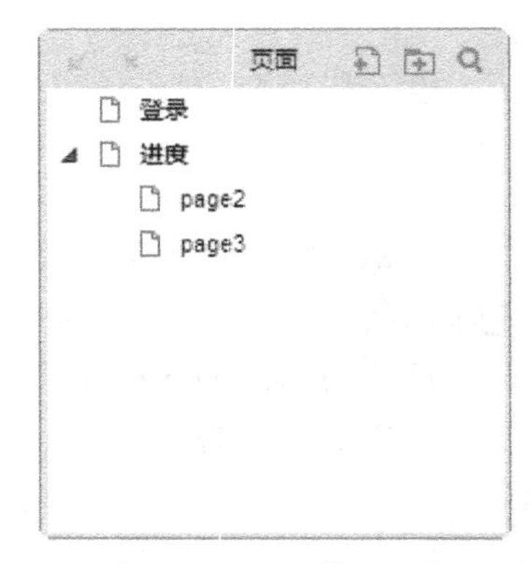

图12-14　页面管理面板

08 双击登录页面，在登录页面中拖曳一个图片元件，如图 12-15 所示。双击元件，选择图片素材，图片的位置为 X0:Y0，页面效果如图 12-16 所示。

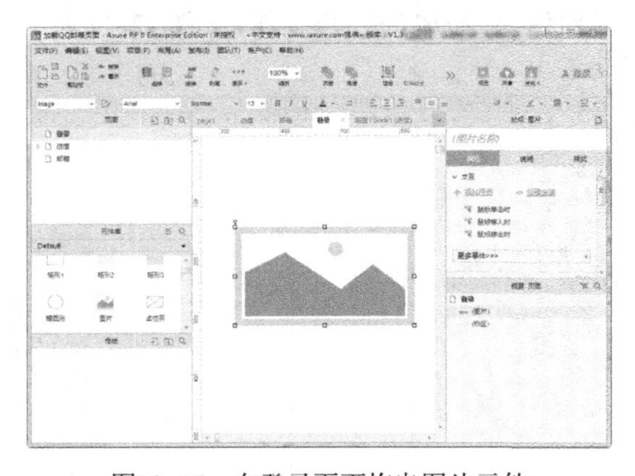

图12-15　在登录页面拖曳图片元件

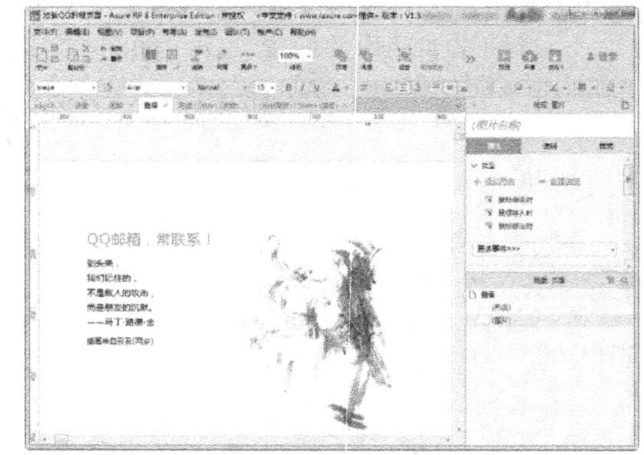

图12-16　页面效果

09 拖曳一个热区元件到页面编辑区内，将该元件覆盖在登录按钮上，如图 12-17 所示。为元件添加“鼠标单击时”事件，“检视 : 热区”面板如图 12-18 所示。

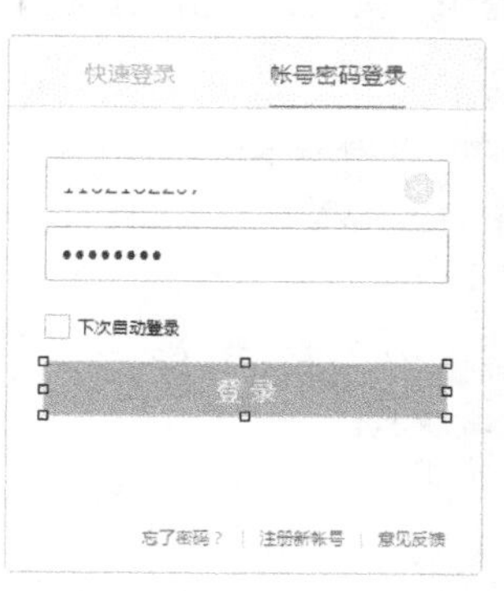

图12-17　热区元件覆盖登录按钮

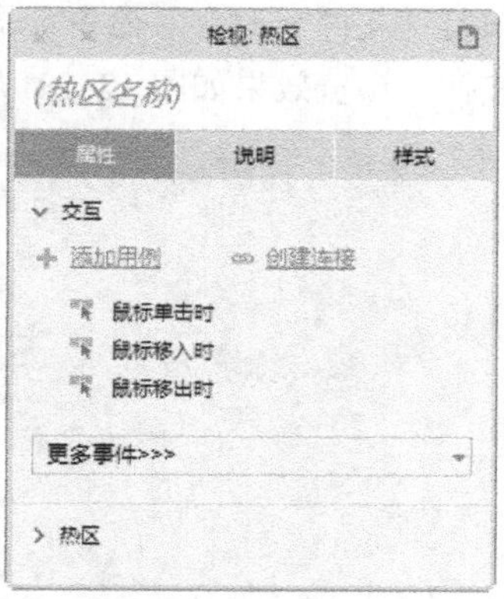

图12-18　“检视:热区”面板

10 打开“用例编辑”对话框，添加“当前窗口”动作，在配置动作中选择“进度”页面，如图 12-19 所示。执行“发布 > 预览”命令，查看效果，如图 12-20 所示。读者单击“登录”按钮，可以连接到页面加载中。

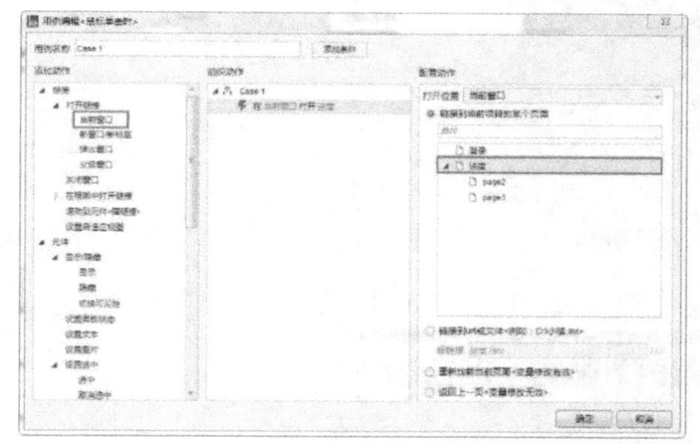

图12-19　选择“进度”页面

图12-20　效果图

11 将 page2 重命名为“邮箱”，将该页面移动到所有页面的下面，双击该页面，拖曳一个图片元件并导入图片，如图 12-21 所示。返回“进度”页面，继续为页面添加动作，如图 12-22 所示。

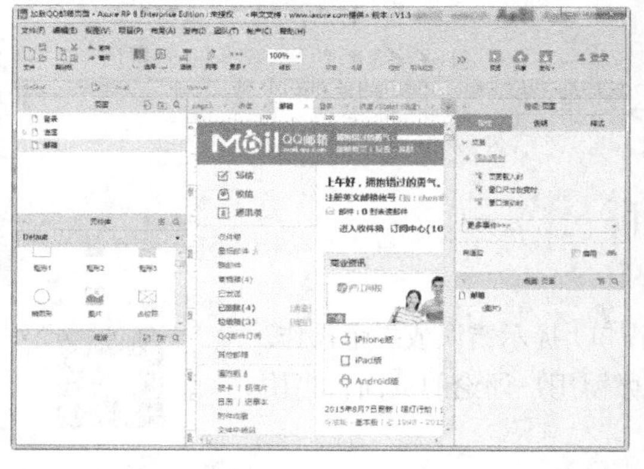

图12-21　导入图片

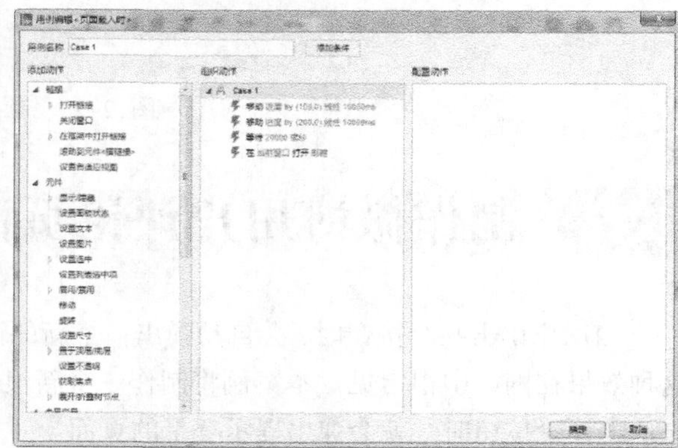

图12-22　为“进度”页面添加动作

12 执行“文件 > 保存”命令，将项目保存。返回“登录”页面，单击工具栏上的“预览”按钮，预览效果如图 12-23 所示。

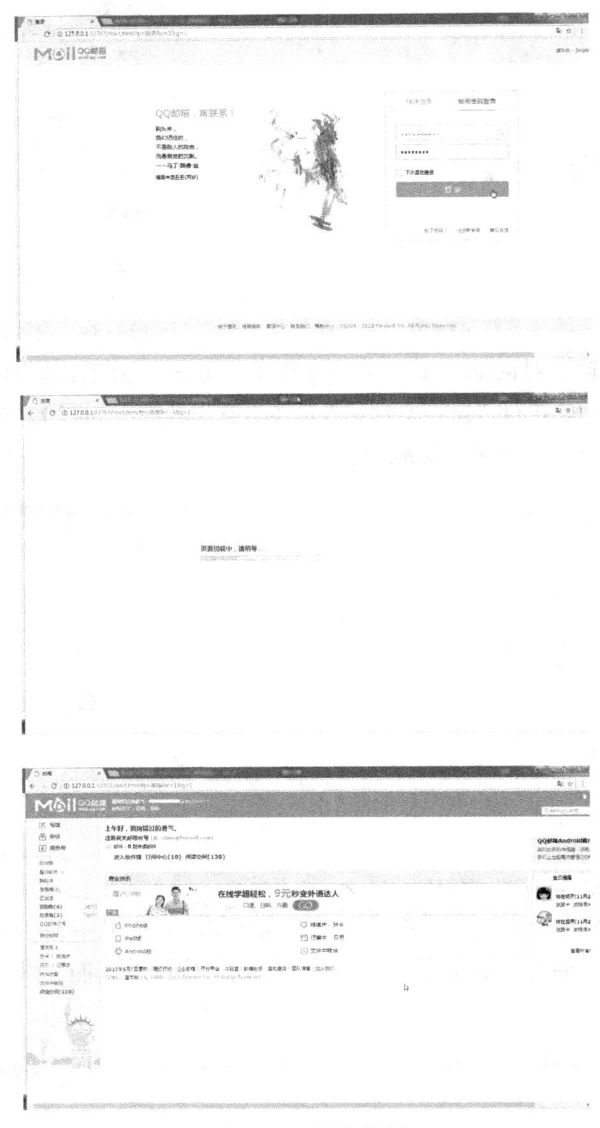

图12-23　预览效果

12.2 制作微博用户评论页面

操作视频：12.2

当用户单击某个按钮时，会自动弹出一个新的窗口，提示错误或提示操作。这种效果在网站中很常见。本案例将制作一个新浪微博用户评论的页面，当用户单击评论按钮时，就会弹出提示登录的页面。

（1）案例分析

将鼠标光标移动到按钮上，按钮的颜色会发生变化。单击按钮，将弹出一个新的窗口页面。

单击页面右上角，将当前的页面关闭。

首先使用“文本框”元件、“按钮”元件和“图片”元件完成基本页面的制作。使用“动态面板”元件完成填充页面的制作。通过为按钮元件添加交互样式设置，实现鼠标悬停的按钮效果。然后再通过添加“显示 / 隐藏”动作，完成页面效果的制作。

（2）案例效果

①评论界面　　②弹出登录界面

（3）操作步骤

01 新建一个 Axure 文档。将“图片”元件拖入到页面中，双击图片元件导入图 12–24 所示的图片。将“Box 2”元件拖入到页面中，设置位置和尺寸，如图 12–25 所示。

图12–24　导入图片

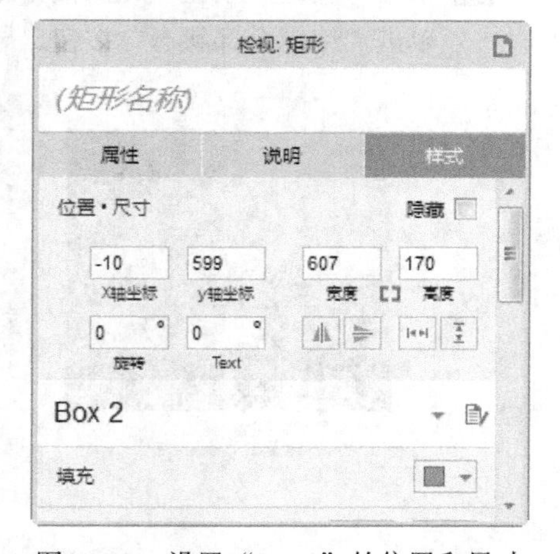

图12–25　设置“Box 2”的位置和尺寸

02 将“文本框”元件拖入到页面中，在“属性”选项卡下设置文本框的各项参数，如图 12–26 所示。使用“图片”元件和“复选框”元件完成图 12–27 所示的效果。

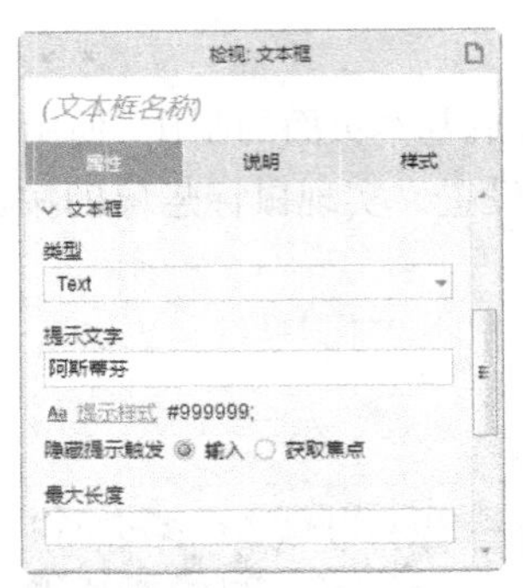

图12-26　设置文本框的参数

图12-27　效果图

03 将“默认按钮”拖入到页面中，修改填充颜色为 #FF6600，“圆角半径”为 1，“边框”为无，效果如图 12-28 所示。单击“属性”选项卡下的“鼠标悬停”选项，在“交互样式设置”对话框中，修改填充颜色为 #FF6633，如图 12-29 所示。

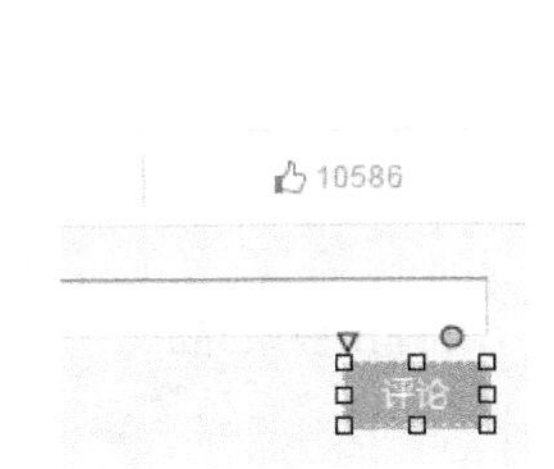

图12-28　按钮效果

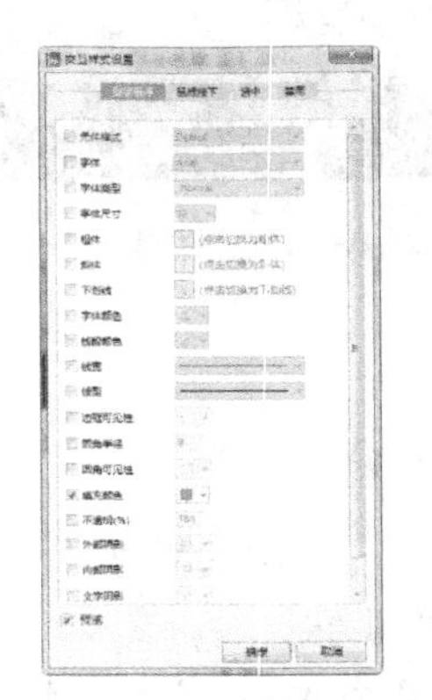

图 12-29　交互样式设置

04 单击“确定”按钮。在页面中拖入一个“动态面板”，如图 12-30 所示。双击该元件，单击“编辑全部状态”按钮，导入图片，效果如图 12-31 所示。

图 12-30　拖入“动态面板”

图 12-31　效果图

05 将“热区”元件拖入到页面中，调整位置和尺寸，如图 12-32 所示。选中热区，双击“鼠标单击时”事件，在“用例编辑”对话框中添加“隐藏”动作，勾选“动态面板”复选框，其他设置如图 12-33 所示。

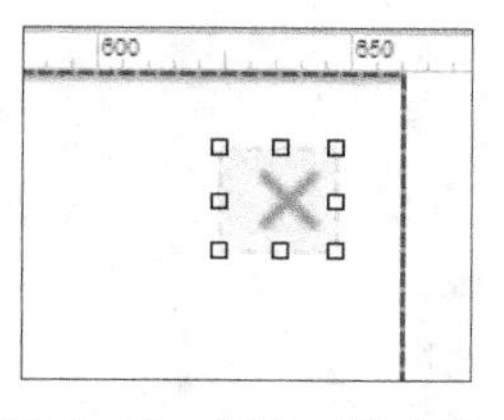

图12-32　调整“热区”

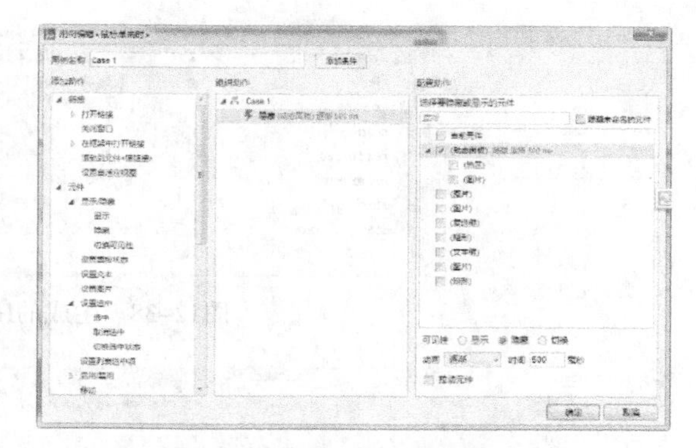

图12-33　参数设置

06 返回index页面，将“动态面板”元件隐藏，如图12-34所示。选中评论按钮，双击“鼠标单击时”事件，在“用例编辑”对话框中添加“显示”动作，勾选“动态面板”复选框，设置“动画”为逐渐，如图12-35所示。

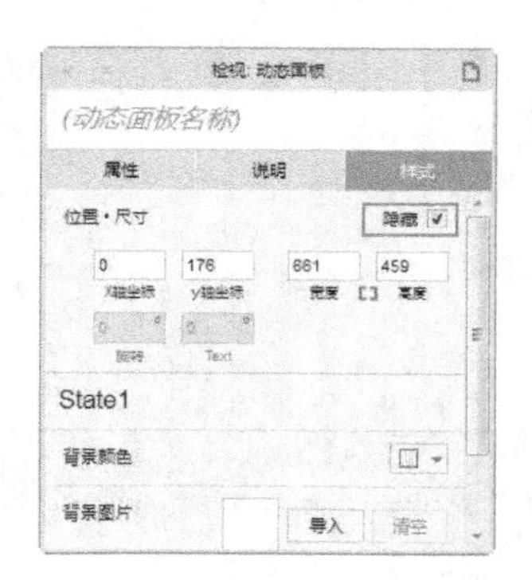

图12-34　隐藏“动态面板”元件

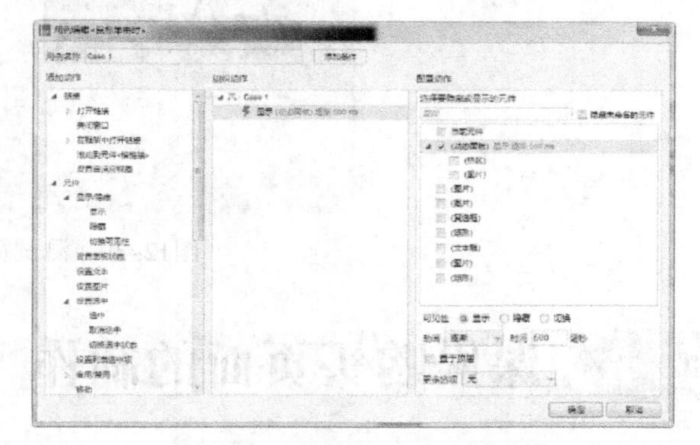

图12-35　“用例编辑”对话框

07 单击“确定”按钮。执行“发布 > 生成HTML文件”命令，弹出“生成HTML<HTML1>”对话框，如图12-36所示。在“常规”选项下设置存放HTML文件的位置，“页面”选项下选择只生成index页面，如图12-37所示。

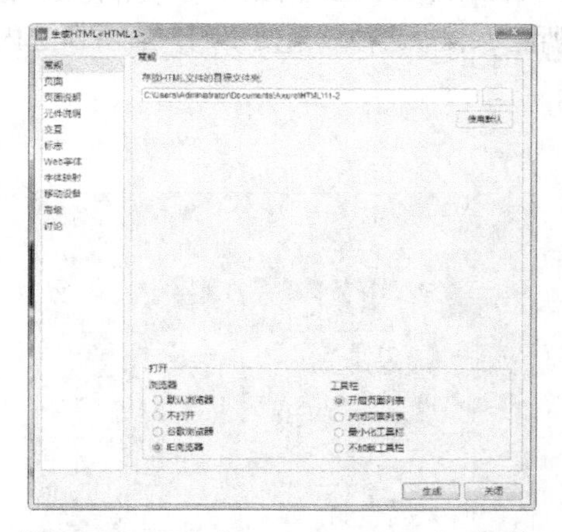

图12-36　“生成HTML<HTML1>”对话框

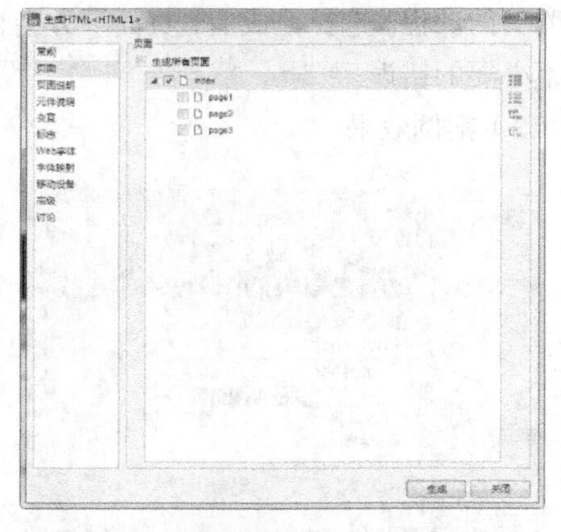

图12-37　选择只成生index页面

08 单击“生成”按钮，稍等片刻，即可看到生成的HTML文件，如图12-38所示。双击index.html文件，测试页面效果，如图12-39所示。

名称	修改日期	类型	大小
data	2015/12/26 15:19	文件夹	
files	2015/12/26 15:19	文件夹	
images	2015/12/26 15:19	文件夹	
plugins	2015/12/26 15:19	文件夹	
resources	2015/12/26 15:19	文件夹	
index.html	2015/12/26 15:19	Chrome HTML D...	7 KB
start.html	2015/11/4 8:40	Chrome HTML D...	15 KB
start_c_1.html	2014/10/31 5:50	Chrome HTML D...	1 KB

图12-38 生成的HTML文件

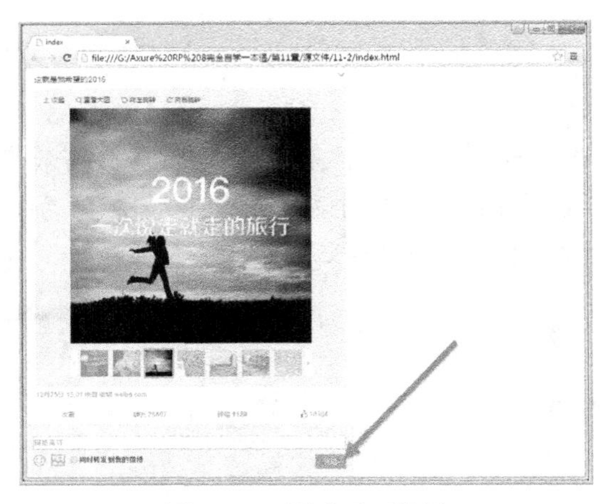

图12-39 测试页面效果

12.3 课程购买页面的制作

本实例主要是在下拉列表元件上应用了“选项改变时”事件，添加了显示、设置文本等动作，实现了在下拉列表中选择选项，并显示结果的原型。

操作视频：12.3

（1）案例分析

完成购买页面的制作，当用户想要购买课程时，可以在下拉列表中选择需要购买的课程。选择完成后，页面下方会自动显示所选课程。这种效果便于用户查看所选内容，避免不必要的错误。

（2）案例效果

① 选择内容

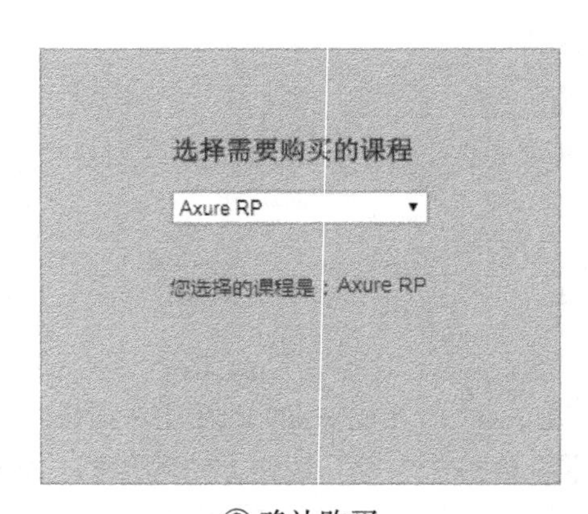

② 确认购买

（3）操作步骤

01 新建一个 Axure 文档，在 index 页面中，拖曳一个矩形 1 元件，如图 12-40 所示。设置元件的坐标为 X200:Y150，尺寸为 W350:H300，并将其命名为“背景”，如图 12-41 所示。

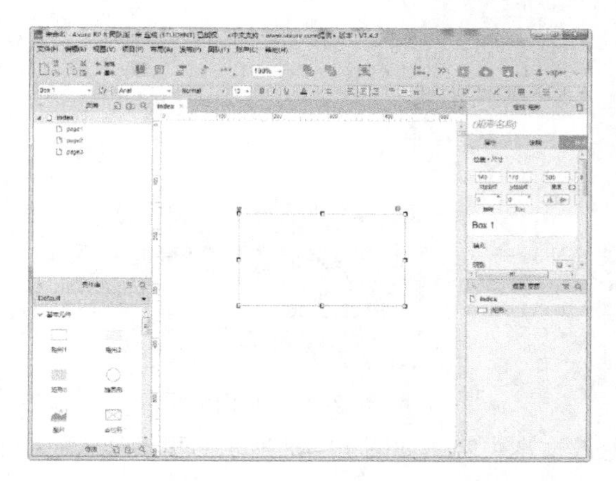

图12-40 矩形1元件

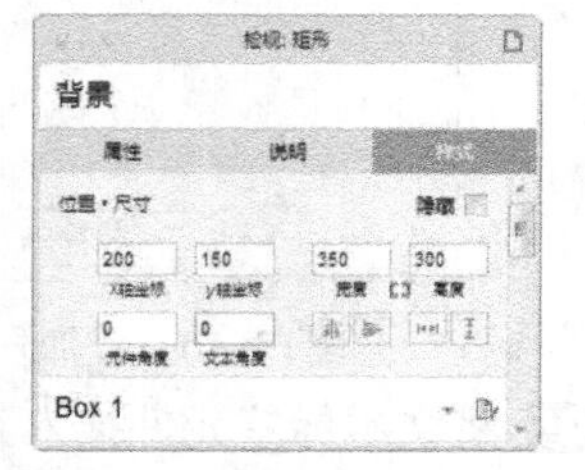

图12-41 设置矩形1元件

02 设置填充颜色为 #FF9900，单击工具栏上的“锁定”按钮锁定背景元件，如图 12-42 所示。将文本标签元件拖入到页面中，输入文本并设置文本的字体为“宋体”，样式为“粗体”，字号为 18 号，将文本重命名为“选择需要”，如图 12-43 所示。

图12-42 锁定背景元件

图12-43 设置文本标签元件

03 将下拉列表框元件拖动到页面中，并重命名为“选择课程”，如图 12-44 所示。双击下拉列表元件，弹出“编辑列表选项”对话框，如图 12-45 所示。

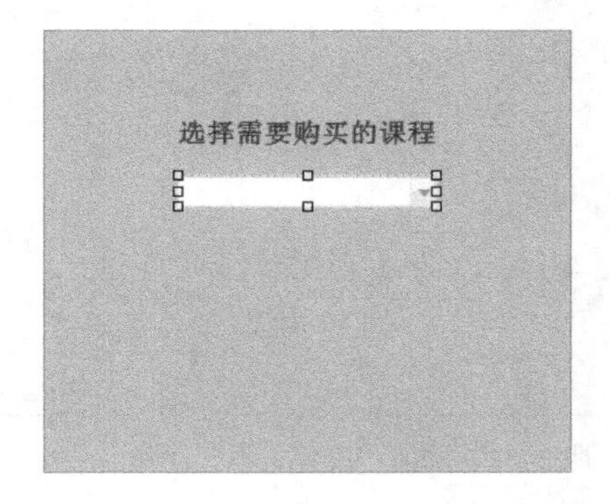

图12-44 添加下拉列表框并重命名

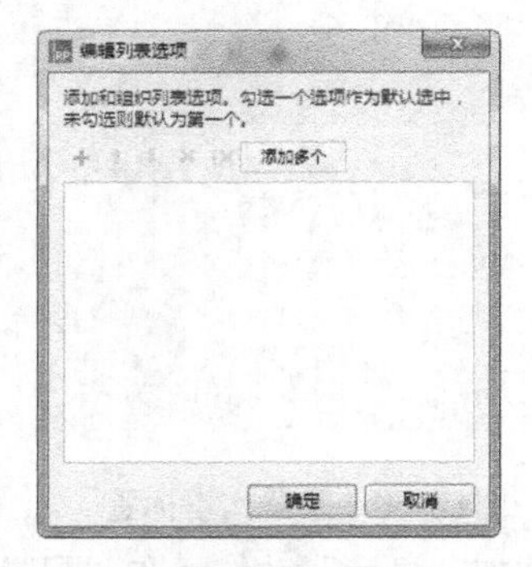

图12-45 “编辑列表选项”对话框

04 在“编辑列表选项”对话框中添加列表，如图 12-46 所示。单击“确定”按钮，页面编辑区如图 12-47 所示。

图12-46　添加列表

图12-47　页面编辑区

05 将文本标签元件拖入到页面中，并修改文本内容，如图 12-48 所示。再次拖入一个文本标签元件，并重命名为“结果”，如图 12-49 所示。

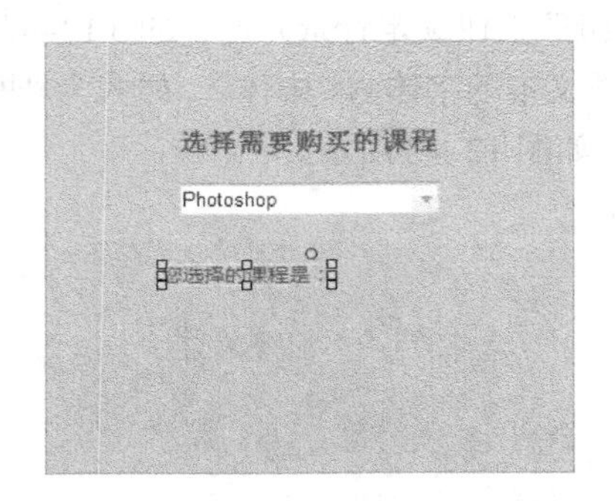

图12-48　添加文本标签元件

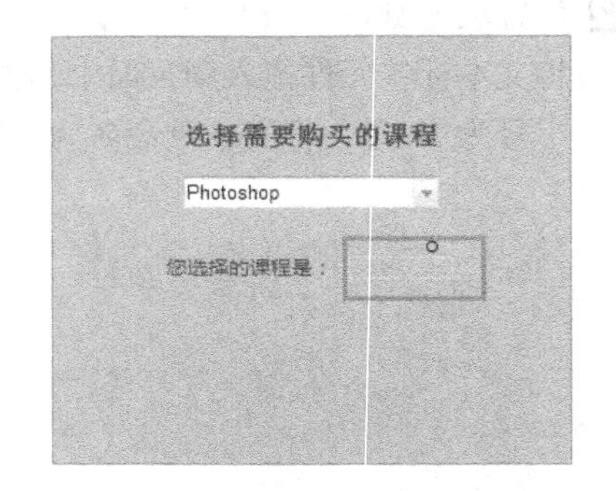

图12-49　再次添加文本标签元件

06 将该文本标签隐藏，如图 12-50 所示。选中下拉列表元件，双击交互事件中的“选项改变时”事件，打开“用例编辑”对话框，在对话框中添加“设置文本”动作，如图 12-51 所示。

图12-50　隐藏文本标签

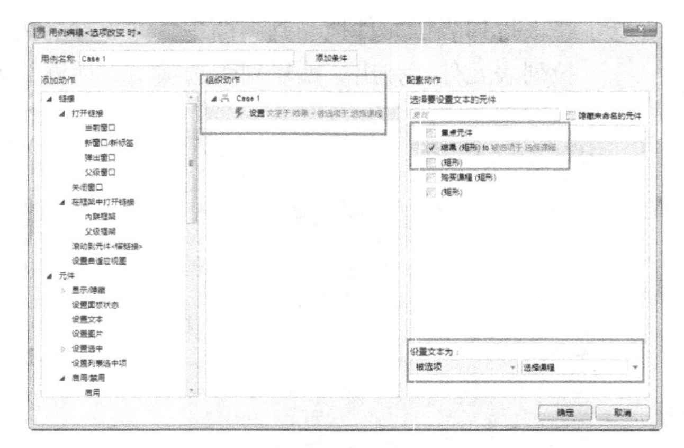

图12-51　添加“设置文本”动作

07 添加“显示”动作，在“配置动作”下设置参数，如图 12-52 所示。

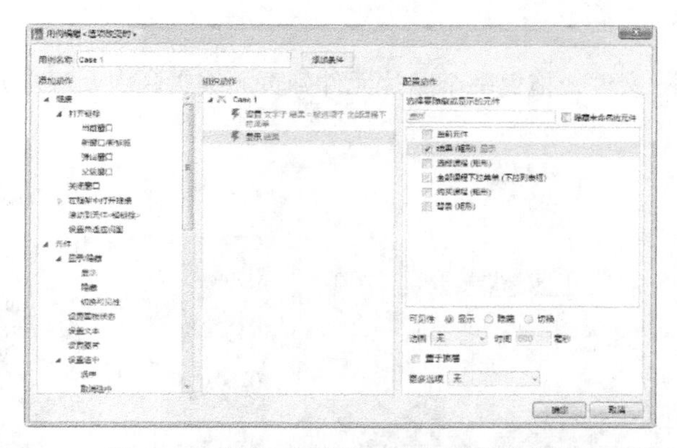

图12-52　添加“显示”动作并设置参数

08 单击“确定”按钮，预览效果如图 12-53 所示。

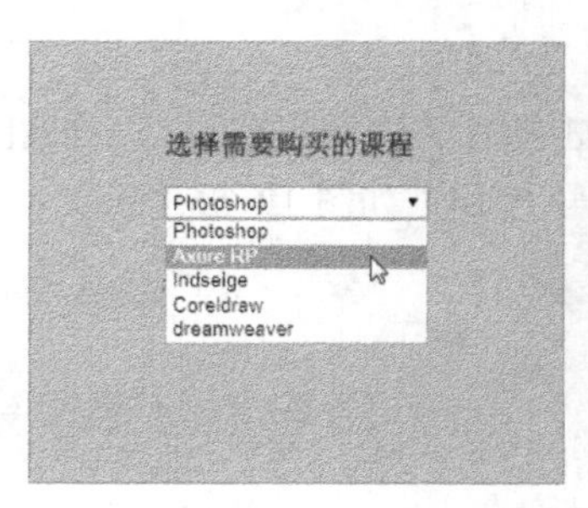

图12-53　预览效果

12.4 使用链接类动作

该实例为“鼠标单击时”事件添加了链接类动作，实例操作简单。读者实际操作时会发现，链接类动作中不同动作的实现效果不同。

操作视频：12.4

（1）案例分析

针对链接动作分别进行了演示，便于读者理解和运用。针对“当前窗口”“新窗口 / 新标签”“弹出窗口”“父级窗口”“关闭窗口”和“内联框架”等同链接类动作进行演示，有助于读者深刻理解。

（2）案例效果

① 链接页面

② 新窗口/新标签

（3）操作步骤

01 新建一个 Axure 文件，拖曳一个图片元件到页面编辑区内，双击元件，导入图 12-54 所示图片。

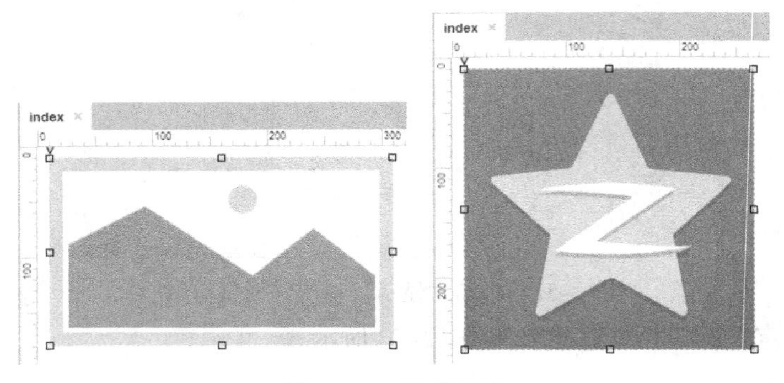

图12-54　导入图片

02 拖入一个文本标签元件，输入文本“点击图片关注我的空间”，如图 12-55 所示。设置文本样式，字体为“黑体”，粗体，字号为 14，如图 12-56 所示。

图12-55　添加文本标签

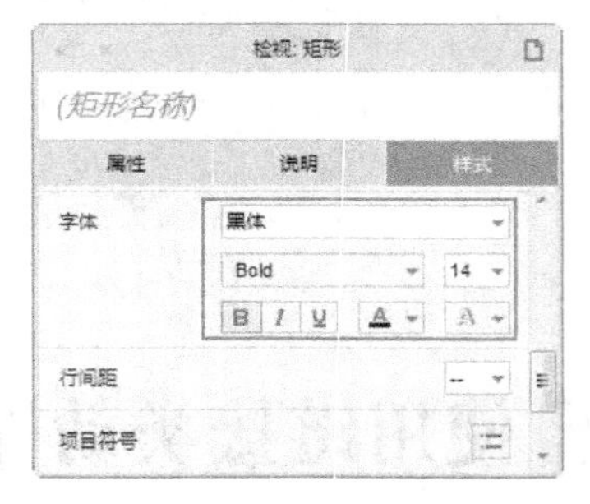

图12-56　设置文本样式

03 选中图片元件，为该元件重命名为“空间图标”，如图 12-57 所示。双击“鼠标单击时”事件，打开“用例编辑”对话框，如图 12-58 所示。

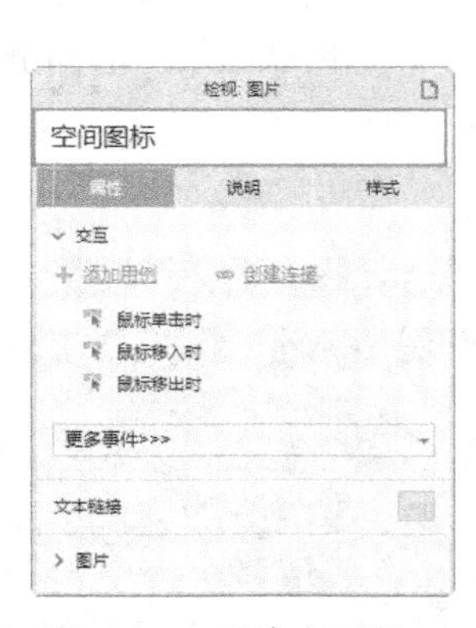

图12-57　重命名元件

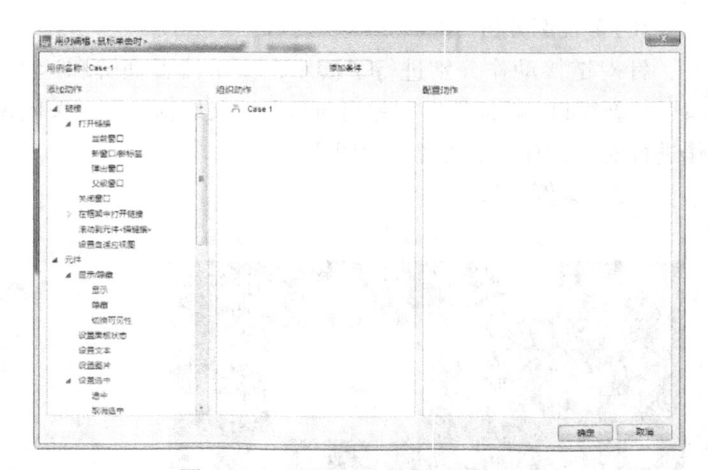

图12-58　“用例编辑”对话框

04 在“添加动作”选项中，选择“当前窗口”选项，在“配置动作”选项中选择“链接到 url 或文件”选项，在超链接下输入链接地址，如图 12-59 所示。

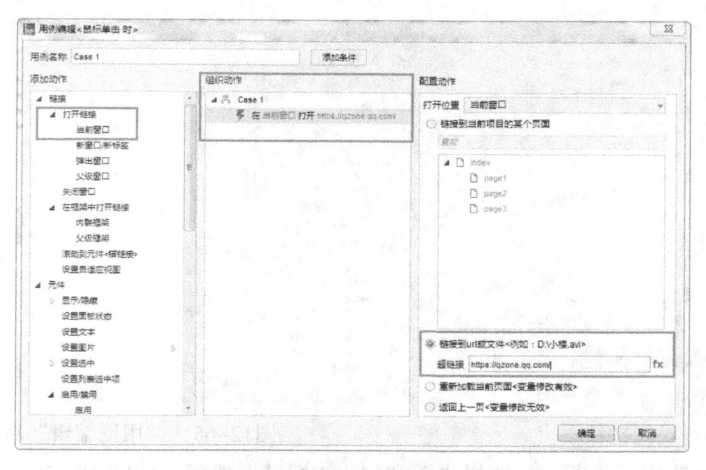

图12-59　设置“用例编辑”

05 单击“确定”按钮，回到页面编辑区，如图 12-60 所示。单击工具栏上的“预览”按钮，预览效果如图 12-61 所示。

图12-60　页面编辑区

图12-61　预览效果

06 在“页面”面板中添加一个新页面，重命名为“新窗口”，如图 12-62 所示。双击新页面，在该页面中拖入一个按钮元件，如图 12-63 所示。

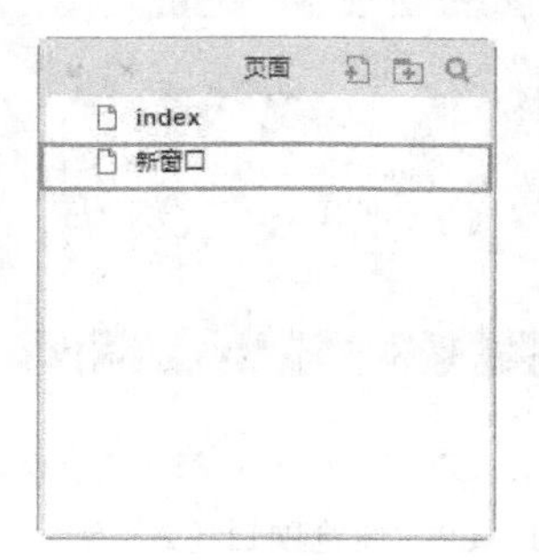

图12-62　添加新页面

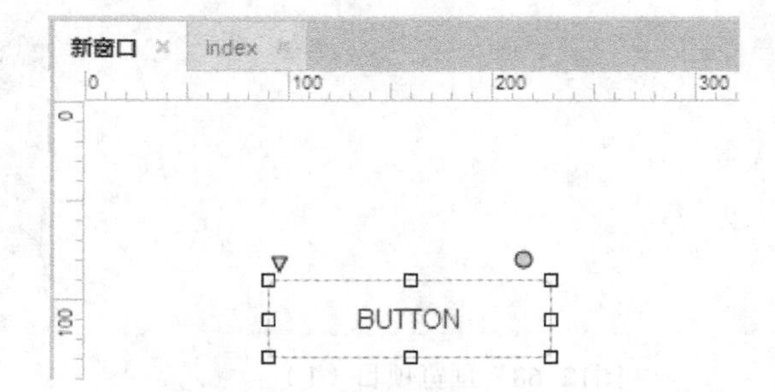

图12-63　在新页面拖入按钮元件

07 设置字体为“微软雅黑”，字号为13，字体颜色为#333333，输入的文字内容如图 12-64 所示。选中该元件，双击“鼠标单击时”事件，打开“用例编辑”对话框，如图 12-65 所示。

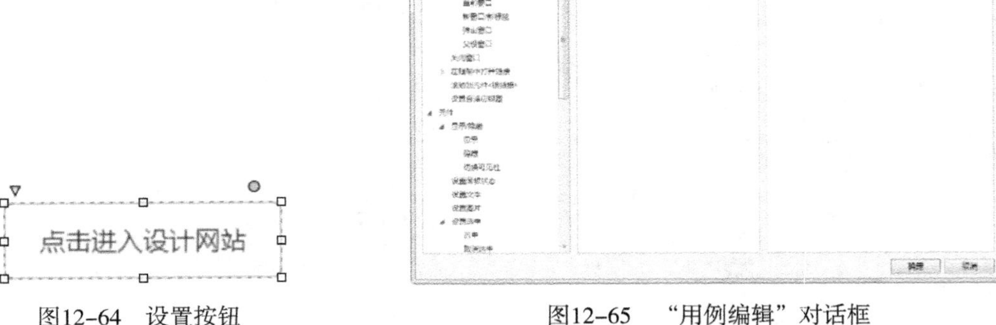

图12-64　设置按钮　　　　图12-65　“用例编辑”对话框

08 在“添加动作”选项中，选择“新窗口 / 新标签”选项，如图 12-66 所示。在“配置动作”选项中选择“链接到 url 或文件”选项，在超链接下输入链接地址，如图 12-67 所示。

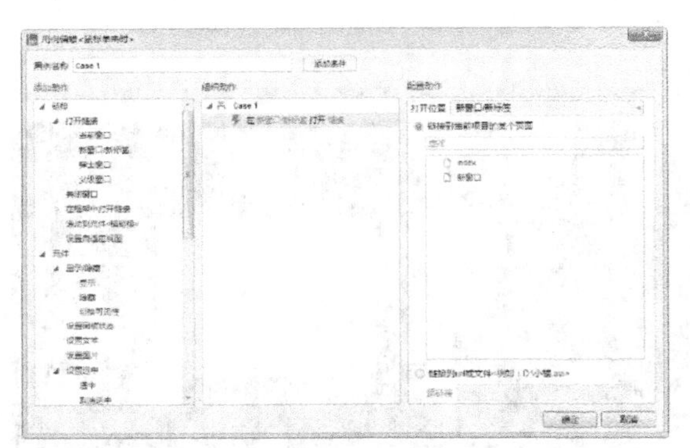

图12-66　设置“添加动作”选项　　　　图12-67　设置“配置动作”选项

09 单击“确定”按钮，回到页面编辑区，执行“预览”命令，预览项目，如图 12-68 和图 12-69 所示。

图12-68　预览项目（1）　　　　图12-69　预览项目（2）

10 继续添加名称为“弹出窗口”的页面。在该页面中拖曳一个提交按钮，显示文本为“单击此按钮”，如图 12-70 所示。为按钮添加“鼠标单击时”事件，在“用例编辑”对话框中添加“弹出窗口”动作，如图 12-71 所示。

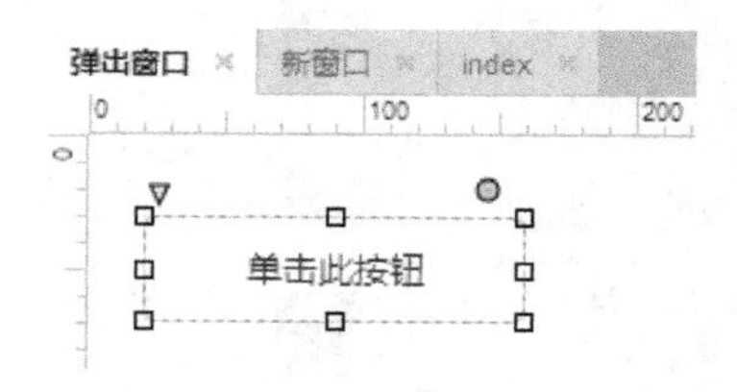

图12–70　添加页面及按钮

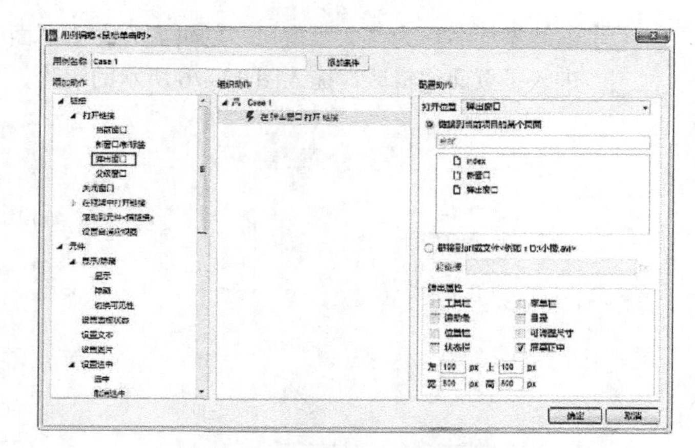

图12–71　添加“弹出窗口”动作

11 设置各项参数，如图 12–72 所示。单击“确定”按钮，回到页面编辑区中，如图 12–73 所示。

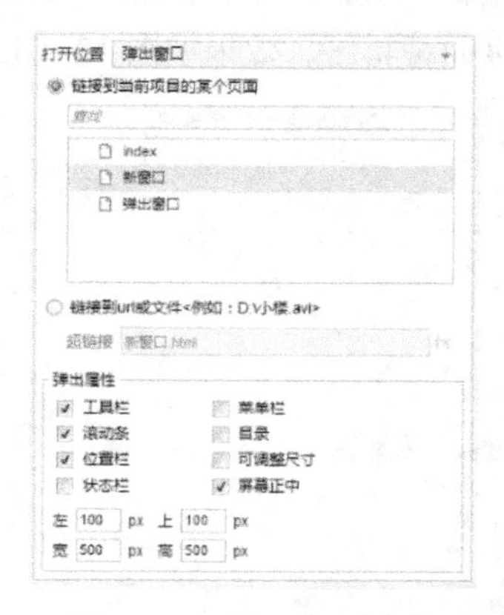

图12–72　设置各项参数

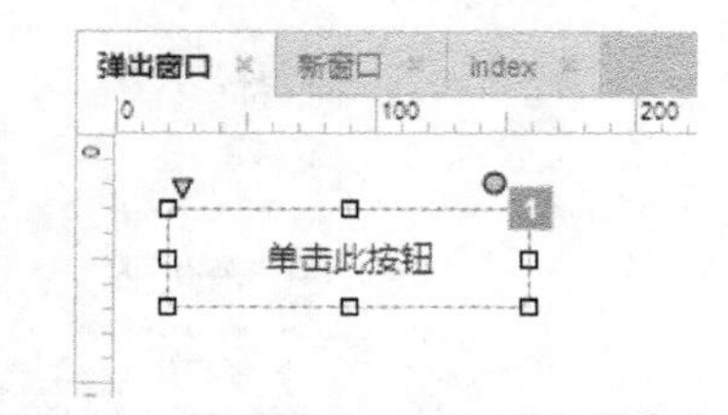

图12–73　页面编辑区

12 执行“预览”命令，预览项目，如图 12–74 所示。

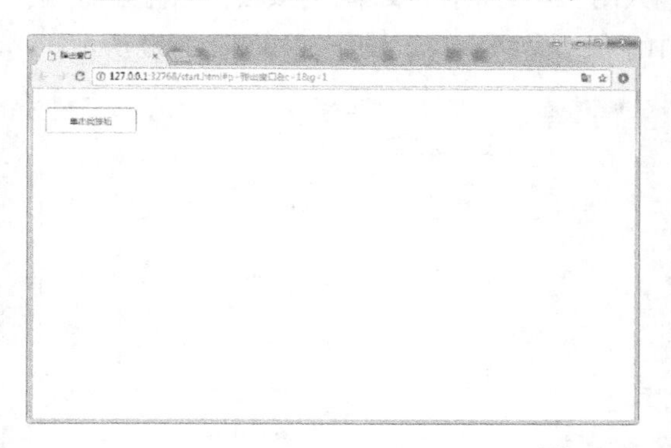

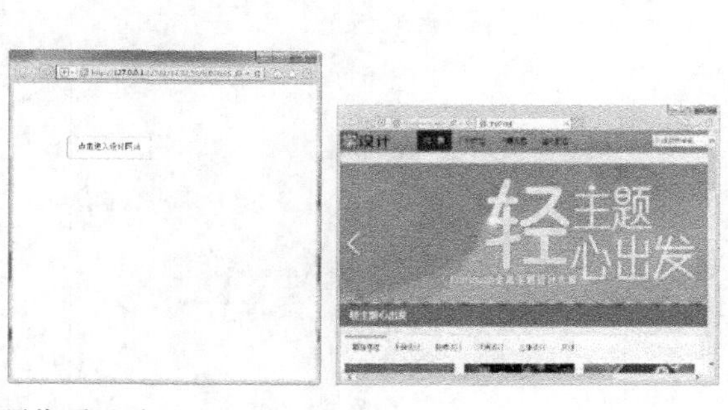

图12–74　预览项目（3）

提示

测试时，谷歌浏览器将不能正确显示效果。如果不能正确显示链接效果，可以选择不同的浏览器测试。

13 继续添加名称为“父级窗口”的页面，在主页面内添加子页面，如图 12–75 所示。双击进入子页面编辑区，拖入图 12–76 所示的图片。

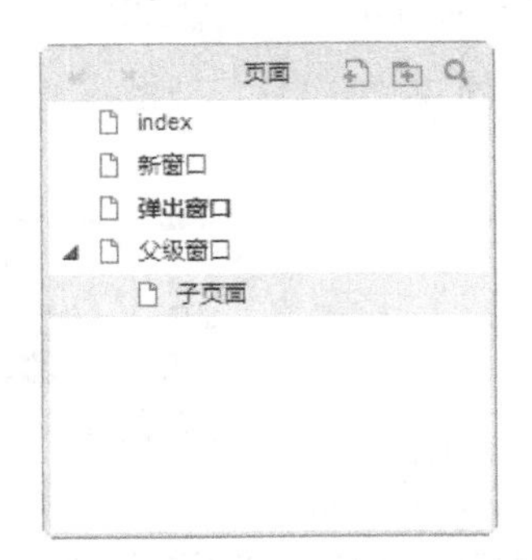

图12–75　添加主页面及子页面

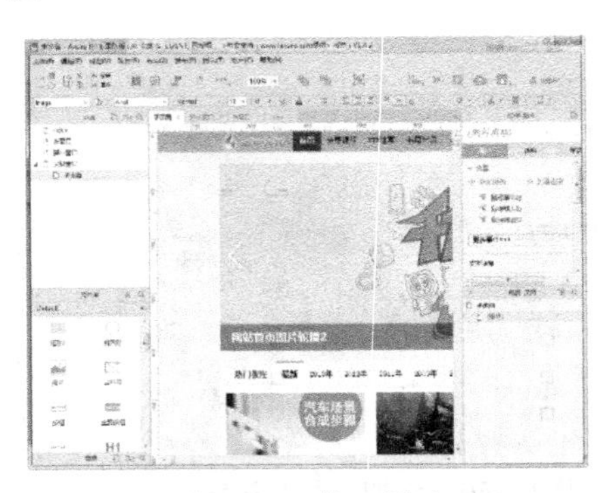

图12–76　拖入图片

14 为图片元件添加“鼠标单击时”事件，在“用例编辑”对话框中，添加“父级窗口”动作，如图 12–77 所示。单击“确定”按钮，回到页面编辑区，效果如图 12–78 所示。

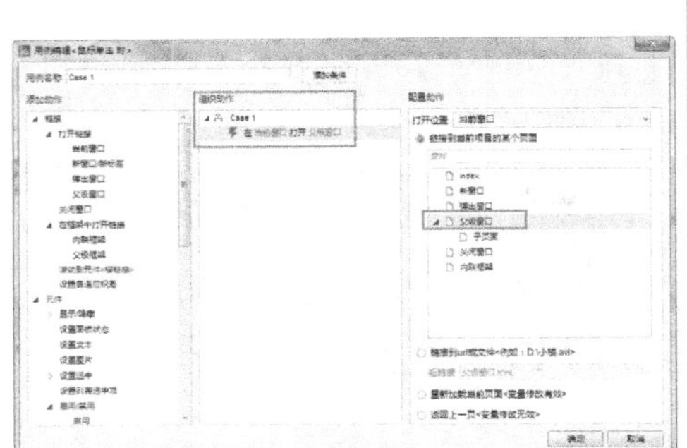

图12–77　添加“父级窗口”动作

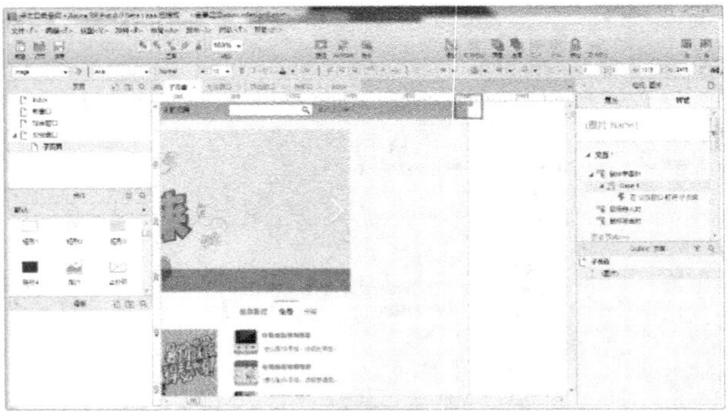

图12–78　页面编辑区效果

15 进入“父级窗口”页面，添加默认按钮元件，输入图 12–79 所示的文本。为该按钮元件添加“鼠标单击时”事件，在“用例编辑”对话框中添加“父级窗口”动作，如图 12–80 所示。

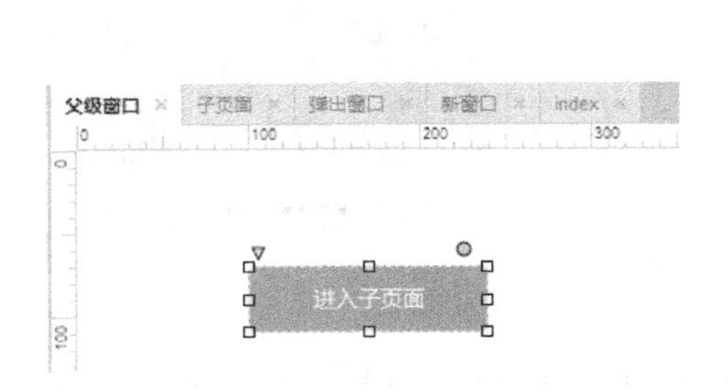

图12–79　添加按钮

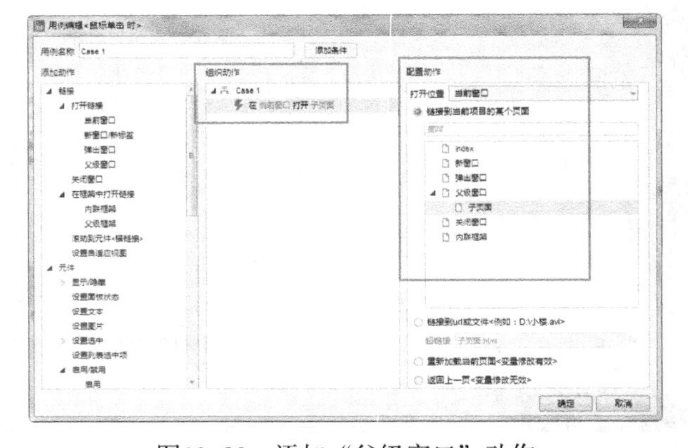

图12–80　添加“父级窗口”动作

16 单击“确定”按钮，回到页面编辑区，执行“预览”命令，查看效果，如图 12–81 和图 12–82 所示。

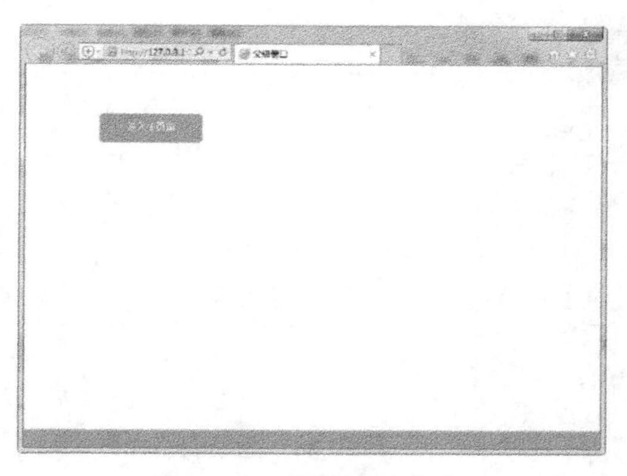

图12-81　预览效果（1）

图12-82　预览效果（2）

17 继续添加名称为“关闭窗口”的页面，在该页面中添加图片元件，如图 12-83 所示。为图片元件添加“鼠标单击时”事件，在 “用例编辑”对话框中添加“关闭窗口”动作，如图 12-84 所示。

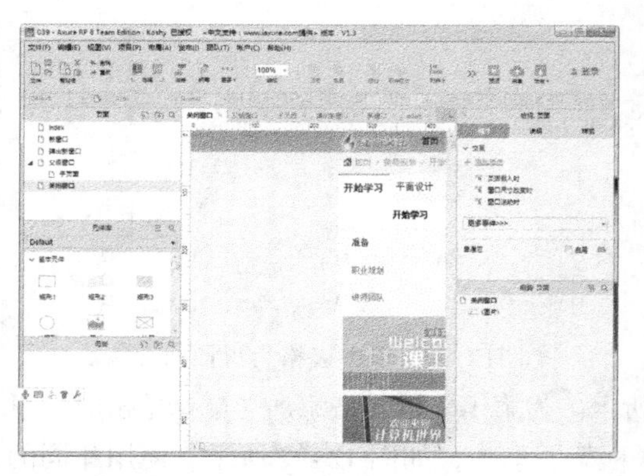

图12-83　添加页面及图片

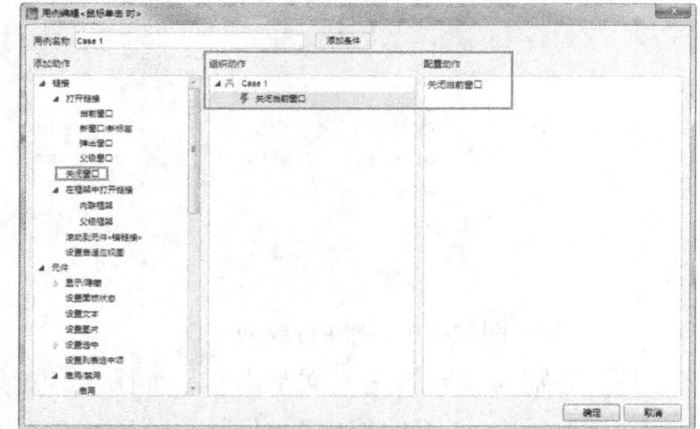

图12-84　添加“关闭窗口”动作

18 单击“确定”按钮，回到页面编辑区，如图 12-85 所示。执行“预览”命令，查看效果，鼠标单击对话框，弹出图 12-86 所示的提示框。

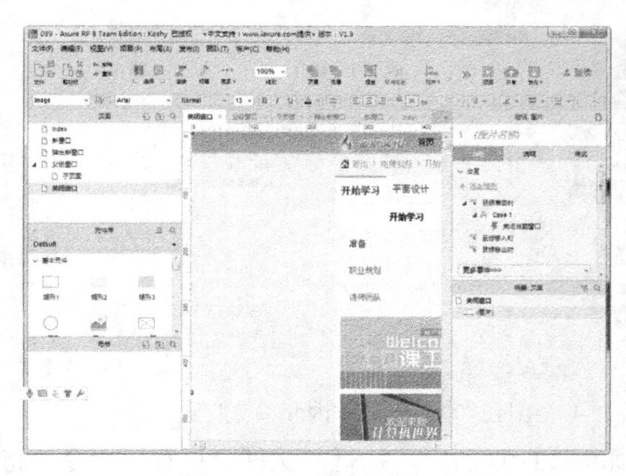

图12-85　页面编辑区

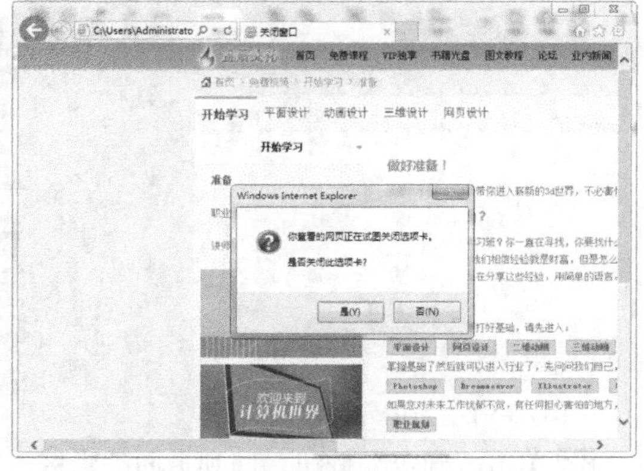

图12-86　提示框

19 添加名称为“内联框架”的页面，在该页面中拖曳内联框架元件，如图 12-87 所示。继续拖曳表格元件，如图 12-88 所示。

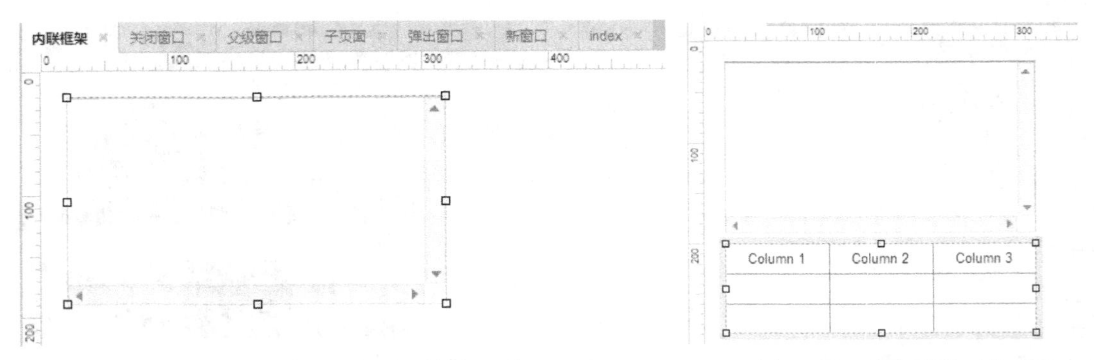

图12-87　添加页面及内联框架元件　　　　图12-88　拖曳表格元件

20 默认的表格元件是 3 行 3 列，读者可以根据需要对表格进行编辑，选中表格元件，单击鼠标右键，在下拉菜单中即可选择删除行或列选项，如图 12-89 所示。将表格调整为 1 行 2 列，如图 12-90 所示。

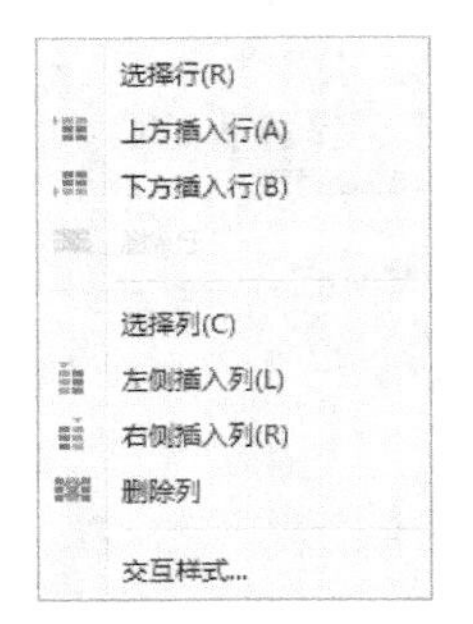

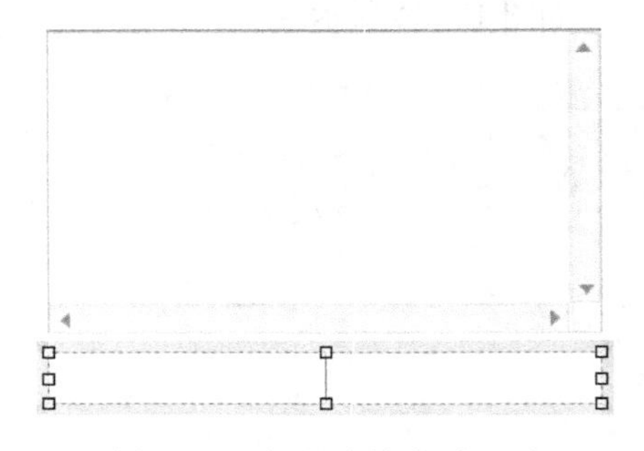

图12-89　删除行或列　　　　图12-90　调整表格为1行2列

21 分别为单元格输入文字内容，如图 12-91 所示。为第 1 个单元格添加“鼠标单击时”事件，在“用例编辑”对话框中添加“内联框架”动作，如图 12-92 所示。使用相同的方法为第 2 个单元格添加事件动作。

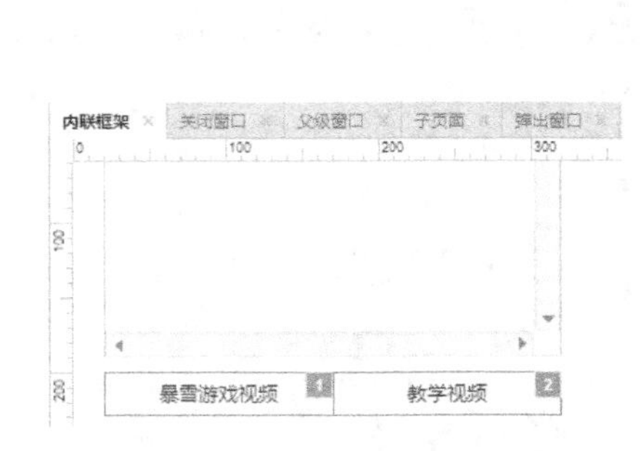

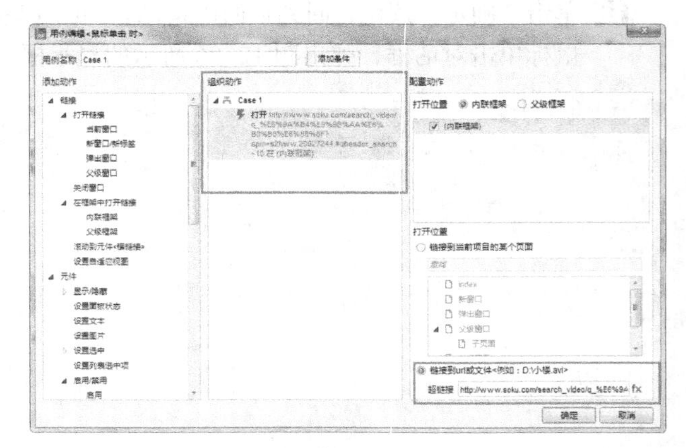

图12-91　为单元格输入文字　　　　图12-92　添加“内联框架”

22 单击“确定”按钮，回到页面编辑区，如图 12-93 所示。执行“文件 > 保存”命令，将项目文件保存。执行“预览”命令，查看效果，鼠标单击对话框，弹出图 12-94 所示的提示框。

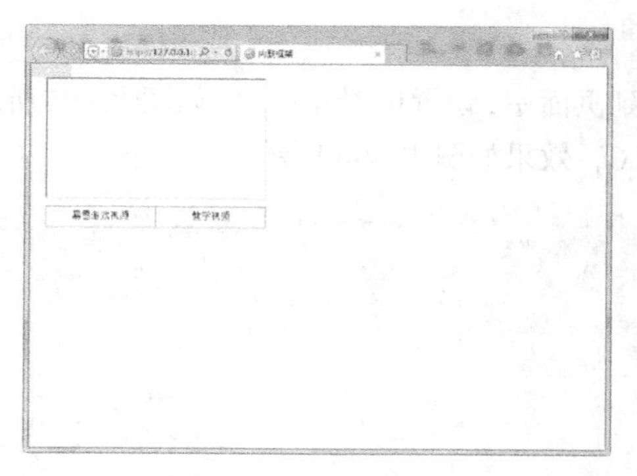

图12-93　页面编辑区

图12-94　弹出提示框

12.5 制作宝贝分类页面

宝贝分类页面效果在很多网站上都能看到，它采用的是一种紧凑的信息组合方式，既方便了用户分类查找，又节省了页眉空间，减少了用户浏览的时间。本案例将制作淘宝网首页中的一个产品分类页面。

操作视频：12.5

（1）案例分析

当鼠标单击页面中的4个文字菜单时，下面的显示内容会发生相应的变化。为了节省时间，案例中页面显示内容用位图代替。

在Axure中，制作这种由鼠标点击激活的页面切换效果，通常是由“动态面板”参与制作不同的页面，然后再为元件添加“鼠标单击时”事件和“设置面板状态”动作，设置单击不同元件后，动态面板对应显示的页面。

（2）案例效果

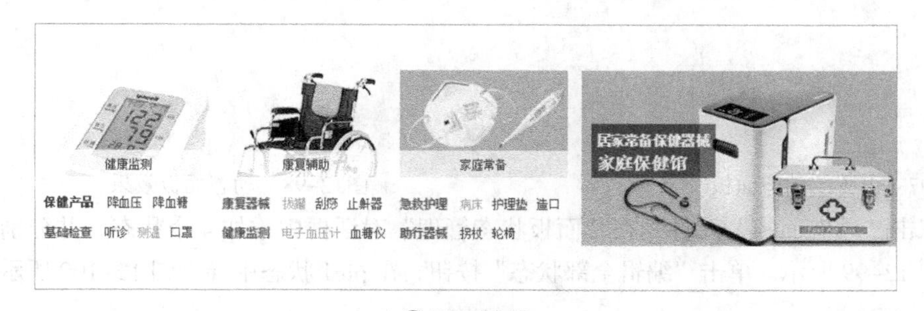

① 页面效果

② 交互效果

（3）操作步骤

01 新建一个 Axure 文件。将“矩形 1”元件拖入到页面中，设置位置和尺寸，如图 12-95 所示。设置填充颜色为白色，线段颜色为 #CCCCCC，效果如图 12-96 所示。

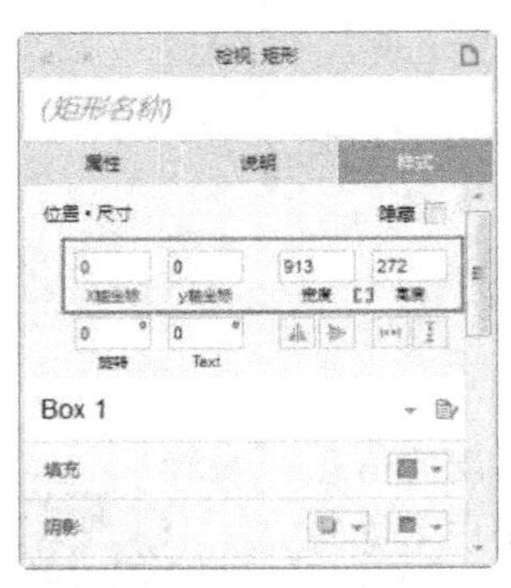

图12-95　添加“矩形1”元件

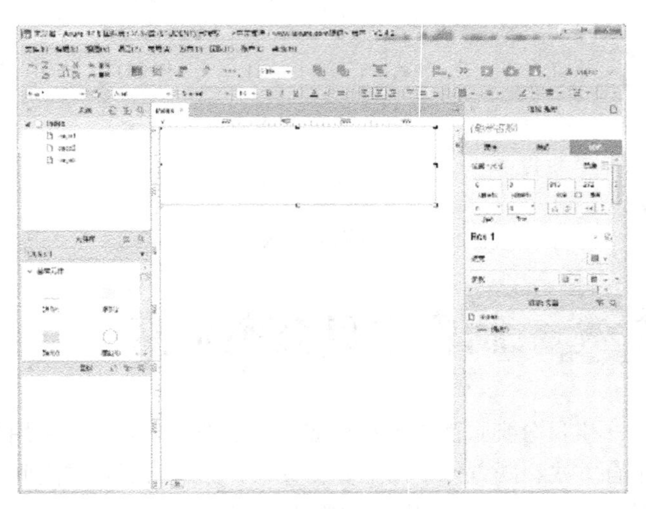

图12-96　设置颜色

02 将“动态面板”元件拖入到页面中，设置其位置和尺寸，并命名为“项目列表”，如图 12-97 所示。动态面板效果如图 12-98 所示。

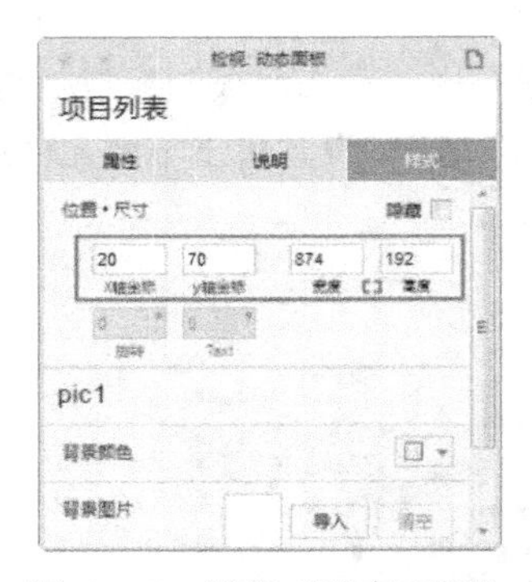

图12-97　设置“动态面板”

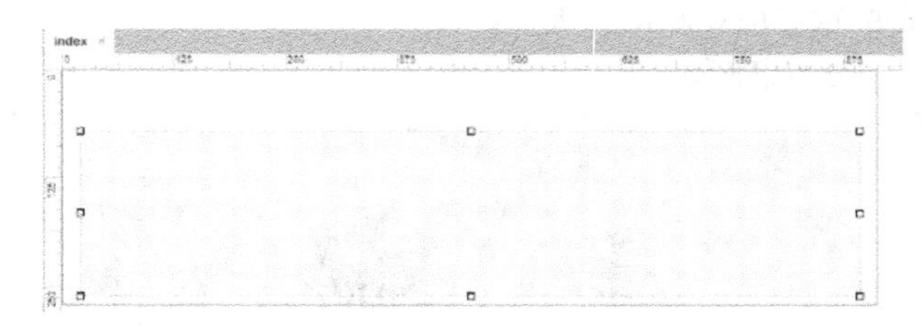

图12-98　动态面板效果

03 双击“动态面板”元件，在“面板状态管理”对话框中添加 4 个状态，并分别命名，如图 12-99 所示。单击“编辑全部状态”按钮，在 pic1 状态中导入图 12-100 所示的图片。

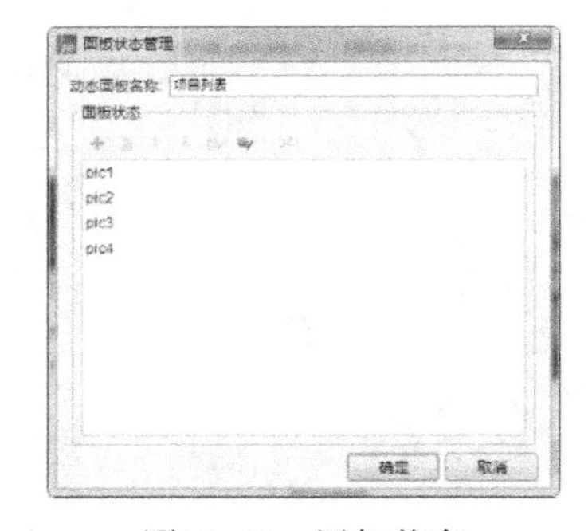

图12-99　添加状态

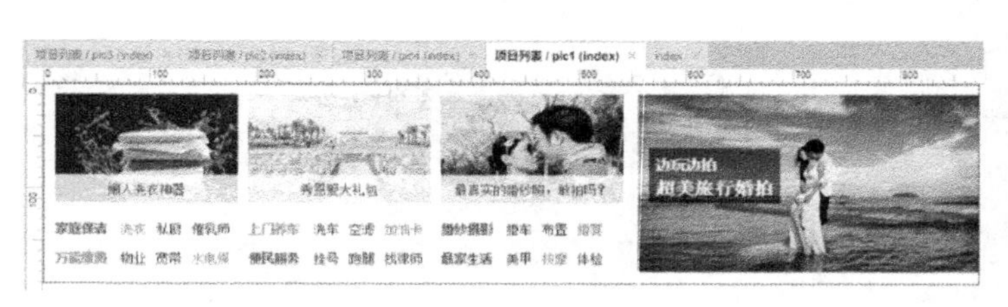

图12-100　导入图片

04 使用相同的方法，分别为其他 3 个状态添加图片，效果如图 12-101 所示。

图12-101　添加其他3张图片

05 返回 index 页面，将“三级标题”元件拖入到页面中，修改文字内容和颜色，如图 12-102 所示。在“样式”选项卡中单击“边框”选项，选择显示右侧边框，如图 12-103 所示。

生活服务

图12-102　“三级标题”元件

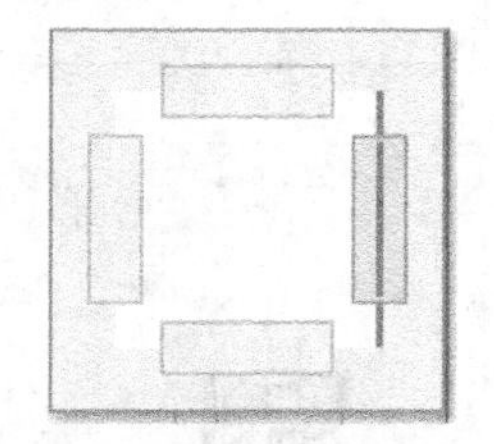

图12-103　显示右侧边框

06 设置线宽和颜色，效果如图 12-104 所示。使用相同的方法，拖入“三级标题”元件，完成效果如图 12-105 所示。

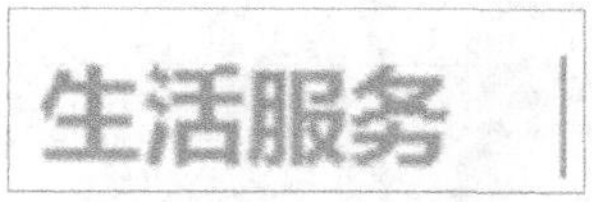

生活服务

图12-104　设置线宽和颜色

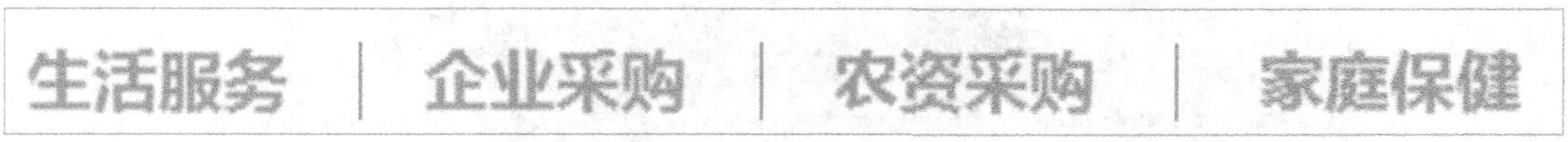

生活服务 | 企业采购 | 农资采购 | 家庭保健

图12-105　完成效果

07 选择“生活服务”元件，双击“属性”选项卡下的“鼠标单击时”事件，在“用例编辑”对话框中添加“设置面板状态”动作，勾选“设置项目列表”复选框，并选中 pic1 状态，效果如图 12-106 所示。

08 单击“确定”按钮，使用相同的方法，分别为其他文本元件添加动作，完成效果如图 12-107 所示。

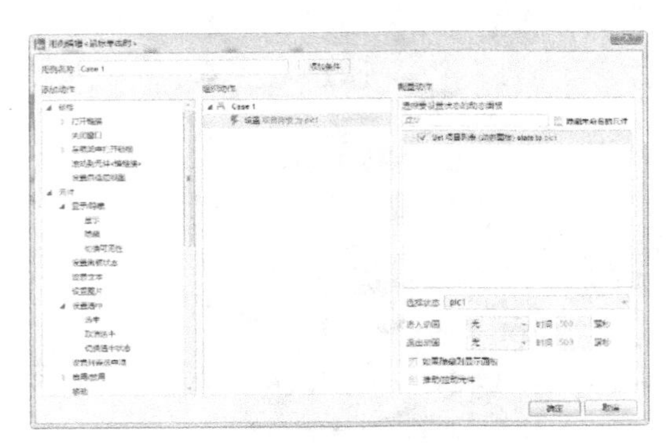

图12-106 配置“生活服务”元件

图12-107 完成后效果

09 单击工具栏上的“预览”按钮，预览效果如图 12-108 所示。

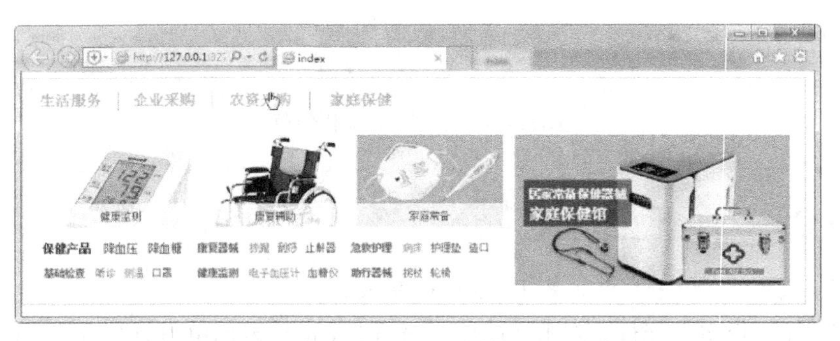

图12-108 预览效果

12.6 使用单选按钮组

该实例为“鼠标单击时”事件添加了链接类动作，操作简单。读者实际操作时会发现，链接类动作中不同的动作实现的效果不同。

操作视频：12.6

（1）案例分析

案例中主要使用了单选按钮的编组功能。如果单选按钮没有编组，则不能实现单选效果。同时通过为不同的文本框指定文本内容，实现当用户交互时显示不同内容的效果。这种效果常常应用到表单页面。

（2）案例效果

① 页面

② 单选效果

（3）操作步骤

01 新建一个 Axure 文件，将矩形 3 元件拖入到页面中，设置元件的位置为 X300:Y230，尺寸为 W460:H260，并将其命名为“背景”，如图 12–109 所示。

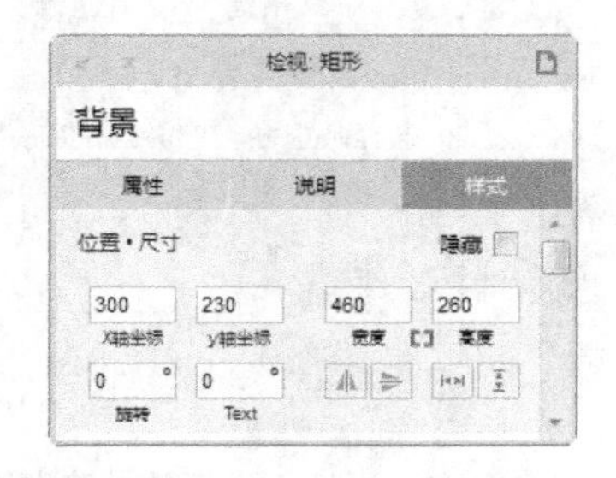

图12–109　添加矩形3元件并设置

02 拖入“文本标签”元件，设置字体为“新宋体”，字号为 20 号，颜色为 #0000FF，将其命名为“标题”，输入图 12–110 所示的文本。拖入单选按钮元件，命名为“选项 1”，修改文字内容，如图 12–111 所示。

图12–110　添加“文本标签”（1）

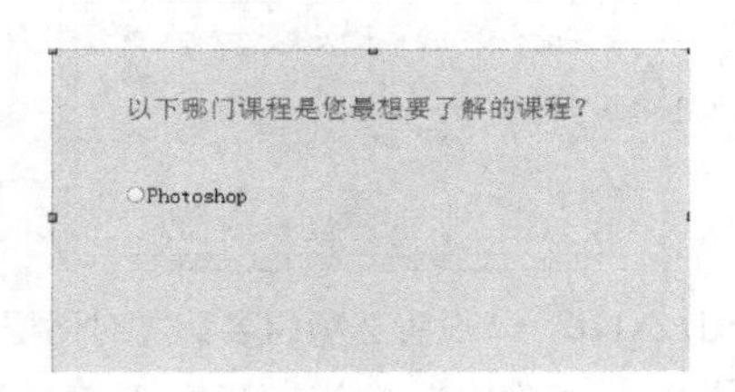

图12–111　添加单选按钮元件

03 使用相同的方法绘制其他单选按钮元件，如图 12-112 所示。继续拖入一个文本标签，输入文本内容，效果如图 12-113 所示。

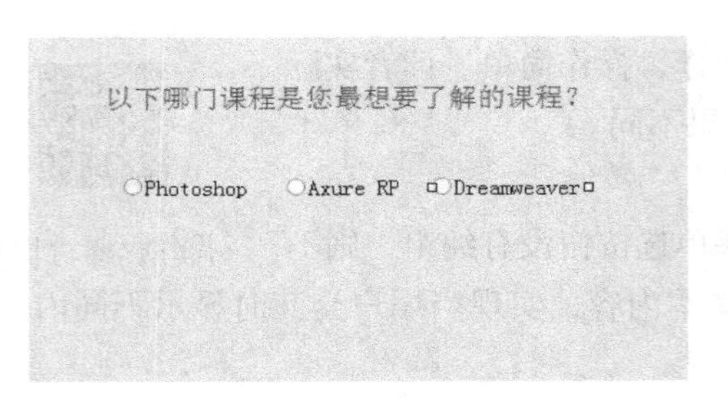

图12-112 添加其他单选按钮

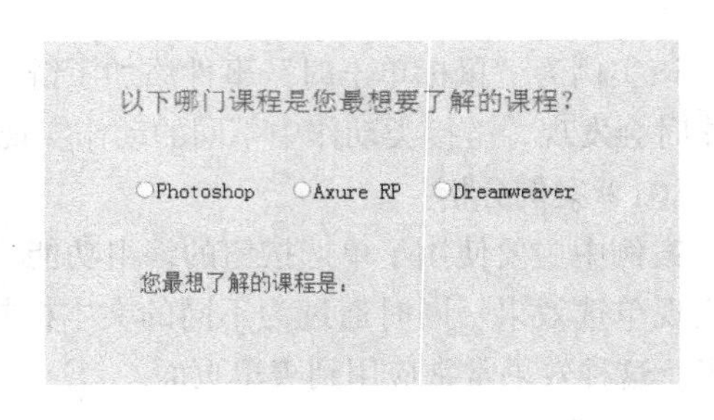

图12-113 添加“文本标签”（2）

04 再次拖入一个文本标签，删除文字内容，将其设置为隐藏，重命名为“显示答案”，如图 12-114 所示。按住 Ctrl 键依次单击，将所有的单选按钮元件选中，单击鼠标右键，选择“设置单选按钮组”选项，如图 12-115 所示。

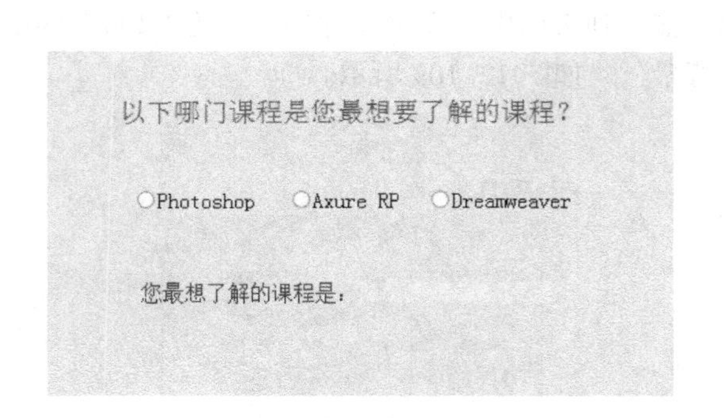

图12-114 添加文本标签并隐藏

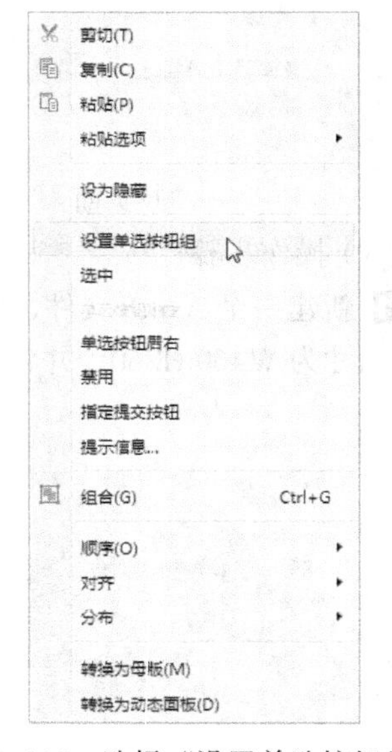

图12-115 选择“设置单选按钮组”

05 弹出“设置选项组名称”对话框，如图 12-116 所示。在该对话框中设置选项组名称为“选项组”，如图 12-117 所示。

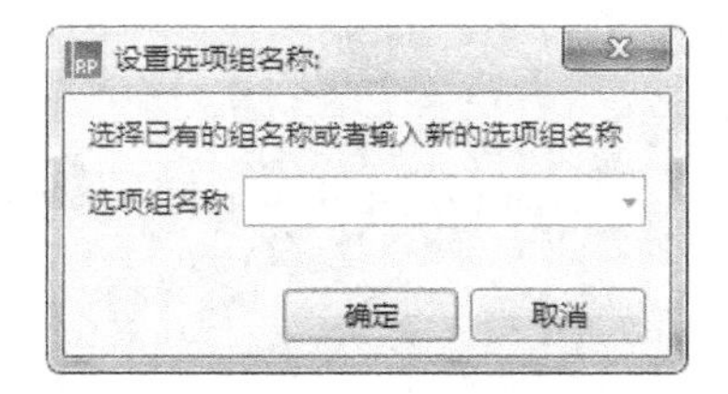

图12-116 “设置选项组名称”对话框

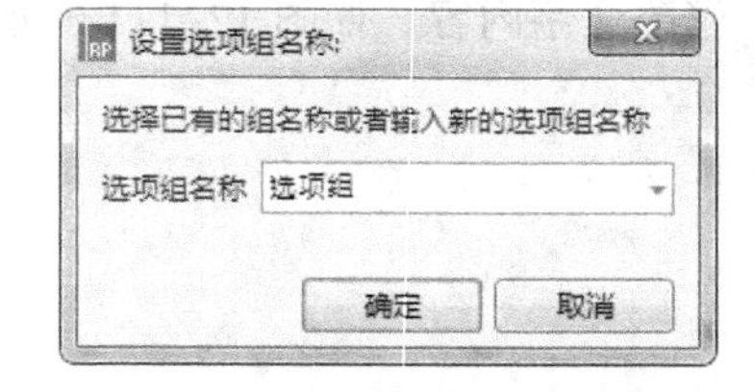

图12-117 设置选项组名称

06 单击“确定”按钮，返回页面编辑区，选中选项 1 元件，双击“获取焦点时”事件，如图 12-118 所示。打开“用例编辑”对话框，如图 12-119 所示。

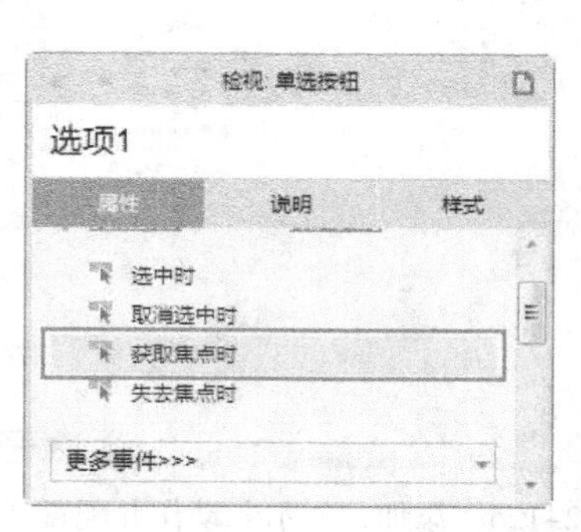

图12-118　双击“获取焦点时”事件

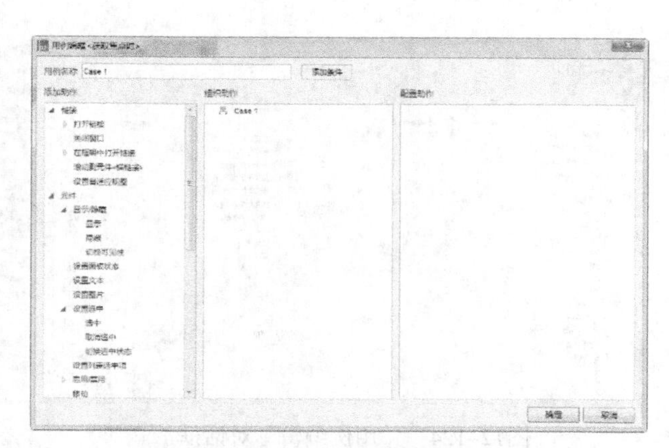

图12-119　“用例编辑”对话框

07 在“用例编辑”对话框中添加“选中”动作并配置动作，如图 12-120 所示。继续添加“设置文本”动作，如图 12-121 所示。

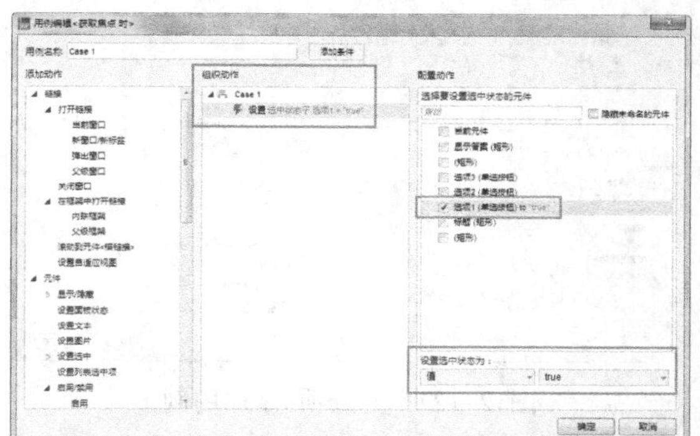

图12-120　添加“选中”动作并配置

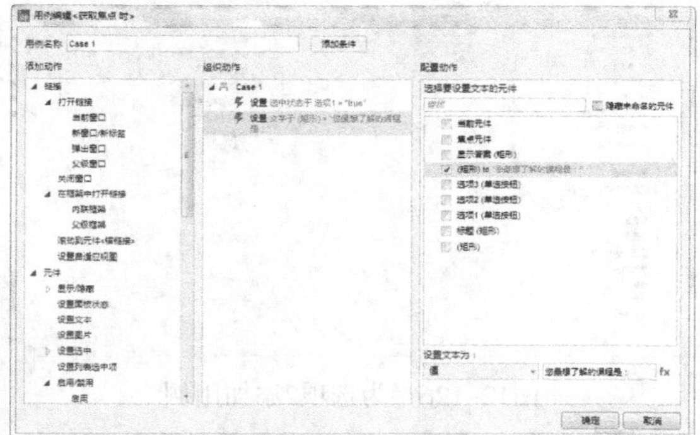

图12-121　添加“设置文本”动作

08 在设置文本下的第一个下拉菜单中选择“富文本”，单击“编辑文本”按钮，如图 12-122 所示。弹出“输入文本”对话框，在该对话框中输入“Photoshop”并设置字体样式，如图 12-123 所示。

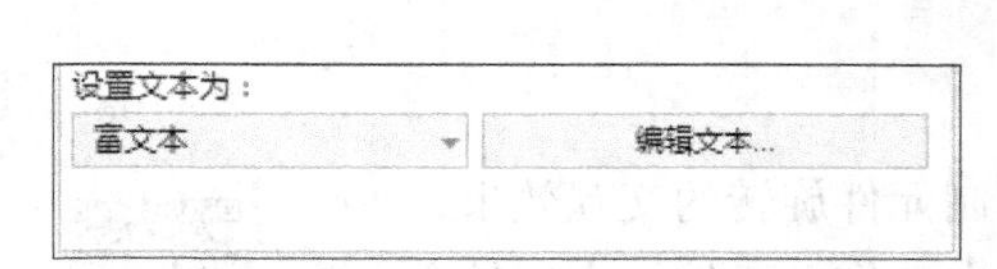

图12-122　设置文本

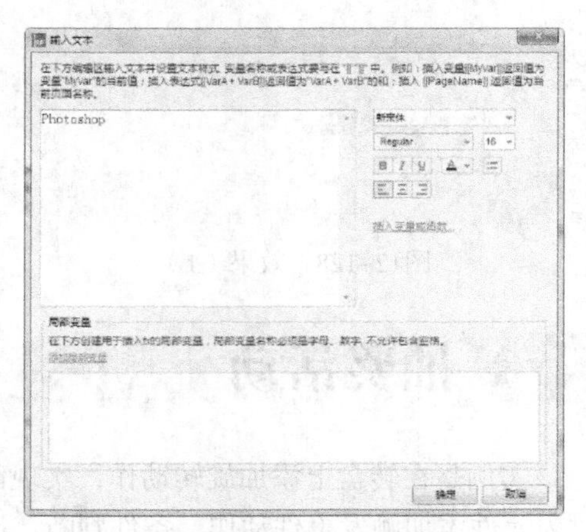

图12-123　输入文本并设置

09 单击“确定”按钮，回到“用例编辑”对话框，如图 12-124 所示。继续添加“显示”动作并配置动作，如图 12-125 所示。

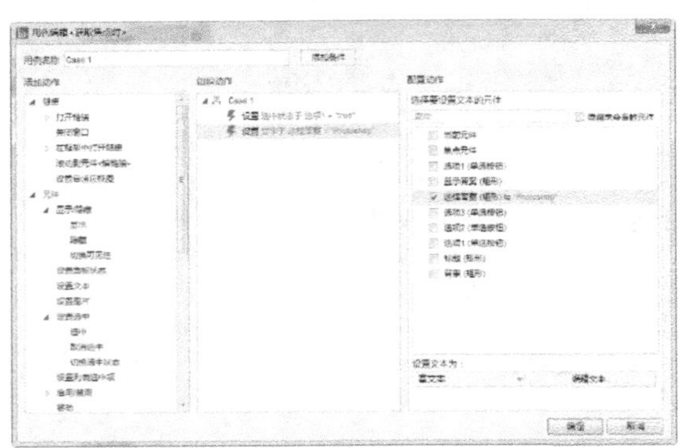

图12-124　“用例编辑”对话框

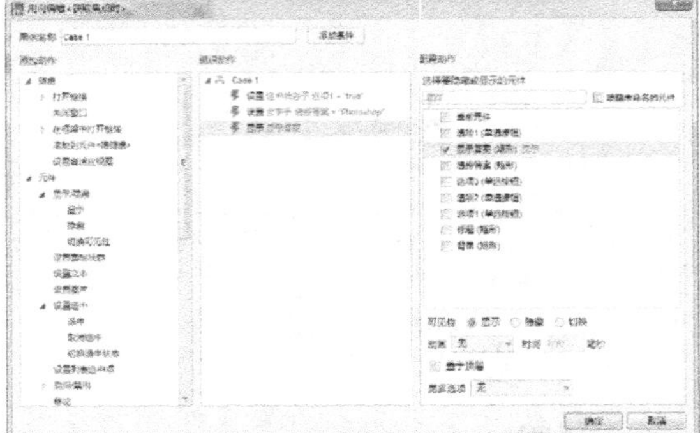

图12-125　添加“显示”动作并配置

10 使用相同的方法为选项 2 和选项 3 添加用例，如图 12-126 和图 12-127 所示。

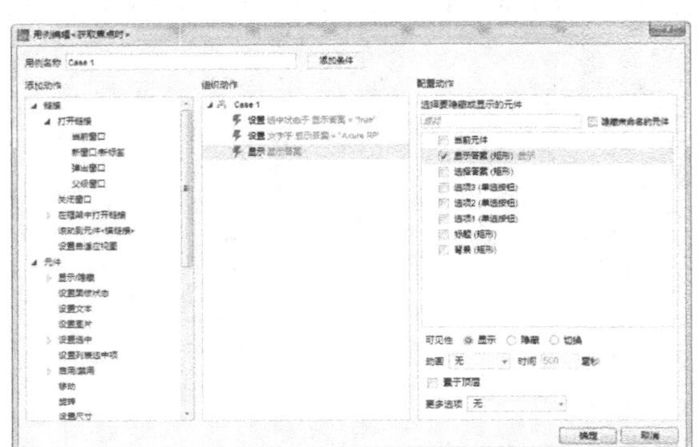

图12-126　为选项2添加用例

图12-127　为选项3添加用例

11 执行“预览”命令，查看效果如图 12-128 和图 12-129 所示。执行“文件 > 保存”命令，将文件保存。

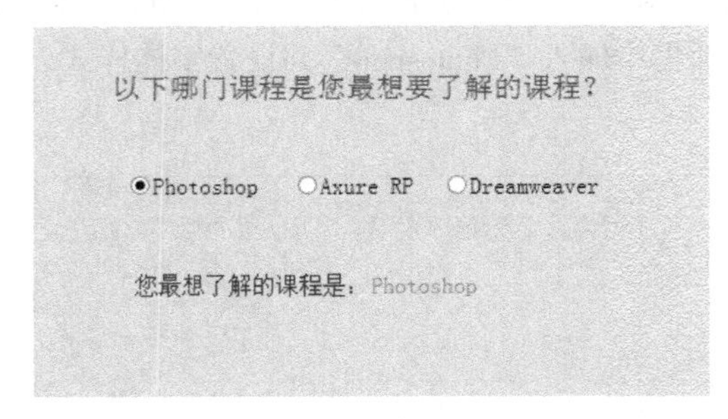

图12-128　效果（1）

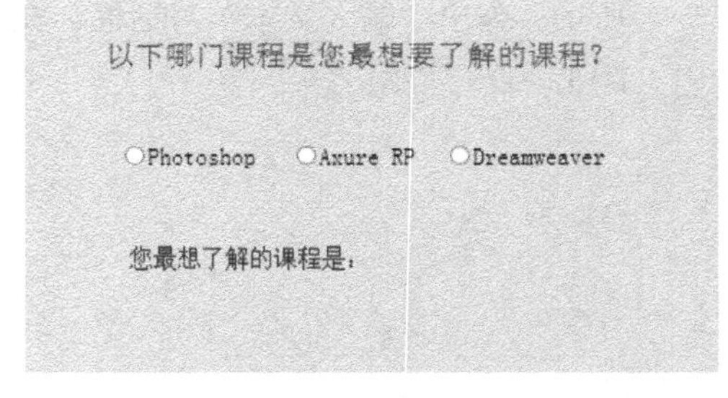

图12-129　效果（2）

12.7 抽奖活动

该实例是在转盘上添加旋转动作，实现鼠标控制元件旋转的交互效果，同时为元件添加触发事件动作、条件判断、设置文本动作等事件，实现轮盘旋转结果显示在指定文本框中。

操作视频：12.7

（1）案例分析

为轮盘元件添加鼠标事件，实现当鼠标单击元件时元件旋转的效果。通过添加条件判断元件旋转结果，并得出各个奖项。然后通过页面中的文本框将最后的得奖信息显示出来。案例制作较复杂，可多参看源文件。

（2）案例效果

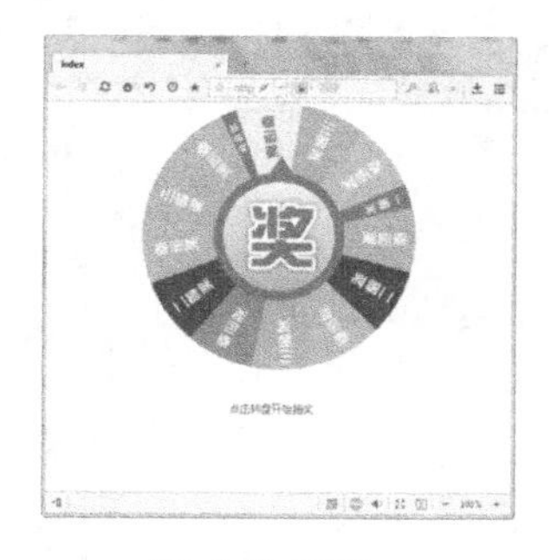

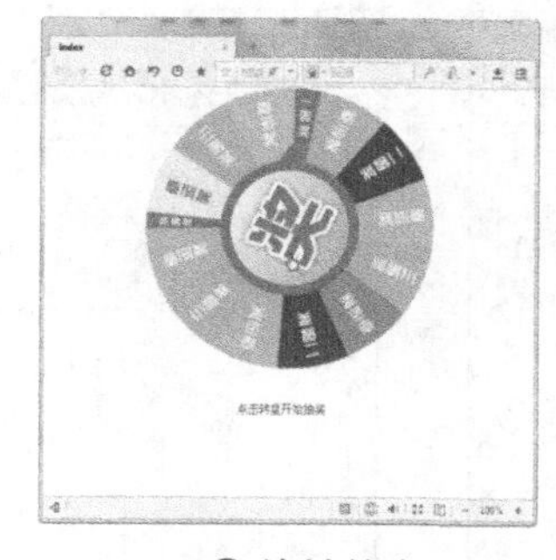

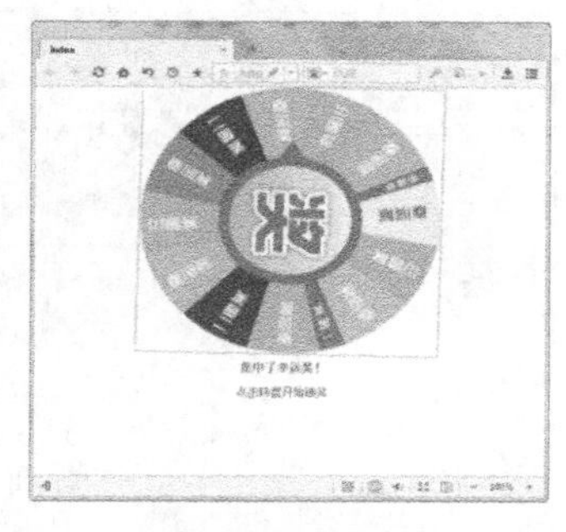

① 中奖界面　② 旋转轮盘　③ 显示中奖效果

（3）操作步骤

01 新建一个Axure项目文件，将一个图片元件拖入到页面中，双击导入图12-130所示的图片素材。

02 继续拖入一个矩形1元件，并将其转换为三角形，如图12-131所示。转换效果如图12-132所示。

03 调整三角形的位置和大小，填充颜色为#DA251C，边框颜色为无，将三角形元件重命名为“指针”，如图12-133所示。选中转盘元件，双击“鼠标单击时”事件，打开“用例编辑”对话框，如图12-134所示。

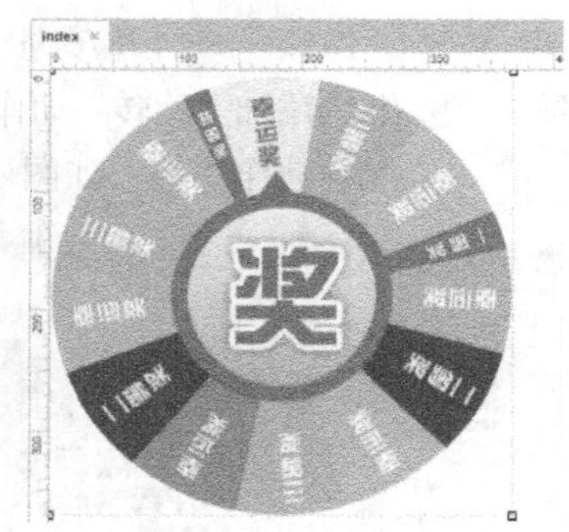

图12-130　导入图片

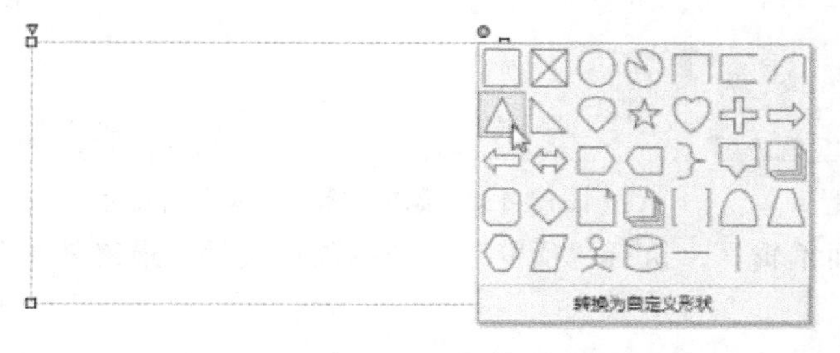

图12-131　将矩形1元件转换为三角形

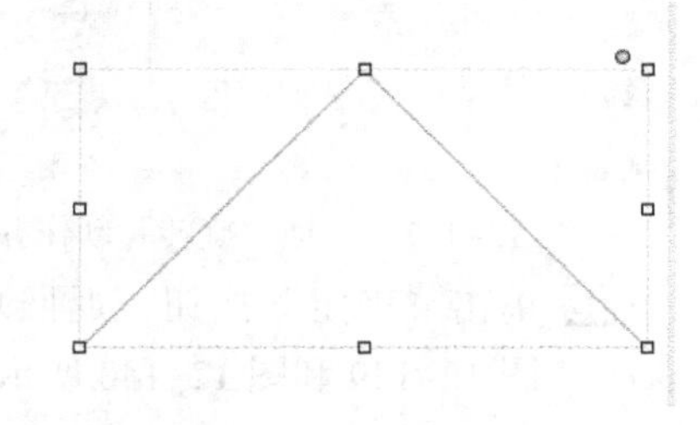

图12-132　转换效果

图12-133　设置三角形元件

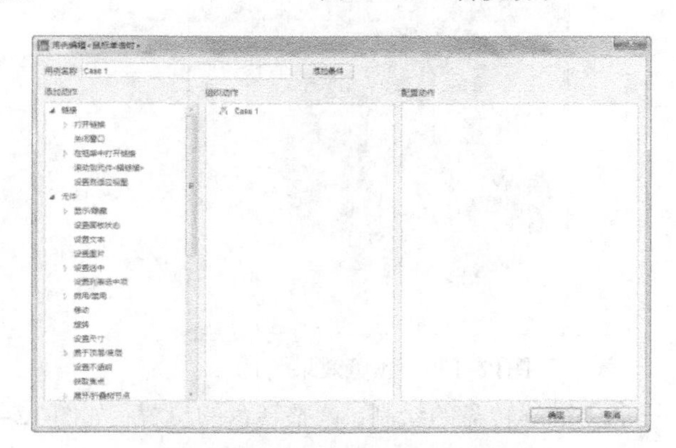

图12-134　“用例编辑”对话框

04 添加“设置全局变量”动作，单击“添加全局变量”选项，弹出“全局变量”对话框，在该对话框中添加 angle 变量，如图 12-135 所示。单击 fx 图标，添加旋转的表达式，如图 12-136 所示。

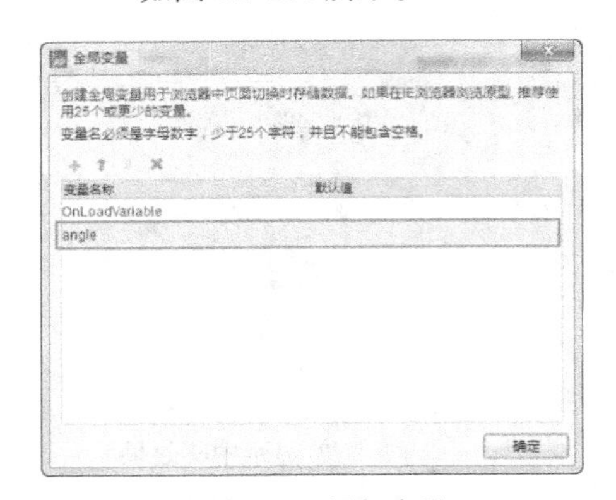

图12-135　添加变量

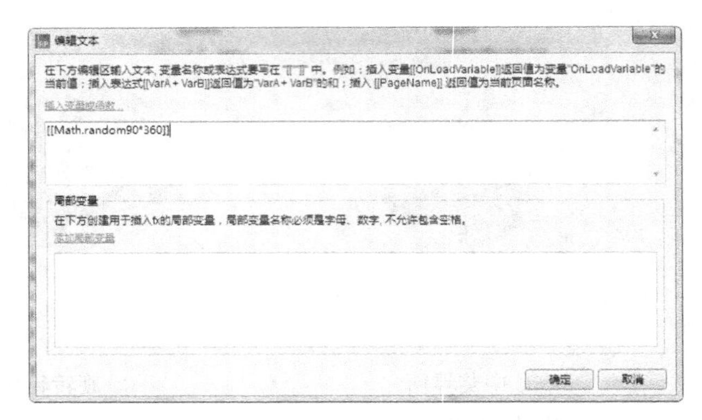

图12-136　添加旋转的表达式

05 继续添加“旋转”动作，在配置动作下设置参数，如图 12-137 所示。添加“等待”动作，配置动作参数，如图 12-138 所示。

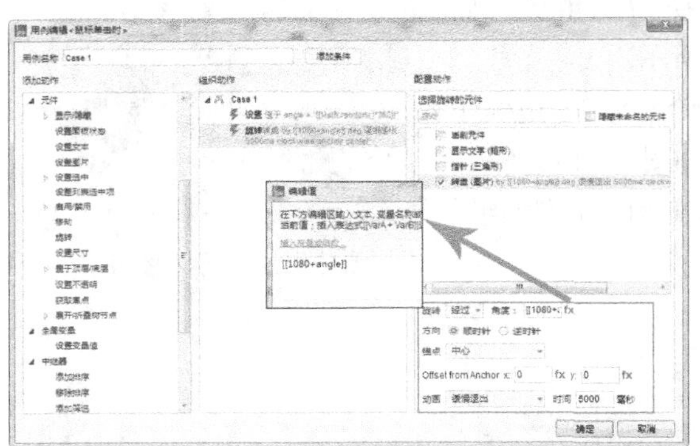

图12-137　添加“旋转”动作并配置

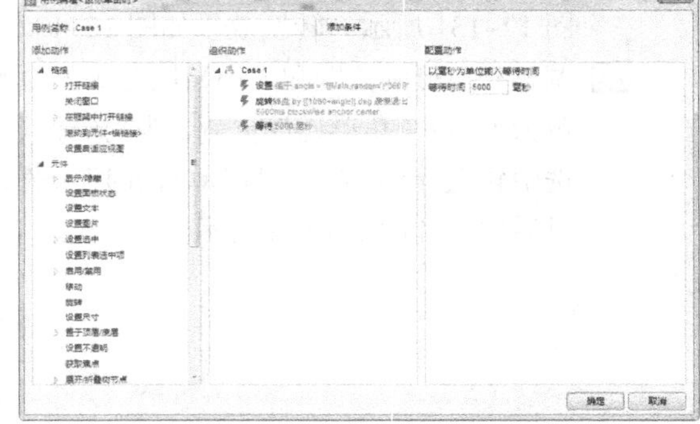

图12-138　添加“等待”动作并配置

06 单击“确定”按钮，返回页面编辑区，执行“预览”命令，预览文件，最终效果如图 12-139 和图 12-140 所示。

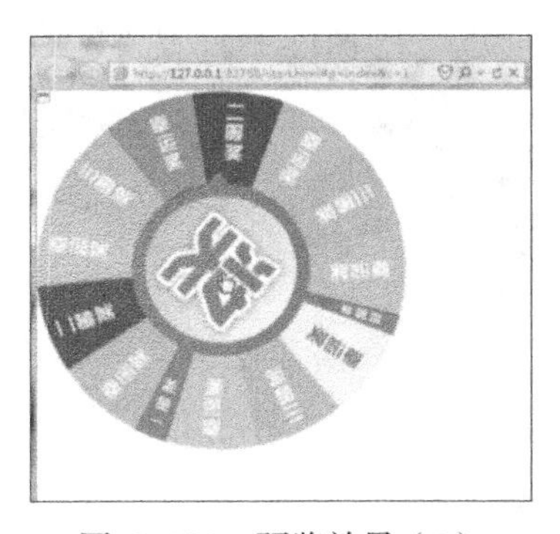

图12-139　预览效果（1）

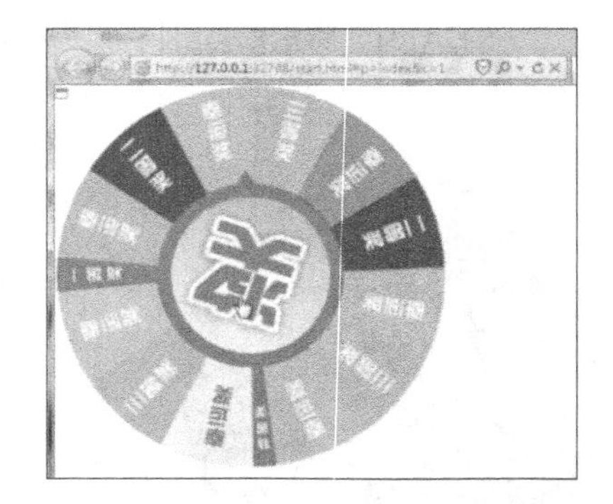

图12-140　预览效果（2）

07 继续转盘的绘制，调整转盘的位置，如图 12-141 所示。将指针和转盘组合，如图 12-142 所示。

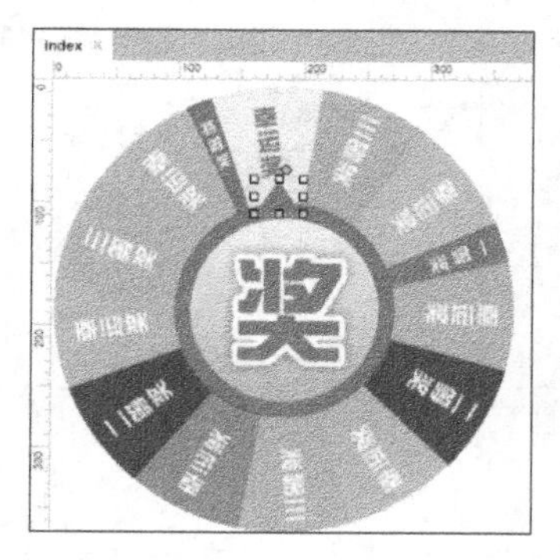
图12-141 调整转盘的位置

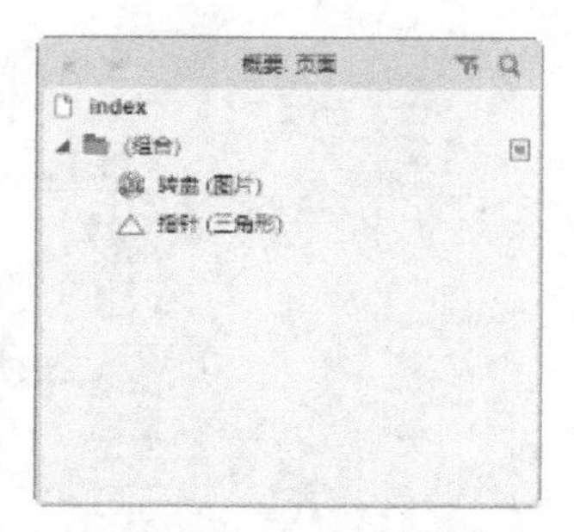
图12-142 将指针和转盘组合

08 在转盘下添加一个文本标签元件，设置位置为 X40:Y378，尺寸为 W270:H16，重命名为"抽奖结果"，如图 12-143 所示。继续拖入文本标签，设置位置为 X105:Y438，尺寸为 W128:H22，如图 12-144 所示（为了显示，将第一个文本标签隐藏了）。

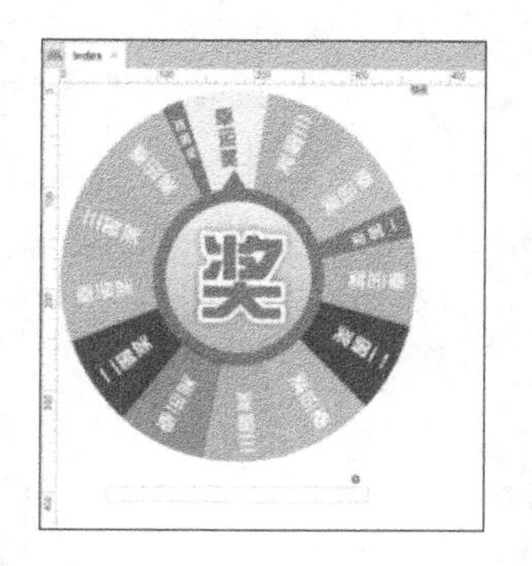
图12-143 添加"文本标签"元件

图12-144 再次添加"文本标签"元件

09 设置字体为"黑体"，字体大小为 16，将文本标签重命名为"标题"，输入图 12-145 所示的文本内容。选中"转盘"元件，双击 Case1 继续添加"设置文字"动作并配置动作，如图 12-146 所示。

点击转盘开始抽奖

图12-145 重命名文本并输入内容

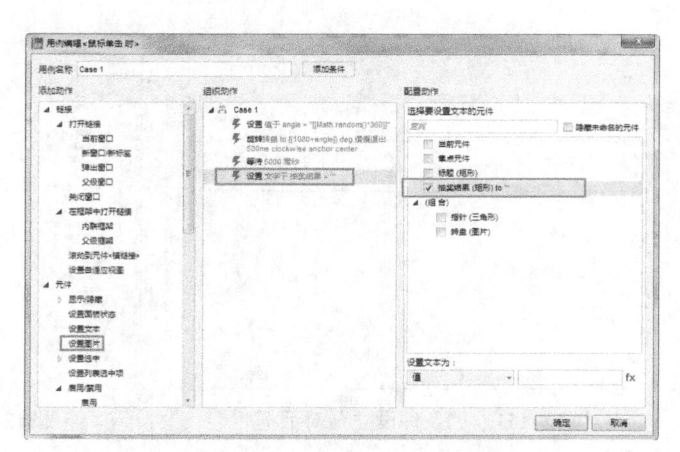
图12-146 为Case1添加动作并配置

10 添加"触发事件"动作并配置动作，如图 12-147 所示。调整事情发生的顺序，如图 12-148 所示。

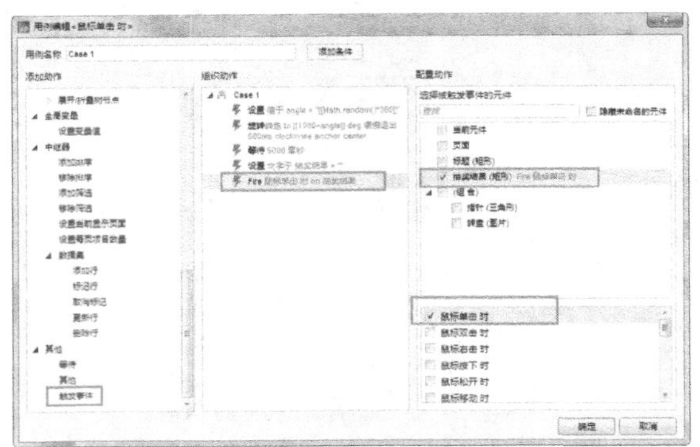

图12–147　添加“触发事件”动作并配置

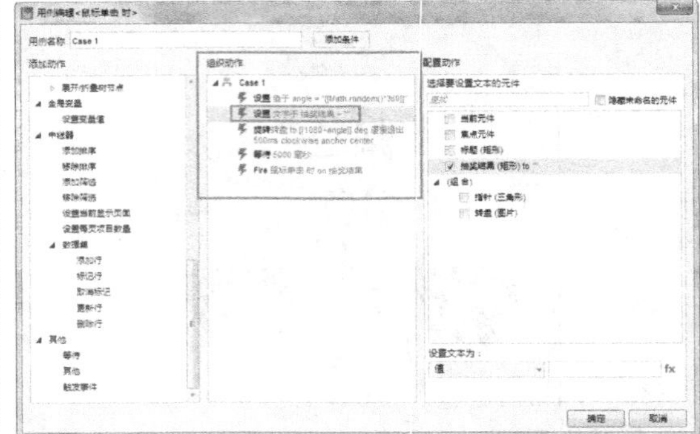

图12–148　调整顺序

11 单击“确定”按钮，回到页面编辑区，选中“中奖结果”元件，如图 12–149 所示。双击“鼠标单击时”事件，打开“用例编辑”对话框，如图 12–150 所示。

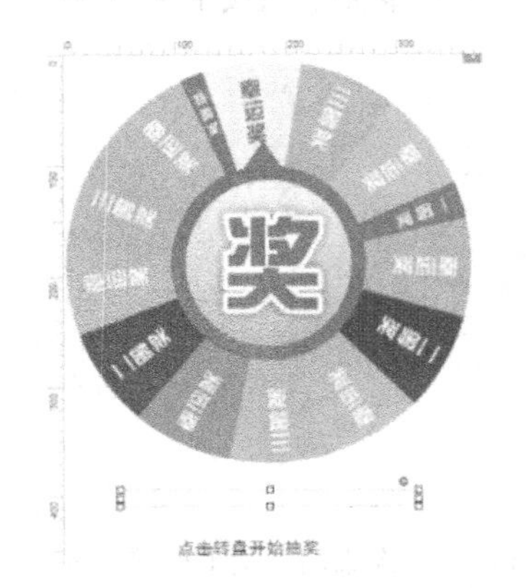

图12–149　选中“中奖结果”元件

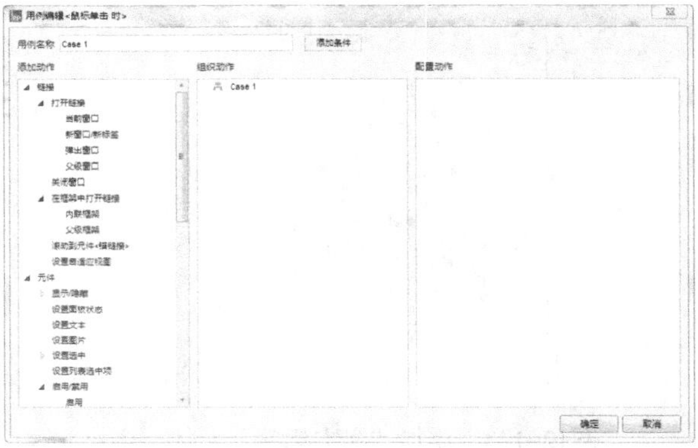

图12–150　“用例编辑”对话框

12 双击 Case1 打开“条件设立”对话框，在该对话框中设置条件，如图 12–151 所示。单击“确定”按钮，回到“用例编辑”对话框，如图 12–152 所示。

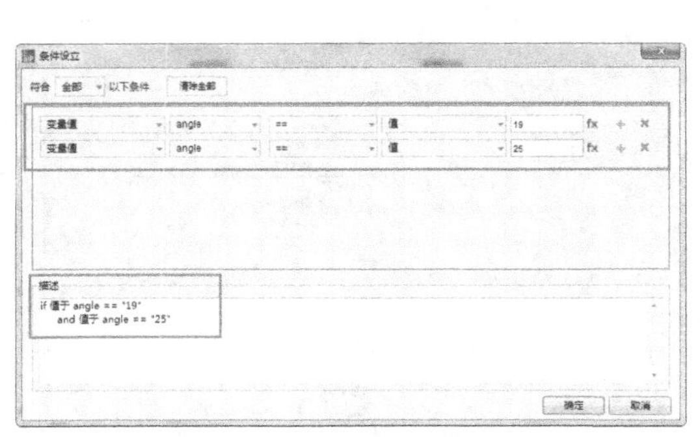

图12–151　“条件设立”对话框

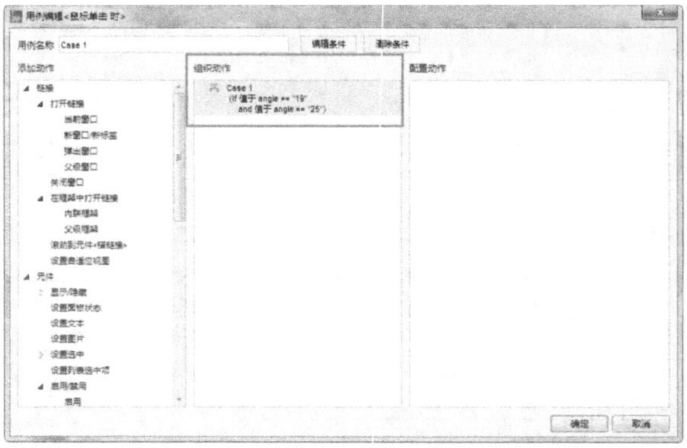

图12–152　返回“用例编辑”对话框

13 继续添加“设置文本”动作并配置动作，如图 12–153 所示。单击“确定”按钮，回到页面编辑区，再次双击“鼠标单击时”事件，添加 Case2 用例，如图 12–154 所示。

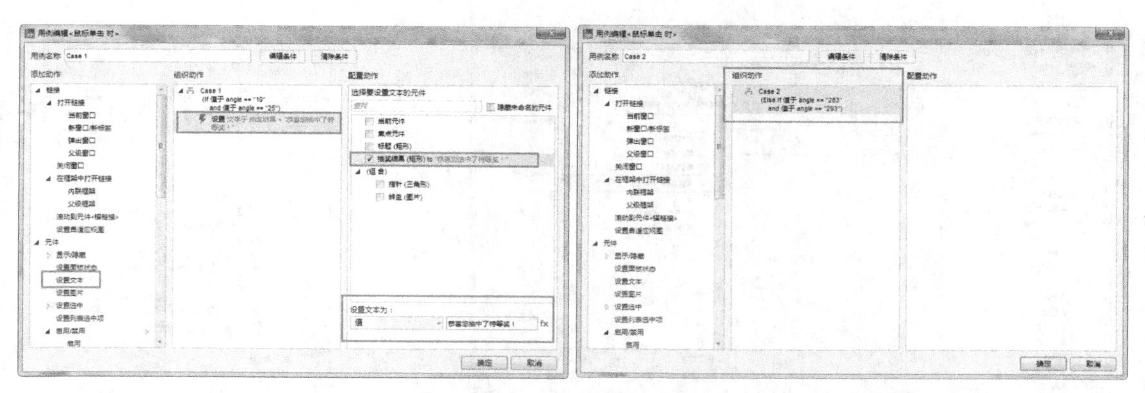

图12-153　添加“设置文本”动作并配置　　　　图12-154　添加Case2用例

14 使用相同的方法为 Case2 添加条件及动作，如图 12-155 所示。继续添加 Case3 用例，双击组织动作 Case3，打开“条件设立”对话框，如图 12-156 所示。

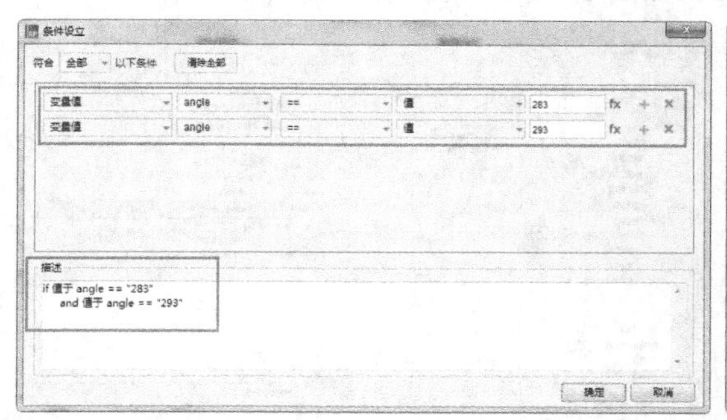

图12-155　为Case2添加条件及动作

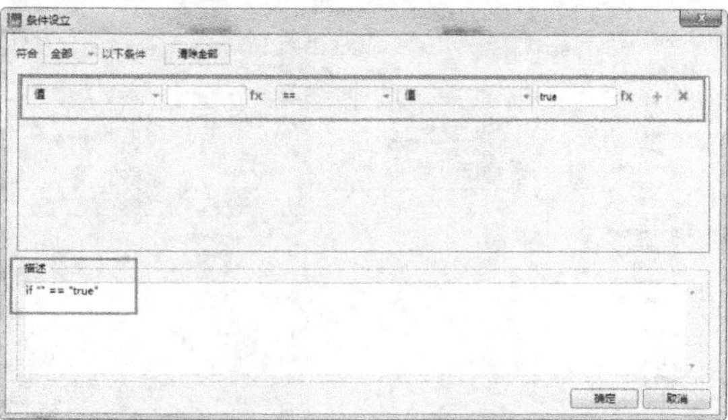

图12-156　“条件设立”对话框

15 设置逻辑的值为“值”，单击 fx 按钮，在编辑文本中设置图 12-157 所示的值。单击“确定”按钮，回到“条件设立”对话框，继续设置参数，如图 12-158 所示。

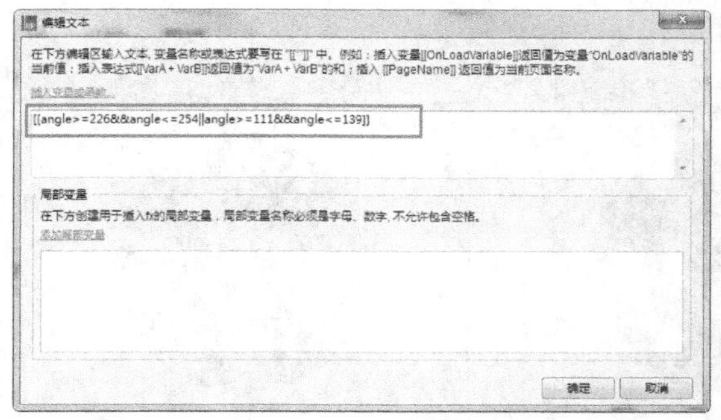

图12-157　在编辑文本中设置值

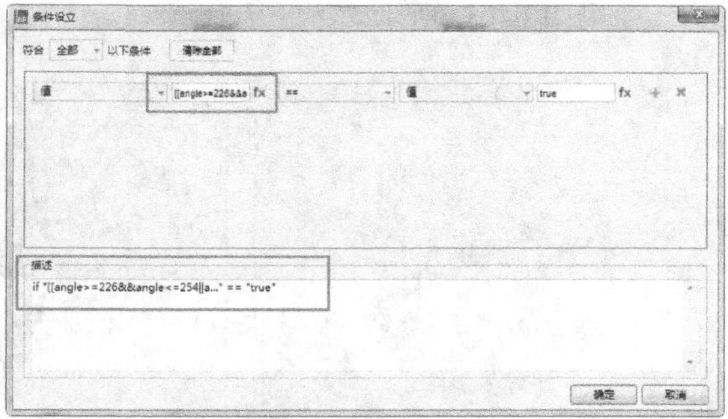

图12-158　返回“条件设立”对话框并设置参数

16 单击“确定”按钮，回到“用例编辑”对话框中继续添加动作，如图 12-159 所示。单击“确定”按钮，回到页面编辑区，如图 12-160 所示。

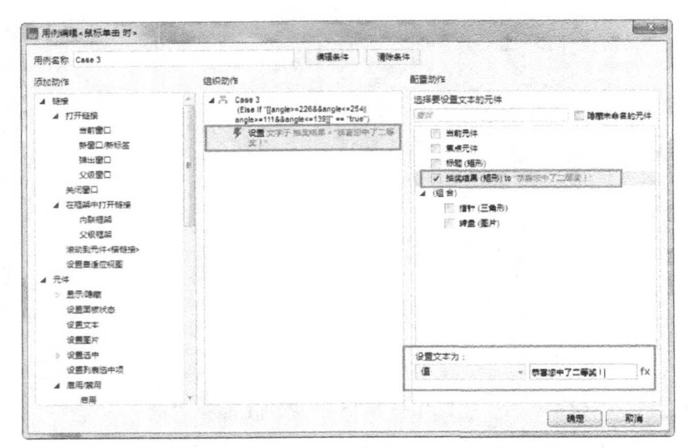

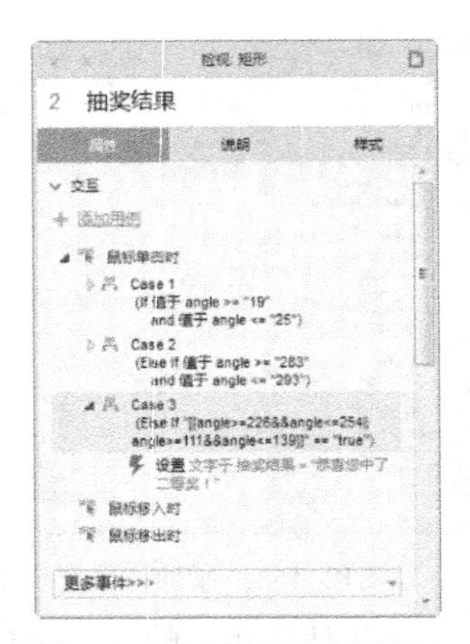

图12-159　返回“用例编辑”中添加动作

图12-160　返回页面编辑区

17 使用相同的方法继续添加 Case4 和 Case5，如图 12-161 和图 12-162 所示。

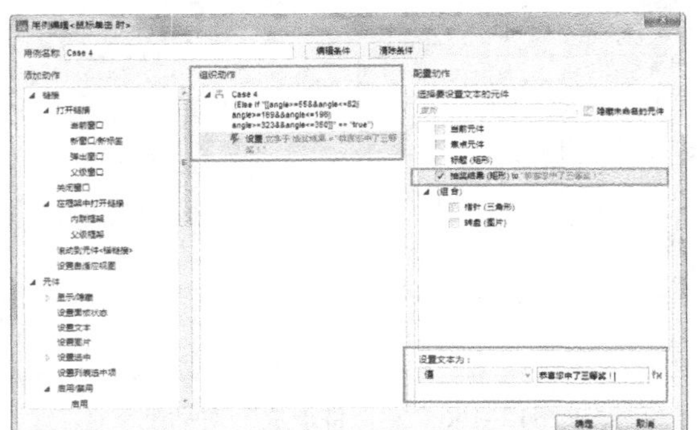

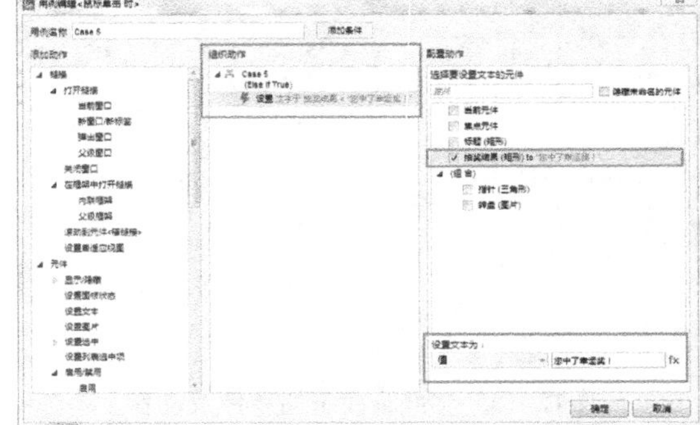

图12-161　添加Case4

图12-162　添加Case5

18 单击“确定”按钮，回到页面编辑区，单击工具栏上的“预览”按钮，预览效果如图 12-163 所示。

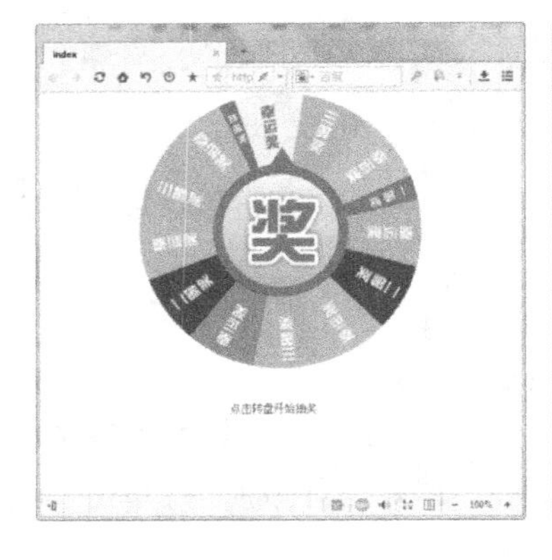

图12-163　预览效果

12.8 制作网站登录页面

操作视频：12.8

注册成为网站会员后，用户将享受特殊的服务。为了确认用户的身份，每次用户浏览页面时，都需要登录一次。本案例将制作腾讯网站的登录页面。

（1）案例分析

用户需要输入用户名和密码才能完成会员登录操作。如果没有输入用户名或者密码，则页面中会出现提示文字。用户正确输入后，单击“登录”按钮，则完成登录操作。用户可以通过单击“忘记密码”选项，找回密码。

使用文本标签、图片、文本框、按钮和垂直线元件完成登录页面的制作。使用“动态面板”元件制作页面的提示内容。然后通过添加事件和动作，检查用户名和密码是否输入，是否正确，实现登录或找回密码操作。

（2）案例效果

① 未输入用户名和密码

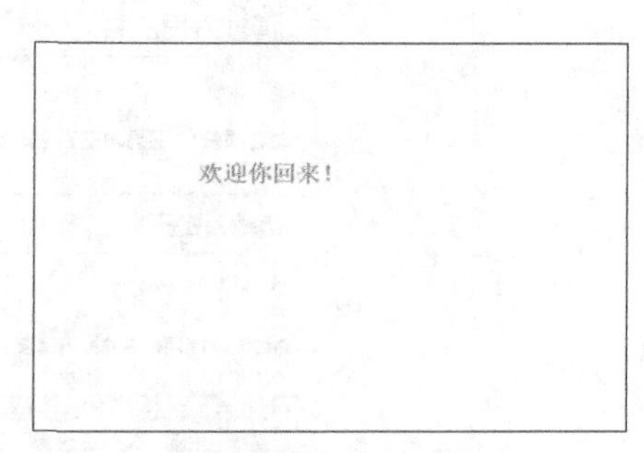

② 登录成功

（3）操作步骤

01 新建一个 Axure 文件。在“页面”面板中修改页面的名称，如图 12-164 所示。双击“登录页”页面，使用“矩形 1”元件、“文本标签”元件、“图片”元件和“文本框”元件制作登录页面，页面效果如图 12-165 所示。

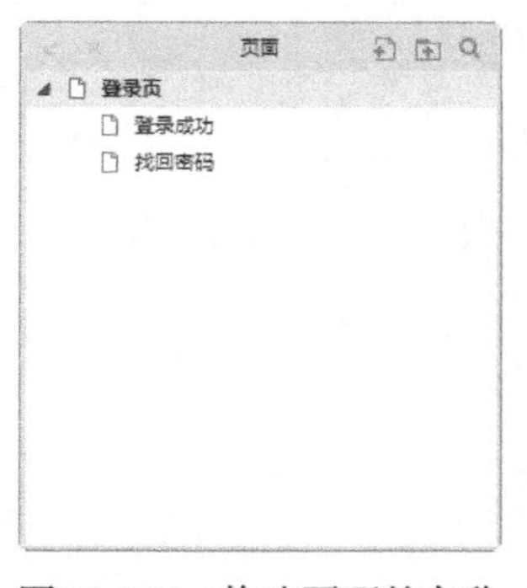

图12-164　修改页面的名称

图12-165　登录页面效果

02 将“动态面板”元件拖入到页面中，修改其大小和位置，如图 12-166 所示。双击“动态面板”元件，在“面板状态管理”对话框中新增 2 个状态，并修改名称，如图 12-167 所示。

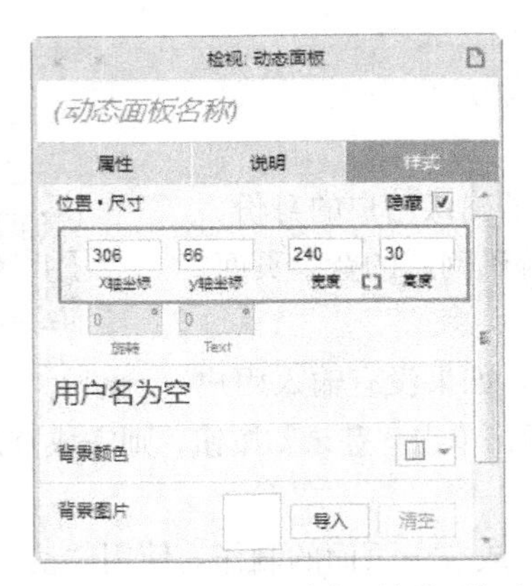

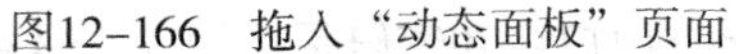

图12-166　拖入“动态面板”页面　　　图12-167　添加2个状态并修改名称

03 单击“编辑全部状态”按钮，分别在 3 个状态中输入不同的文本内容，如图 12-168 所示。

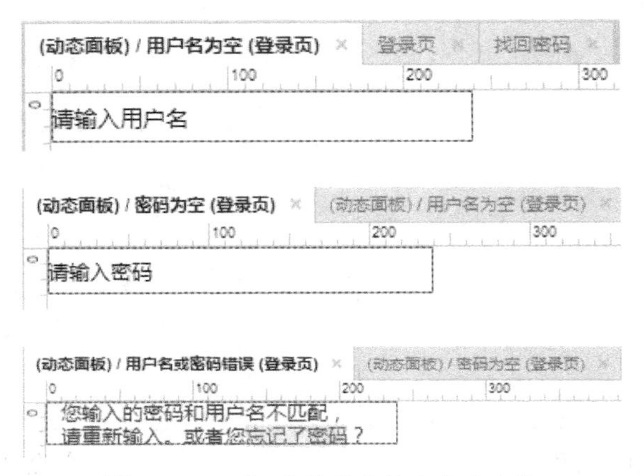

图12-168　在3个状态中输入文本内容

04 返回登录页，将“动态面板”元件命名为“用户名或密码错误”，并隐藏，隐藏效果如图 12-169 所示。分别为其他元件命名，以便对其进行控制。选择“用户名”文本框，双击“获取焦点时”事件，单击“添加条件”按钮，设置图 12-170 所示的条件。

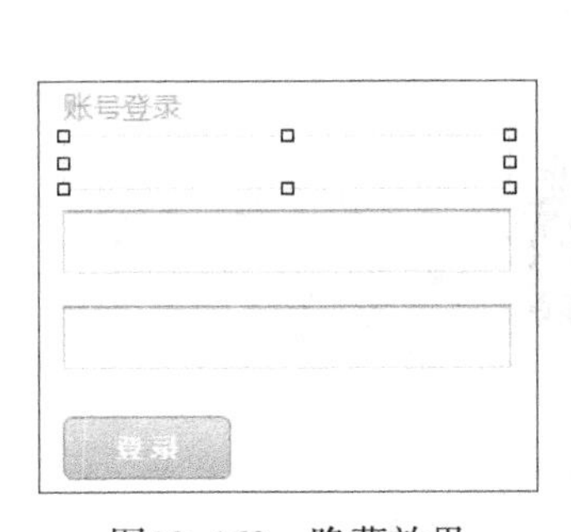

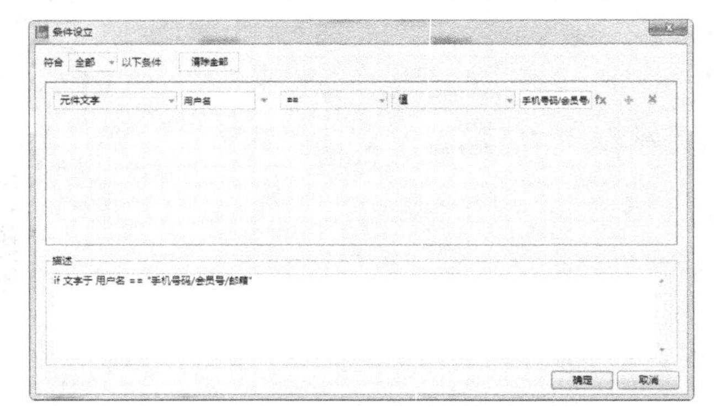

图12-169　隐藏效果　　　图12-170　设置“用户名”文本框

05 单击“确定”按钮，添加“设置文本”动作，勾选“用户名”复选框，如图 12-171 所示。添加“隐藏”动作，勾选“用户名或密码错误”复选框，如图 12-172 所示。

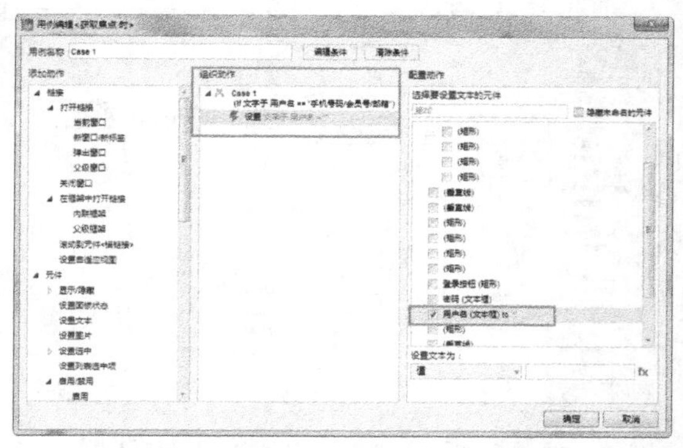

图12-171 添加“设置文本”动作（1）

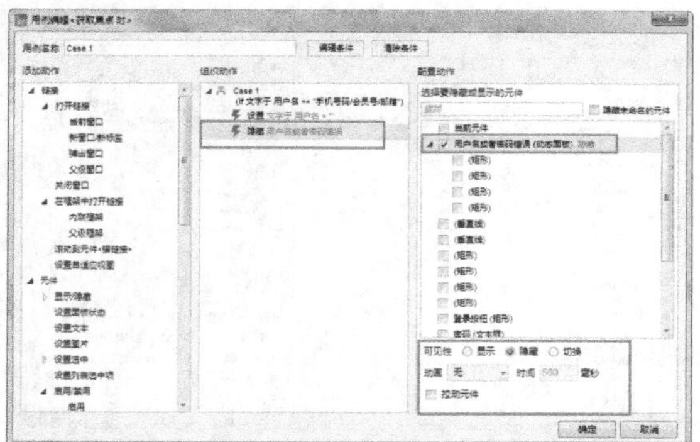

图12-172 添加“隐藏”动作

06 双击“失去焦点时”事件，单击“添加条件”按钮，设置图 12-173 所示的条件。单击“确定”按钮，添加“设置文本”动作，勾选“用户名”复选框，如图 12-174 所示。

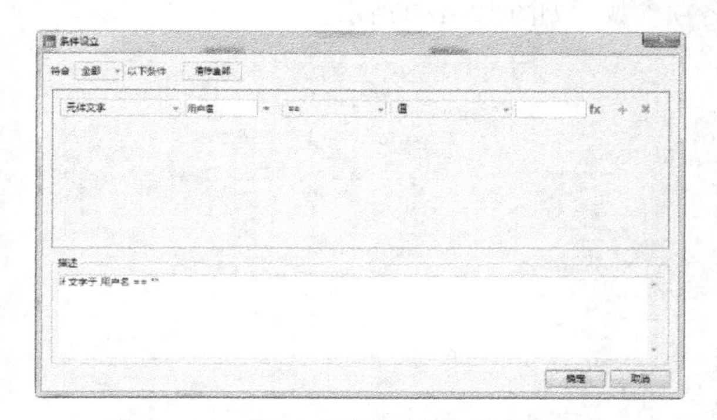

图12-173 设置“添加条件”按钮的条件

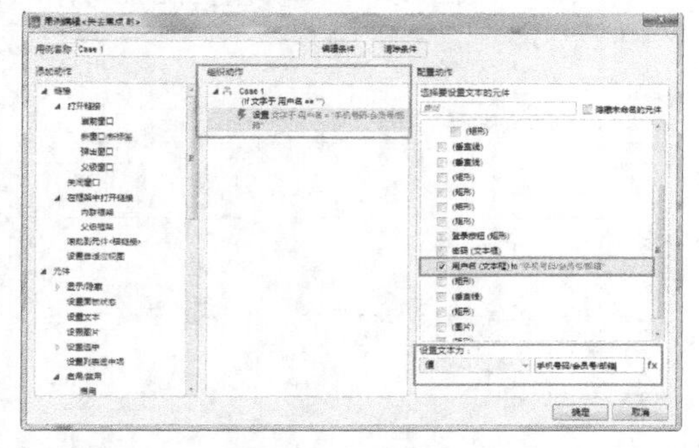

图12-174 添加“设置文本”动作（2）

07 单击“确定”按钮，“检视：文本框”面板效果如图 12-175 所示。选择“登录”按钮元件，双击“鼠标单击时”事件，在“用例编辑”对话框中设置“用例名称”为“用户名为空”，单击“添加条件”按钮，设置“条件设立”对话框中的各项参数，如图 12-176 所示。

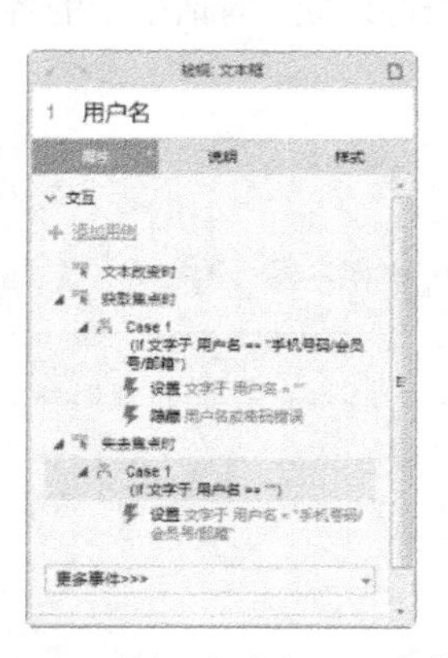

图12-175 “检视:文本框”面板效果

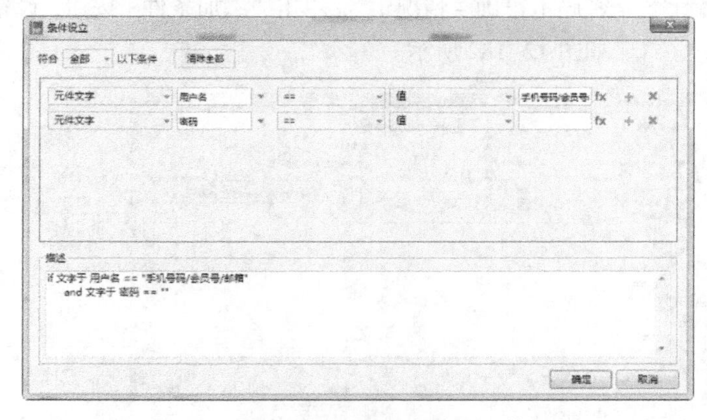

图12-176 配置“登录”按钮

08 单击“确定”按钮，添加“显示文本”动作，勾选“用户名或密码错误”复选框，如图 12-177 所示。添加“设置面板状态”动作，配置动作的各项参数，如图 12-178 所示。

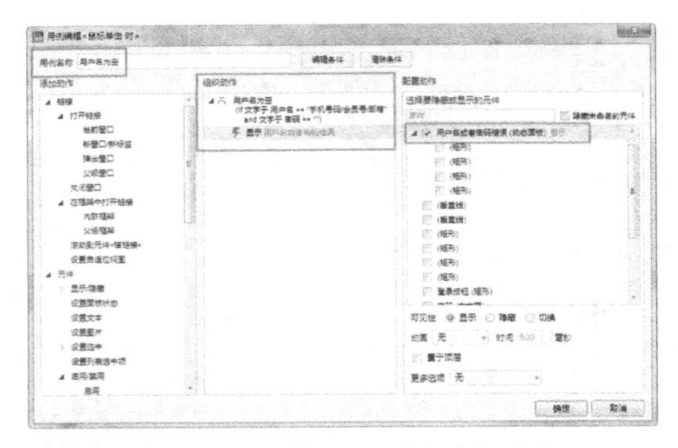

图12-177　添加“显示文本”动作

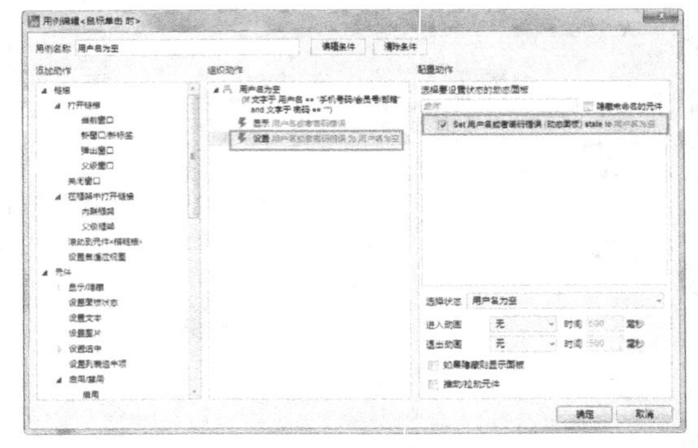

图12-178　配置“设置面板状态”动作参数（1）

09 再次单击“鼠标单击时”事件，在“用例编辑”对话框中设置“用例名称”为“密码为空”，单击“添加条件”按钮，设置“条件设立”对话框中的各项参数，如图 12-179 所示。添加“显示文本”动作，配置动作的各项参数，如图 12-180 所示。

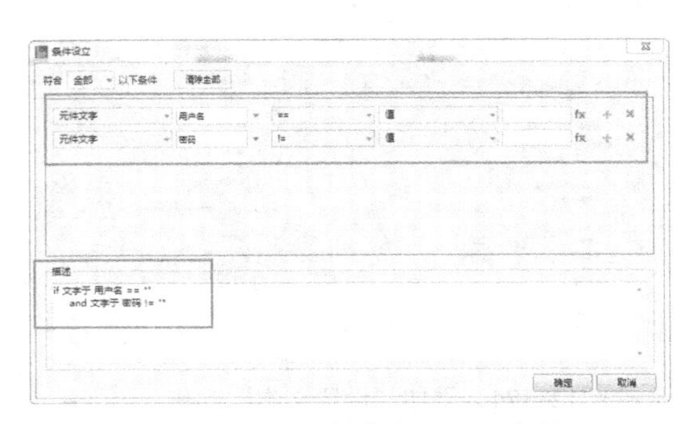

图12-179　设置“添加条件”按钮参数（1）

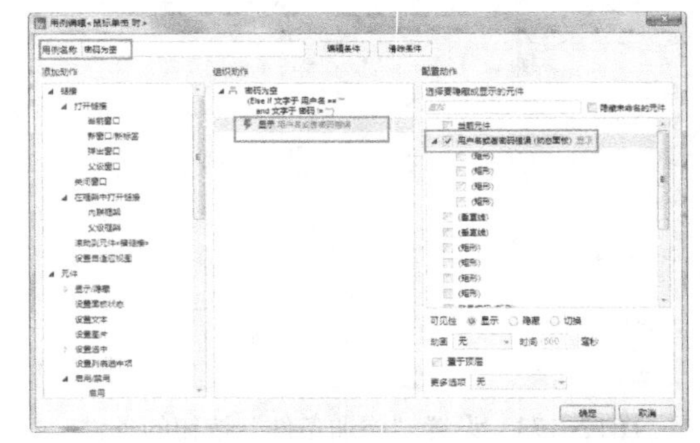

图12-180　配置“显示文本”动作参数（1）

10 添加“设置面板状态”动作，配置动作的各项参数，如图 12-181 所示。单击“确定”按钮，再次双击“鼠标单击时”事件，在“用例编辑”对话框中设置“用例名称”为“用户名/密码不正确 - 情况 1”，单击“添加条件”按钮，设置“条件设立”对话框中的各项参数，如图 12-182 所示。

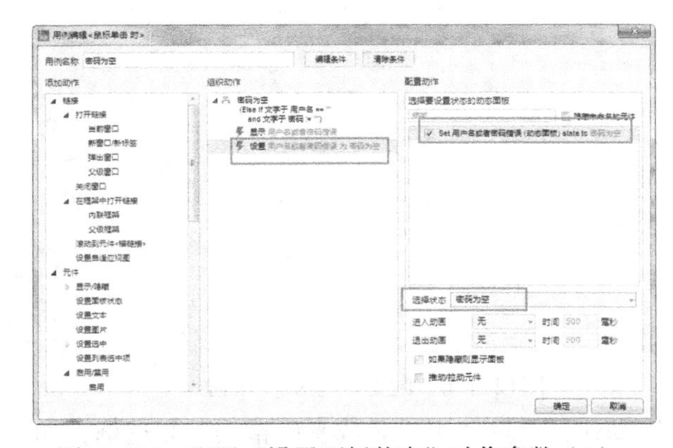

图12-181　配置“设置面板状态”动作参数（2）

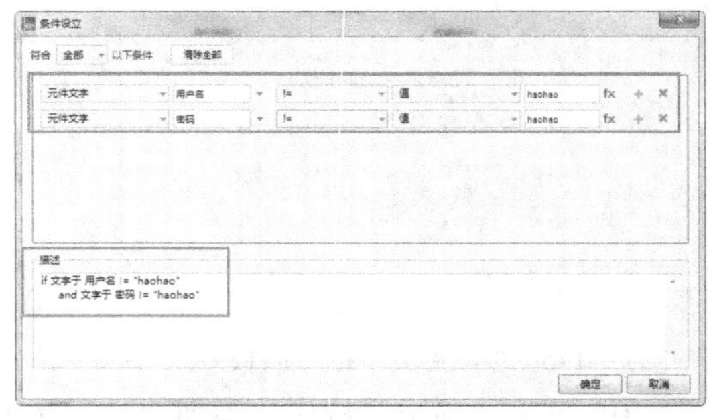

图12-182　设置“添加条件”按钮参数（2）

11 添加“显示文本”动作，配置动作的各项参数，如图 12-183 所示。添加“设置面板状态”动作，配置动作的各项参数，如图 12-184 所示。

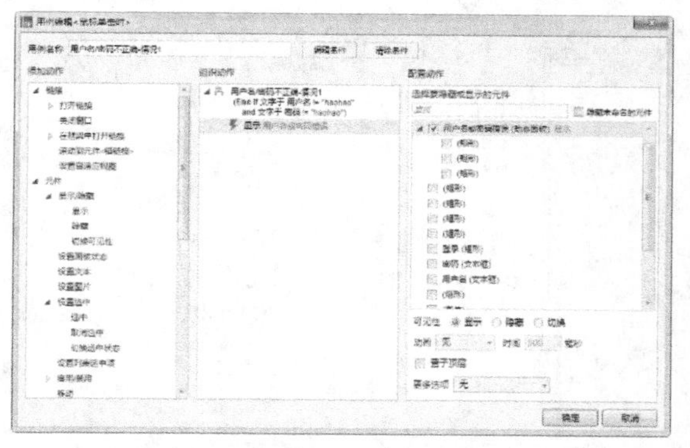

图12–183　配置“显示文本”动作参数（2）

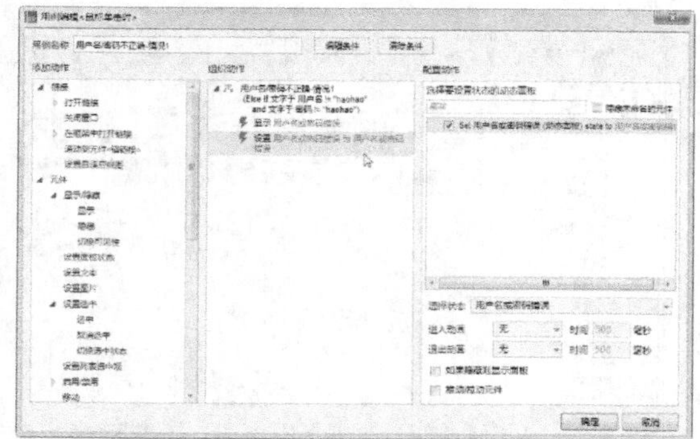

图12–184　配置“设置面板状态”动作参数（3）

12 单击“确定”按钮，再次双击“鼠标单击时”事件，在“用例编辑”对话框中设置“用例名称”为“用户名 / 密码不正确 – 情况 2”，单击“添加条件”按钮，设置“条件设立”对话框中的各项参数，如图 12–185 所示。添加“显示文本”动作，配置动作的各项参数，如图 12–186 所示。

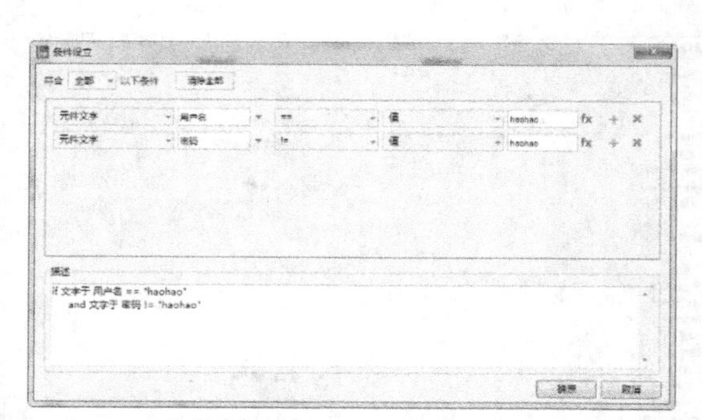

图12–185　设置“添加条件”按钮参数（3）

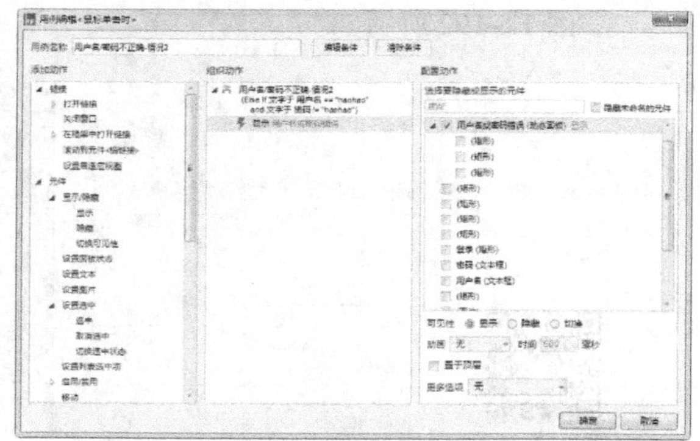

图12–186　配置“显示文本”动作参数（3）

13 添加“设置面板状态”动作，配置动作的各项参数，如图 12–187 所示。单击“确定”按钮，再次双击“鼠标单击时”事件，在“用例编辑”对话框中设置“用例名称”为“正确登录”，单击“添加条件”按钮，设置“条件设立”对话框中的各项参数，如图 12–188 所示。

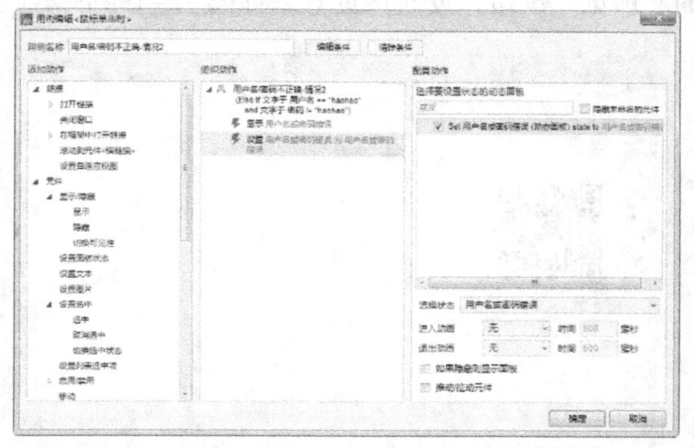

图12–187　配置“设置面板状态”动作参数（4）

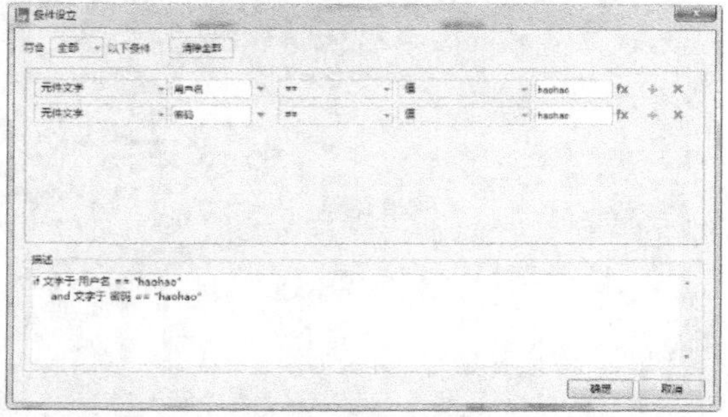

图12–188　设置“添加条件”按钮参数（4）

14 单击“确定”按钮，添加在当前窗口“打开链接”动作，选择打开“登录成功”页面，如图 12–189 所示。单击“确定”按钮，“检视 : 矩形”面板效果如图 12–190 所示。

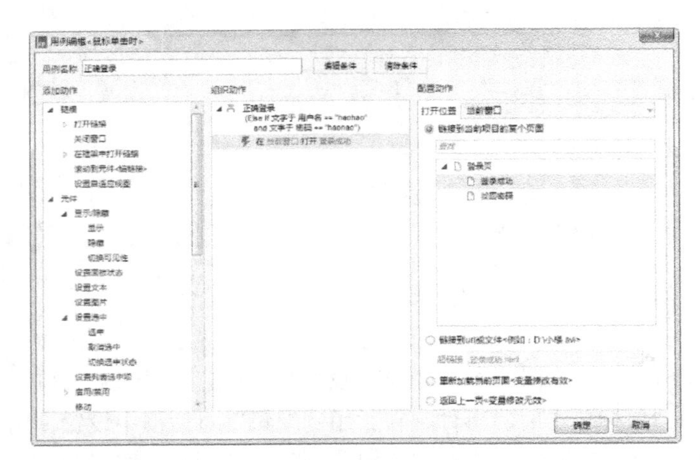

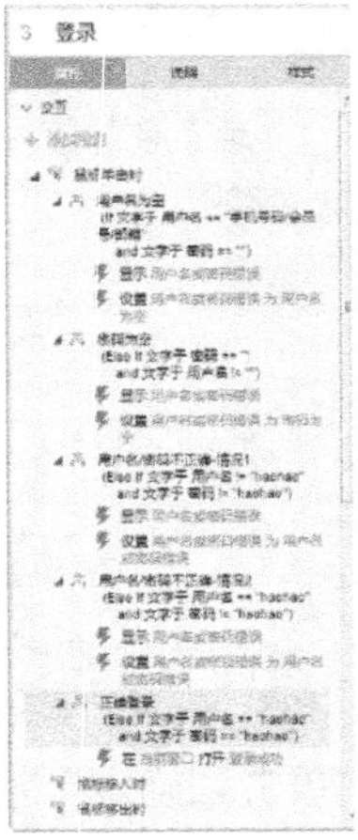

图12-189 选择“登录成功”页面

图12-190 “检视：矩形”面板

15 页面效果如图 12-191 所示。选择“忘记密码”元件，双击“鼠标单击时”事件，在“用例编辑”对话框中添加在当前窗口“打开链接”动作，选择打开“找回密码”页面，如图 12-192 所示。

图12-191 页面效果

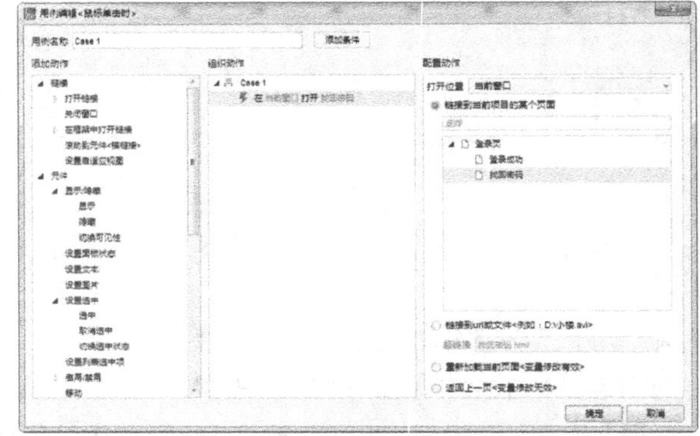

图12-192 配置“忘记密码”元件

16 双击进入“登录成功”页面，将“一级标题”元件拖入到页面中，修改文字的内容和颜色，如图 12-193 所示。单击工具栏上的“预览”按钮，页面预览效果如图 12-194 所示。

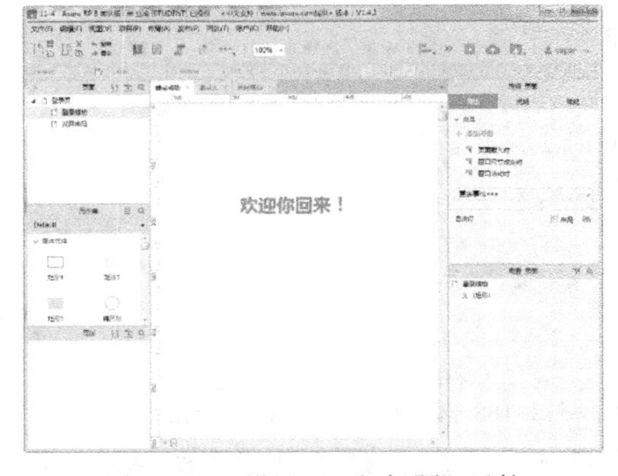

图12-193 设置“一级标题”元件

图12-194 页面预览效果

12.9 制作百度网站页面

操作视频：12.9-1

制作原型通常要与外部软件相结合，最常用的就是图像处理软件Photoshop。通过Photoshop修改图片的尺寸、格式和输出格式等参数，以达到最佳的制作效果。

（1）案例分析

本案例主要使用Photoshop和Axure RP两个软件相结合完成百度主页原型的制作。实例中主要应用矩形元件及文本标签元件，重点是让读者掌握如何使图片素材与Axure RP中的元件尺寸保持一致。

通常制作产品原型前，网站页面的设计稿在产品经理和设计师的共同努力下已经设计制作完成了。在得到客户确认后，就可以制作高仿真的产品原型了。

（2）案例效果

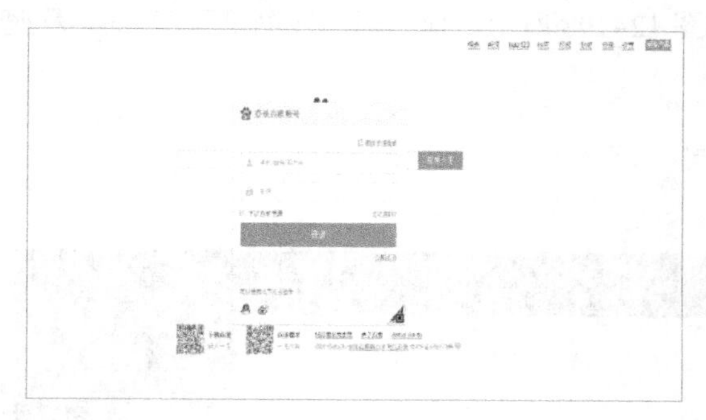
① 登录界面

② 二维码登录界面

（3）操作步骤

01 新建一个Axure项目文件。将index页面重命名为主页。启动Photoshop软件，打开图12-195所示的图片。

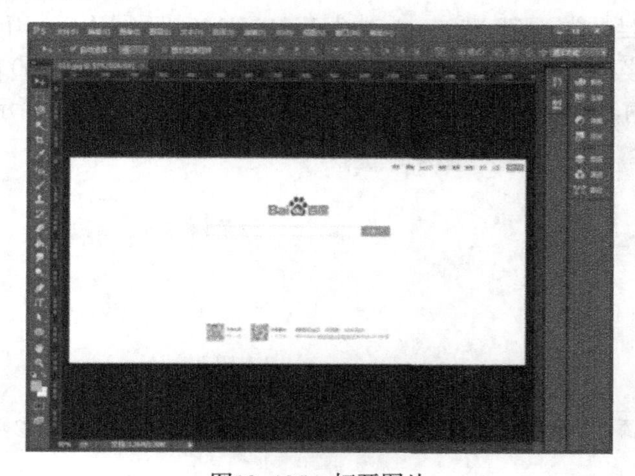

图12-195 打开图片

02 执行“图像 > 图像大小”命令，弹出“图像大小”对话框，查看图片尺寸，如图12-196所示。返回Axure RP 8，将“矩形”元件拖入到页面中，设置坐标为X0:Y0，尺寸为W1596:H735，填充颜色为白色，边框为无，并取消保持宽高比例，如图12-197所示。

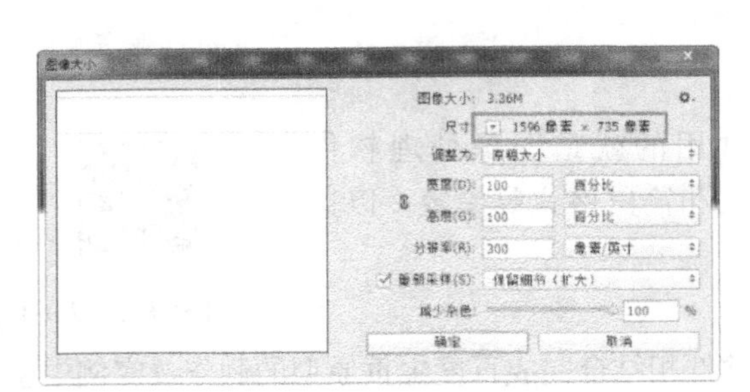

图12-196 “图像大小”对话框

图12-197 设置“矩形”元件

提示

本实例使用 Photoshop 和 Axure RP 两个软件相结合绘制网页原型，这里使用的素材文件只是使用 Photoshop 测量。

03 返回 Photoshop，打开“信息”面板，如图 12-198 所示。拖出辅助线测量百度 Logo 及搜索栏的尺寸，如图 12-199 所示。

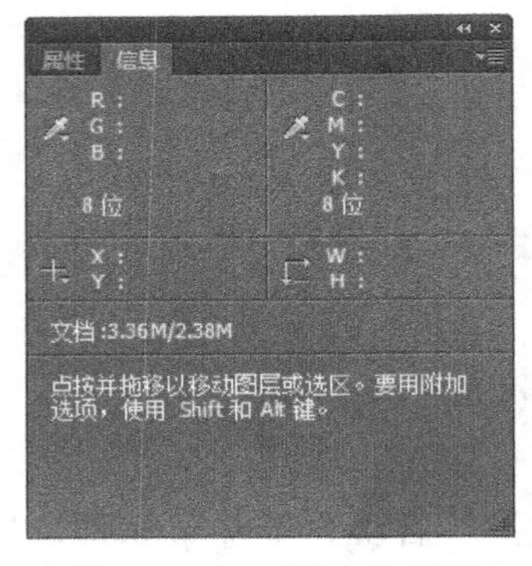

图12-198 “信息”面板

图12-199 使用辅助线

04 百度 Logo 的坐标为 X478:Y134，尺寸为 W646:H146，返回 Axure RP 8，拖入一个“图片”元件，设置坐标为 X478:Y134，尺寸为 W646:H146，如图 12-200 所示。使用相同的方法测量其他内容参数并在 Axure 中拖入图片元件，如图 12-201 所示。

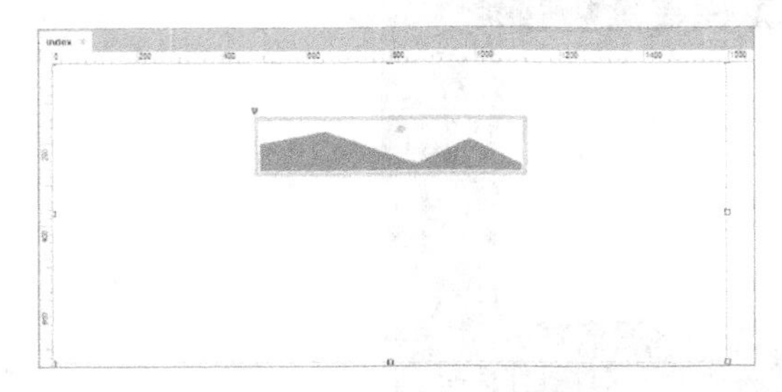

图12-200 添加“图片”元件

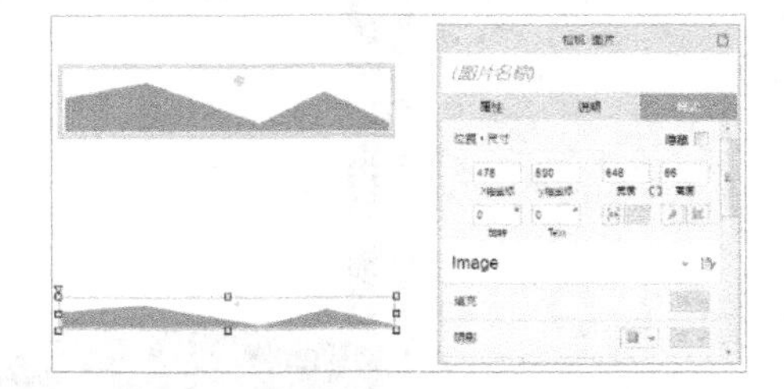

图12-201 测量其他内容参数并拖入“图片”元件

提示

本实例将绘制的所有元件都重命名，在概要面板中可以看到。正文中不再提示读者将绘制的元件重命名。

05 选中图片元件，分别导入图片素材，效果如图 12-202 所示。锁定图片元件。拖入“文本标签”元件到页面中，设置字体为 Arial，字号为 14，输入图 12-203 所示的文本。

图12-202　导入图片后的效果

图12-203　输入文本

06 使用相同的方法创建其他文本标签，效果如图 12-204 所示。

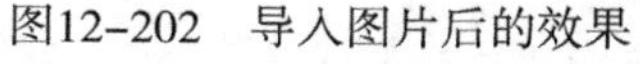
图12-204　创建其他文本标签的效果

07 返回 Photoshop，继续测量文本标签的坐标，如图 12-205 所示。返回 Axure RP，调整“糯米”文本标签的坐标为 X1126:Y22，如图 12-206 所示。

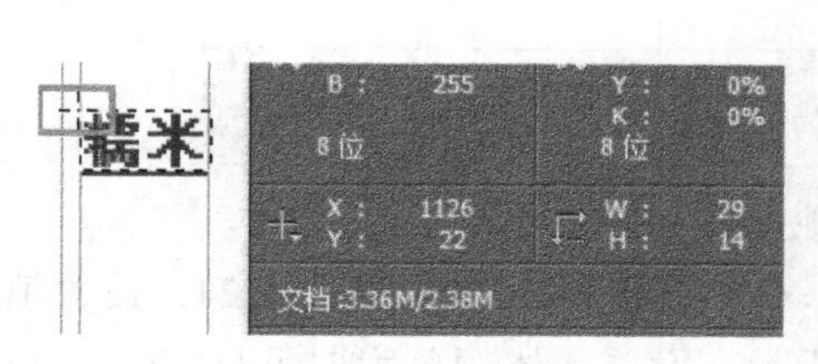

图12-205　测量文本标签的坐标

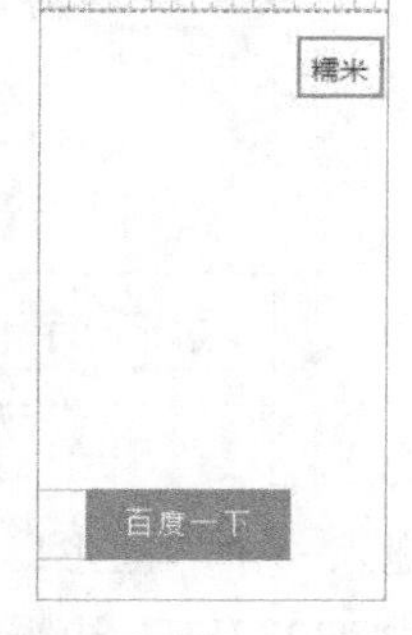

图12-206　调整“糯米”文本标签的坐标

08 使用相同的方法调整其他文本标签的坐标，如图 12-207 所示。选中“糯米”文本标签，单击属性标签下的交互样式设置的“鼠标悬停”选项，如图 12-208 所示。

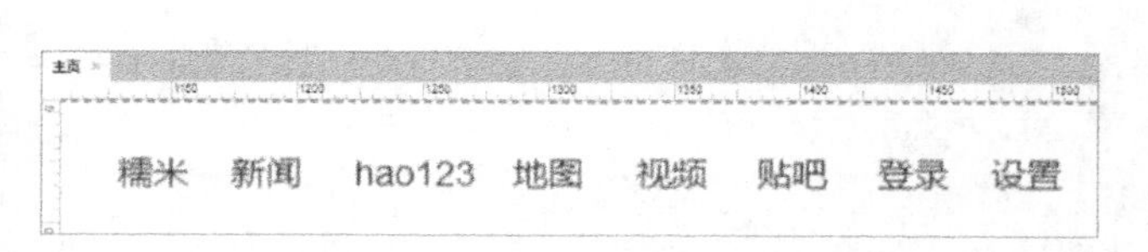

图12-207　调整其他文本标签的坐标

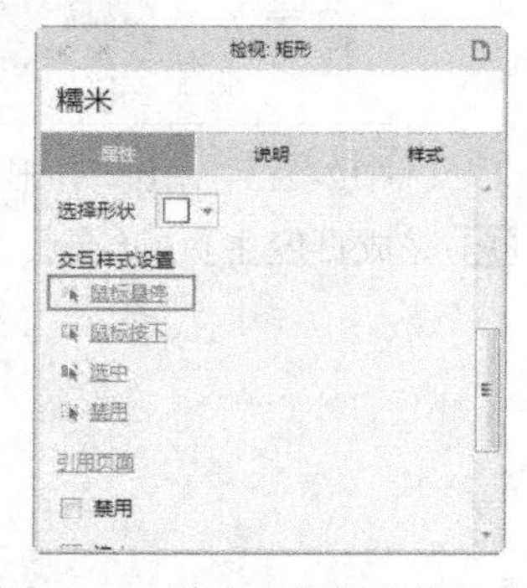

图12-208　单击“鼠标悬停”选项

09 弹出“交互样式设置”对话框，设置参数如图 12-209 所示。使用相同的方法，将其他的文本标签设置相同的交互样式，属性标签如图 12-210 所示。

图12-209　交互样式设置

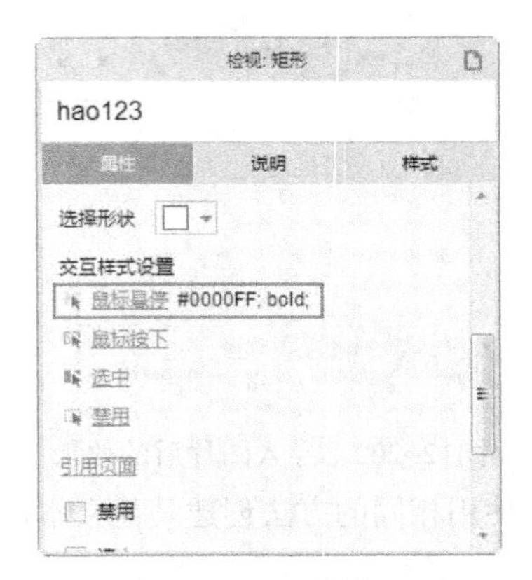

图12-210　属性标签

10 拖入一个“矩形”元件，填充颜色为 #66666，边框颜色为无，设置矩形元件的坐标为 X1128:Y36，尺寸为 W29:H4，如图 12-211 所示。使用相同的方法绘制其他矩形元件，将绘制的小矩形元件进行编组，如图 12-212 所示。

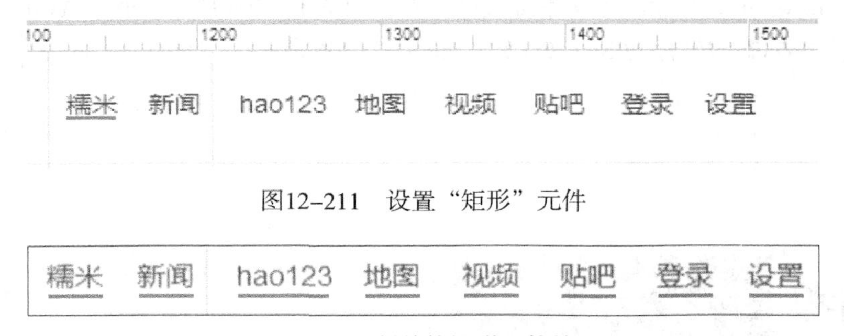

图12-211　设置“矩形”元件

图12-212　绘制其他矩形元件并编组

11 拖入一个“矩形”元件，设置其坐标为 X1528:Y17，尺寸为 W60:H24，设置填充颜色为 #3287FF，边框为无，如图 12-213 所示。设置字体颜色为白色，字号为 13，输入图 12-214 所示的文本。

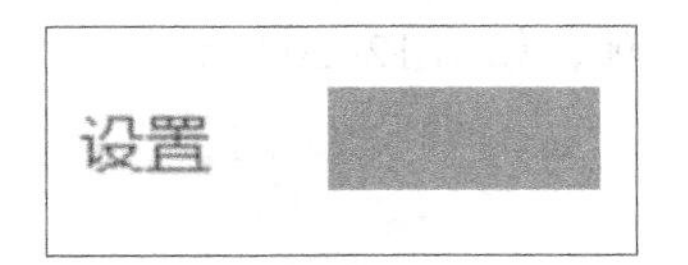

图12-213　添加“矩形”元件

图12-214　输入文本

12 完成百度主页的绘制，最终效果如图 12-215 所示。

图12-215　最终效果图

提示

为了让读者可以清楚详细地知道绘制的内容，这里将所有的元件名称以中文命名，但在后面进行添加变量动作时会影响配置，可以在配置时将名称更改为字母或数字的名称。

13 将“动态面板”元件拖入到页面中，设置其坐标为X602:Y145，尺寸为W392:H449，如图12-216所示。将其命名为“弹出登录对话框”，如图12-217所示。

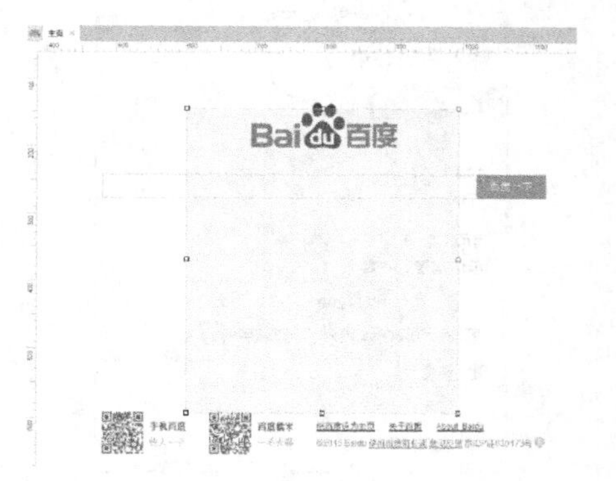

图12-216　添加“动态面板”元件并设置

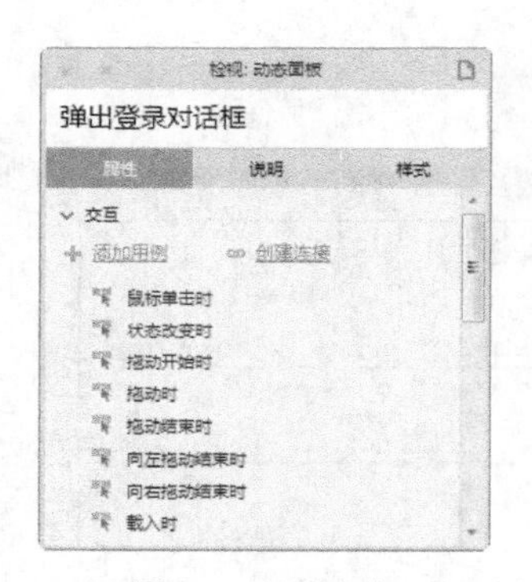

图12-217　命名

操作视频：12.9-2

14 双击该动态面板弹出“面板状态管理”对话框，新建两个状态页，如图12-218所示。双击进入用户登录密码状态页，拖入“图片”元件，导入图片效果如图12-219所示。

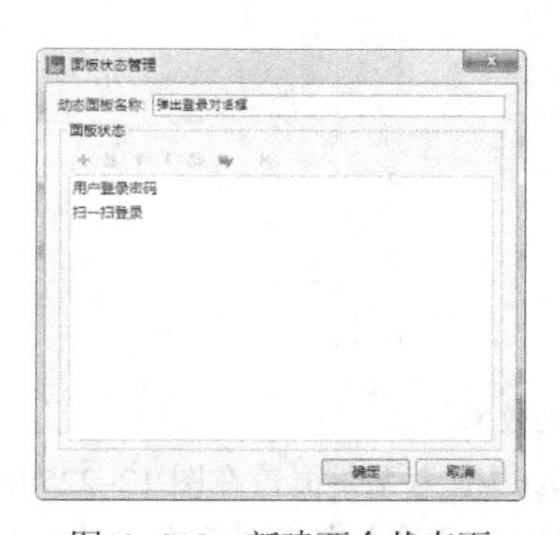

图12-218　新建两个状态页

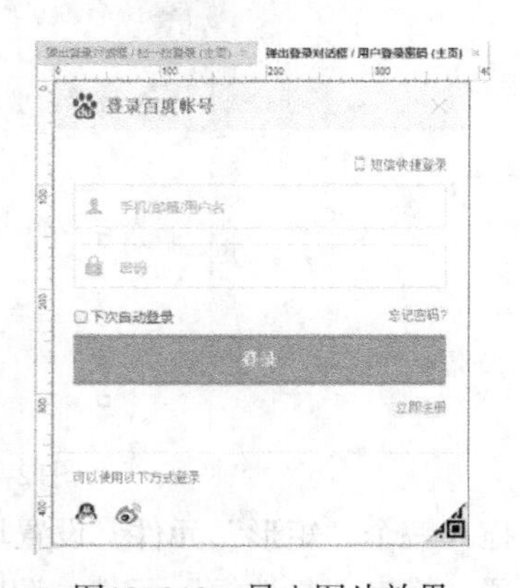

图12-219　导入图片效果

15 将“热区”元件拖入到页面中，调整热区的坐标为X348:Y9，尺寸为W30:H30，如

图 12-220 所示。继续使用相同的方法拖入热区，并分别重命名，如图 12-221 所示。

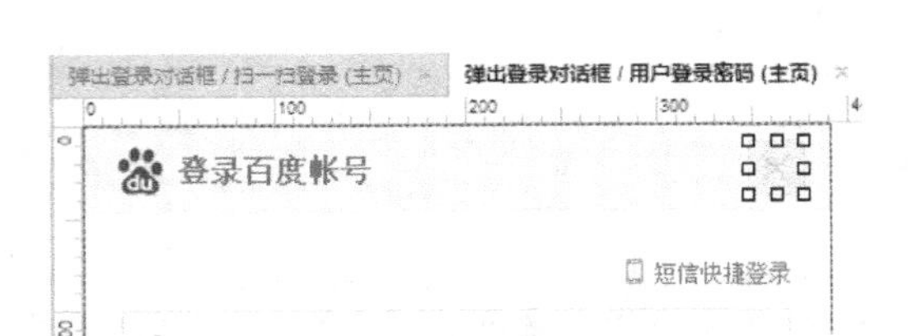

图12-220　添加“热区”并设置

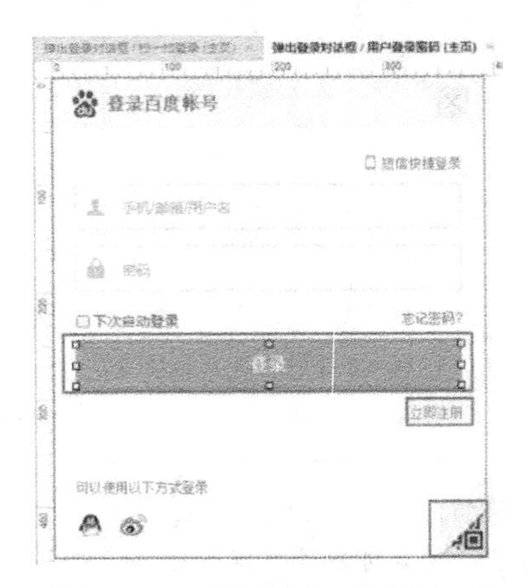

图12-221　继续拖入热区并命名

16 拖入“文本框”元件，调整坐标为 X60:Y104，尺寸为 W300:H35，如图 12-222 所示。选中该文本框，重命名为“输入手机邮箱”，调整文本框中的属性，如图 12-223 所示。

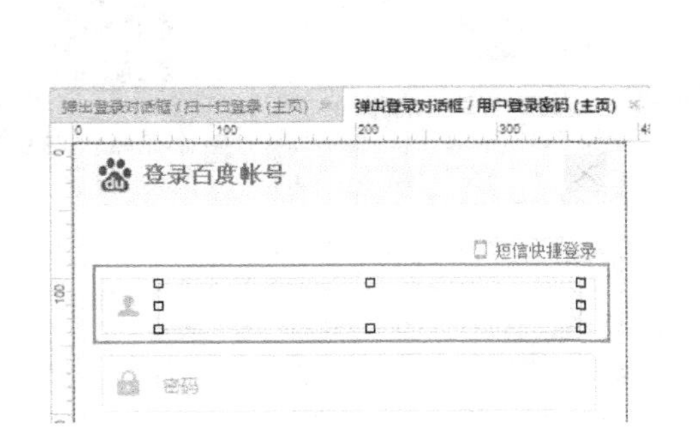

图12-222　添加“文本框”元件并调整坐标

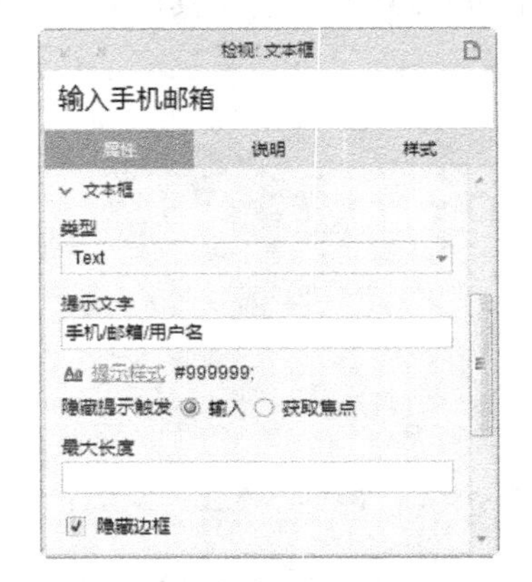

图12-223　调整文本框属性

17 使用相同的方法绘制密码的文本框，效果如图 12-224 所示。

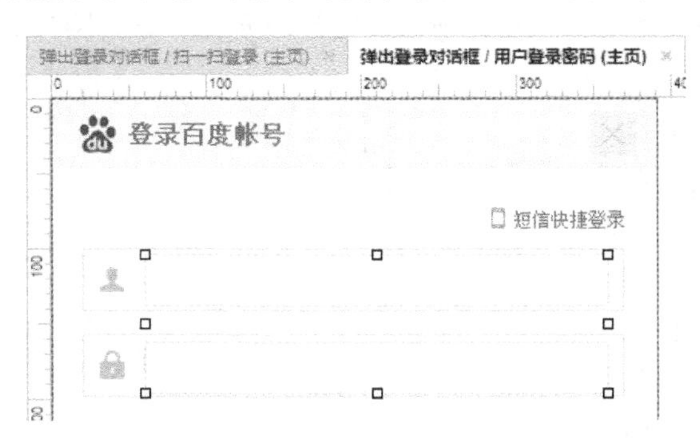

图12-224　密码文本框的效果

18 拖入一个“矩形”元件，设置填充颜色为白色，边框为无，覆盖在图 12-225 所示的位置。拖曳“复选框”元件，调整坐标为 X20:Y219，显示文本为“下次自动登录”，如图 12-226 所示。

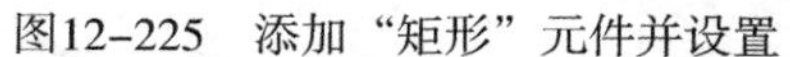

图12-225　添加“矩形”元件并设置

图12-226　添加“复选框”元件并设置

19 进入扫一扫登录状态页面，插入图 12-227 所示的图片，设置图片的坐标为 X0:Y0，尺寸为 W392:H449。继续拖入多个热区，如图 12-228 所示。

图12-227　插入图片

图12-228　拖入多个热区

20 返回“主页”页面，如图 12-229 所示，完成百度首页及登录界面的制作。

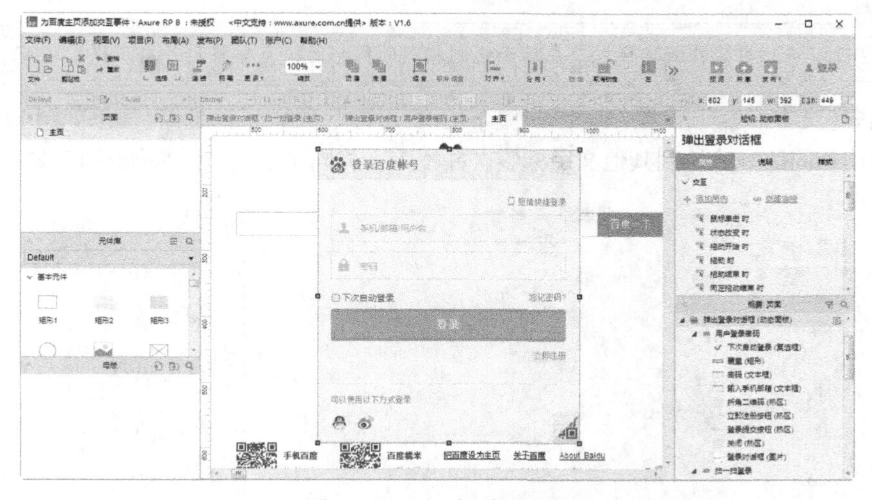

图12-229　“主页”页面

21 返回“主页”页面，将一个“动态面板”元件拖入到图 12-230 所示的位置，设置其坐标为 X1454:Y42，尺寸为 W77:H115。双击元件，为其添加“子菜单 1”状态，如图 12-231 所示。

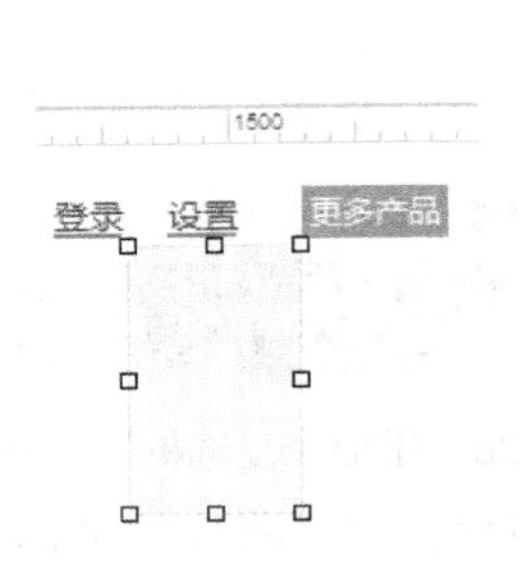

图12-230 添加“动态面板”元件

图12-231 添加“子菜单1”状态

22 双击进入“子菜单 1”页，拖入图 12-232 所示的图片，调整坐标为 X1454:Y42，尺寸为 W77:H115。拖入一个“文本标签”元件，设置字体为 Arial，字号为 13，颜色为 #333333，样式为 Box1*，覆盖在图片相同文字上，效果如图 12-233 所示。

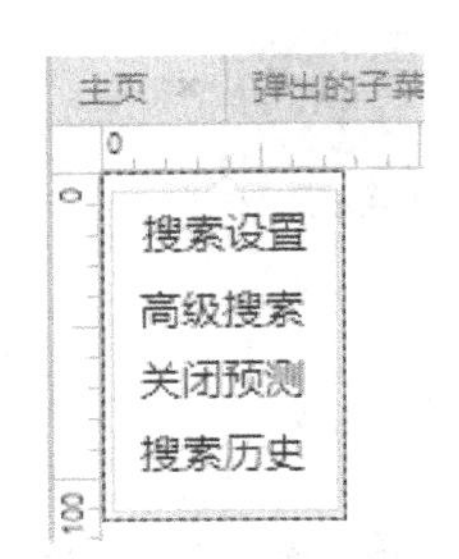

图12-232 拖入图片

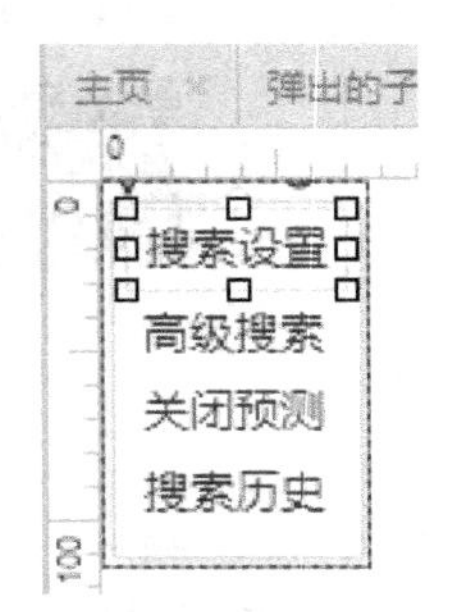

图12-233 添加“文本标签”并设置

提示

读者也可以将此步操作新建样式，在后面绘制相同的操作时，直接将元件应用样式即可。

23 选中“文本标签”，设置“属性”标签下的交互样式，设置鼠标悬停，效果如图 12-234 所示。使用相同的方法绘制其他文字标签，并覆盖在相同文字上，效果如图 12-235 所示。

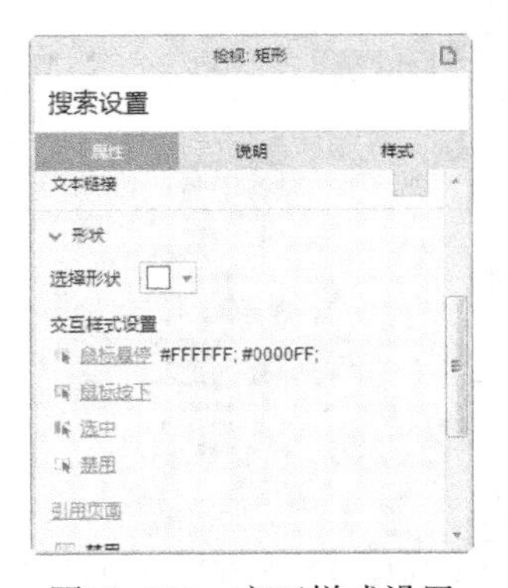

图12-234 交互样式设置

图12-235 文字标签效果

提示

在创建元件时，一定要为元件指定名称，以免在后面应用交互时找不到所要元件。

24 返回主页面，选中“登录”对话框，单击工具栏上的“隐藏”按钮，将该面板隐藏，如图 12-236 所示。在该页面中再次拖入一个动态面板，设置其坐标为 X1511:Y39，尺寸为 W90:H582，如图 12-237 所示。

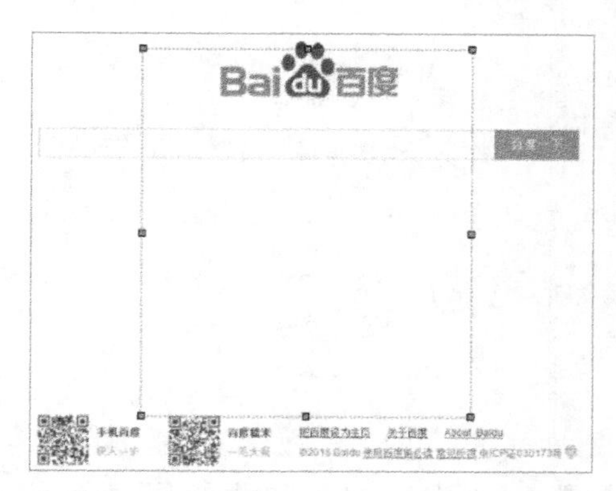

图12-236 隐藏“登录”面板

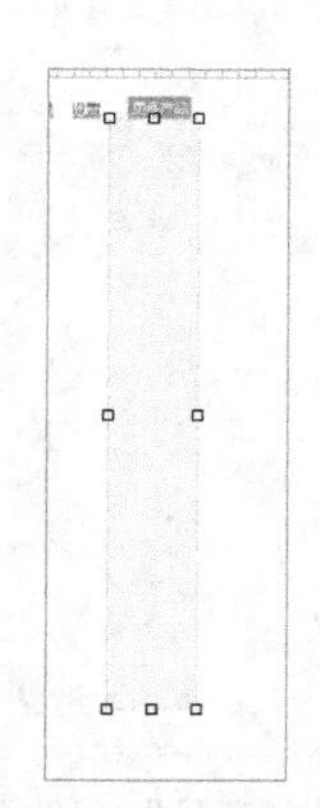

图12-237 添加动态面板并设置

25 双击该动态面板，弹出“面板状态管理”对话框，如图 12-238 所示。新建并进入“子菜单 2”状态页面，拖入并导入图 12-239 所示的图片。

图12-238 “面板状态管理”对话框

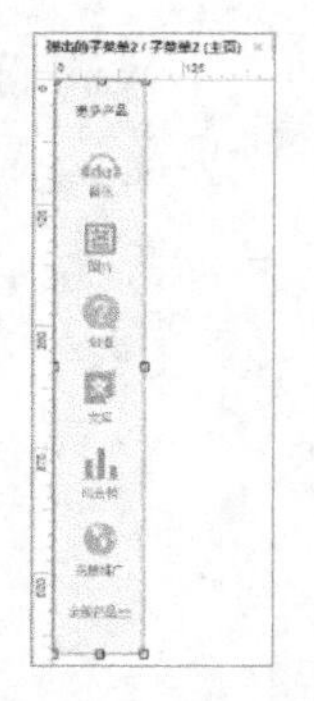

图12-239 导入图片

26 返回主页面，效果如图 12-240 所示。将绘制的弹出的“子菜单 2”动态面板隐藏，将绘制的文件保存，如图 12-241 所示。

图12-240 图片导入后效果

图12-241 隐藏“子菜单2”后的效果

27 在“概要:页面”面板中选择“更多产品”元件，双击“鼠标移入时”事件，弹出“用例编辑”对话框，添加“显示”动作并配置动作，如图 12-242 所示。“检视:矩形”面板如图 12-243 所示。

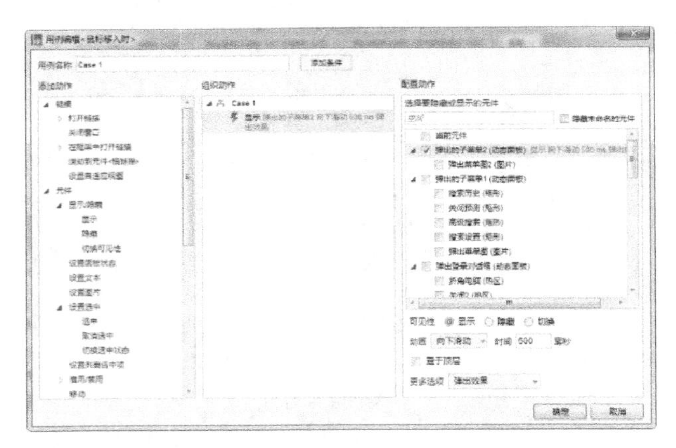

图12-242　为“更多产品”元件添加“显示”动作并配置

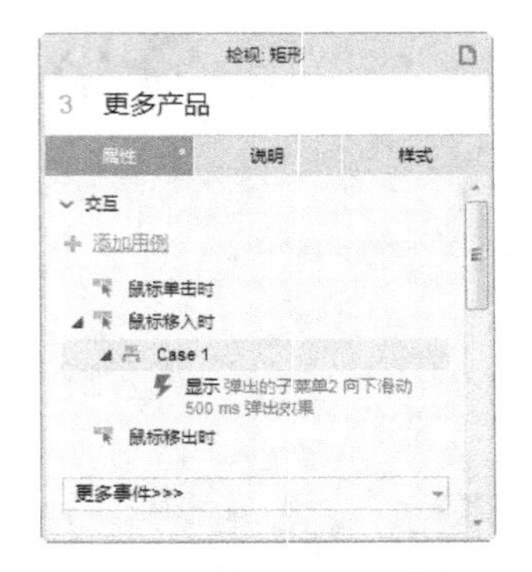

图12-243　“检视:矩形”面板（1）

28 选中“登录”元件，双击“鼠标单击时”事件，弹出“用例编辑”对话框，添加“显示”动作并配置动作，如图 12-244 所示。“检视:矩形”面板如图 12-245 所示。

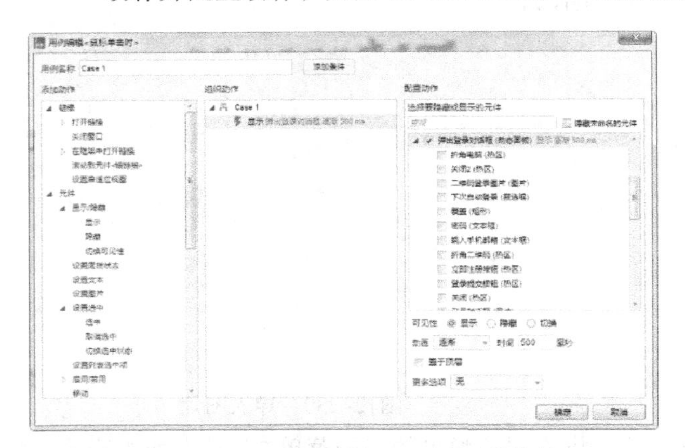

图12-244　为“登录”元件添加“显示”动作并配置

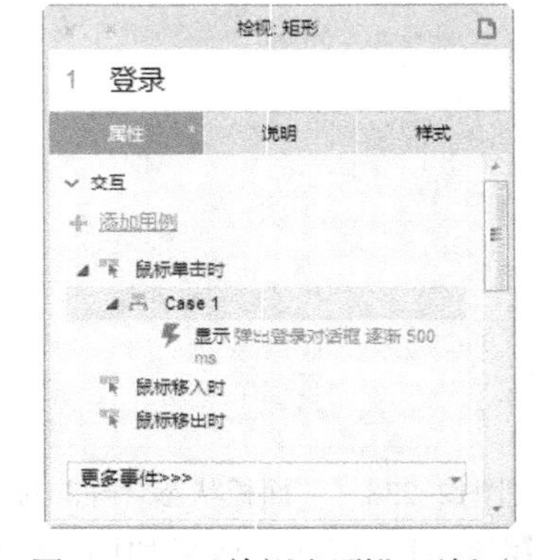

图12-245　“检视:矩形”面板（2）

29 选择“设置”元件，双击“鼠标移入时”事件，弹出“用例编辑”对话框，添加“显示”动作并配置动作，如图 12-246 所示。“检视:矩形”面板如图 12-247 所示。

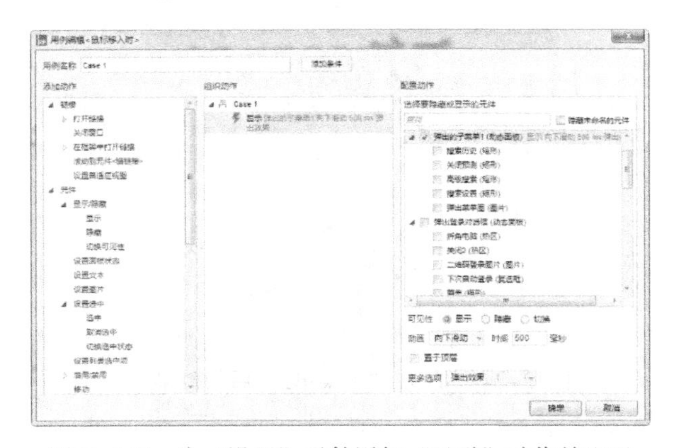

图12-246　为“设置”元件添加“显示”动作并配置

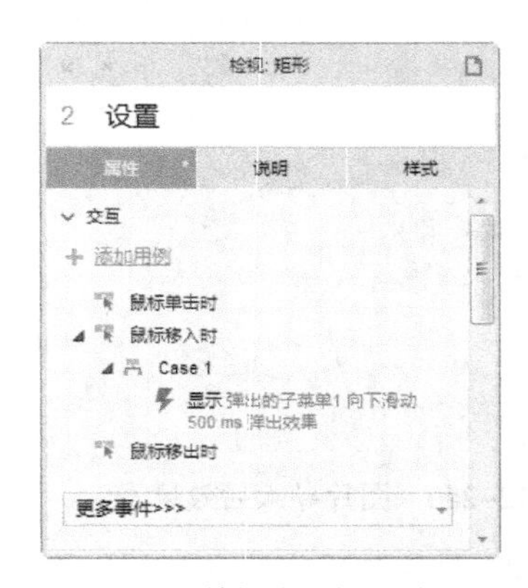

图12-247　“检视:矩形”面板（3）

30 选择“弹出登录对话框”动态面板中的“关闭”元件，双击“鼠标单击时”事件，弹出“用例编辑”对话框，添加“隐藏”动作，如图 12-248 所示。“检视：热区”面板如图 12-249 所示。

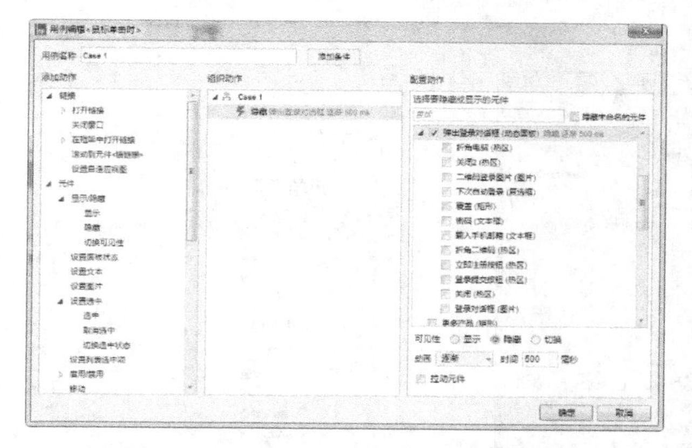

图12-248 为“关闭”元件添加“隐藏”动作

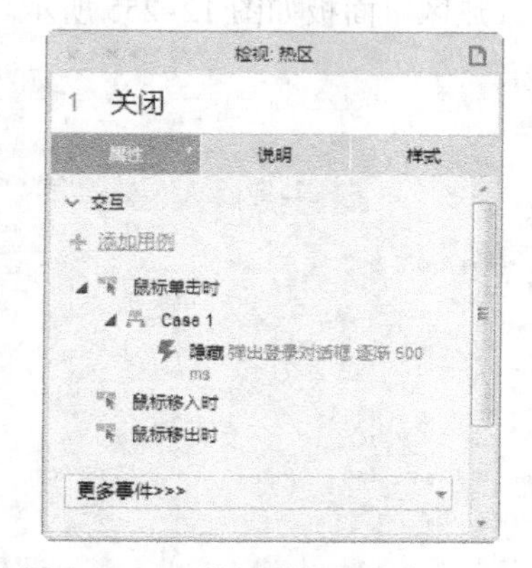

图12-249 “检视:热区”面板（1）

31 选择“折角二维码”元件，双击“鼠标单击时”事件，弹出“用例编辑”对话框，添加“设置面板状态”动作，如图 12-250 所示。“检视：热区”面板如图 12-251 所示。

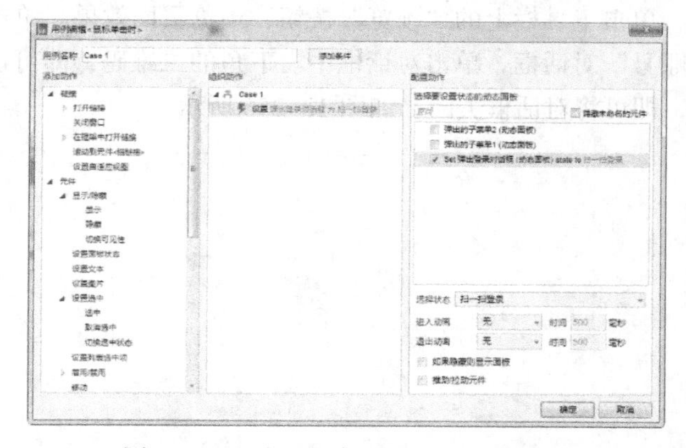

图12-250 为“折角二维码”添加动作

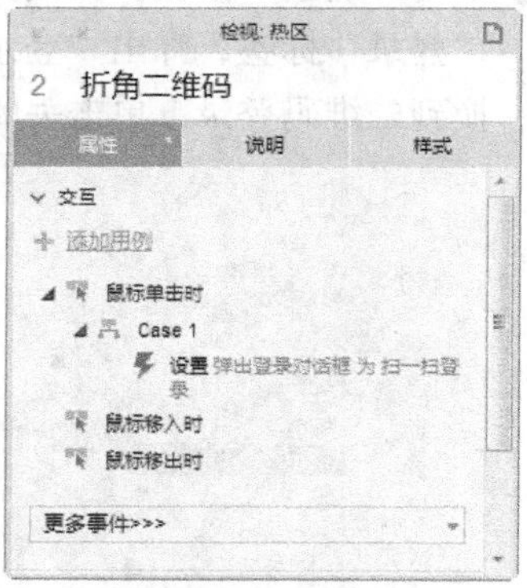

图12-251 “检视:热区”面板（2）

32 选择“扫一扫登录”动态面板中的“关闭 2”元件，双击“鼠标单击时”事件，弹出“用例编辑”对话框，添加“隐藏”动作，如图 12-252 所示。“检视：热区”面板如图 12-253 所示。

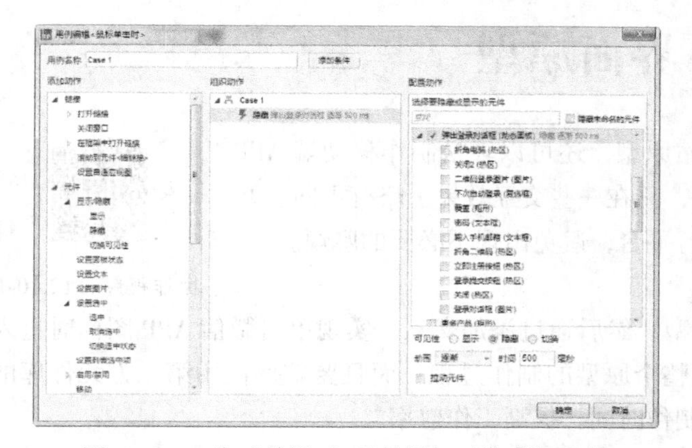

图12-252 为“关闭2”元件添加“隐藏”动作

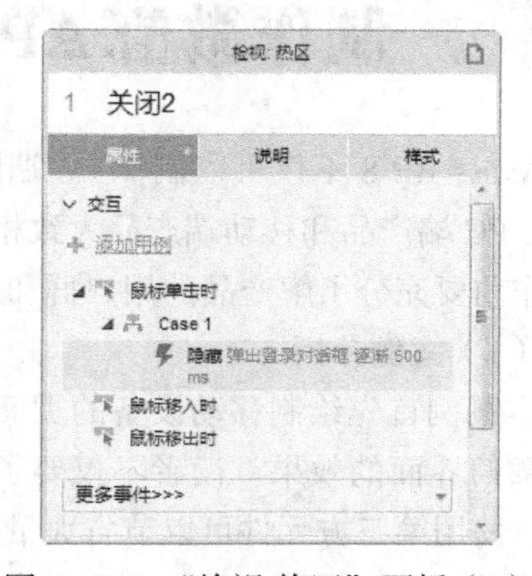

图12-253 “检视:热区”面板（3）

33 单击“确定”按钮，回到页面编辑区。选择“折角电脑”元件，双击“鼠标单击时”事件，弹出“用例编辑”对话框，添加“设置面板状态”动作，如图 12-254 所示。“检视：热区”面板如图 12-255 所示。

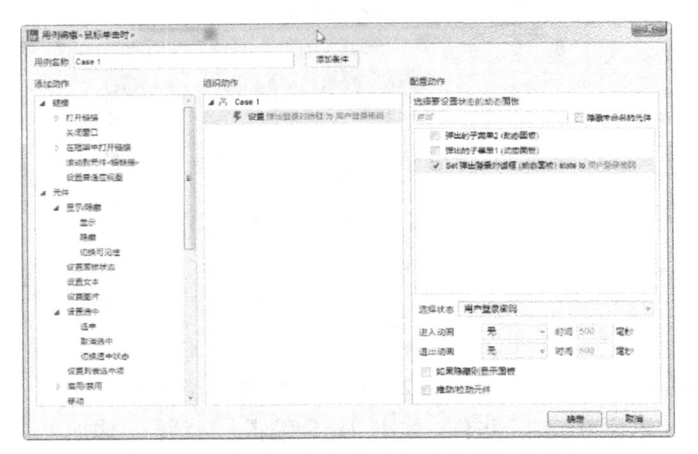

图12-254　为“折角电脑”元件添加动作

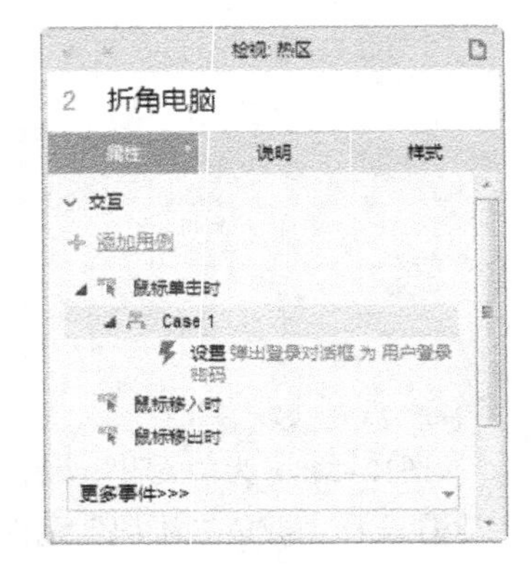

图12-255　“检视:热区”面板

34 单击“确定”按钮，回到页面中，单击工具栏上的“预览”按钮，预览页面效果。单击“登录”标签，弹出“登录百度账号”对话框，单击对话框中右下角的二维码，即可切换到二维码登录，单击关闭按钮，即可将对话框关闭，如图 12-256 所示。

图12-256　最终页面效果

12.10 制作微信 APP 界面原型

Axure RP 8 不仅可以制作 PC 端网站原型，还可以轻松制作移动端 APP 原型。PC 端产品和移动端产品大致相同，只在一些交互效果上略有不同。开始制作前要充分了解产品的用户群和运行平台，避免出现不必要的麻烦。

操作视频：12.10-1

（1）案例分析

本案例首先绘制移动设备的页面原型，然后通过添加交互，实现单击微信 APP 图标时进入手机微信界面的效果。读者不仅要了解整个原型的制作过程，而且要掌握使用第三方元件库的方法。使用第三方元件可以节省大量的制作时间，提高工作效率。

（2）案例效果

① 手机桌面　　② 微信　　③ 通讯录

（3）操作步骤

01 新建一个 Axure 项目文档，单击“元件库”面板中的“选项”按钮，在下拉菜单中选择“载入元件库”选项，如图 12-257 所示。

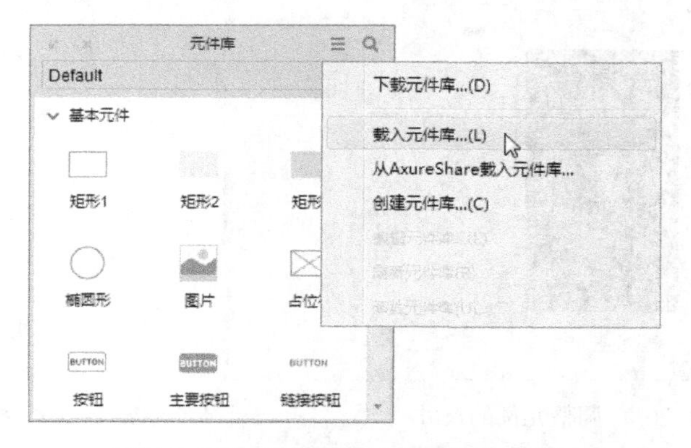

图12-257　选择“载入元件库”选项

02 分别载入第三方元件库和微信元件库，如图 12-258 所示。

图12-258　载入第三方和微信元件库

03 将 index 页面重命名为“主页”，如图 12-259 所示。将 iPhone 6 的手机壳元件拖入到编辑区中，选中“6 Gold”元件，如图 12-260 所示。将其拖曳到编辑区中，并重命名为“手机壳”。

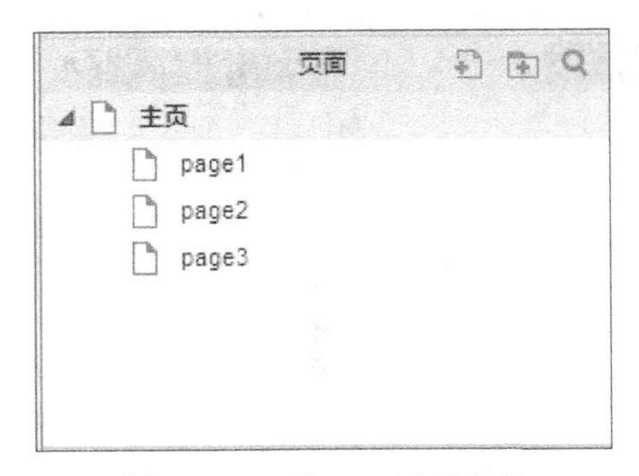

图12-259　将index页重命名

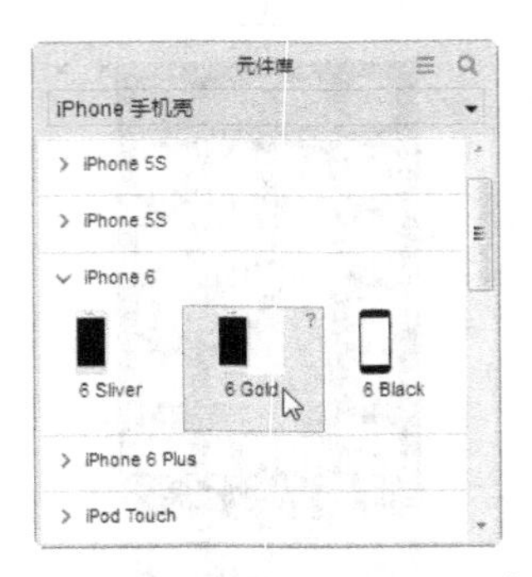

图12-260　选中“6 Gold”元件

04 调整元件的尺寸为 W430:H880，如图 12-261 所示。在工具栏上的“缩放”下拉选项中选择将页面的比例调整为 80%，如图 12-262 所示。

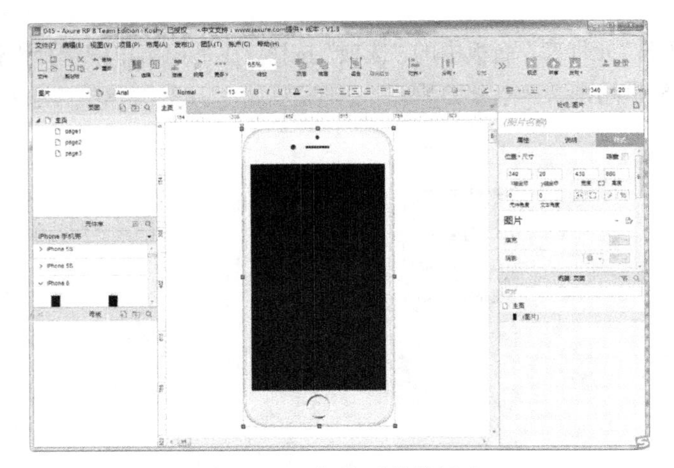

图12-261　调整元件的尺寸

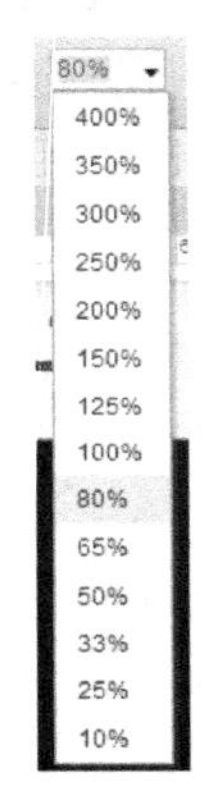

图12-262　将页面比例调整为80%

05 选中手机壳元件，单击工具栏上的“锁定”按钮将元件锁定。从标尺中拖出辅助线标注出手机屏幕的范围，如图 12-263 所示。拖入图片元件并导入图 12-264 所示的图片。

图12-263　标注手机屏幕的范围

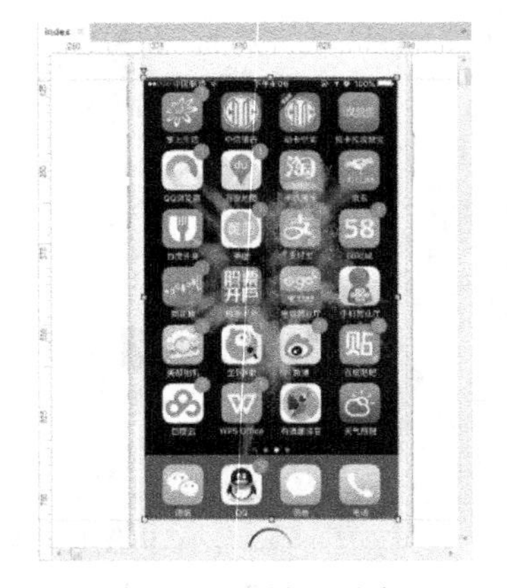

图12-264　导入图片

提示

调整页面的缩放比例是方便后面的绘制，当绘制移动设备的原型时，会将移动设备的默认尺寸等比例成倍放大，以便在移动设备上查看。

06 调整图片的坐标为 X365:Y123，尺寸为 W382:H676，为其命名为“手机主页”，并将其锁定，如图 12-265 所示。继续拖曳微信图标元件，覆盖在手机主页的微信图标上，如图 12-266 所示。

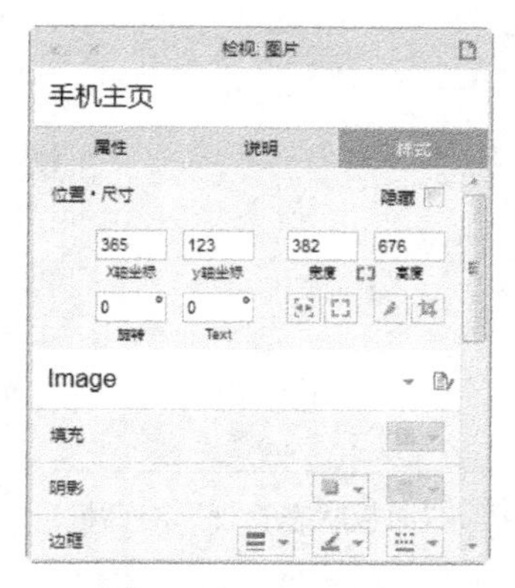

图12-265　设置图片

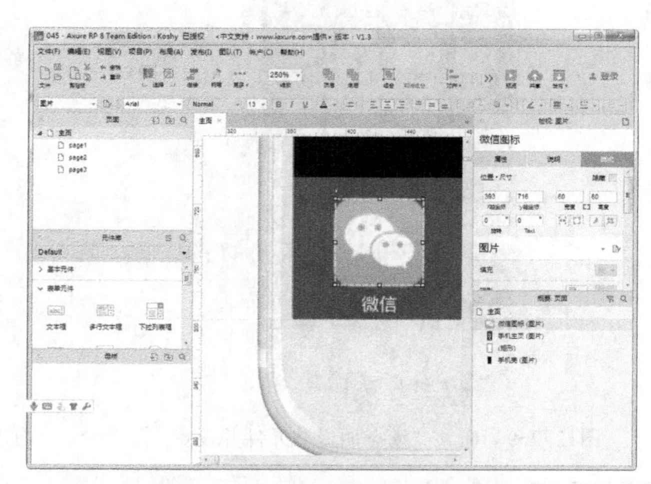

图12-266　微信图标元件覆盖在微信图标上

提示

如果拖入的元件包含其他内容，可只保留图标元件，将其他内容删除。

07 将微信图标命名为“微信图标”，并锁定该元件。导入图片后，调整图片的坐标为 X365:Y123，尺寸为 W382:H676，如图 12-267 所示。将该元件重命名为“进入微信”，并隐藏元件，“检视:图片”面板如图 12-268 所示。

图12-267　导入图片并调整

图12-268　“检视：图片”面板

> **提示**
>
> 将元件隐藏后，元件处于淡黄色遮罩样式。

08 将“动态面板”元件拖入到页面中，调整大小覆盖手机屏幕，将其命名为“进入”，如图 12-269 所示。双击动态面板，弹出“面板状态管理”对话框，如图 12-270 所示。

图12-269　拖入“动态面板”元件并设置

图12-270　“面板状态管理”对话框

> **提示**
>
> 动态面板处于浅蓝色状态，由于隐藏后的元件为淡黄色，前面已经将元件进行了隐藏，因此这里的动态面板不容易看出，读者知道即可。

09 在“面板状态管理”对话框中添加 4 个状态页面，如图 12-271 所示。进入“微信”状态编辑页，导入图 12-272 所示的图片，调整图片的坐标为 X0:Y0，尺寸为 W382:H676。

图12-271　添加4个状态页面

图12-272　导入图片并调整

10 返回主页面，将“进入”元件隐藏，效果如图 12-273 所示。选中“微信图标”元件，双击“鼠标单击时”事件，在“用例编辑”对话框中添加“显示”动作，各项参数设置如图 12-274 所示。

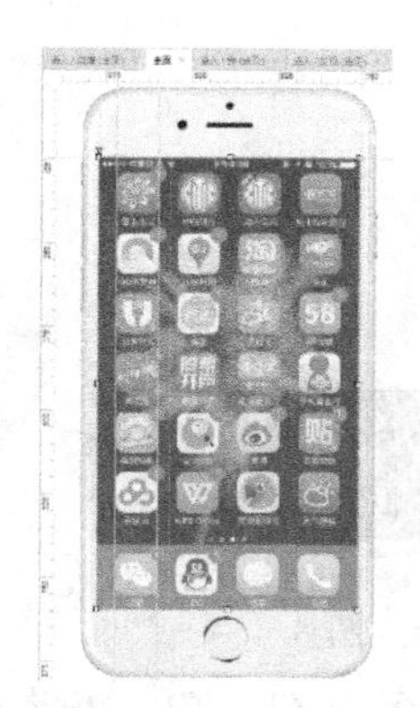

图12–273 隐藏“进入”元件

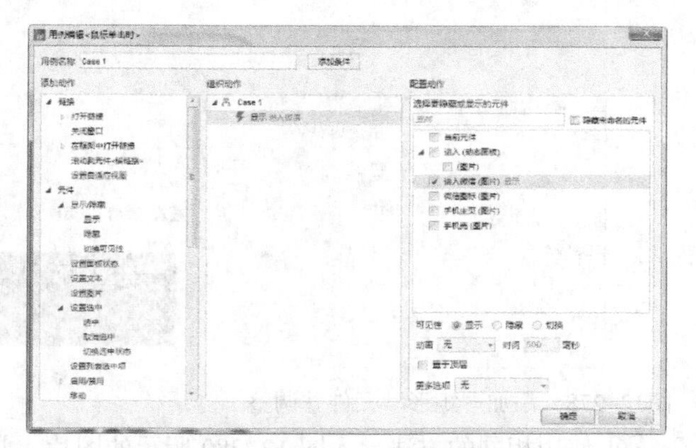

图12–274 为“微信图标”元件添加动作并配置

11 继续添加“等待”动作并配置动作，如图 12–275 所示。继续添加“显示”动作并配置动作，如图 12–276 所示。

操作视频：12.10-2

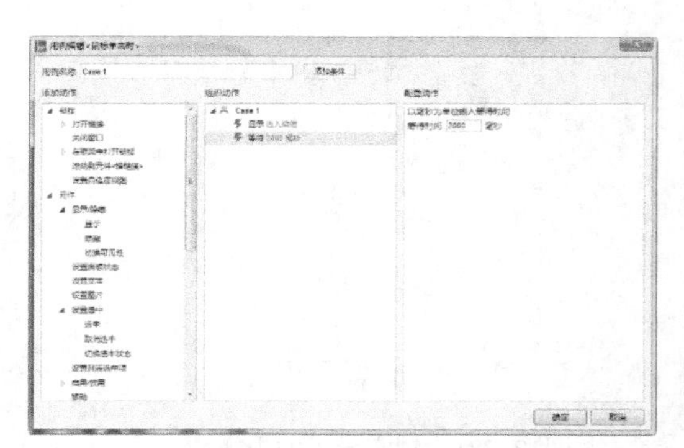

图12–275 添加“等待”动作并配置

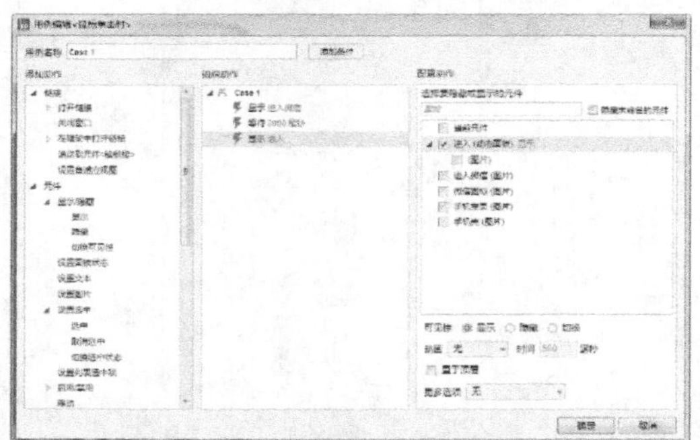

图12–276 添加“显示”动作并配置

12 继续添加“隐藏”动作并配置动作，如图 12–277 所示。单击“确定”按钮，返回主页页面。

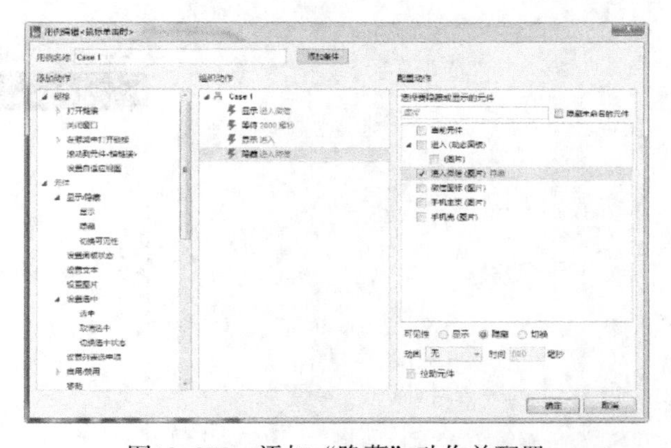

图12–277 添加“隐藏”动作并配置

13 再次进入动态面板中的“微信”状态页，将页面中的图片元件删除，拖入一个填充颜色为白色，边框为无的“矩形”元件，调整矩形元件的坐标为 X0:Y0，尺寸为 W382:H676，如图 12–278 所示。在该页面拖入“图片”元件并导入图 12–279 所示的图片，调整图片元件的坐标为 X0:Y0，尺寸为 W382:H64，将其命名为 Z1。

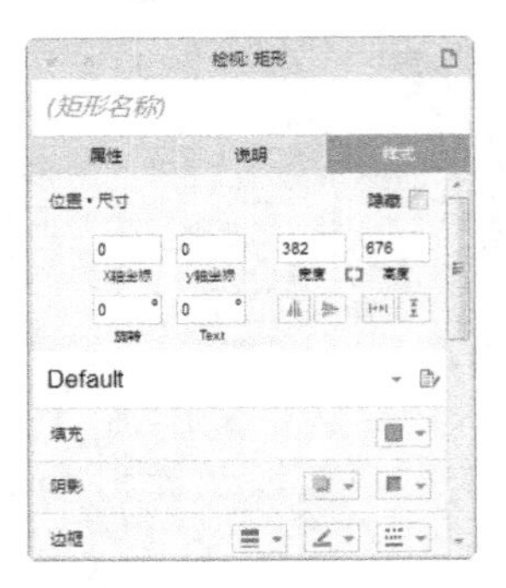

图12-278　添加“矩形”元件并调整

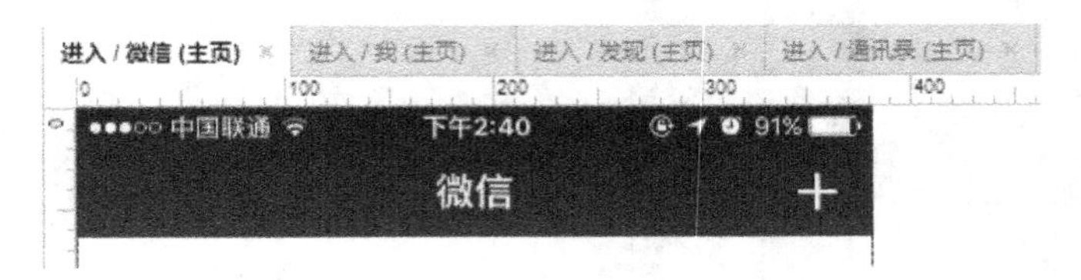

图12-279　导入图片

14 使用相同的方法导入图 12-280 所示的图片，并分别将它们命名为 Z1、Z2，将导入的内容全部锁定，如图 12-281 所示。

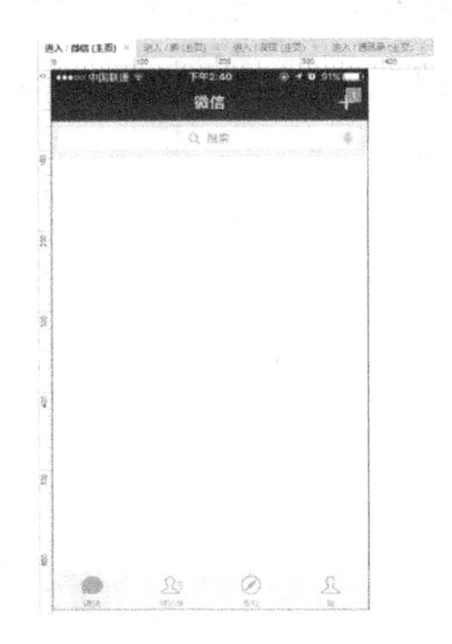

图12-280　再次导入图片

图12-281　锁定导入的内容

15 在微信元件库中拖入各种元件，如图 12-282 所示。分别将元件移动到图 12-283 所示的位置。

图12-282　拖入元件

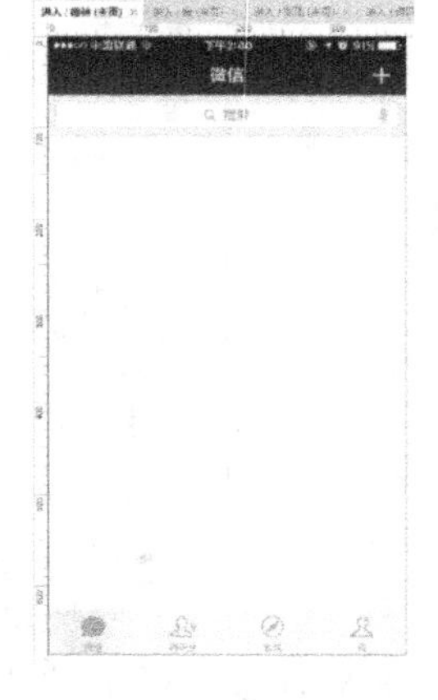

图12-283　移动元件

16 分别为元件指定名称，“概要:页面”面板如图 12-284 所示。拖入一个“热区”元件，调整位置坐标为 X10:Y626，尺寸为 W83:H49，如图 12-285 所示。

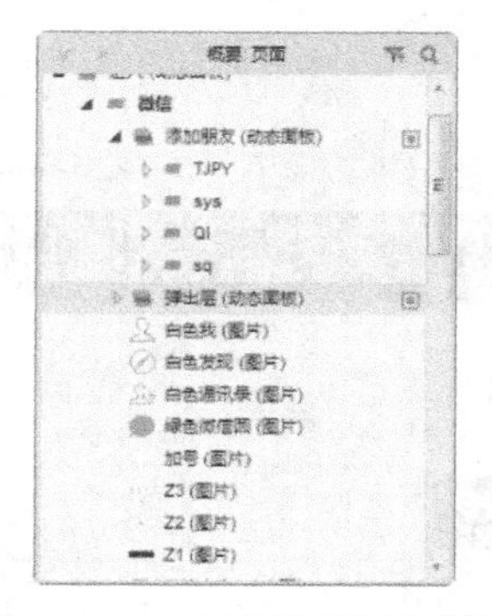

图12-284 “概要:页面”面板

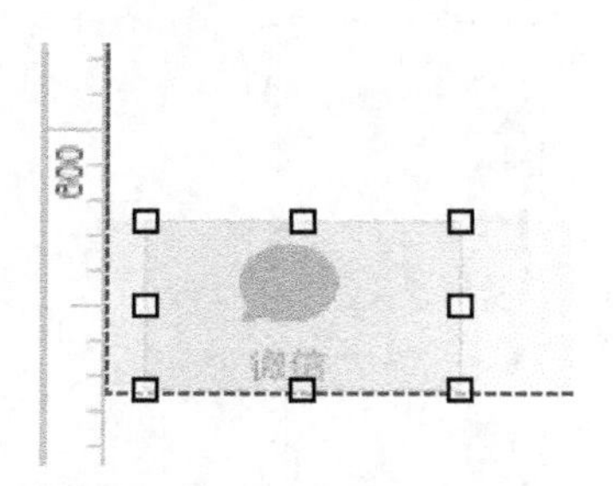

图12-285 拖入“热区”元件

17 使用相同的方法拖曳其他热区元件，如图 12-286 所示。将 4 个热区元件分别重命名为 R1~R4。拖入一个“动态面板”元件到页面中，将其命名为“微信内容”，如图 12-287 所示。调整元件的坐标为 X0:Y109，尺寸为 W382:H1085。

图12-286 拖入其他热区元件

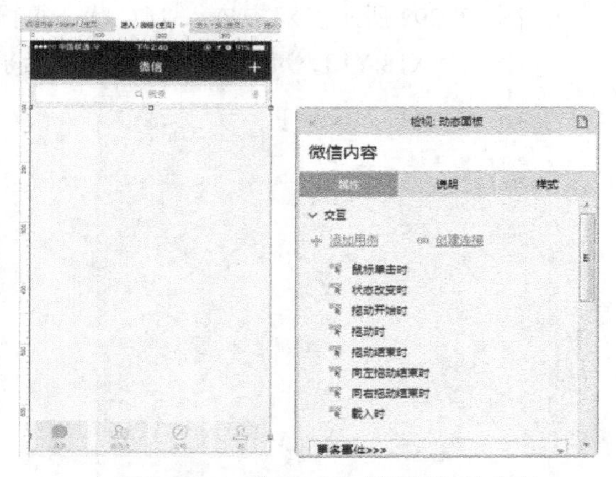

图12-287 拖入“动态面板”并命名

18 双击进入“微信内容”动态面板的 State1 子页面，导入图 12-288 所示的图片素材。将其命名为 Z4，如图 12-289 所示。

图12-288 导入图片素材

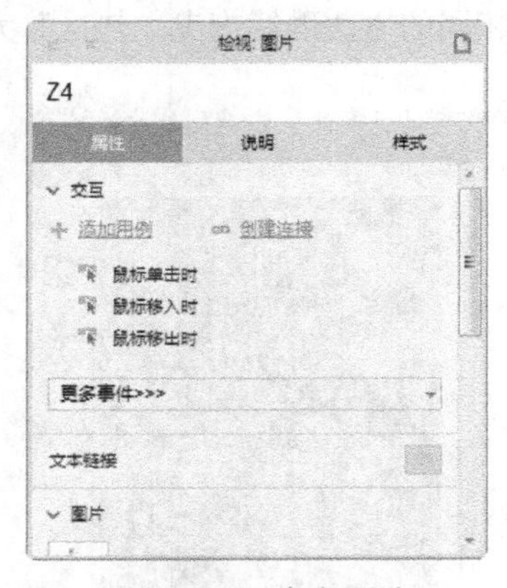

图12-289 命名图片

19 返回“微信”页面，在“概要:页面”面板中调整元件顺序，得到图 12-290 所示的效果。再次拖入一个动态面板，调整其坐标为 X160:Y62，尺寸为 W220:H278，将其命名为“弹出层”，如图 12-291 所示。

图12-290 调整元件顺序后

图12-291 拖入动态面板并设置

20 双击该动态面板进入“面板状态管理”对话框，将子状态页面重命名为“TCC”，如图 12-292 所示。双击进入 TCC 状态页面，导入图 12-293 所示的图片，调整动态面板坐标为 X18:Y10，尺寸为 W199:H261，将该图片元件重命名为“弹出选项”。

图12-292 添加子状态并命名

图12-293 导入图片

21 拖入一个“热区”元件，坐标为 X40:Y29，尺寸为 W160:H50，如图 12-294 所示。使用相同的方法继续拖曳“热区”元件，如图 12-295 所示。

图12-294 拖入“热区”元件

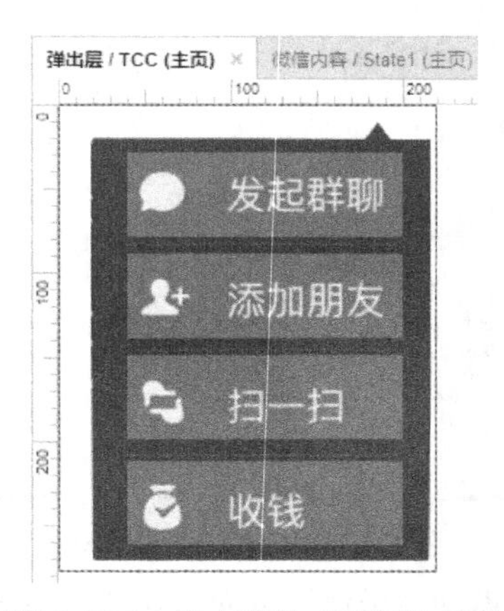

图12-295 拖入其他“热区”元件

22 将 4 个热区元件分别命名为 TR1~TR4。返回微信子状态页，效果如图 12-296 所示。将“弹出层”动态面板隐藏，效果如图 12-297 所示。

图12-296　子状态页效果

图12-297　隐藏“弹出层”后的效果

23 在该页面继续拖曳“动态面板”元件，调整动态面板坐标为 X0:Y1193，尺寸为 W382:H680，如图 12-298 所示。双击该动态面板，在弹出的“面板状态管理”面板中添加子状态页，如图 12-299 所示。

图12-298　拖曳动态面板并设置

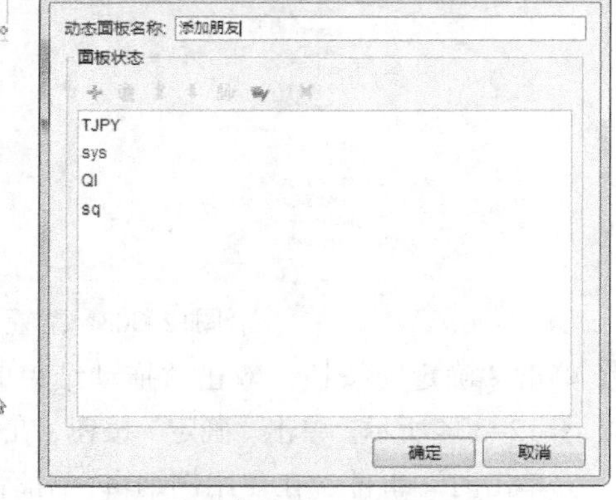

图12-299　添加子状态页

24 在 4 个页面中分别导入图片。双击进入 TJPY 状态页中，拖入微信元件库中的标签，如图 12-300 所示。将其命名为“返回 1”，如图 12-301 所示。

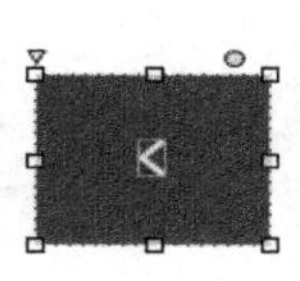

图12-300　拖入标签

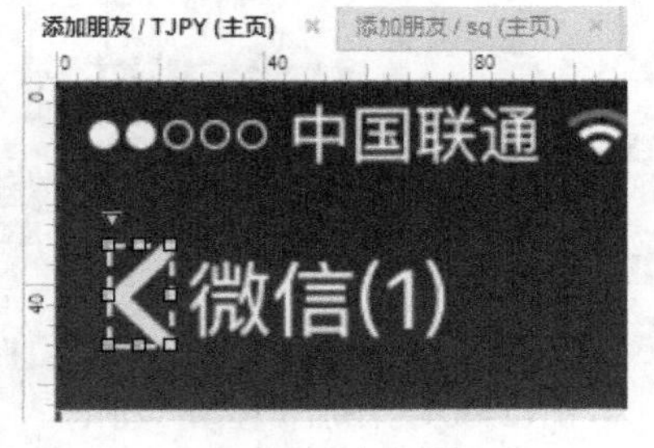

图12-301　命名标签

25 使用相同的方法为 sye 和 sq 页面添加相同的元件。进入 Ql 状态页，在该页面中拖入一个“热区”元件，并命名为“取消”，如图 12-302 所示。

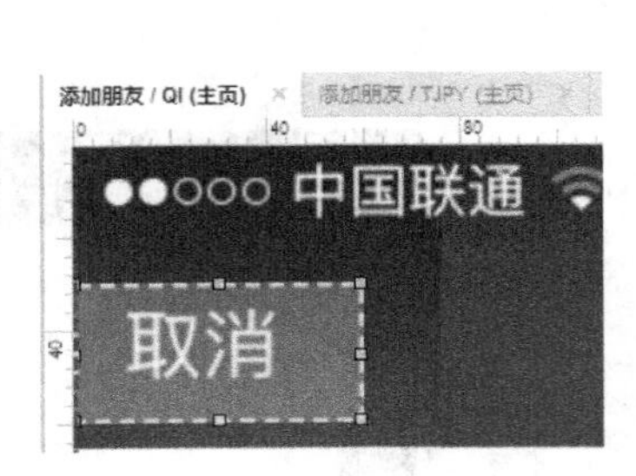

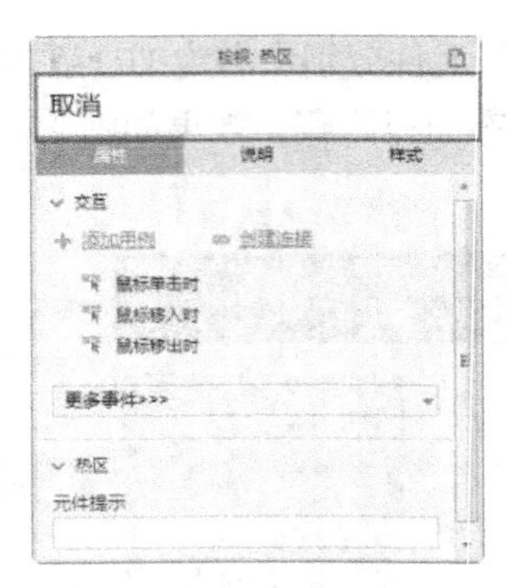

图12-302　拖入“热区”元件并命名

26 在“概要:页面”面板中选择“微信内容”元件，双击“拖动时”事件，添加“移动”动作，各项参数设置如图 12-303 所示。

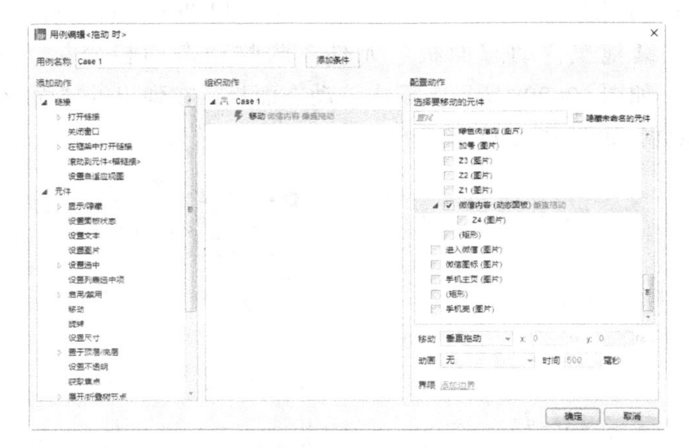

图12-303　配置“微信内容”元件

27 单击“确定”按钮，双击“拖动结束时”事件，添加“移动”动作，各项参数设置如图 12-304 所示。单击“确定”按钮，在“概要:页面”面板中选择“加号”元件，双击“鼠标单击时”事件，在“用例编辑”对话框中添加“显示”动作，如图 12-305 所示。

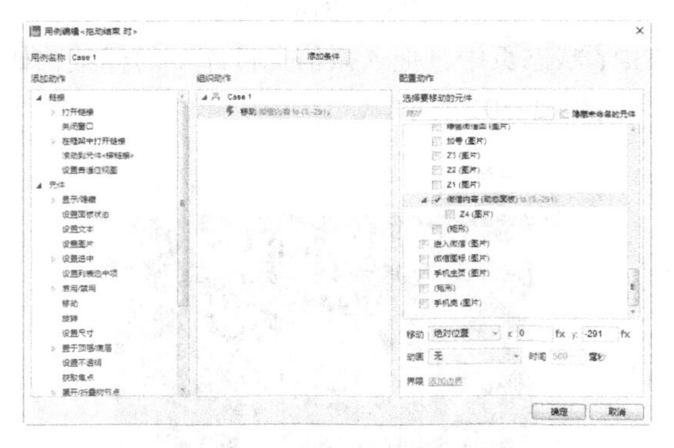

图12-304　添加“移动”动作

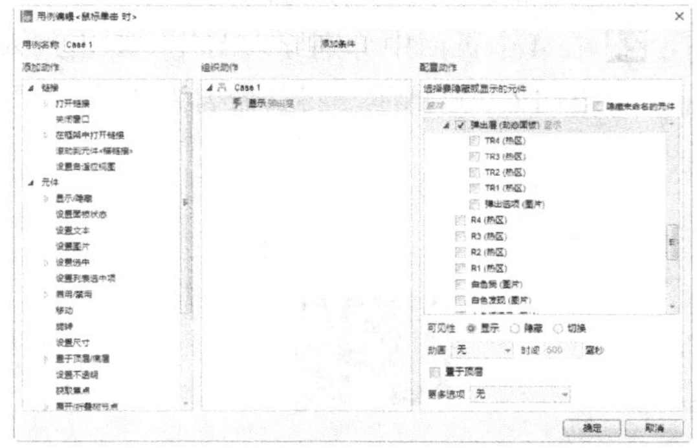

图12-305　配置“加号”元件

28 选择 TR2 元件，双击“鼠标单击时”事件，为其添加“隐藏”动作，参数设置如图 12-306 所示。继续添加“设置面板状态”动作，参数设置如图 12-307 所示。

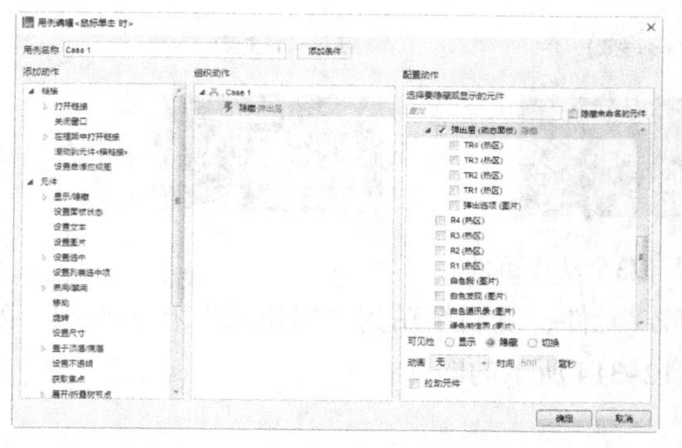

图12-306　配置TR2元件

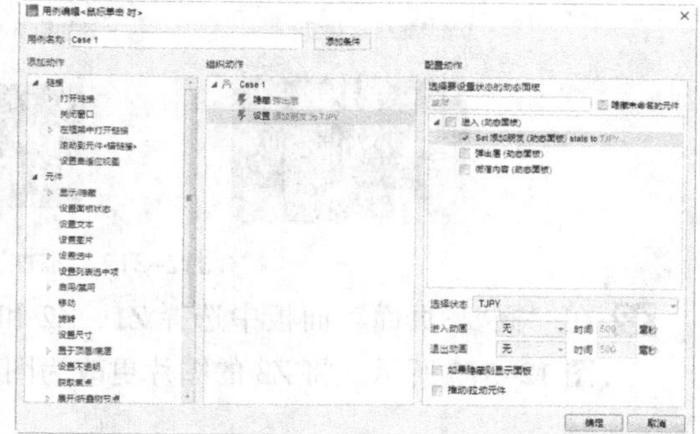

图12-307　添加“设置面板状态”动作并配置

29 继续添加“移动”动作，设置参数如图 12-308 所示。单击“确定”按钮，选择 TR1 元件，双击“鼠标单击时”事件，分别为其添加“隐藏”“设置面板状态”和“移动”动作，“用例编辑”对话框设置如图 12-309 所示。

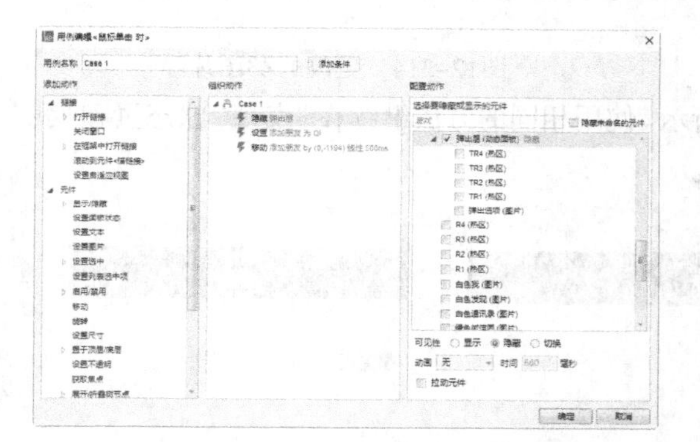

图12-308　添加“移动”动作并配置

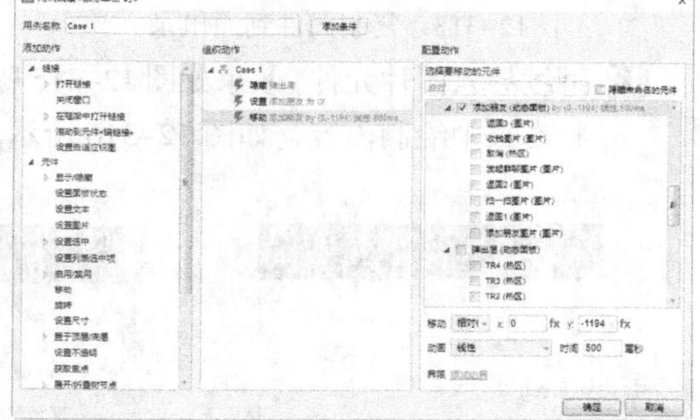

图12-309　配置TR1元件

30 使用相同的方法为 TR3 和 TR3 元件添加同样的交互事件，“弹出层”页面如图 12-310 所示。选择“返回 1”元件，双击“鼠标单击时”事件，添加“移动”动作，设置参数如图 12-311 所示。

图12-310　“弹出层”页面

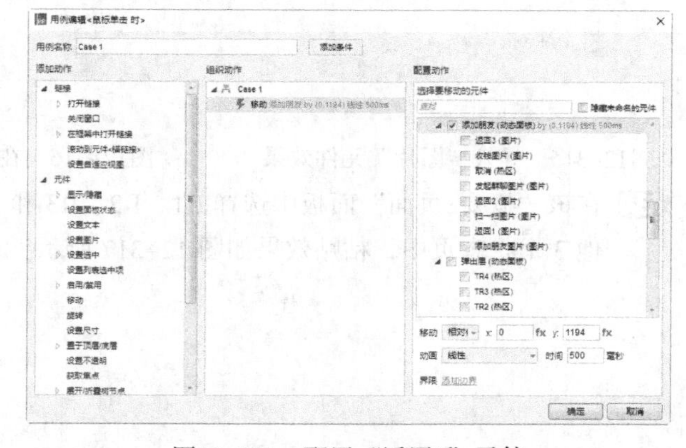

图12-311　配置“返回1”元件

31 使用相同的方法为“返回 2”“返回 3”和“取消元件”添加相同的动作事件，如图 12-312 所示。

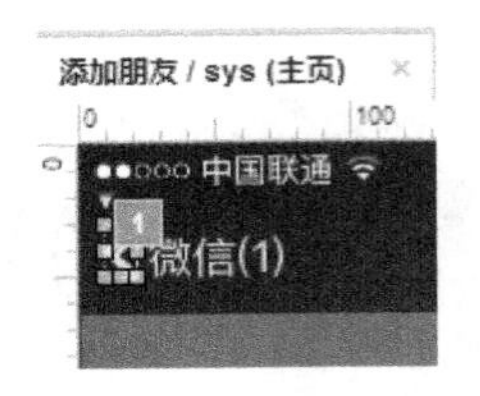

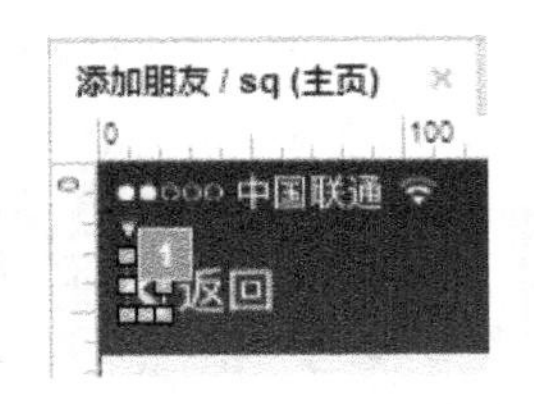

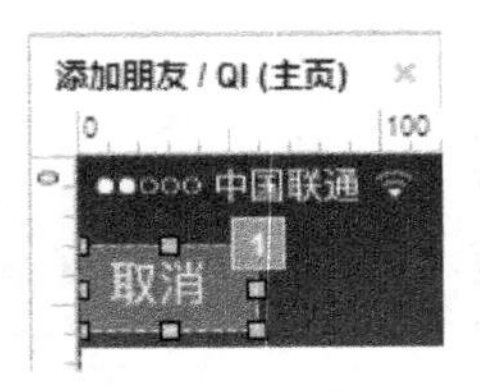

图12-312　添加其他3个动作事件

32 在“概要:页面”面板中选择 Z1、Z2 和 Z3 元件，复制粘贴到“通讯录”状态页中，如图 12-313 所示。将 Z3 的图片更改为图 12-314 所示的图片。

图12-313　复制元件到通讯录

图12-314　更改的Z3图片

33 继续导入图片元件，效果如图 12-315 所示。使用相同的方法继续在“发现”状态页和“我”状态页中绘制内容，如图 12-316 所示。

图12-315　导入“图片”元件效果

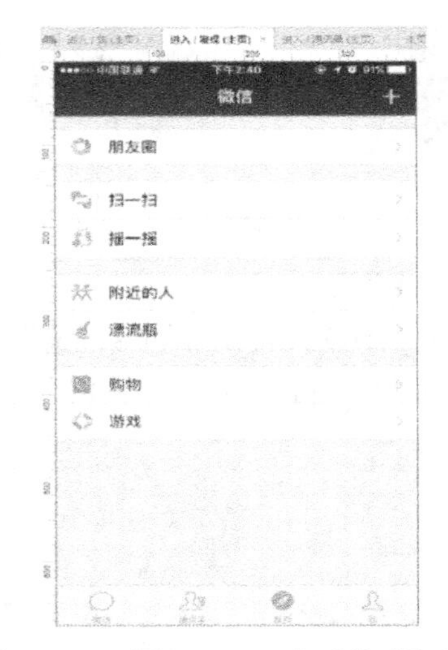

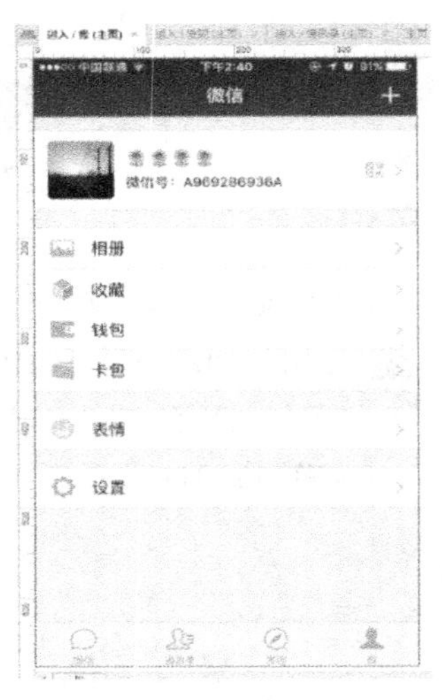

图12-316　在“发现”和“我”状态页绘制内容

34 在该“概要:页面”面板中选择 R1、R2、R3 和 R4 元件，复制粘贴到其他 3 个状态页中，粘贴效果如图 12-317 所示。

操作视频：12.10-3

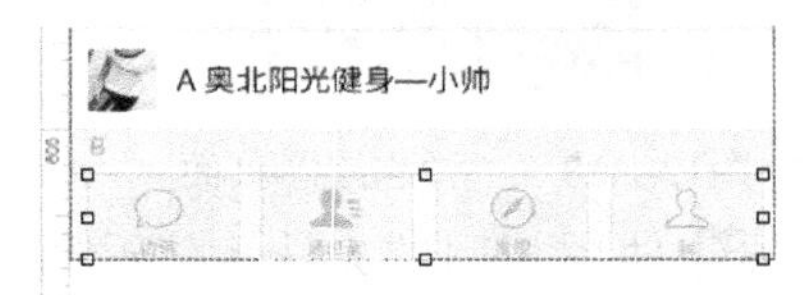

图12-317　R1 ~ R4元件粘贴效果

35 打开“概要:页面”面板，为各个子状态页中的元件重命名，如图 12–318 所示。

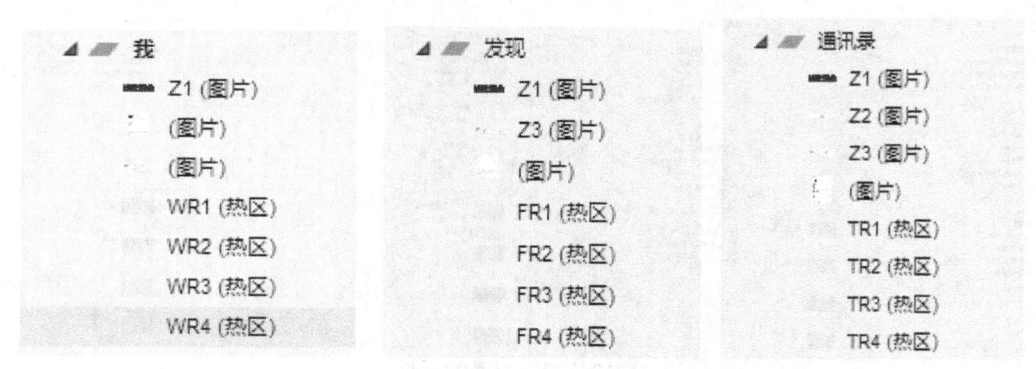

图12–318　为元件重命名

36 选择“弹出层”动态面板中的 R2 元件，双击添加“鼠标单击时”事件，在“用例编辑”对话框中添加“隐藏”动作，设置参数如图 12–319 所示。继续添加“设置面板状态”动作，各项参数如图 12–320 所示。

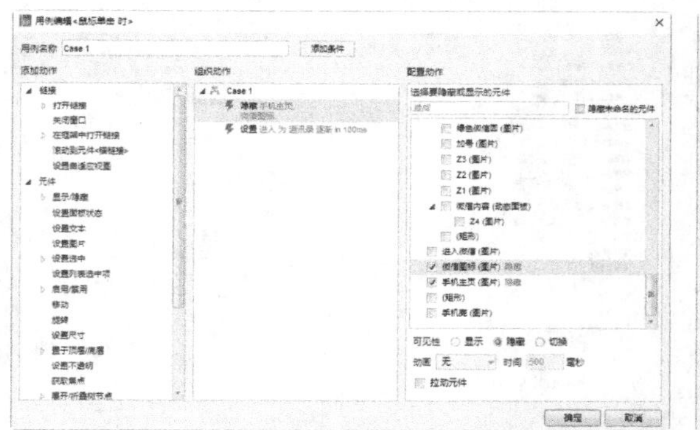

图12–319　配置R2元件

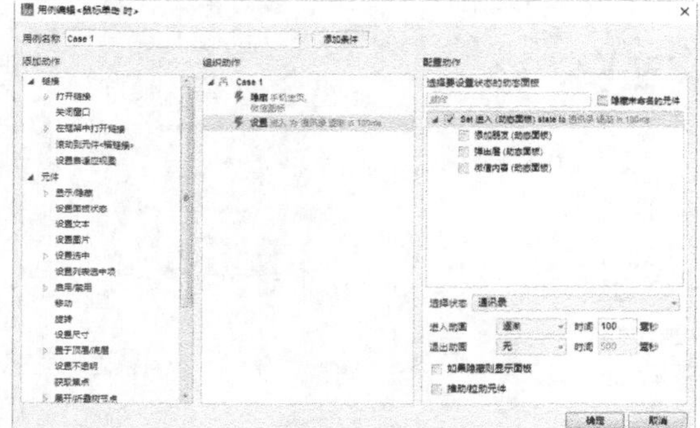

图12–320　添加动作并配置参数

37 选择“弹出层”动态面板中的 R3 元件，双击“鼠标单击时”事件，在“用例编辑”对话框中添加“隐藏”和“设置面板状态”动作，设置参数如图 12–321 所示。

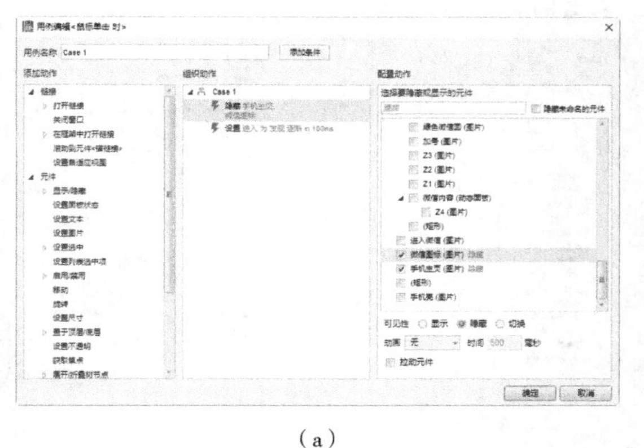

（a）

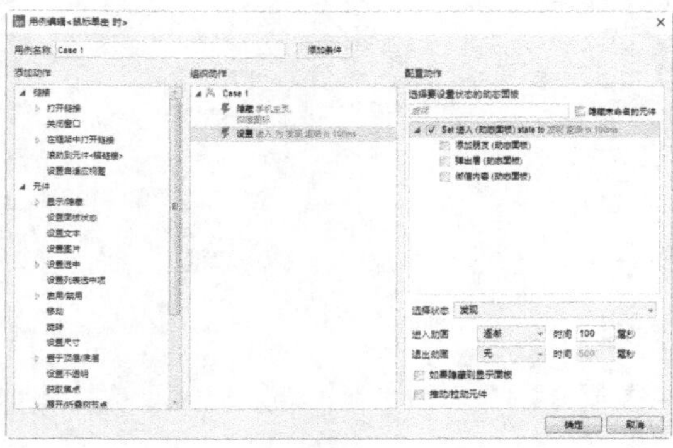

（b）

图12–321　配置R3元件

38 继续选择 R4 元件，双击“鼠标单击时”事件，在“用例编辑”对话框中添加“隐藏”和“设置面板状态”动作，设置参数如图 12–322 所示。

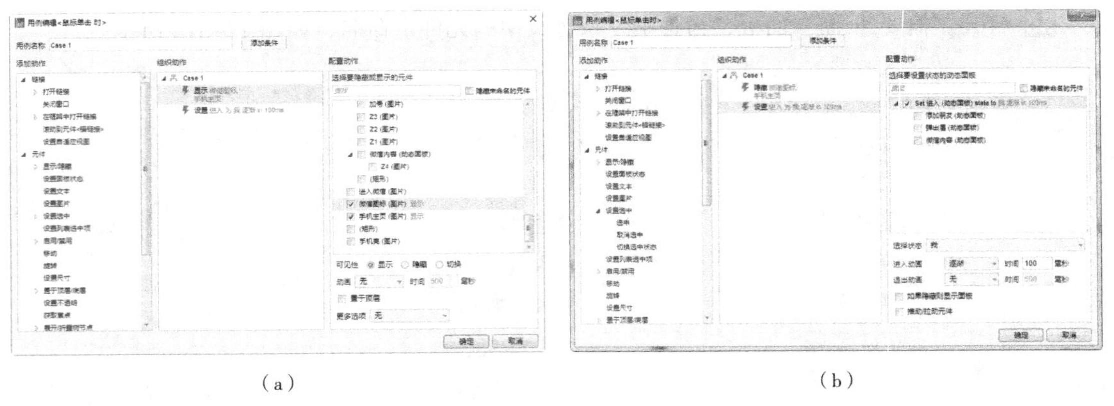

（a）　　　　　　　　　　　　　　　　（b）

图12-322　配置R4元件

39 选择“通讯录”状态页中的 TR1 元件，双击“鼠标单击时”事件，在“用例编辑”对话框中添加“隐藏”和“设置面板状态”动作，设置参数如图 12-323 所示。

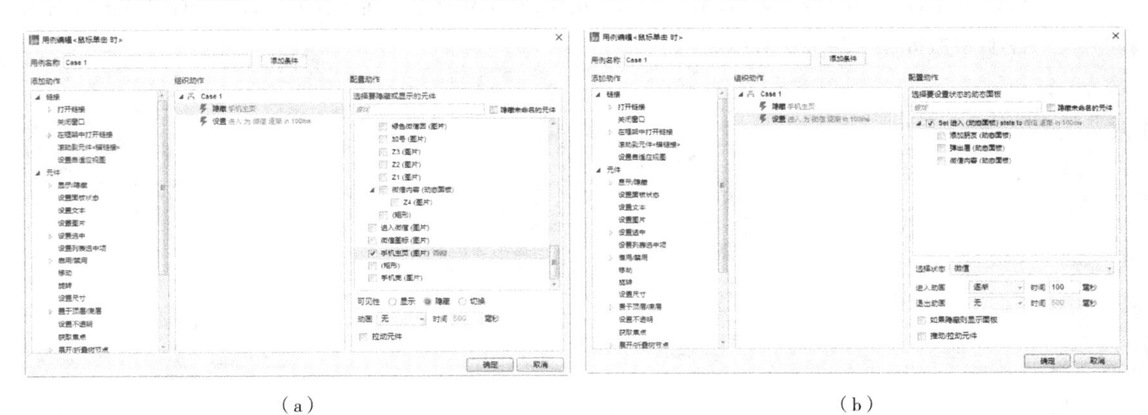

（a）　　　　　　　　　　　　　　　　（b）

图12-323　配置TR1元件

40 选择“通讯录”状态页中的 TR3 元件，双击“鼠标单击时”事件，在“用例编辑”对话框中添加“隐藏”和“设置面板状态”动作，设置参数如图 12-324 所示。

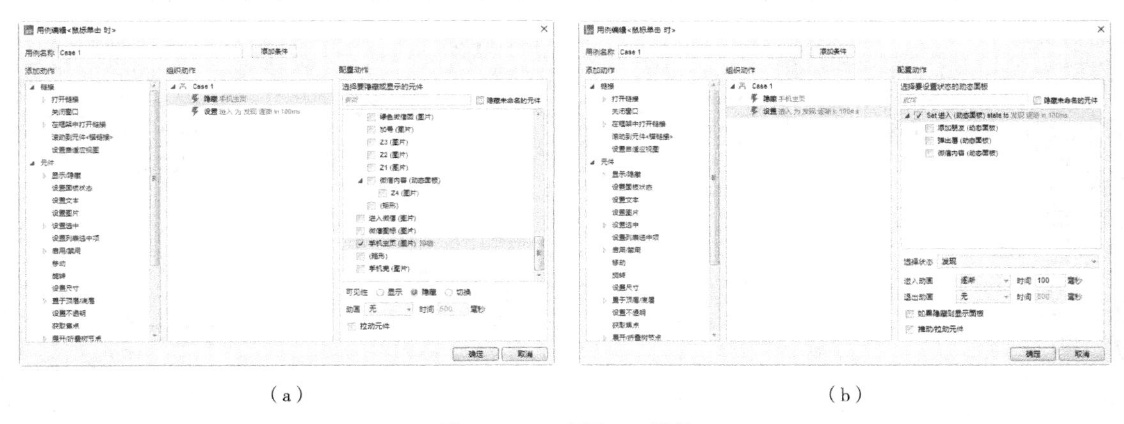

（a）　　　　　　　　　　　　　　　　（b）

图12-324　配置TR3元件

41 选择“通讯录”状态页中的 TR4 元件，双击“鼠标单击时”事件，在“用例编辑”对话框中添加“隐藏”和“设置面板状态”动作，设置参数如图 12-325 所示。

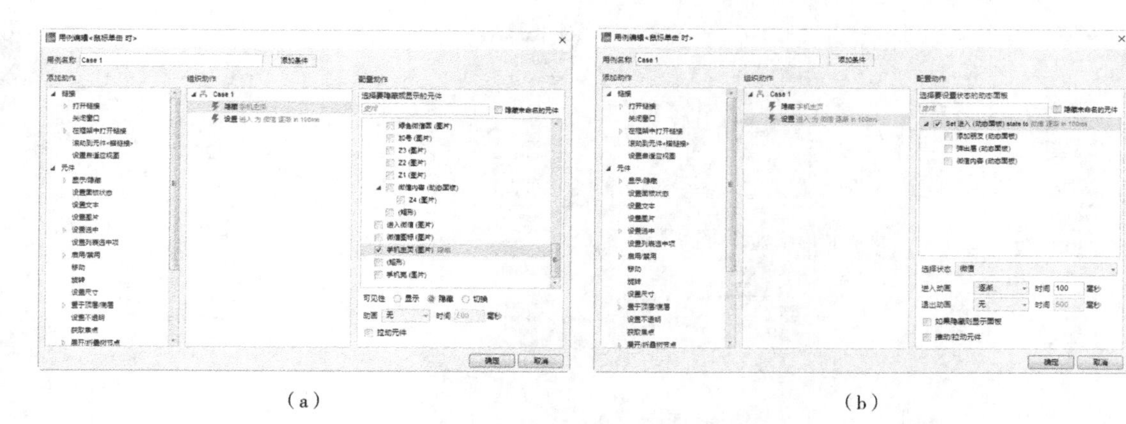

（a）　　　　　　　　（b）

图12-325　配置TR4元件

42 选择“发现”状态页中的FR1元件，双击“鼠标单击时”事件，在“用例编辑”对话框中添加“隐藏”和“设置面板状态”动作，设置参数如图12-326所示。

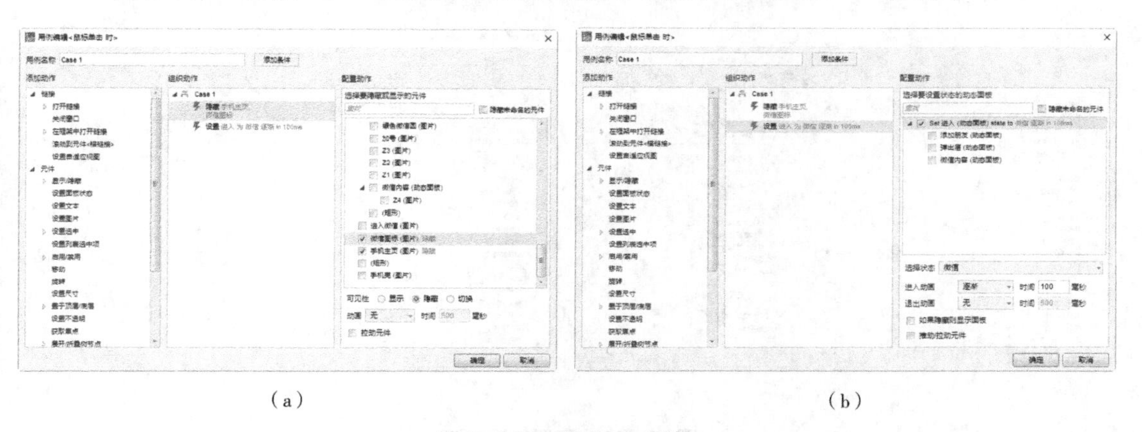

（a）　　　　　　　　（b）

图12-326　配置FR1元件

43 选择“发现”状态页中的FR2元件，双击“鼠标单击时”事件，在“用例编辑”对话框中添加“隐藏”和“设置面板状态”动作，设置参数如图12-327所示。

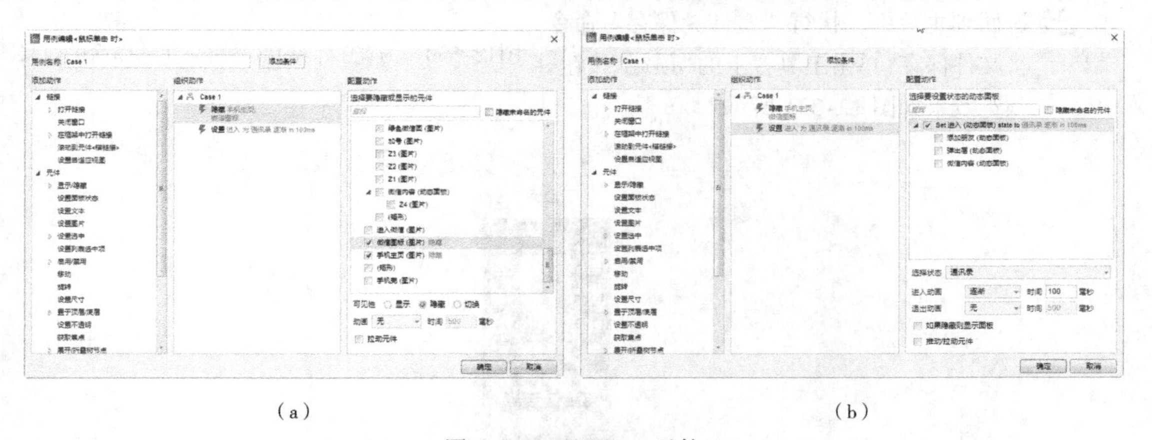

（a）　　　　　　　　（b）

图12-327　配置FR2元件

44 选择“发现”状态页中的FR4元件，双击“鼠标单击时”事件，在“用例编辑”对话框中添加“隐藏”和“设置面板状态”动作，设置参数如图12-328所示。

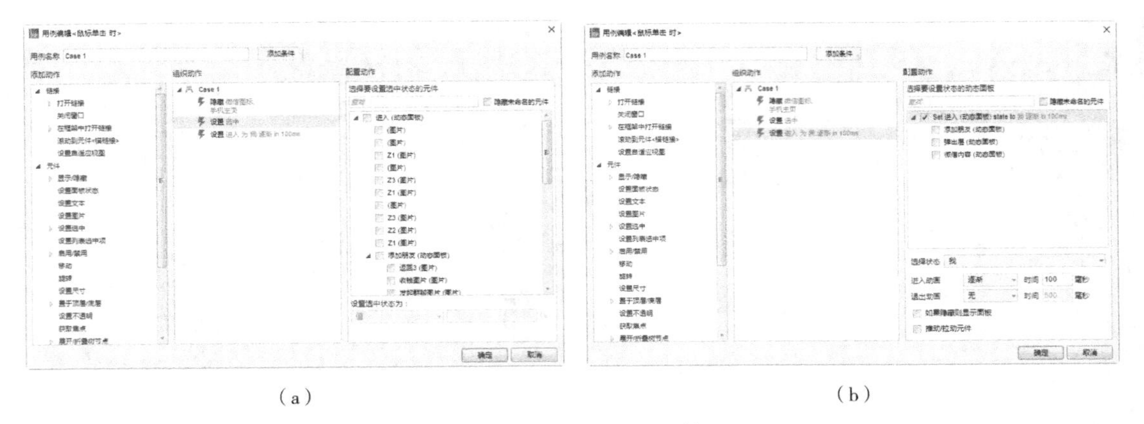

（a）　　　　（b）

图12-328　配置FR4元件

45 选择“我”状态页中的 WR1 元件，双击“鼠标单击时”事件，在“用例编辑”对话框中添加“隐藏”和“设置面板状态”动作，设置参数如图 12-329 所示。

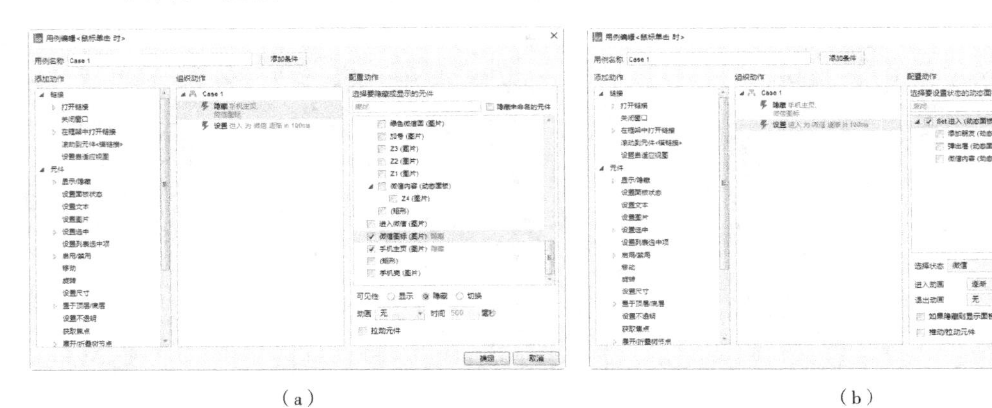

（a）　　　　（b）

图12-329　配置WR1元件

46 使用相同的方法，分别为 WR2 和 WR3 添加交互动作，完成效果如图 12-330 所示。

图12-330　为WR2、WR3添加交互动作后的效果

47 返回到主页中，执行“文件 > 保存”命令将文件保存，单击工具栏上的“预览”按钮，预览效果如图 12-331 所示。

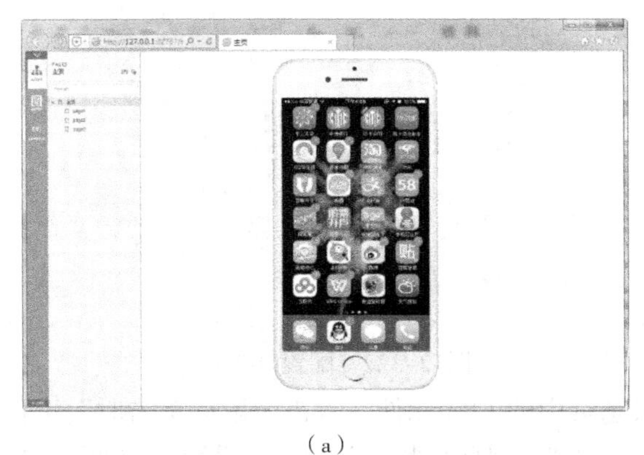

（a）

图12-331　预览效果

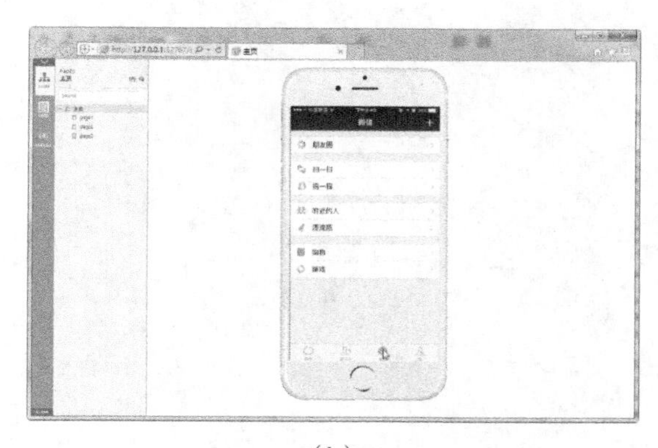

（b）

图12-331　预览效果（续）

48 执行“发布＞生成 HTML 文件”命令，如图 12-332 所示。在弹出的“生成 HTML”对话框中选择“移动设备”选项设置参数，如图 12-333 所示。单击“生成”按钮，将项目输出。最终效果如图 12-334 所示。

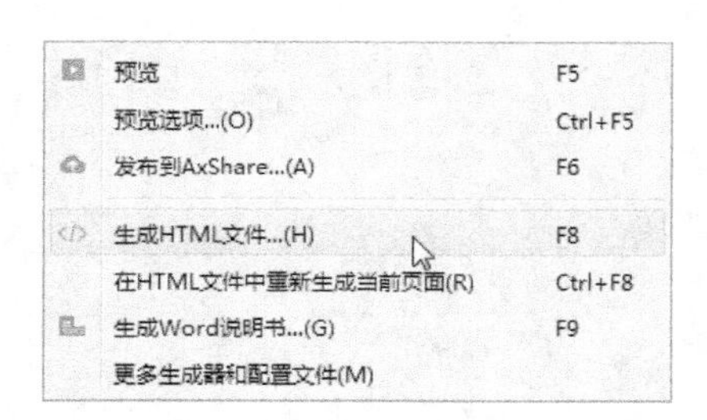

图12-332　生成HTML文件

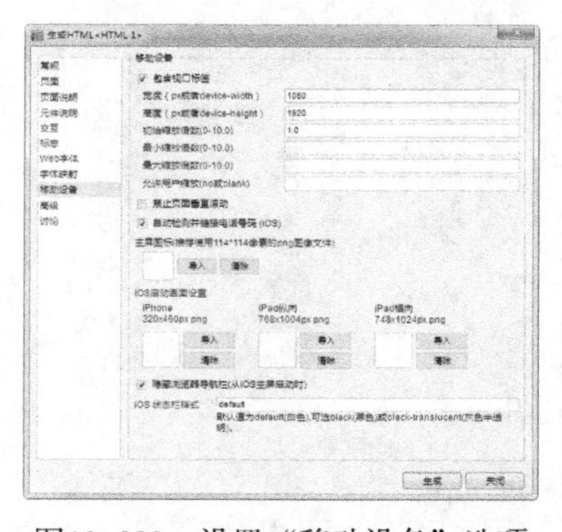

图12-333　设置“移动设备”选项

图12-334　最终效果

提示

为了给读者查看效果，此实例最后的输出是在PC端查看的。读者应该将原型上传到 Axure Share 中，如图 12-335 所示，然后在移动设备中登录 Axure Share 进行查看。

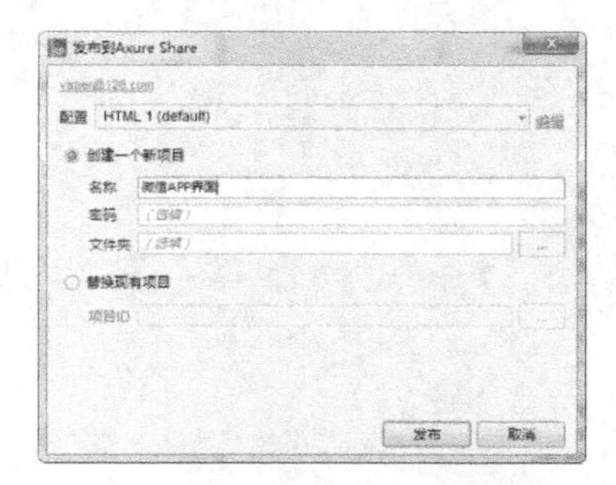

图12-335　上传到Axure Share